ゲーム プログラミング C++

Sanjay Madhav 著
吉川 邦夫 訳／今給黎 隆 監修

Game Programming in C++

本書内容に関するお問い合わせについて

このたびは翔泳社の書籍をお買い上げいただき、誠にありがとうございます。弊社では、読者の皆様からのお問い合わせに適切に対応させていただくため、以下のガイドラインへのご協力をお願い致しております。下記項目をお読みいただき、手順に従ってお問い合わせください。

●ご質問される前に

弊社Webサイトの「正誤表」をご参照ください。これまでに判明した正誤や追加情報を掲載しています。

正誤表　https://www.shoeisha.co.jp/book/errata/

●ご質問方法

弊社Webサイトの「刊行物Q&A」をご利用ください。

刊行物Q&A　https://www.shoeisha.co.jp/book/qa/

インターネットをご利用でない場合は、FAXまたは郵便にて、下記"翔泳社 愛読者サービスセンター"までお問い合わせください。
電話でのご質問は、お受けしておりません。

●回答について

回答は、ご質問いただいた手段によってご返事申し上げます。ご質問の内容によっては、回答に数日ないしはそれ以上の期間を要する場合があります。

●ご質問に際してのご注意

本書の対象を越えるもの、記述個所を特定されないもの、また読者固有の環境に起因するご質問等にはお答えできませんので、予めご了承ください。

●郵便物送付先およびFAX番号

送付先住所　〒160-0006　東京都新宿区舟町5

FAX番号　03-5362-3818

宛先　（株）翔泳社 愛読者サービスセンター

※本書に記載されたURL等は予告なく変更される場合があります。
※本書の出版にあたっては正確な記述につとめましたが、著者や出版社などのいずれも、本書の内容に対してなんらかの保証をするものではなく、内容やサンプルに基づくいかなる運用結果に関してもいっさいの責任を負いません。
※本書に掲載されているサンプルプログラムやスクリプト、および実行結果を記した画面イメージなどは、特定の設定に基づいた環境にて再現される一例です。

家族と友人たちに捧ぐ：支えてくれてありがとう

前書き

今日では、ビデオゲームは、最も人気のあるエンターテインメントの1つです。Newzooの"*Global Games Market Report*"では、2017年のゲームによる世界総収入が1000億ドル以上と見積もられています[訳注1]。この驚くべき数字は、この業界の本当の人気を物語っています。マーケットが大きいので、ゲームプログラマーは低供給かつ高需要の状態です。

売り上げの激増とともに、ゲームのテクノロジーは、だんだんと民主化されてきました。数多くの人気ゲームエンジンやツールを利用することで、開発者1人でも、賞を取ったりヒットするゲームを作ることができます。ゲームデザイナーにとっても、これらのツールは素晴らしいものです。それでは、今、C++でゲームをプログラミングする方法を学ぶことには、どんな価値があるのでしょうか？

1歩下がって眺めてみると、多くのゲームエンジンやツールのコアな部分は、C++で書かれていることがわかります。つまり、C++は、そういったツールで作られたゲームの背後にある、究極のテクノロジーなのです。

それればかりか、「**オーバーウォッチ**」(**Overwatch**)、「**コール オブ デューティ**」(**Call of Duty**)、「**アンチャーテッド**」(**Uncharted**) など、非常に人気が高いゲームを作っている一流の開発者たちは、今でも主としてC++を使っています。C++なら「性能が高く、使い勝手がよい」という絶妙なコンビネーションが得られるからです。いつかはそういう会社で働きたいと思っている開発者なら、(とりわけC++による) ゲームプログラミングを深く理解する必要があるでしょう。

この本は、実際のゲーム開発者が使っている数多くのテクノロジーやシステムの内部に潜り込んでいきます。本書で扱う題材の多くは、10年近くにわたって南カリフォルニア大学 (University of Southern California) で教えてきた、「ビデオゲームプログラミングコース」を基礎としています。多くの学生が、本書で扱うアプローチを身に付けて、ゲーム業界に飛び込む準備を整えてきました。

本書は、実際のゲームプロジェクトのデモに統合される本当に動くコードの実装に重点を置いています。ゲームに組み込まれるさまざまなシステムが、どのような仕組みで連動するのか理解することは重要です。そのため、本書を読むときは、ソースコードを手元に置いておくべきです。

執筆の時点で、本書のソースコードのすべては、Windowsと macOSの両方で動作します。開発環境は、それぞれMicrosoft Visual Studio 2017と、Apple Xcode 9です。

訳注1 "*New Gaming Boom: Newzoo Ups Its 2017 Global Games Market Estimate to $116.0Bn Growing to $143.5Bn in 2020*" by Tom Wijman, Market Consultant, Nov. 28 2017. URL https://newzoo.com/insights/articles/new-gaming-boom-newzoo-ups-its-2017-global-games-market-estimate-to-116-0bn-growing-to-143-5bn-in-2020/

本書のソースコードは、GitHubで入手できます（URL https://github.com/gameprogcpp/code）。開発環境を整える方法は、第1章「ゲームプログラミングの概要」を見てください。

この本は誰が読むべきなのか？

もしあなたがC++を不自由なく使えるプログラマで、3Dゲームのプログラミングを勉強したいと思っているのなら、これは、あなたのための本です。C++を最近使っていないという読者に向けて、付録A「中級C++の復習」で、いくつかC++のコンセプトを紹介しています。もしC++を使った経験が少ないとか、まったくないというのであれば、本書に飛びつく前にC++を学ぶべきでしょう（選択肢の一つは、Eric Robertsの『Programming Abstractions in C++』です）。本書の読者には、動的配列（`std::vector`）、ツリー、グラフなどの一般的なデータ構造についての知識があることも期待しています。また、高校で学んだ幾何も、あまり忘れていないものと想定しています。

本書で扱うトピックは、学生や趣味人にも、ゲームプログラミングの知識を拡げたい初級から中級のゲームプログラマーにも適したものです。本書のボリュームは、大学の講義で1学期半を少し超える内容に相当します。

どのように構成されているか

この本は第1章から第14章まで順に読み進むように構成されています。ただし、興味がない一部のトピックを飛ばしたい人のために、図P.1に各章の依存関係を示しておきます。

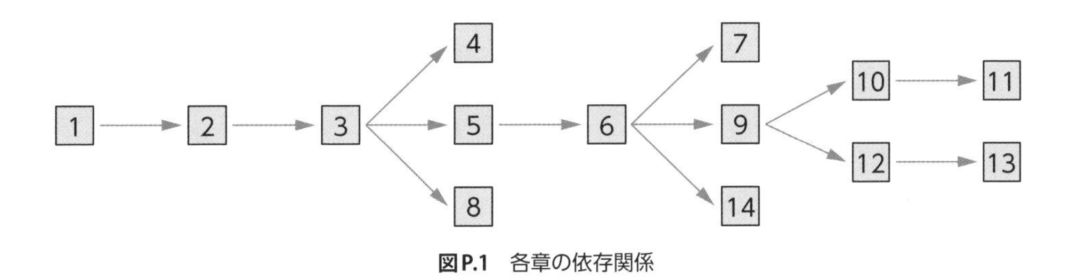

図P.1　各章の依存関係

最初の5つの章では、コアとなる概念を2Dゲームで学びます。第6章からは3Dゲームです（ただし第8章「入力システム」は例外です）。

それぞれの章では、次の内容を扱います：

- 第1章「ゲームプログラミングの概要」では、ゲームプログラミングの基礎的な概念を学びます。最初のゲームを作り、動かす方法を示します。Simple DirectMedia Layer (SDL) ライブラリも紹介します。
- 第2章「ゲームオブジェクトと2Dグラフィックス」では、どのようにしてプログラマーがオブジェクトを組織化するのか論じます。また、「ぱたぱたアニメ」のような、さらなる2Dグラフィックスの概念についても探究します。
- 第3章「ベクトルと基礎の物理」では、あらゆるゲームプログラマーに欠かせないツールであるベクトルを学びます。この章では、運動と衝突の両方で使われる物理学の基礎も紹介します。
- 第4章「人工知能（AI）」で示す各種のアプローチは、コンピューターが制御するゲームキャラクターを作る方法です。ステートマシンや経路探索のような概念が含まれます。
- 第5章「OpenGL」では、頂点とピクセルシェーダーの実装を含めて、OpenGLのレンダラーを作る方法を学びます。行列の話もします。
- 第6章「3Dグラフィックス」では、これまでに作ったコードを3Dゲーム用に書き換えることに重点を置きます。視野、射影、回転などを表現する方法を、ここで学びます。
- 第7章「オーディオ」は、素晴らしいFMOD APIを使って、オーディオシステムを立ち上げる方法を示します。3Dポジショナルオーディオについての説明を含みます。
- 第8章「入力システム」では、キーボード、マウス、ゲームコントローラーからのイベントを処理する堅牢な入力システムの設計方法を学びます。
- 第9章「カメラ」では、FPS（一人称）、追跡（follow）、旋回（orbit）など、さまざまな3Dカメラを実装する方法をお見せします。
- 第10章「衝突検知」では、球、平面、線分、ボックスなどの衝突を検出する方法を探求します。

- 第11章「ユーザーインターフェイス」では、メニューシステムとHUD（ヘッドアップディスプレイ）の実装を見ます。HUDは、レーダーや照準レティクルなどのUI要素を含むものです。
- 第12章「スケルタルアニメーション」は、アニメーションを用いて、骨格を持つキャラクターを、3次元空間で立体として動かす方法を示します。
- 第13章「中級グラフィックス」では、遅延シェーディングの実装方法など、中級レベルに属するグラフィックスの話題を取り上げます。
- 第14章「レベルファイルとバイナリデータ」では、レベルファイルのロード・セーブの方法を論じます。バイナリフォーマットのファイルを書く方法も示します。
- 付録A「中級C++の復習」では、本書を通じて使う中級レベルのC++の話題をいくつか（例えばメモリアロケーションやコレクションなど）復習します。

ゲームプロジェクトと練習問題

それぞれの章に対応するゲームプロジェクトがあります（前述したように、ソースコードを入手できます）。さらに、推薦する参考文献と、いくつかの練習問題を章末に置きます。練習問題は、ほとんどの場合、その章で実装したコードに機能を追加する方法を指定します。

本書の規約

- 新しい用語は**太字**で示します。（文章の一部を強調するときは、*斜体*で示します。）
- コードは等幅フォントで示します。
- 短いコードの断片は、次のような独立した段落にします。

```
DoSomething();
```

- 長いコードは、リストP.1のようなコードリストにします。

リストP.1 コードリストのサンプル

```
void DoSomething()
{
    // 処理を行う
    ThisDoesSomething();
}
```

ときおり、NOTE・注意といった囲み記事が入ります。例えば、次のような記事です。

見出し

NOTEには、実装の変更や、注目すべきその他の機能についての有益な情報や、あなたのコードに機能を追加するためのヒントが含まれます。

注意が必要な「落とし穴」について警告します。

謝辞

本書は、私の処女作ではないのですが、執筆は非常に長くかかりました。執筆の間、2年にわたって忍耐強く待ってくださった編集長のLaura Lewinに感謝します。そして、本書の制作編集者であるMichael Thurstonほか、Pearsonのチームの皆さまに感謝します。

技術編集者の皆さま、Josh Glazer、Brian Overland、Matt Whitingが本書に投入してくれた労力に、お礼を申し上げます。テクニカルレビューは、本書の内容を正確にし、ターゲットとする読者が理解しやすいものにするために欠かせませんでした。

USC情報技術プログラムの私の同僚すべてに、とりわけ私が教えているゲームコースのカリキュラムをまとめるうえで援助をいただいた、Josh Glazer、Jason Gregory、Clark Kromenaker、Mike Sheehan、Matt Whitingに感謝しています。本書のアイデアの多くは、このカリキュラムから来ているのです。また、何年にもわたって私の助手を務めてくださった多くの人々にも（多いので個別に名前を挙げられませんが）感謝しています。

URL https://opengameart.org や URL https://freesound.org などのサイトで、素晴らしいゲームコンテンツをクリエイティブ・コモンズライセンスで発信してくれているコンテンツクリエイターの皆さまにも感謝を捧げます。これらのサイトは、本書におけるゲームプロジェクトで使うアセットを探すうえで不可欠なものでした。

最後に、私の両親と、姉のNitaと、姉の家族に感謝します。皆の援助とひらめきと導きがなければ、そもそも私は、ここまで来られていません。それと、私の友人たち、特にKevinに感謝します。私が新作映画を観に行けなかったときも、晩飯の誘いを断ったときも、その他なんでも「いま本を書いているから」と、つきあいを断り続けたのを理解してくれました。まぁ、今は時間があるはずですし…

著者について

Sanjay Madhavは、南カリフォルニア大学（University of Southern California）の上級講師です。彼は、ここでいくつものプログラミングのコースとゲームプログラミングのコースを教えています。彼は、2008年からUSCで教えてきました。

USCの前は、プログラマとして、Electronic Arts、Neversoft、Pandemic Studiosなどのゲーム開発会社に勤めていました。彼のクレジットが入っているゲームには、**Medal of Honor: Pacific Assault**、**Tony Hawk's Project 8**、**Lord of the Rings: Conquest**、**The Saboteur**があります。

また、『Game Programming Algorithms and Techniques』という本の著者であり[訳注1]、『Multiplayer Game Programming』の共著者です。彼はUSCでコンピューターサイエンスの学士と修士を取り、コンピューターサイエンスの博士を目指しています。

訳注1　Pearsonから2013年に出た352ページの本。副題が『A Platform-Agnostic Approach』で、アルゴリズムなどの説明には疑似コードを使っている。

目次

Chapter

14 レベルファイルとバイナリデータ 447

Appendix

A 中級C++の復習 477

Chapter

1

ゲームプログラミングの概要

この章では、最初に開発環境を準備し、本書のソースコードを入手する方法を解説する。次に、どんなリアルタイムゲームにもあるコアな概念、すなわちゲームループ、時間の経過に応じてゲームを更新する方法、ゲームの入出力の基本を示す。本章を読めば、古典的なPong（ポン）ゲームの実装が理解できるだろう。

1.1 開発環境を準備する

どんなプログラムのソースコードも、テキストエディターで書くことができる。だが、プロの開発者は一般的に**IDE（統合開発環境）**を使う。IDEならテキスト編集だけでなく、コード入力の補完やデバッグなどの恩恵も受けられる。本書のコードはMicrosoft WindowsとApple macOSの両方で使えるが、使用できるIDEはプラットフォームによって異なる。本書で使うのは、WindowsではMicrosoft Visual Studio、macOSではApple Xcodeだ。この節では、両方のプラットフォームで、これらの環境をセットアップする方法を簡単に説明する。

1.1.1 Microsoft Windows

Windowsでの開発で最も一般的なIDEは、今のところMicrosoft Visual Studioだ。Visual Studioは、C++ゲーム開発者にとって、最も一般的なIDEとなっている。ほとんどのPCゲームとコンソールゲームの開発者が、このIDEに強く引かれている。

本書では、Microsoft Visual StudioのCommunity 2017を使う。これは無償でダウンロードできる（URL https://www.visualstudio.com/downloads/）。Visual Studio Community 2017をインストールするには、Microsoft Windows 7以降が必要だ。

Visual Studioインストーラープログラムを実行すると、インストールしたい「ワークロード」を尋ねてくる。この時、少なくとも「C++によるゲーム開発」というワークロードを選択しよう。他にも必要なワークロードやオプションがあれば、それらも選択してかまわない。

Visual Studioにはさまざまなバージョンがある

Microsoft Visual Studioには、他にもVisual Studio CodeやVisual Studio for Macなど、別の製品がある。Visual Studio Community 2017をインストールするように注意しよう。

1.1.2 Apple macOS

macOSでは、Appleが、macOS/iOS/その他関連プラットフォーム用のプログラムを開発するため、Xcode IDEを提供している。本書のコードは、Xcode 8と9の両方で使える。ただし、Xcode 8にはmacOS 10.11 El Capitan以降が必要、Xcode 9にはmacOS 10.12 Sierra以降が必要だ。

Xcodeをインストールするには、App StoreでXcodeを検索すればよい。Xcodeを最初に実行した時、デバッグ機能を有効にするのか尋ねてくる。必ずYesと答えよう。

1.2 本書のソースコードを入手する

大多数のプロの開発者は、ソースコードの更新履歴を保存する（他にも多くの機能がある）**ソース管理**システム[訳注1]を利用している。ソース管理システムでは、たとえコードの変更によって予期しない（あるいは望ましくない）動きをしたとしても、以前の正しく動作するバージョンへと簡単に戻すことができる。また、ソース管理システムを使えば、開発者同士がとても簡単に共同作業できる。

最も人気の高いソース管理システムの1つが、Gitだ。これはもともと、Linuxで有名なLinus Torvaldsによって開発された。Gitでは、ソース管理する個々のプロジェクトを**リポジトリ**（repository）と呼ぶ。GitHub[訳注2]のウェブサイト（URL https://github.com）では、Gitリポジトリの作成や管理が簡単に行える。

本書のソースコードは、GitHubの URL https://github.com/gameprogcpp/code/ から入手できる。もし読者がGitシステムの扱いに慣れていなくても、単に緑色の［code］ボタンをクリックし、[Download ZIP]を選べば、本書のソースコードのすべてが入っている圧縮されたZIPファイルをダウンロードできる。

ZIPファイルのダウンロードではなくて、Gitを直接使いたいのであれば、次のコマンドラインでリポジトリをクローンすることができる。

```
$ git clone https://github.com/gameprogcpp/code.git
```

このコマンドは、macOSの「ターミナル」（terminal）でそのまま使えるが、Windowsユーザーは、まずGit for Windows（URL https://gitforwindows.org/）をインストールする必要がある[訳注3]。

ソースコードは、章ごとのサブディレクトリ（フォルダー）に入っている。例えば、この第1章のソースコードは、Chapter01というディレクトリにある。このディレクトリには、Microsoft Visual Studio用のChapter01-Windows.slnというファイルと、Apple Xcode用のChapter01-Mac.xcodeprojというプロジェクトファイルがある。先に進む前に、この章のコードがコンパイルできることを確認しておこう。

訳注1　Visual StudioでもXcodeでも、公式ドキュメントで「ソース管理」または「ソースコード管理」という用語が使われ、原著の表記もそれに従っているが、バージョン管理システムとも呼ばれる。

訳注2　GitHubは、Gitを使って、オンラインでソースコードを管理するサービスであり、ソース管理のデファクトスタンダードとなっている。Linusとの関係はなく、GitHub社により運営されている。

訳注3　Gitのインストールと使い方についての参考書は『独習 Git』（Rick Umali著、吉川邦夫訳、翔泳社、2016年）など。

1.3 C++標準ライブラリの次に

C++の標準ライブラリ（standard library）はテキストのコンソール入出力をサポートするだけで、何のグラフィックスライブラリも組み込まれていない。C++プログラムでグラフィックスを表示するには、数多くの外部ライブラリのいずれかを使う必要がある。

残念ながら、多くのライブラリは**プラットフォーム固有**のものだ。つまり、ただ1種類のオペレーティングシステム、あるいは1種類のコンピューターでしか使えない。例えばMicrosoft WindowsのAPI（Application Programming Interface）は、WindowsというOSがサポートするウィンドウや、その他のUI要素を作成することができる。

けれどもWindows APIは、AppleのmacOSでは使えない（理由は言うまでもないね）。同様に、macOSにも同様な機能を持つ独自のライブラリ群があるけれども、Windowsでは使えない。ゲームプログラマーなら、プラットフォーム固有なライブラリを避けてばかりもいられない。例えば、SonyのPlayStation 4向けのゲームを作る開発者は、Sonyが提供するライブラリを使わなければならない。

幸い、本書は、**クロスプラットフォーム**（cross-platform）ライブラリだけを使う。つまり、さまざまなプラットフォームで動作するライブラリしか使わない。本書のソースコードは、最近のバージョンのWindowsとmacOSで動作する。Linuxでの動作はテストしていないが、本書のゲームプロジェクトは、たいがいのLinuxでも使えるはずだ。

本書で使う基礎的なライブラリの1つは、Simple DirectMedia Layer（SDL：URL https://www.libsdl.org/ を参照）だ。SDLは、Cで書かれたクロスプラットフォームなゲーム開発ライブラリで、ウィンドウの作成、基本的な2Dグラフィックスの作成、入力の処理、オーディオ出力などの機能をサポートしている。SDLは非常に軽量なライブラリで、Microsoft Windows、Apple macOS、Linux、iOS、Androidを含む多くのプラットフォームで利用できる。

この最初の章で必要な外部ライブラリは、SDLだけだ。その先の章で必要になる他のライブラリは、そのつど紹介しよう。

1.4 ゲームループとゲームクラス

ゲームと他のプログラムとの大きな違いの1つは、ゲームは、プログラムの実行中、毎秒数十回もの高頻度で更新をしなくてはならないということだ。**ゲームループ**（game loop）は、ゲームプログラム全体の流れを制御するループである。他のループと同じく、ゲームループにも毎回実行されるコードがあり、繰り返し条件がある。ただしゲームループは、プレイヤーがゲームプログラムを終了しない限り、ループの実行を続ける。

ゲームループの1回の繰り返しが、1つの**フレーム**（frame）だ。ゲームが60**FPS**（フレーム毎秒）で動いているというのは、ゲームループが毎秒60回の繰り返しを完了することを意味する。多くのリアルタイムゲームが30FPSか60FPSである。これほど高速に繰り返しているので、ゲームは（実際には一定周期の間隔でしか更新されないのに）連続的に動いていると錯覚される。**フレームレート**（frame rate）という用語もFPSと同じ意味で、フレームレートが60というのは、60FPSと同じことだ。

1.4.1 フレームの中身

高いレベルから全体的な流れを見ると、ゲームは各フレームで次の３つのステップを実行する。

1. 入力があれば処理する
2. ゲームワールドを更新する
3. 出力するものを生成する

これら3つのステップは、一見して感じられるよりも深い。例えば入力処理（**1.**）で、キーボード、マウス、コントローラーといったデバイスからの入力を検出するのは当たり前のことだろう。だが、ゲームの入力は、それだけにはとどまらない。オンラインのマルチプレイヤーモードを考えてみよう。そういうゲームではインターネット経由でデータを受信するが、それらも入力である。モバイルゲームでは、カメラの映像やGPS情報も入力だろう。結局、「ゲームの入力が何か」という問題は、そのゲームの種類と実行されるプラットフォームに依存する。

ゲームワールドの更新（**2.**）とは、ゲームの世界にあるオブジェクトをすべてたどり、必要に応じて更新するという意味だ。オブジェクトは何百、あるいは何千もあるかもしれない。ゲームワールドに存在するキャラクターや、ユーザーインターフェイスのパーツはオブジェクトであり、ゲームに影響を与える他の要素も（たとえ見えていなくても）オブジェクトである。

出力を生成する（**3.**）で、最も自明な出力はグラフィックスだが、他にも多くの出力がある。例えばオーディオである（音響効果、音楽、会話などが含まれる）。他の例としては、コンソールゲーム機で多く見られる**フォースフィードバック**（force feedback）も挙げられるだろう。何かエキサイティングなことが起きれば、コントローラーが振動する。他に、オンラインのマルチプレイヤーゲームでは、インターネット経由で他のプレイヤーに送信されるデータも出力となるだろう。

このようなゲームループの形式を、古典的なアーケードゲームであるバンダイナムコエンターテインメントの**パックマン**（Pac-Man）を単純化したバージョンに適用してみよう。話をわかりやすくするため、ここでは、パックマンが迷路にいるところからいきなり始まるものとする。このゲームのプログラムは、パックマンが迷路を完走するか死ぬまで実行を続ける。この場合、ゲームループの「入力処理」段階で必要なのは、ジョイスティック入力を読むことだけだ。

ループの「ゲームワールド更新」段階では、ジョイスティック入力に基づいてパックマンを更新するほか、4種類のゴースト、ドット、およびユーザーインターフェイスも更新する。更新コードの一部では、パックマンがゴーストと接触したかどうかを判定しなければならない。また、パックマンは動きに応じてドット、パワーエサ、イジケ状態のゴーストやフルーツを食べるので、ループの更新部分では、何を食べたかをチェックする必要もある。ゴーストは完全にAIで制御されるので、それらを更新するロジックも必要だ。最後に、パックマンが何をしているかによって、UIとして表示するデータにも更新が必要かもしれない。

シングルスレッドとマルチスレッド

この形式のゲームループはシングルスレッド（single-threaded）である。つまり、複数のスレッドを同時に実行できる現代的なCPUの利点を活用しない。マルチスレッドをサポートするゲームループを作るのは、とても複雑な作業であり、それほど規模が大きくないゲームならば必要ない。マルチスレッドのゲームループについて学ぶには、この章の末尾にある「参考文献」に挙げているジェイソン・グレゴリー（Jason Gregory）の本が優れている。

古典的なパックマンゲームの「出力生成」段階では、オーディオと映像が出力となる。リスト1.1は、この単純化されたパックマンのゲームループを示す疑似コードだ。

リスト1.1 パックマンのゲームループの疑似コード

```
void Game::RunLoop()
{
    while (!mShouldQuit)
    {
        // 入力を処理
        JoystickData j = GetJoystickData();

        // ゲームワールドを更新
        UpdatePlayerPosition(j);

        for (Ghost& g : mGhost)
        {
            if (g.Collides(player))
            {
                // パックマンとゴーストの衝突を処理
            }
            else
            {
                g.Update();
            }
        }
```

```
        // パックマンがドットを食べる処理
        // ...

        // 出力を生成
        RenderGraphics();
        RenderAudio();
    }
}
```

1.4.2 ゲームクラスの骨組みを実装する

あなたは、ゲームループの基礎知識を身につけて、Gameクラスを作る準備ができた。Gameクラスには、ゲームループの実行と、ゲームの初期化と終了を行うコードを入れよう。もしあなたが、しばらくC++で書いていなければ、まずは本書の付録「中級C++の復習」を読むとよい（本書は、このあとも、読者がC++に親しんでいると思って書き進める）。さらに、この章の完全なソースコードを参照しながら読み進めると、すべての部品が組み合わさった全体像を理解しやすいだろう。

リスト1.2は、ヘッダーファイルGame.hにあるGameクラスの宣言である。この宣言はSDL_Windowポインタを参照するので、SDLのメインヘッダーファイルであるSDL/SDL.hもインクルードする必要がある（インクルードしたくないのなら、前方宣言を使ってもよい）。メンバー関数の名前は、ほとんどが説明不要だろう。例えばInitialize関数はGameクラスを初期化し、Shutdown関数はゲームを終わらせ、RunLoop関数はゲームループを実行する。そしてProcessInputとUpdateGameとGenerateOutputは、ゲームループの3つのステップ（入力処理とゲーム更新と出力生成）に対応する。

メンバー変数は、今のところウィンドウへのポインタ（これはInitialize関数の中で作成する）と、ゲームループを続行するか否かを示すbool型のフラグがあるだけだ。

リスト1.2 Gameクラスの宣言

```
class Game
{
public:
    Game();
    // ゲームを初期化する
    bool Initialize();
    // ゲームオーバーまでゲームループを実行する
    void RunLoop();
    // ゲームをシャットダウンする
    void Shutdown();
private:
```

```
    // ゲームループのためのヘルパー関数群
    void ProcessInput();
    void UpdateGame();
    void GenerateOutput();

    // SDL が作るウィンドウ
    SDL_Window* mWindow;
    // ゲームの続行を指示する
    bool mIsRunning;
};
```

宣言を終えたら、Game.cppにメンバー関数を実装していく。コンストラクターでは、ただ単にmWindowをnullptrに、mIsRunningをtrueに初期化する。

Game::Initialize

Initialize関数は、初期化に成功したらtrueを、失敗したらfalseを返す。ここではSDLライブラリを、SDL_Init関数で初期化する必要がある。この関数の引数は1つだけで、個々のサブシステムを初期化するフラグのビット和である。今のところ、初期化する必要があるのはビデオサブシステムだけであり、次のようにする。

```
int sdlResult = SDL_Init(SDL_INIT_VIDEO);
```

SDL_Initが返すのは整数だ。返り値の整数がゼロでなかったら、それは初期化に失敗したことを意味する。この場合、Game::Initializeはfalseを返さなければならない。SDLなしではゲームの実行を続けられないからだ。

```
if (sdlResult != 0)
{
    SDL_Log("SDL を初期化できません : %s", SDL_GetError());
    return false;
}
```

SDL_Log関数は、SDLでメッセージをコンソールに出力する簡単な方法である。この関数がサポートする構文は、Cのprintf関数と同じで、例えばC言語スタイルの文字列変数は%s、整数は%dを使って整形出力できる。SDL_GetError関数は、エラーメッセージをC言語のスタイルで返してくれるので、%sのパラメーターとして、SDL_Logにエラーメッセージを渡す。

SDLには、SDL_Initで初期化できるサブシステムが、いくつも含まれている。表1.1に、最も一般的なサブシステムを示す。すべてのリストは、SDL APIリファレンス（URL https://

wiki.libsdl.org/）にある[訳注4]。

表1.1　SDLで注目すべきサブシステムのフラグ

フラグ	サブシステム
SDL_INIT_AUDIO	オーディオデバイスの管理、再生、録音
SDL_INIT_VIDEO	ビデオサブシステム。ウィンドウの作成、OpenGLとのインターフェイス、2Dグラフィックス処理
SDL_INIT_HAPTIC	フォースフィードバック（振動など）のサブシステム
SDL_INIT_GAMECONTROLLER	コントローラ入力デバイスをサポートするためのサブシステム

SDLの初期化に成功したら、次のステップとして**SDL_CreateWindow**関数でウィンドウを作る。これは、WindowsやmacOSのプログラムにおける通常のウィンドウと同じものだ。**SDL_CreateWindow**関数の引数は、ウィンドウのタイトル、ウィンドウ左上隅のx/y座標、ウィンドウの幅と高さ、さらにオプションとしてウィンドウ作成フラグも指定できる。

```
mWindow = SDL_CreateWindow(
    "Game Programming in C++ (第1章)", // ウィンドウのタイトル
    100,    // ウィンドウ左上隅のx座標
    100,    // ウィンドウ左上隅のy座標
    1024,   // ウィンドウの幅（width）
    768,    // ウィンドウの高さ（height）
    0       // フラグ（設定しない時は0）
);
```

SDL_Initと同様に、**SDL_CreateWindow**でも呼び出しが成功したことを確認すべきだ。もし失敗したら、**mWindow**は**nullptr**になるので、次のチェックを追加しよう。

```
if (!mWindow)
{
    SDL_Log("ウィンドウの作成に失敗しました: %s", SDL_GetError());
    return false;
}
```

初期化のフラグと同じように、ウィンドウ作成にも、表1.2のようなフラグが使える。この場合もビット和を使って複数のフラグを渡すことが可能だ。多くの商用ゲームはフルスクリーンモードだが、ウィンドウモードで実行するとコードのデバッグが速くなる。本書でフルスクリーンモードを避けているのは、それが理由だ。

訳注4　邦訳では「SDL 2.0 日本語リファレンスマニュアル」（URL https://ja.osdn.net/projects/sdl2referencejp/）がある。

表1.2 ウィンドウ作成用の主なフラグ

フラグ	結果
SDL_WINDOW_FULLSCREEN	フルスクリーンモードを使う
SDL_WINDOW_FULLSCREEN_DESKTOP	現在のデスクトップの解像度でフルスクリーンモードを使う（SDL_CreateWindowの幅と高さのパラメーターは無視する）
SDL_WINDOW_OPENGL	OpenGLグラフィックスライブラリを使う
SDL_WINDOW_RESIZABLE	ユーザーがウィンドウの大きさを変えられる

SDLの初期化とウィンドウ作成に成功したら、Game::Initializeはtrueを返す。

Game::Shutdown

Shutdown関数はInitializeの逆を行う。まずSDL_DestroyWindowを使ってSDL_Windowを破棄し、それからSDL_QuitでSDLを終わらせる。

```
void Game::Shutdown()
{
    SDL_DestroyWindow(mWindow);
    SDL_Quit();
}
```

Game::RunLoop

RunLoop関数は、ゲームループを繰り返し実行するが、もしmIsRunningがfalseになったら繰り返しをやめる。ゲームループの各段階に対応する3つのヘルパー関数を宣言しているので、RunLoopは、ループの中で、これらのヘルパー関数を呼び出すだけでよい。

```
void Game::RunLoop()
{
    while (mIsRunning)
    {
        ProcessInput();
        UpdateGame();
        GenerateOutput();
    }
}
```

今のところ、これらのヘルパー関数は、まだ実装されていない。つまり、ループに入っても、このゲームは何もしない。この章の残りの部分で、Gameクラスの構築を続けて、ヘルパー関数を実装していく。

1.4.3 main関数

Gameクラスはゲームの振る舞いをカプセル化するのに便利だが、どんなC++プログラムでも入り口はmain関数だ。リスト1.3のようなmain関数を実装する必要がある（Main.cppの中で）。

リスト1.3 mainの実装

```
int main(int argc, char** argv)
{
    Game game;
    bool success = game.Initialize();
    if (success)
    {
        game.RunLoop();
    }
    game.Shutdown();
    return 0;
}
```

mainでは、最初にGameクラスのインスタンスを作る。次に呼び出すInitializeは、ゲームの初期化に成功したらtrueを、そうでなければfalseを返す。ゲームを初期化できたら、RunLoopを呼び出してゲームループに入る。最後に、ループが終わったらゲームをShutdownする。

以上のコードをコンパイルできたら、もうゲームプロジェクトを実行できる。図1.1のような空白のウィンドウが表示されるだろう（ただしmacOSでは、このウィンドウが白ではなく黒になるかもしれない）。1つ問題がある。ゲームが永久に終わらないのだ。メンバー変数mIsRunningの値を更新するコードがないので、ゲームループは決して終わらず、RunLoop関数は決してリターンしない。このあと、プレイヤーがゲームを終了できるようにして、この問題に対処しよう。

図1.1 空白のウィンドウを作る

1.4.4 基本的な入力処理

デスクトップマシンのOSでは、ユーザーがアプリケーションのウィンドウに対して行える操作が、必ずいくつかある。例えば、ウィンドウを動かしたり、最小化／最大化したり、ウィンドウを（そしてプログラムを）クローズできる。これらさまざまな操作の処理には、イベントを使うのが一般的だ。ユーザーが何か操作した時、プログラムはOSからイベントを受け取り、自身が選ぶイベントだけに応答することができる。

SDLでは、OSから受け取ったイベントを内部のキューで管理する。このキューには、入力デバイスに関するイベントだけでなく、さまざまなウィンドウ操作のイベントも含まれる。フレームごとにイベントがないかキューを調べて、キューに入っている個々のイベントについて、処理を行うか無視するかを選ぶ。ある種のイベント（例えばウィンドウを動かす操作）は、ただ無視するだけでSDLが自動的に処理してくれる。他のイベントの場合、イベントを無視すれば何も起こらない。

イベントも一種の入力なので、イベント処理は`ProcessInput`の中で実装するのが合理的だ。イベントキューでは、1フレームに複数のイベントが入っている可能性があるので、キューにあるすべてのイベントをループ処理する必要がある。`SDL_PollEvent`関数は、キューにイベントがあれば`true`を返す。そのため`ProcessInput`の基本的な実装は、`true`が返される限り、`SDL_PollEvent`を呼び出す形になる。

```
void Game::ProcessInput()
{
    SDL_Event event;
    // キューにイベントがあれば繰り返す
    while (SDL_PollEvent(&event))
    {
    }
}
```

`SDL_PollEvent`関数の引数は、`SDL_Event`型のポインタである。これには、キューから取り出したイベントの情報が入る。

この`ProcessInput`によって、ゲームは応答性を持つが、まだプレイヤーがゲームを終わらせる手段はない。なにしろ、これはキューからすべてのイベントを取り出すだけで、他には何もしていないのだから。

`SDL_Event`のメンバーである`type`変数には、受け取ったイベントの種類が入る。よくあるアプローチとしては、`PollEvent`のループの内側で、その`type`による`switch`を作る。

```
SDL_Event event;
while (SDL_PollEvent(&event))
{
```

```
    switch (event.type)
    {
        // ここで各種のイベントを処理する
    }
}
```

ここで便利なイベントがSDL_QUITだ。これはユーザーが（[×]（閉じる）ボタンをクリックするか、キーボードショートカットを使って）ウィンドウを閉じようとした時に、ゲームが受け取るイベントだ。そこで、キューにSDL_QUITイベントがあればmIsRunningにfalseを設定するようにコードを修正しよう。

```
SDL_Event event;
while (SDL_PollEvent(&event))
{
    switch (event.type)
    {
        case SDL_QUIT:
            mIsRunning = false;
            break;
    }
}
```

これで、ゲーム中にウィンドウの［×］ボタンをクリックすれば、RunLoopの内側のwhileループが停止するようになる。その結果、ゲームはシャットダウンしてプログラムが終了する。ところで、ユーザーがエスケープ（[ESC]）キーを押した時にゲームを停止するには、どうすればよいだろうか。対応するキーボードイベントをチェックするのも可能だが、もっと簡単なアプローチに、SDL_GetKeyboardStateでキーボード全体の状態を把握するという方法がある。この関数は「キーボードの現在の状態が格納された配列」へのポインタを返す。

```
const Uint8* state = SDL_GetKeyboardState(NULL);
```

この配列のインデックス参照で、特定のキーを確認できる。インデックスには、キーに対応するSDL_SCANCODE列挙型の値を使う。例えば次のコードは、もしユーザーが［ESC］キーを押したらmIsRunningをfalseにする。

```
if (state[SDL_SCANCODE_ESCAPE])
{
    mIsRunning = false;
}
```

これらを組み合わせると、**ProcessInput**はリスト1.4のバージョンになる。これなら、ゲームの実行中にウィンドウを閉じるか［ESC］キーを押すことで、ゲームを終了できる。

リスト1.4 Game::ProcessInputの実装

```
void Game::ProcessInput()
{
    SDL_Event event;
    while (SDL_PollEvent(&event))
    {
        switch (event.type)
        {
            // SDL_QUIT イベントならば、ループを終える
            case SDL_QUIT:
                mIsRunning = false;
                break;
        }
    }
    // キーボードの状態を取得する
    const Uint8* state = SDL_GetKeyboardState(NULL);
    // ［ESC］キーが押されていても、ループを終える
    if (state[SDL_SCANCODE_ESCAPE])
    {
        mIsRunning = false;
    }
}
```

1.5 基本的な2Dグラフィックス

ゲームループの「出力生成」段階を実装するには、ゲームで使われる2D（2次元）グラフィックスの仕組みをいくらか理解する必要がある。

今日のほとんどのディスプレイは（テレビも、コンピューターのモニターも、タブレットもスマートフォンも）**ラスターグラフィックス**（raster graphics）を使っている。つまり、ディスプレイには、**ピクセル**（pixel）と呼ばれる画素（picture elements）が2次元の格子（グリッド）状に並んでおり、個々のピクセルは異なる色の光を異なる強さで発することができる。個々の輝度と色の組み合わせによる多数のピクセルを見る人は、つながった「1つの画像」として全体を認識する。ラスター画像の一部を拡大すると、図1.2のように、個々のピクセルを判別できる。

図1.2　画像の一部を拡大すると、画面を構成する個々のピクセルを判別できる

ラスターディスプレイの**解像度**（resolution）は、ピクセルグリッドの幅と高さのことだ。例えば、一般に1080pと呼ばれる1920×1080の解像度とは、横に1920個のピクセルを並べた行が、縦に1080個連なっているという意味だ。同様に、4Kと呼ばれる3840×2160の解像度では、3840ピクセルの行が2160個連なっている。

カラーディスプレイは、個々のピクセルが発する色を複数足し合わせて色彩を作る。一般的なアプローチの1つは、赤（red）、緑（green）と、青（blue）の3色（**RGB**）の混ぜ合わせだ。これら3成分の輝度を変えることで、広範囲の色をカバーする。その領域は**色域**（gamut）と呼ばれる。最新のディスプレイには、RGB以外の色フォーマットをサポートするものも多いが、ほとんどのゲームでは、最終的にはRGBで出力される。モニターに表示される際、RGB値が他のフォーマットに変換されるかどうかは、ゲームプログラマーの守備範囲外の話だ。

といっても、ゲームでは、グラフィックス計算の都合上、内部的に別の形式で色を表現することも多い。例えば、多くのゲームは、内部的な**アルファ値**（alpha value）によって半透明をサポートしている。**RGBA**という略称は、RGBの3色にアルファ成分を加えたという意味だ。アルファ成分を追加することで、例えばガラス窓のようなゲーム内オブジェクトに、透明度を持たせることが可能になる。しかし、半透明を直接サポートするディスプレイは存在しないので、ゲームは最終的にRGBの色を作る必要があり、その計算の過程で半透明を加味していく。

1.5.1 カラーバッファ

ディスプレイがRGBの画像を写すには、個々のピクセルの色を知る必要がある。コンピューターグラフィックスではメモリ内の**カラーバッファ**（color buffer）という場所に、画面全体の色情報が置かれる。ディスプレイは、カラーバッファを参照して画面を描画していく。カラーバッファは、2次元の配列と考えればよい。1つのインデックス(x, y)が、画面上の1ピクセルに対応する。ゲームループの「出力生成」段階では、グラフィカルな出力を、カラーバッファに毎フレーム書き込んでいく。

カラーバッファが、どれほど多くのメモリを使うかは、個々のピクセルを表現するビット数に依存する。これを**色深度**（color depth）と呼ぶ。例えば、一般的な24ビットの色深度では、RGBのそれぞれに8ビットが使われる。それによって 2^{24} 色、すなわち16,777,216通りの色が使えるわけだ。もしゲームで8ビットのアルファ値も格納したければ、個々のピクセルのカラーバッファは32ビットとなる。ターゲットの解像度が1080p (1920 × 1080)で、ピクセルごとに32ビットを使うのなら、1920 × 1080 × 4バイト、およそ7.9MBになる。

Note

「フレームバッファ」という用語

多くのゲームプログラマーは、フレームごとの色データを格納するメモリ位置を、フレームバッファ(frame buffer)とも呼んでいる。けれども、より厳密な定義によれば「フレームバッファ」は、カラーバッファと他のバッファ（デプスバッファやステンシルバッファなど）との組み合わせを意味する。はっきりさせるために、本書では個々のバッファを、それぞれ固有の名前で呼ぶ。

最近のゲームには、RGBの各成分に16ビットを使って色数を増やしているものがある。もちろんカラーバッファのメモリ量は倍になり、1080pでは約16MBが使われる。ほとんどのビデオカードには何ギガバイトものビデオメモリがあるので、その程度は問題ないと思われるかもしれない。けれども最先端のゲームでは、あるところで8MB、別のところで8MBと、ビデオメモリはすぐに消費され、全体では足りなくなってくる。なお、本書執筆の時点で、ほとんどのディスプレイは16ビット成分の色深度をサポートしていないが、8ビットもより大きな色深度をサポートするディスプレイは、いくつかのメーカーからすでに発売されている。

色成分1つに8ビットを使うとして、その値をコードで参照するには2つの方法がある。1つのアプローチは、成分すなわち**チャネル**（channel）のビットに直接対応する符号なし整数を使う。つまり、チャネルごとに8ビットの色深度では、各チャネルの値は0から255までとなる。もう1つのアプローチは、これらの整数値を`0.0`から`1.0`までの範囲の小数値に正規化する。

小数値を使うと、ハード的な色深度が違っても、同じ値ならだいたい同じ色が得られるというメリットがある。例えば、正規化されたRGB値(1.0, 0.0, 0.0)からは、赤の最大値が255でも（8ビット成分）、65535でも（16ビット成分）、純粋な赤が得られる。ところが符号なし整数のRGB値(255, 0, 0)から純粋な赤が得られるのは、8ビット成分の色深度に限られる。16ビット成分なら、(255, 0, 0)は、ほとんど真っ黒だ。

これら2つの表現を変換するのは簡単だ。符号なし整数値を与えられた時、符号なし整数の最大値で割れば、正規化された値が得られる。逆に、正規化された小数の値に、符号なし整数の最大値を掛ければ、符号なし整数値が得られる。今は、符号なし整数値を使おう。SDLライブラリが、そういうデータを期待するからだ。

1.5.2 ダブルバッファ

この章で前述したように、ゲームは1秒に何十回も（一般に30FPSや60FPSの速度で）更新される。もしカラーバッファを同じ頻度で更新すれば、動きの錯覚が生まれる。それは「ぱたぱたアニメ」の絵本を素早くめくると、描かれているものが動いて見えるのと同じだ。

ところで、ディスプレイの更新周波数を表す**リフレッシュレート**（refresh rate）は、ゲームのフレームレートと違うかもしれない。例えば、ほとんどのNTSC規格のディスプレイは、リフレッシュレートが59.94Hzである。つまり、毎秒60回よりわずかに少ない頻度で更新される。また、最近は144Hzのリフレッシュレートを持つ新型の（ゲーミング）モニタがあって、倍以上も高速に更新される。

なお、現在のディスプレイ技術では、画面を一瞬のうちに全部更新することができない。更新には必ず何らかの順番がある（つまりグリッドを行ごとか、列ごとに書き換える）。ディスプレイの更新パターンがいずれでも、全画面の更新には、わずかだが時間がかかる。

ゲーム側でカラーバッファに書き込み、ディスプレイが同じカラーバッファから読み出す様子を想像してみよう。フレームレートによるゲームの更新タイミングは、モニタのリフレッシュレートと一致しないので、ゲームがバッファへの書き込みを行っている最中に、ディスプレイがカラーバッファから読み出すことが十分にありうる。これが問題になる。

例えば、ゲームがフレームAの画像データをカラーバッファに書き込むとする。次にディスプレイが、フレームAを画面に映すため、カラーバッファからの読み出しを始める。ここで、ディスプレイがフレームAを画面に描き終える前に、ゲーム側で同じカラーバッファに、フレームBの画像データを上書きしたとしよう。画面にはフレームAの一部とフレームBの一部の両方が表示されるため、継ぎ目で両者がずれてしまう。図1.3は、この**画面のティアリング**（screen tearing）と呼ばれる問題を示している。

図1.3 カメラを右にパンする時に生じるティアリング（シミュレーション）

画面のティアリングを防止するには2つの修正が必要だ。まず、カラーバッファが1個だと、ゲームとディスプレイが同じバッファを共有せざるをえないので、2個の別々のカラーバッファを作る。そうすればゲームとディスプレイは、フレームごとに使うフレームバッファを交替して使える。つまりバッファが2つあれば、ゲーム側で**バックバッファ**（back buffer）という片方のバッファに書き込んでいる間、同時にディスプレイ側で、もう1つの**フロントバッファ**（front buffer）から安全に読み出すことができる。フレームが完了したら、ゲームとディスプレイが、それぞれのバッファを交換する。2つのカラーバッファを使うので、このテクニックは**ダブルバッファ**（double buffering）と呼ばれる。

具体的な例として、図1.4のプロセスを見よう。フレームAでは、ゲームが画像出力をバッファXに書き込み、ディスプレイはバッファYを画面に表示する（これは空である）。この処理が完了すると、ゲームとディスプレイが、利用するバッファを交換する。次のフレームBでは、ゲーム側で出力する画像はバッファYに描き込まれ、ディスプレイはバッファXを画面に表示する。フレームCで、ゲームはバッファXに戻り、ディスプレイがバッファYに戻る。ゲームが終了するまで、こうして2つのバッファの交換を続けていく。

ただし、ダブルバッファを使えば、画面のティアリングが排除されるわけではない。もしゲームがバッファXへの書き込みを開始する時に、ディスプレイがバッファXの内容を読み出していたら、やはり画面のティアリングが発生する。ただし、それが起きるのは、通常、ゲームの更新が速すぎる場合に限られる。この問題の解決策は、ディスプレイがバッファの読み出しを終えるまで待ってから、バッファを交換することだ。言い換えれば、ゲームがバッファXに戻したい時に、ディスプレイがバッファXの内容を、まだ描画しているのなら、ゲームはディスプレイがバッファXの描画を完了するまで待たなければならない。開発者たちは、このアプローチを**垂直同期**（vertical synchronization）あるいは**vsync**と呼んでいる。これはモニタが画面をリフレッシュする時に送出する信号に由来する名前だ。

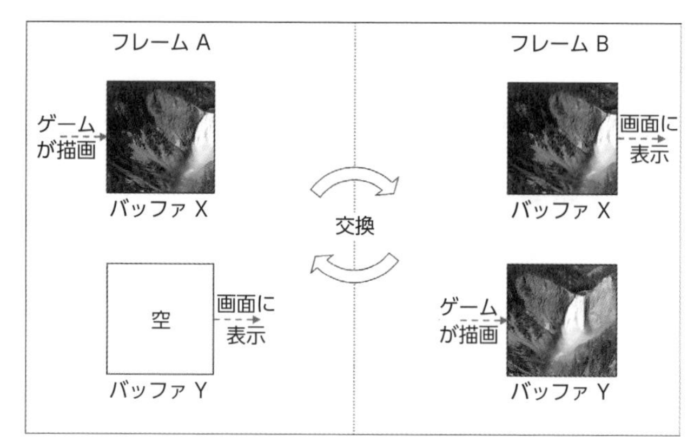

図1.4 ダブルバッファでは、ゲームとディスプレイが使うバッファをフレームごとに交換する

垂直同期を導入すると、ディスプレイ側が交替可能になるまで、ゲーム側が（ほんの一瞬だが）待たなければならない場合があるだろう。その時、ゲームループは、本来想定する30FPSまたは60FPSのフレームレートを正確に達成できないかもしれない。一部のプレイヤーは、待ちによって起きるフレームレートの乱れが容認できないと主張する。だからvsyncを有効にすべきかどうかは、ゲームやプレイヤーによって異なる判断が下される。vsyncをエンジンのオプションとして提供して、「時々画面がティアリングする」か、「時々フレームレートが乱れる」か、どちらかをユーザーが選べるようにしてもよいだろう。

最近はディスプレイ技術の進化によって、このジレンマを解決するアイデアが生まれている。それが、ゲームによって更新を変える**適応型リフレッシュレート**（adaptive refresh rate）だ（適応同期とも適応垂直同期とも呼ばれる）。このアプローチでは、ディスプレイからゲームに対して更新タイミングを通知するのとは反対に、ゲームがディスプレイに対してリフレッシュするタイミングを知らせる。これによってゲームとディスプレイが同期する。これは画面のティアリングとフレームレートの乱れの両方を解決するので、両者のよいところが得られる。だが、残念ながら本書執筆の時点では、適応型リフレッシュのテクノロジーは、ある種のハイエンドなコンピューターモニターでしか利用できない。

1.5.3 基本的な2Dグラフィックスの実装

SDLには、2Dグラフィックスを描画するためのシンプルな関数群が備わっている。この章の主題は2Dなので、当面これらの関数でこと足りる。第5章「OpenGL」からは、グラフィックスライブラリをOpenGLライブラリに切り替える（こちらは2Dと3Dの両方をサポートする）。

初期化とシャットダウン

SDLのグラフィックス用コードを使うには、`SDL_CreateRenderer`関数で`SDL_Renderer`を作る必要がある。**レンダラー**（renderer）というのは、2D/3D問わずグラフィックスを描画するシステムを意味する。何かを描画しようとするたびに、この`SDL_Renderer`オブジェクトを参照する必要が生じるので、まずは`Game`にメンバー変数`mRenderer`を追加しよう。

```
SDL_Renderer* mRenderer;
```

次に`Game::Initialize`で、ウィンドウを生成したあとに、SDLレンダラーを作成する。

```
mRenderer = SDL_CreateRenderer(
    mWindow,   // 作成するレンダラーの描画対象となるウィンドウ
    -1,        // 通常は -1
    SDL_RENDERER_ACCELERATED | SDL_RENDERER_PRESENTVSYNC
);
```

SDL_CreateRendererの第1引数は、(mWindowに保存した) ウィンドウへのポインタである。第2引数では、使うグラフィックスドライバーを指定する。これはゲームが複数のウィンドウを持つ時に意味があるが、今はウィンドウが1つなので、デフォルトの-1を使う（こうすればSDLが決めてくれる)。他のSDL作成用関数と同じく、最後の引数は初期化フラグ用だ。ここでは高速処理されるレンダラーを（つまりグラフィックスハードウェアの機能を）利用し、垂直同期を有効にする。SDL_CreateRendererで注意すべきフラグは、この2つだけだ。

SDL_CreateWindowと同じように、SDL_CreateRenderer関数はレンダラーの初期化に失敗したらnullptrを返す。そしてSDLの初期化と同じく、Game::Initializeも、レンダラーが初期化に失敗したらfalseを返す。

レンダラーを終了するには、ただGame::ShutdownにSDL_DestroyRendererの呼び出しを追加するだけでよい。

```
SDL_DestroyRenderer(mRenderer);
```

基本的な描画設定

ゲーム用グラフィックスライブラリにおいて、描画の全体的な流れは、通常、次の3つのステップとなる。

1. バックバッファ（ゲームのカレントバッファ）を単色でクリアする
2. ゲームのシーン全体を描画する
3. フロントバッファとバックバッファを交換する

まずは、第1と第3のステップを設定しよう。グラフィックスは出力の一種なので、グラフィックス描画のコードはGame::GenerateOutputに入れるのが合理的だ。

バックバッファをクリアするには、まずは描画色をSDL_SetRenderDrawColorで指定する。この関数はレンダラーへのポインタを受け取るほか、RGBAの4成分を（それぞれ0から255までの値で）受け取る。例えば、**不透明度**（opacity）が100%の青を描画色にするには、次のように書く。

```
SDL_SetRenderDrawColor(
    mRenderer,
    0,      // R
    0,      // G
    255,    // B
    255     // A
);
```

次にSDL_RenderClearを呼び出して、バックバッファを現在の描画色でクリアする。

```
SDL_RenderClear(mRenderer);
```

次のステップはゲームシーン全体の描画だが、今は飛ばそう。

最後に、SDL_RenderPresentを呼び出して、フロントバッファとバックバッファを交換する。

```
SDL_RenderPresent(mRenderer);
```

以上のコードを実行すると、図1.5のような、青で塗りつぶされたウィンドウが現れる。

図1.5　ゲームが青い背景を描画する

1.5.4 壁とボールとパドルの描画

この章のゲームプロジェクトは、古典的なPong（ポン）の変種で、ボールが画面を跳ね回り、プレイヤーはボールを打つパドル（ラケット）を制御する。Pongの変種を作るのは、意欲のあるゲーム開発者なら誰もが経験する通過儀礼で、最初にプログラミングを覚えた時に「Hello World」プログラムを書くのと似たようなものだ。このセクションでは、Pongのオブジェクトを例として、長方形（rectangle）の描画を説明する。これらはゲームワールドのオブジェクトなので、GenerateOutputの中で描画を行う。描画は、バックバッファをクリアしたあと、フロントバッファとバックバッファを交換する前に行う。

SDLで塗りつぶされた長方形（filled rectangle）を描くには、SDL_RenderFillRectを使う。この関数は、境界を表すSDL_Rectを受け取り、現在の描画色を使って塗りつぶされた長方形を描画する。もちろん、描画色が背景色と同じままだと見えないので、描画色を白に変えないといけない。

```
SDL_SetRenderDrawColor(mRenderer, 255, 255, 255, 255);
```

次に、長方形の描画にSDL_Rect構造体を使ってサイズを指定する必要がある。このデータには4つの引数がある。画面での位置を決めるために、その左上隅の x / y 座標を指定し、さらに幅と高さを指定する。SDLのレンダリングでは、他の多くの2Dグラフィックスライブラリと同じく、画面左上隅の座標が(0, 0)であり、それより x が大きければ右に、 y が大きければ下に配置される。

例えば、もし長方形の壁を画面の上端に描きたければ、SDL_Rect型で次のように宣言する。

```
SDL_Rect wall{
    0,          // 左上隅の x
    0,          // 左上隅の y
    1024,       // 幅
    thickness   // 高さ
};
```

ここで左上隅の x / y 座標は $(0, 0)$ なので、長方形は画面の左上に置かれる。幅を1024にしたのはウィンドウの幅に合わせたからだ（ただし、ハードコーディングでウィンドウのサイズを決めるのは一般に問題のある書き方で、以降の章では、こういった想定を捨てる)。一方、変数のthicknessはconst int型で、値を15に設定している。こう書けば壁の厚みをあとから調整しやすくなる。

最後に、長方形を描くためSDL_RenderFillRectを呼び出す。SDL_Rect型の壁をポインタで渡している(&wall)。

```
SDL_RenderFillRect(mRenderer, &wall);
```

これで、ゲームは画面の上部に壁を描画する。下の壁と右の壁も、単にSDL_Rectのパラメーターを変化させるだけで、同様なコードで描画できる。例えば下の壁ならサイズは上の壁と同じにして、左上隅の y 座標を、768 - thicknessにすればよいだろう。

残念ながら、ボールとパドル（あるいはラケット）はハードコーディングできない。どちらのオブジェクトも、結局はループのUpdateGame段階で動かすことになる。ボールとパドルは、どちらもクラスで表現するのが合理的だが、その話は第2章「ゲームオブジェクトと2Dグラフィックス」まで待ってほしい。今はただ、メンバー変数に両方のオブジェクトの中心位置を保存し、それらの位置を基に、それぞれの長方形を描く。

まずは、 x と y の両成分を持つ単純なVector2構造体を宣言しよう。

```
struct Vector2
{
    float x;
    float y;
};
```

これはベクトルで、std::vectorとは違う。今は座標値の単純なコンテナだと考えてよい。ベクトルの話は、第3章「ベクトルと基礎の物理」で、より深く論じる。

次に、2つのVector2をメンバー変数としてGameに追加する。1つはパドルの位置(mPaddlePos)、もう1つはボールの位置だ(mBallPos)。そしてゲームのコンストラクターで、これらを適切な値で初期化する。ボールは画面の中心、パドルは画面左側の真ん中に置こう。

これらのメンバー変数を準備すれば、GenerateOutputでボールとパドルを描画できる。ただし、これらのメンバー変数がパドルとボールの*中心の座標*を表すのに対して、SDL_Rectは*左上の座標*で定義するということを忘れないようにしよう。中心の座標から左上の座標に変換するのは簡単で、それぞれ x 座標からは幅の半分、 y 座標からは高さの半分を差し引けばよい。例えば次の四角形はボールに使える。

```
SDL_Rect ball{
    static_cast<int>(mBallPos.x - thickness/2),
    static_cast<int>(mBallPos.y - thickness/2),
    thickness,
    thickness
};
```

ここでのstatic_cast演算子は、mBallPos.xとmBallPos.yをfloatからint整数に変換する(SDL_Rectはintを使う)。パドルを描画する時も同様な計算を行えばよいが、異なる幅と高さを持つ。

以上の長方形によって、ゲームの基本的な描画は、図1.6のようになる。次のステップは、ボールとパドルを動かすUpdateGame段階の実装だ。

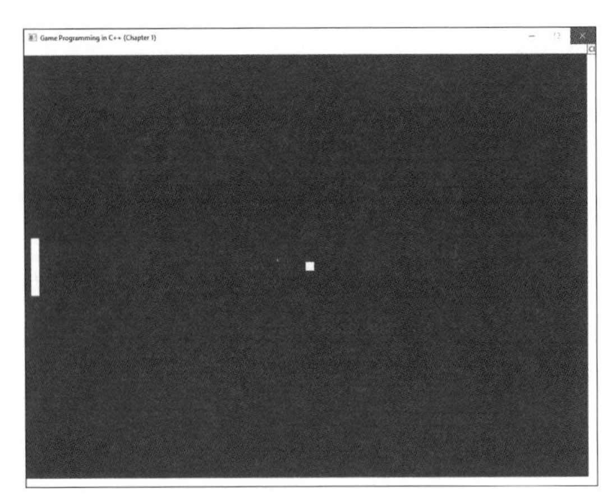

図1.6　壁とパドルとボールを描画

1.6 ゲームの更新

ほとんどのビデオゲームには、「時間の経過」という概念がある。リアルタイムゲームなら、時間の経過は秒より短い単位で計る。例えば30FPSで実行されるゲームでは、次のフレームまでに、おおよそ33ミリ秒（ms）が経過する。ゲームが連続的に動くように見えるのは錯覚にすぎないことを思い出そう。ゲームループは、1秒間に何度も実行され、繰り返されるたびに「離散的な時間のステップ」でゲームを更新する（連続的に更新するわけではない）。したがって、30FPSのゲームループでは、更新されるたびに、33msの時間経過をシミュレートしなければならない。この節では、離散的な時間の経過を、プログラムでどのように考えればいいのか見ていこう。

1.6.1 実時間とゲーム時間

現実の世界で経過する**実時間**（real time）と、ゲームの世界で経過する**ゲーム時間**（game time）とを区別することが重要だ。実時間とゲーム時間は、しばしば一対一で対応するが、常にそうとは限らない。例えば、ゲームには一時停止するポーズ（pause）の状態がある。その間、現実の世界で長い時間が経過しようと、ゲームはまったく進行しない。プレイヤーがポーズを解除するまで、ゲーム時間は更新されない。

実時間とゲーム時間が分離する機会は、他にも数多く存在する。例えば、ゲームのスピードを落とす「バレットタイム」（bullet time）というゲームプレイ機構[訳注5]が、ある種のゲームでは特色となっている[訳注6]。その場合、ゲーム時間の更新は実際の時間より、ずっと低速で行われる。反対に、多くのスポーツゲームは「スピードアップタイム」（sped-up time）を特色とする。

訳注5　銃弾戦で世界がスローモーションになり、自分が加速した感覚が得られる。
訳注6　ゲーム「Max Payne 3」の日本語解説付き動画が、URL https://www.rockstargames.com/jp/videos/video/10061 にある。

アメリカンフットボールのゲームでは、プレイヤーが15分クォーターの間じっと座り続けている必要はなく、急ぎたければ更新速度を2倍にできるので、クォーターが7.5分に縮まる。また、時間を逆転させるゲームもある。例えば「**プリンス・オブ・ペルシャ 時間の砂**」(Prince of Persia: The Sands of Time)には、ある時点までプレイヤーが時間を遡(さかのぼ)ることができるユニークな機構がある。

このように、さまざまな手法で実時間とゲーム時間は分かれるので、ゲームループの「ゲーム更新」の段階では、経過したゲーム時間を考えなくてはならない。

1.6.2 「デルタタイムの関数」としてのロジック

初期のゲームプログラマーにとっては、「プロセッサは一定の速度で動くので、フレームレートは固定される」というのが当たり前だった。つまり、プログラマーは8MHzのプロセッサを前提としてコーディングでき、そのプロセッサで正しく動作するコードに問題はなかった。固定フレームレートでは、敵の位置を更新するコードは、次のようなものでよかった。

```
// x位置を5ピクセル移動
enemy.mPosition.x += 5;
```

このコードが8MHzのプロセッサで敵を所定の速度で動かすとして、16MHzのプロセッサではどうなるだろうか。当然、ゲームループは倍速で回り、敵も倍速で動くだろう。その差は、プレイヤーにとって、挑戦しがいのあるゲームと、プレイが不可能なゲームの違いになりうる。このゲームを何千倍も高速な現代のプロセッサで実行したらどうなるだろうか。一瞬のうちにゲームオーバーだ!

この問題を解決するために、**デルタタイム**(delta time)を使う。それは最後のフレームから今までに経過した時間の長さだ。デルタタイムを使うように上記のコードを書き換えるには、1フレームに何ピクセル動かすかではなく、1秒間に何ピクセル動かすか、と考える。理想的なスピードが毎秒150ピクセルなら、次のようにコーディングすることで、はるかに高い柔軟性が得られる。

```
// x位置を 150 ピクセル/秒 で更新
enemy.mPosition.x += 150 * deltaTime;
```

これでフレームレートが違ってもコードは正しく動作する。30FPSなら、デルタタイムは約0.033。だから敵は1フレームに5ピクセルずつ動き、1秒では合計150ピクセルとなる。60FPSなら、敵は1フレームに2.5ピクセルしか動かないが、合計すれば毎秒150ピクセルの動きになる。敵の動きは60FPSのほうが、滑らかになるけれど、速度は同じだ。

これは多くのフレームレートで機能するので、経験上、ゲームワールドにあるものは、何でも「デルタタイムの関数」として更新すべきだ。

SDLはデルタタイムを計算しやすいように、SDL_Init関数の呼び出しから経過した時間をミリ秒単位で返すSDL_GetTicks関数を提供している。前のフレームのSDL_GetTicksの結果をメンバー変数に保存しておけば、現在の値からデルタタイムを計算できる。

まず、メンバー変数としてmTicksCountを宣言する（これはコンストラクターでゼロに初期化する）。

```
Uint32 mTicksCount;
```

これで、SDL_GetTicksを使ったGame::UpdateGameの最初の実装ができる。

```
void Game::UpdateGame()
{
    // deltatime は前のフレームとの時刻の差を秒に変換した値
    float deltaTime = (SDL_GetTicks() - mTicksCount) / 1000.0f;
    // 時刻を更新 (次のフレームのために)
    mTicksCount = SDL_GetTicks();

    // TODO: ゲームワールドのオブジェクトを
    //       デルタタイムの関数として更新する!
    // ...
}
```

UpdateGameを最初に呼び出した時に何が起きるのか考えよう。mTicksCountはゼロから始まるので、SDL_GetTicksから得た正の値（初期化から経過したミリ秒数）を、そのまま1000.0fで割って、秒単位のデルタタイムを得る。次にSDL_GetTicksの現在の値を、mTicksCountに保存する。この次のフレームで、deltaTimeを計算する行は、mTicksCountの古い値と新しいデルタタイムによって、新しいデルタタイムを割り出す。こうして、1つ前のフレームから経過したティック数に基づいて、毎フレーム、デルタタイムが計算される。

自分のシステムのフレームレートによらずにゲームのシミュレーションを実行できるのは素晴らしいアイデアだ。けれども、実際には、いくつか問題がある。特に注意すべきこととして、物理法則で動くゲーム（例えばジャンプするアクションゲーム）は、フレームレートによって異なる振る舞いをするだろう。

この問題には、複雑な解決策もあるが、最も単純な解決策は**フレーム制限**（frame limiting）を実装することだ。これは、ターゲットのデルタタイムが経過するまで、ゲームループを止めて強制的に待つ、という方法である。

例えば想定するフレームレートが60FPSだとしよう。もしフレームでの処理が15ms後に完了したら、フレーム制限によって、16.6msという目標時間に合わせるため、さらに1.6msほど待つのである。

ありがたいことに、SDLはフレーム制限のためのメソッドも提供している。例えば、フレーム間に少なくとも必ず16msが経過するようにしたければ、次のコードをUpdateGameの先頭に追加すればよい。

```
while (!SDL_TICKS_PASSED(SDL_GetTicks(), mTicksCount + 16))
    ;
```

また、デルタタイムが大きくなりすぎるのを見張る必要もある。これは、特にデバッガーでゲームのコードをステップ実行する時には要注意だ。例えばデバッガーのブレークポイントで5秒の停止時間を入れただけでも、巨大なデルタタイムが発生し、シミュレーションでは何もかもが、はるか先へと飛んでしまうだろう。この問題を解決するには、デルタタイムの値を、ある最大値（例えば0.05f）以下に制限する。こうすれば、ゲームシミュレーションが、ただの1フレームではるか先まですっ飛んでしまうことはなくなる。このように実装したのが、リスト1.5のGame::UpdateGameだ。まだパドルやボールの位置を更新していないが、少なくともデルタタイムの値は計算している。

リスト1.5 Game::UpdateGameの実装

```
void Game::UpdateGame()
{
    // 前のフレームから16msが経過するまで待つ
    while (!SDL_TICKS_PASSED(SDL_GetTicks(), mTicksCount + 16))
        ;

    // deltatimeは前のフレームとの時刻の差を秒に変換した値
    float deltaTime = (SDL_GetTicks() - mTicksCount) / 1000.0f;

    // デルタタイムを最大値で制限する
    if (deltaTime > 0.05f)
    {
        deltaTime = 0.05f;
    }

    // TODO: ゲームワールドのオブジェクトを
    //       デルタタイムの関数として更新する！
}
```

1.6.3 パドルの位置を更新する

Pongでは、プレイヤーがパドル(ラケット)の位置を制御する。パドルを上に移動するには[W]キー、下に移動するには [S] キーを使うとしよう。どちらのキーも押さなければ (あるいは両方とも押していたら) パドルはまったく動かない。

これを実現するために、mPaddleDirという整数型のメンバー変数を使う。これには、パドルが動かないのなら0を、上に移動するのなら-1 (負の y) を、下に移動するのなら1 (正の y) をセットする。

プレイヤーはパドルの位置をキーボード入力で制御するので、ProcessInputの中に、入力に応じてmPaddleDirを更新するコードが必要だ。

```
mPaddleDir = 0;
if (state[SDL_SCANCODE_W])
{
    mPaddleDir -= 1;
}
if (state[SDL_SCANCODE_S])
{
    mPaddleDir += 1;
}
```

このようにmPaddleDirの値を足し引きすることで、プレイヤーが両方のキーを押したらmPaddleDirがゼロになるようにしている。

次は、デルタタイムに基づいてパドルを更新するコードをUpdateGameに追加する。

```
if (mPaddleDir != 0)
{
    mPaddlePos.y += mPaddleDir * 300.0f * deltaTime;
}
```

ここではパドルの動く方向と、毎秒300.0fピクセルというスピードと、デルタタイムに基づいて、パドルの y 座標を更新する。もしmPaddleDirが-1ならパドルは上に動き、もし値が1なら下に動く。

1つ問題なのは、このコードでは、パドルが画面の外に出るのを許してしまうことだ。これを修正するため、パドルの y 座標に境界条件の制約を加える。もし位置 y が高すぎたり低すぎたりしたら、有効な位置まで戻すのだ。

```
if (mPaddleDir != 0)
{
    mPaddlePos.y += mPaddleDir * 300.0f * deltaTime;
    // パドルが画面から出ないようにする！
    if (mPaddlePos.y < (paddleH/2.0f + thickness))
```

```
    {
        mPaddlePos.y = paddleH/2.0f + thickness;
    }
    else if (mPaddlePos.y > (768.0f - paddleH/2.0f - thickness))
    {
        mPaddlePos.y = 768.0f - paddleH/2.0f - thickness;
    }
}
```

ここでpaddleHは、パドルの高さを示す定数だ。このコードを入れると、プレイヤーがパドルを上下に動かす時に、パドルが画面の外に出なくなる。

1.6.4 ボールの位置を更新する

ボールの位置の更新は、パドルの更新より少し複雑だ。まず、ボールは上下や左右の1方向に動くのではなく、x と y の両方に動く。第2に、ボールは壁やパドルにぶつかったら跳ね返るので、動く向きを変える必要がある。したがって、ボールのスピードだけでなく進行方向も表すベクトル型の**速度**（velocity）が必要であり、ボールが壁と衝突したかどうかを判定する**衝突検知**（collision detection）も必要である。

まずは、ボールの速度を表現するために、mBallVelというVector2変数を追加し、それを、(-200.0f, 235.0f)で初期化する。ボールは最初に、x 方向に毎秒-200ピクセル、y 方向に毎秒235ピクセルという速度で動く（つまり、ボールは左下に斜めに進む）。

ボールの位置を速度に応じて動かすために、次の2行のコードをUpdateGameに追加する。

```
mBallPos.x += mBallVel.x * deltaTime;
mBallPos.y += mBallVel.y * deltaTime;
```

パドルの位置を更新するのと似ているが、ボールの位置は x と y の両方を更新する。

次に、ボールを壁で跳ね返す処理が必要だ。ボールが壁に衝突するのか判定するコードは、パドルがスクリーンから出るかチェックするコードに似ている。例えばボールが上の壁に衝突するのは、ボールの高さが壁の高さと同じか、それ以上になった時である。

ここで重要な問題は、ボールが壁に衝突した時に何をするかだ。例えばボールが上の壁に衝突する前に、右上向きに動いていたとしよう。この場合、今度はボールが右下向きに動き始めるようにしたい。同様に、もしボールが下の壁に当たったら、今度は上向きに動かしたい。直感的には、上または下の壁に跳ね返るボールは、速度の y 成分が反転するはずだ。これを図1.7(a)に示す。同様に、左側のパドルまたは右側の壁に衝突したら、ボールの速度の x 成分が反転するだろう。

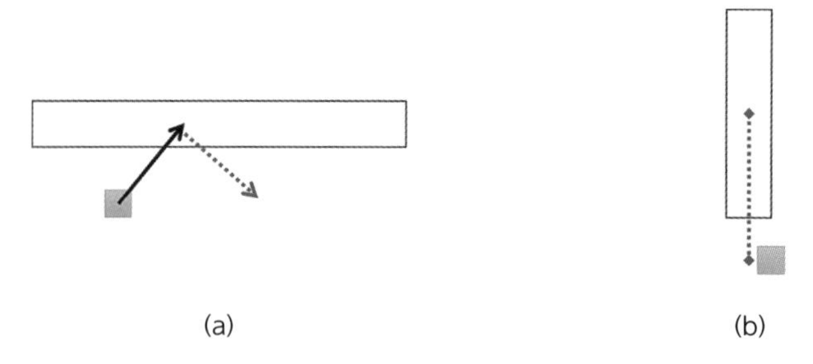

図1.7 (a)ボールが上の壁に当たって、下向きに動き始める。(b)ボールとパドルの y の差が大きすぎる

上の壁なら、次のようなコードになる。

```
if (mBallPos.y <= thickness)
{
    mBallVel.y *= -1;
}
```

ところが、このコードには大きな問題が潜んでいる。ボールがフレームAで、上の壁と衝突したとしよう。このためコードは y 速度を反転して、ボールを下向きに動かし始める。次のフレームBで、ボールは壁から離れようとするが、まだ十分に動いていない。まだボールは壁と衝突している。だから、コードはまた y 速度を反転し、今度はボールの運動が上向きになる。その後に続くどのフレームでも、このコードは同様にボールの y 速度を反転し続けるので、ボールは永久に上の壁から離れられない。

ボールが壁にくっつく問題を解決するには、もう1つのチェックが必要だ。y 速度を反転するのは、ボールが上の壁と衝突し、しかもボールが上向きに動いている時（つまり y 速度が負の時）に限る。

```
if (mBallPos.y <= thickness && mBallVel.y < 0.0f)
{
    mBallVel.y *= -1;
}
```

こうすれば、もしボールが上の壁と衝突した直後で、その壁から離れようとしているならば、y 速度を反転することはなくなる。

下の壁、右の壁との衝突を処理するコードは、上の壁に対する衝突処理と、ほとんど同じだ。だが、パドルとの衝突は、もう少し複雑な処理になる。まず、ボールの y 位置とパドルのy位置の差を計算し、その絶対値を求める。もし差の絶対値が「パドルの高さの半分」よりも大きければ、図1.7(b)に示すように、ボールは高すぎるか低すぎるのだ。また、ボールの x 位置がパドルと重なるかをチェックする必要があり、ボールがパドルから離れようとしていないこともチェックする。これら全部の条件が満たされたら、ボールがパドルと衝突したと判断して、x 速度を反転する。

```
if (
    // もしyの差が十分に小さく
    diff <= paddleH / 2.0f &&
    // ボールが正しいx位置にあり
    mBallPos.x <= 25.0f && mBallPos.x >= 20.0f &&
    // ボールが左向きに動いていれば
    mBallVel.x < 0.0f)
    {
        mBallVel.x *= -1.0f;
    }
```

このコードがあれば、図1.8のように、ボールとパドルはどちらも動くだろう。これでPongゲームの単純なバージョンが完成した！

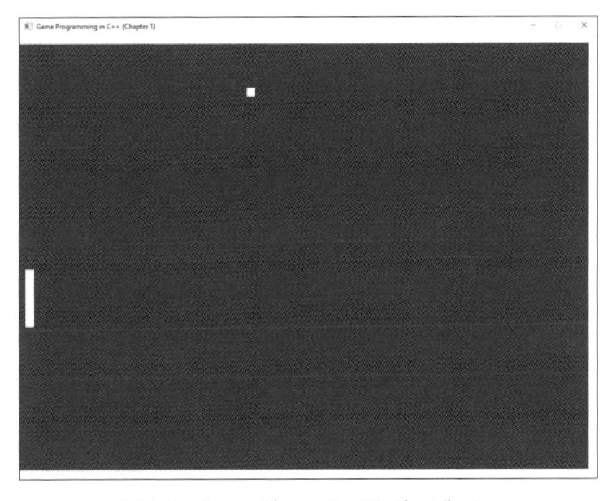

図1.8 Pongゲームの最終バージョン

1.A ゲームプロジェクト

この章のゲームプロジェクトは、本章を通じて構築したPong（ポン）ゲームの完全なコードを実装する。プレイヤーは［W］キーと［S］キーでパドルを制御する。ボールが画面の外に出たらゲームは終了する。コードは本書のGitHubリポジトリの、`Chapter01`ディレクトリにある。Windowsでは`Chapter01-windows.sln`を、Macでは`Chapter01-mac.xcodeproj`を開こう（GitHubリポジトリにアクセスする手順は、この章の冒頭で述べた）。

1.B まとめ

リアルタイムゲームは「ゲームループ」と呼ばれる繰り返しによって、1秒の間にも数多くの更新を行う。そのループの一巡が1フレームである。例えば毎秒60フレーム（60FPS）というのは、1秒間にゲームループが60回繰り返されるという意味だ。ゲームループではフレームごとに、入力処理、ゲームワールド更新、出力生成と、3つの段階を完了させる。入力にはキーボードやマウスなどの入力デバイスだけでなく、通信データや、リプレイのデータなども含まれる。出力には、グラフィックス、オーディオ、フォースフィードバックコントローラーが含まれる。

ほとんどのディスプレイが採用するラスターグラフィックスの形式では、ディスプレイにピクセルのグリッド（格子）がある。グリッドのサイズはディスプレイの解像度に依存する。ゲームはカラーバッファを管理し、そこに全ピクセルの色データを格納する。ほとんどのゲームはダブルバッファという機構を使う。これは2つのカラーバッファを使い、ゲームとディスプレイが2つのバッファを交替で使う。こうすると画面ティアリング（2つのフレームが一部ずつ、画面に同時に現れる現象）を軽減するのに役立つ。画面ティアリングを排除するには、垂直同期も行う必要がある。つまりディスプレイが表示を終えた時にだけバッファを交換する。

さまざまなフレームレートでゲームを正しく動かすには、ゲームのすべてのロジックを、デルタタイムの関数として書く必要がある（デルタタイムはフレームの時間間隔だ）。したがってゲームループの「ゲームワールド更新」段階では、デルタタイムを考慮しなければならない。さらにフレーム制限を加えて、フレームレートが上限を超えないようにする。

この章では、これらすべてのテクニックを組み合わせて、古典的なビデオゲームであるPongの単純化バージョンを作った。

1.C 参考文献

ジェイソン・グレゴリー（Jason Gregory）の本[訳注7]は、かなりのページにわたって、ゲームループを組織化するさまざまな方法を論じている。それには、マルチコアCPUを活用する方法も含まれている。本書で使うライブラリには、多くのオンラインリファレンスがある。SDL APIのリファレンスは便利だ[訳注8]。

— Gregory, Jason. *Game Engine Architecture, 2nd edition.* Boca Raton: CRC Press, 2014.

— *SDL API Reference.* Accessed May, 2018. URL https://wiki.libsdl.org/APIByCategory

訳注7　邦訳は『ゲームエンジン・アーキテクチャ 第2版』ジェイソン・グレゴリー著、大貫 宏美・田中 幸 訳、今給黎 隆・湊 和久 監修（SBクリエイティブ、2015年）。「第7章 ゲームループとリアルタイムシミュレーション」を参照。

訳注8　SDL 2.0 日本語リファレンスをオンラインで参照できる（URL http://sdl2referencejp.osdn.jp/）。

1.D 練習問題

この章の課題は、どちらも現在のバージョンのPongの拡張だ。最初の課題では2人目のプレイヤーを追加する。第2の課題では、複数のボールをサポートする。

課題 1.1

Pongゲームのオリジナルは2人のプレイヤーをサポートしていた。画面の右側の壁を削除し、その代わりにプレイヤー2が動かす第2のパドルを置いてほしい。このパドルを上下に動かすには、[I] キーと [K] キーを使う。第2パドルには、第1パドルの機能をすべて複製する必要がある。つまり、パドルの位置と方向のためのメンバー変数、プレイヤー2の入力を処理するコード、パドルを描画するコード、そしてパドルを更新するコードが必要だ。ボールが両方のパドルと正しく衝突するように、ボールのコリジョンに関するコードも変更する必要がある。

課題 1.2

多くのピンボールゲームは、複数のボールを同時に使う「マルチボール」をサポートしている。Pongでもマルチボールは楽しい！ マルチボールに対応するために、まず位置と速度の2つの`Vector2`を含む`Ball`構造体を作ろう。そして、複数のボールのために、`std::vector<Ball>`型のメンバー変数を`Game`に追加しよう。それから、`Game::Initialize`のコードを変更して、複数のボールの位置と速度を初期化する。`Game::UpdateGame`では、ボール更新のコードを変更してほしい。`mBallVel`と`mBallPos`変数を使う代わりに、コードで`std::vector`をループして、すべてのボールを更新する。

Chapter

2

ゲームオブジェクトと2Dグラフィックス

ゲームには、キャラクターなど多数のオブジェクトが配置される。どのようにオブジェクトを表現するかが、重要な課題だ。この章では、まずオブジェクトを表現する各種技法を見ていく。その後、2Dグラフィックスの話題に戻って、スプライト、スプライトアニメーションや背景スクロールを紹介する。この章の仕上げは、これらのテクニックを使った横スクロールデモだ。

2.1 ゲームオブジェクト

第1章のPong（ポン）ゲームでは、壁、パドル、ボールの表現に個別のクラスを使わず、代わりに`Game`クラスのメンバー変数として、位置や速度を管理した。これは非常に単純なゲームなら問題ないが、スケーラブルではない。**ゲームオブジェクト**（game object）は、ゲームワールドで、更新や描画の対象を指す用語だ。ゲームオブジェクトには、いくつもの表現がある。オブジェクト階層構造を利用するゲームもあれば、コンポジション（composition）を使うゲームもあり、もっと複雑な手法を用いるゲームもある。どのような実装を採用するにしても、ゲームオブジェクトを追跡し、更新する方法が必要だ。

2.1.1 ゲームオブジェクトの種類

一般的なゲームオブジェクトには、ゲームループの「ゲームワールド更新」で毎フレーム更新され、「出力生成」で描画されるものがある。キャラクターや、クリーチャー、その他、動かせるオブジェクトは、どれもこの範疇に属する。例えば「**スーパーマリオブラザーズ**」では、マリオも敵も、動くブロックも、ゲームが更新と描画の両方を行うゲームオブジェクトだ。

描画するが更新しないゲームオブジェクトを**静的オブジェクト**（static object）と呼ぶ。プレイヤーから見えるけれども更新する必要がないオブジェクト、例えば背景の建物だ。ほとんどの場合、建物は動かないし、プレイヤーを攻撃しないが、画面で見える。

カメラは、更新されるが描画されないゲームオブジェクトだ。もう1つの例が**トリガー**（trigger）で、これは他のオブジェクトが触れた際に、何かを発生させるオブジェクトだ。例えば、ホラーゲームで、プレイヤーがドアに近づいた時にゾンビを出現させたい場合に、レベルデザイナーは、プレイヤーの接近を検知してゾンビ発生のアクションを引き起こすトリガーオブジェクトを置けばよい。トリガーは、各フレームの更新処理でプレイヤーと接触したか判定する「目に見えないボックス」として実装することができる。

2.1.2 ゲームオブジェクトのモデル

ゲームオブジェクトを表現する**ゲームオブジェクトモデル**（game object model）が、数多く存在する。この節では、何種類かのゲームオブジェクトモデルを紹介し、それらのアプローチのトレードオフを論じる。

● クラス階層構造としてのゲームオブジェクト

ゲームオブジェクトモデルの1つは、オブジェクト指向の標準的なクラス階層構造でゲームオブジェクトを宣言する手法を使う。すべてのゲームオブジェクトが1つの基底クラスから派生されるので、**モノリシック（一枚岩）なクラス階層構造**とも呼ばれる。

このオブジェクトモデルには、まず基底クラスが必要だ。

```
class Actor
{
public:
    // Actor を更新するために毎フレーム呼び出す
    virtual void Update(float deltaTime);
    // Actor を描画するために毎フレーム呼び出す
    virtual void Draw();
};
```

それぞれのキャラクターは、異なる派生クラスを持つ。

```
class PacMan : public Actor
{
public:
    void Update(float deltaTime) override;
    void Draw() override;
};
```

Actorの他の派生クラスも同様に宣言できる。Actorを継承するGhostクラスを作れば、各種のゴーストは、Ghostを継承する独自のクラスで表現できる。このスタイルのゲームオブジェクトクラス階層構造を図2.1に示す[訳注1]。

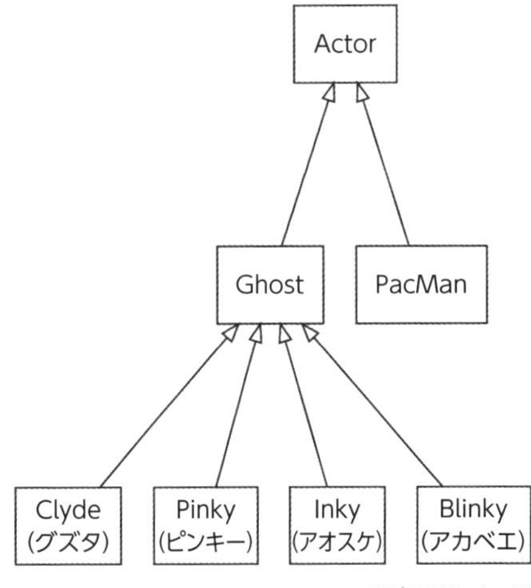

図2.1 Pac-Manのためのクラス階層構造（一部）

訳注1　パックマンの4色のモンスターは追跡パターンが異なる。

このアプローチの欠点の1つは、どのゲームオブジェクトも基底オブジェクト（この場合はActor）のプロパティと関数をすべて持たなければならないという点だ。例えばActorは、どれも更新と描画が可能なことを前提としている。だが、見えないオブジェクトで描画処理(Draw)を呼び出すのは時間の無駄だ。

この問題は、ゲームの機能が増えるにつれ深刻になる。大勢のアクターを動かす必要があるとしよう（だがすべてが動くわけではない）。パックマンの場合、ゴーストとパックマンは動かす必要があるが、ドットは動かす必要がない。1つのアプローチは、動きのコードをActorの内部に入れることだが、全部の派生クラスがそのコードを必要とするわけではない。あるいは、この階層構造を拡張して、動きが必要な派生クラス群とActorクラスとの中間に、新しいMovingActorクラスを置くこともできるだろう。だが、それではクラス階層構造が複雑化する。

そして、クラス階層構造を大きくすることは、あとで2つの子クラスに共通機能を持たせる必要が生じた時に問題になる。例えば「**グランド・セフト・オート**」(Grand Theft Auto)のようなゲームには、乗り物を表現するVehicle基底クラスがありそうだ。陸上の乗り物を表現するLandVehicleとボートのような水上の乗り物を表現するWaterVehicleは、そのクラスの派生クラスとして作るのが合理的だろう。

ある日ゲームデザイナーが水陸両用の乗り物を追加しようと決めたら、何が起こるだろうか。LandVehicleとWaterVehicleの両方を継承する新しい派生クラスであるAmphibiousVehicleを作ろうか、という誘惑にかられるかもしれない。けれどもそれには多重継承を使う必要があり、その結果、AmphibiousVehicleは、2つの別の経路でVehicleを継承することになる。**菱形継承**（diamond inheritance）と呼ばれる、この種の階層構造は、派生クラスが仮想関数の複数のバージョンを継承する問題を起こしやすい。ややこしい菱形継承は、避けるのが賢明だ[訳注2]。

コンポーネントによるゲームオブジェクト

モノリシックな階層構造の代わりに、多くのゲームがコンポーネント（構成要素）をベースとするゲームオブジェクトモデルを使っている。このモデルは、特にUnityが採用していることから[訳注3]、人気を増してきている。このアプローチにも1つのゲームオブジェクトクラスがあるが、このゲームオブジェクトは派生クラスを持たない。代わりに、ゲームオブジェクトクラスは、必要な機能を実装するコンポーネントオブジェクトを持つ（has-a関係）[訳注4]。

先ほどのモノリシックな階層構造では、例えばPinkyはGhostの派生クラスであり、

訳注2　詳しくはスコット・メイヤーズ著『Effective C++ 第3版』（小林健一郎訳、ピアソン・エデュケーション、2014年）の第6章「継承とオブジェクト指向設計」や、マイケル・ディックハイザー著『ゲームプログラマのためのC++』（三宅陽一郎監修、田中幸、ホジソンますみ、松浦悦子訳、SBクリエイティブ、2011年）の第2章「多重継承」を参照。

訳注3　詳しくは、Unityマニュアル/Unityを使用する/ゲームの作成/ゲームオブジェクト（URL https://docs.unity3d.com/ja/current/Manual/GameObjects.html）以降を参照。

訳注4　is-a関係とhas-a関係については、『Effective C++ 第3版』の32項と38項や、『ゲームプログラマのためのC++』の「1.4.1 ルール1: 包含と継承」を参照。

GhostはActorの派生クラスである（is-a関係）。一方、コンポーネントベースのモデルなら、Pinkyは1つのGameObjectインスタンスであり、4つのコンポーネント（PinkyBehavior、CollisionComponent、TransformComponent、DrawComponent）を持つ（has-a関係）。図2.2に、この関係を示す。

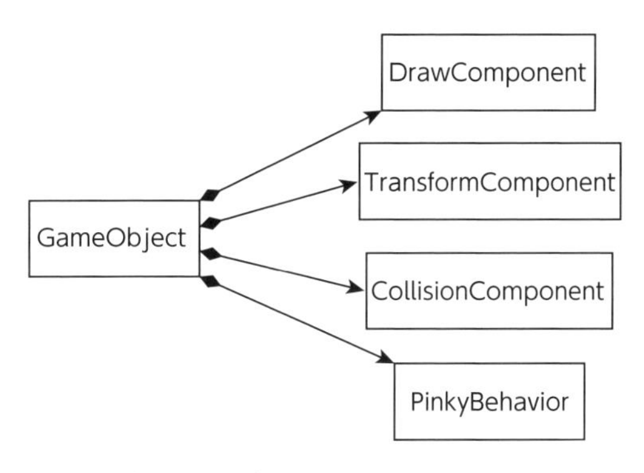

図2.2　ゴーストのピンキーを構成するコンポーネント

これらのコンポーネントは、コンポーネントごとのプロパティや関数を持つ。例えばDrawComponentはオブジェクトを画面に描く機能を持ち、TransformComponentにはゲームワールドにおけるオブジェクトの位置と向きが格納される。

コンポーネントオブジェクトモデルを実装する方法の1つは、コンポーネントにクラス階層構造を使う手法である。このクラス階層構造は、一般に非常に浅い。Componentという基底クラスがあり、GameObjectは、単純にコンポーネントを持てばよい。

```
class GameObject
{
public:
    void AddComponent(Component* comp);
    void RemoveComponent(Component* comp);
private:
    std::unordered_set<Component*> mComponents;
};
```

GameObjectに含まれるのは、コンポーネントを追加（Add）・削除（Remove）する関数だけという点に注目しよう。これだけで、さまざまな種類のコンポーネントを管理するシステムができる。例えば、すべてのDrawComponentをRendererオブジェクトに登録することで、Rendererがフレームを描画する時に、すべてのアクティブなDrawComponentsを把握できる。

コンポーネントベースのゲームオブジェクトモデルは、必要とする機能だけを追加しやすいという長所がある。描画するオブジェクトは、どれもDrawComponentを持ち、描画しないオブジェクトは、それを持たないだけだ。

だが、純粋なコンポーネントシステムには、同じゲームオブジェクトにあるコンポーネント間の依存関係が明らかではないという欠点がある。例えば、DrawComponentは、オブジェクトを描画すべき場所を知るために、TransformComponentを必要とするだろう。つまり、DrawComponentは、それを所有するGameObjectに対して、そのTransformComponentを問い合わせる必要がある。実装によっては、その問い合わせが性能のボトルネックになりうる。

階層構造とコンポーネントによるゲームオブジェクト

本書で使うゲームオブジェクトモデルは、モノリシックな階層構造とコンポーネントオブジェクトモデルのハイブリッドである。これはUnreal Engine 4のゲームオブジェクトモデルから部分的にヒントを得ている。いくつかの仮想関数を持つActor基底クラスがあり、各アクターはコンポーネントを格納する動的配列[訳注5]（std::vector:以降「**配列**」とする）を持つ。リスト2.1が、Actorクラスの宣言だ（ただしゲッター・セッター関数は省略している）。

リスト2.1 Actorの宣言

```
class Actor
{
public:
    // アクターの状態管理用
    enum State
    {
        EActive,
        EPaused,
        EDead
    };
    // コンストラクターとデストラクター
    Actor(class Game* game);
    virtual ~Actor();

    // ゲームから呼び出される更新関数（オーバーライド不可）
    void Update(float deltaTime);
    // アクターが持つ全コンポーネントを更新（オーバーライド不可）
    void UpdateComponents(float deltaTime);
    // アクター独自の更新処理（オーバーライド可能）
    virtual void UpdateActor(float deltaTime);

    // ゲッター / セッター
    // ...

    // コンポーネントの追加 / 削除
    void AddComponent(class Component* component);
```

訳注5　本書の配列の多くは、std::arrayや（C言語形式の）配列ではなく、サイズが変更できる（動的な）std::vectorを使っている。

```
    void RemoveComponent(class Component* component);
private:
    // アクターの状態
    State mState;
    // 座標変換
    Vector2 mPosition;   // アクターの中心位置
    float mScale;        // アクターのスケール（1.0f が 100%）
    float mRotation;     // 回転の角度（ラジアン）
    // アクターが持つコンポーネント
    std::vector<class Component*> mComponents;
    class Game* mGame;
};
```

Actorクラスには、いくつか注目すべき特徴がある。列挙型のStateでアクターの状態管理を行う。例えば、UpdateはEActive状態のアクターだけを更新する。EDead状態は、アクターを削除するようにゲームに通知する。Update関数は、まずUpdateComponentsを呼び出し、次にUpdateActorを呼び出す。UpdateComponentsは、すべてのコンポーネントをループして、順番に更新する。基底クラスでのUpdateActorの実装は空だが、Actorの派生クラスでは、UpdateActor関数をオーバーライドすることで、独自の振る舞いを実装できる。

Actorクラスでは、他のアクターを追加で作成する際にGameクラスへのアクセスが必要だ。この実装として、ゲームオブジェクトを**シングルトン**（singleton）にするアプローチがある。グローバルにアクセス可能なインスタンスを1つに限るデザインパターンだ。けれども、シングルトンパターンは、そのクラスのインスタンスが複数必要になった時に対処できない。

本書では、シングルトンの代わりに、**依存性の注入**（dependency injection）と呼ばれるパターンを採用する。このアプローチでは、アクターがコンストラクターでGameクラスへのポインタを受け取る。アクターは、このポインタを使って、別のアクターを追加作成できる（他にも、必要に応じてGameの機能にアクセスできる）。

第1章のゲームプロジェクトと同じく、Actorの位置はVector2で表現する。アクターは、大きくなったり小さくなったりするスケーリングと、回転ができる（回転の角度はラジアンで指定する）。

リスト2.2は、Componentクラスの宣言だ。まず、メンバー変数のmUpdateOrderに注目しよう。この変数でコンポーネントの更新順を前後させることができ、多くの状況で便利に使える。例えばプレイヤーを追跡しているカメラコンポーネントは、移動コンポーネントがプレイヤーを動かしたあとに更新したい。処理順を管理するために、ActorのAddComponent関数では、新しいコンポーネントが追加される時にコンポーネントの配列をソートする。また、Componentクラスは、その所有者（owner）のアクターへのポインタを持つ。これによって、コンポーネントから、アクターの位置など必要なすべての情報にアクセスできる。

リスト2.2 Componentの宣言

```
class Component
{
public:
    // コンストラクター
    // updateOrder が小さいコンポーネントほど早く更新される
    Component(class Actor* owner, int updateOrder = 100);
    // デストラクター
    virtual ~Component();
    // このコンポーネントをデルタタイムで更新する
    virtual void Update(float deltaTime);
    int GetUpdateOrder() const { return mUpdateOrder; }
protected:
    // 所有アクター
    class Actor* mOwner;
    // コンポーネントの更新順序
    int mUpdateOrder;
};
```

現在のActorとComponentの実装は、まだプレイヤーの入力に対応していない。この章のゲームプロジェクトでは、入力の処理に暫定的なコードを使っている。ハイブリッドゲームオブジェクトモデルに入力を組み込む方法は、次の第3章「ベクトルと基礎の物理」で、あらためて検討する。

このハイブリッドアプローチは、モノリシックなオブジェクトモデルの「深いクラス階層構造」を避けるという点で有効だ（ただし純粋なコンポーネントベースのモデルと比べれば、深い階層を持つ）。またハイブリッドアプローチは、コンポーネント間のやり取りのオーバーヘッドに関する問題の大部分を回避する（完全には排除しないが）。その理由は、座標データなどの重要なプロパティを、個々のアクターに持たせているからだ。

その他のアプローチ

ゲームオブジェクトモデルには、他にも多くのアプローチが存在する。あるものは、考えられるさまざまな機能をインターフェイスクラスとして宣言しておき、個々のゲームオブジェクトで自分に必要なインターフェイスを実装する。他のアプローチでは、コンポーネントモデルを1歩進めて、コンテナ的なゲームオブジェクトを完全に排除し、代わりにIDの数字でオブジェクトを管理するコンポーネントのデータベースを利用する。また、オブジェクトをプロパティによって定義するアプローチも存在する。このようなシステムでは、体力（health）プロパティをオブジェクトに追加すると、ダメージを受けたり復元したりすることが可能になる。

どのゲームオブジェクトモデルのアプローチも一長一短がある。それでも本書がハイブリッドアプローチを選ぶのは、妥協案としては優れているし、ある程度複雑なゲームでも比較的上手に処理できるからだ。

2.1.3 ゲームオブジェクトをゲームループに統合する

ハイブリッドゲームオブジェクトモデルをゲームループに組み込むには、いくらかコードを書く必要があるが、大して複雑にはならない。まず、Actorへのポインタを格納する2個のstd::vectorをGameクラスに追加する。1つはアクティブなアクター群を含むmActors、もう1つは待ち状態のアクター群を含むmPendingActorsだ。後者のmPendingActorsが必要なのは、アクターの更新処理でmActorsをループしている時に、新しいアクターを追加できるようにするためだ。mActorsでの巡回処理中に、新しいアクターを追加することは危険だ。だから、ループの中に追加しないで、mPendingActorsにアクターを追加しておき、巡回処理が終わってからそれらのアクターをmActorsに移動する。

次に、Actorポインタを受け取る2つの関数、AddActorとRemoveActorを作る。AddActorは、受け取ったアクターを、mPendingActorsかmActorsに追加する。どちらに追加するかは、mActorsを更新しているかどうかを表すbool型のmUpdatingActorsに依存する。

```
void Game::AddActor(Actor* actor)
{
    // アクターの更新中なら待ちに追加
    if (mUpdatingActors)
    {
        mPendingActors.emplace_back(actor);
    }
    else
    {
        mActors.emplace_back(actor);
    }
}
```

同様に、RemoveActor関数は、(2つの配列のどちらかにいる) 対象のアクターを削除する。

以上を念頭に置いて、リスト2.3のように、すべてのアクターを更新するようにUpdateGame関数を変更する。第1章で説明したデルタタイムを計算したら、mActorsにあるすべてのアクターをループ処理して、それぞれのUpdateを呼び出す。次に、新規追加したアクターがあれば、それらをメインのmActorsに移動する。最後に、死んだアクターがあれば削除する。

リスト2.3 Game::UpdateGameでのアクターの更新

```
void Game::UpdateGame()
{
    // デルタタイムを計算 (第1章と同じ)
    float deltaTime = /* ... */;

    // すべてのアクターを更新
    mUpdatingActors = true;
```

```
    for (auto actor : mActors)
    {
        actor->Update(deltaTime);
    }
    mUpdatingActors = false;

    // 待ちになっていたアクターをmActorsに移動
    for (auto pending : mPendingActors)
    {
        mActors.emplace_back(pending);
    }
    mPendingActors.clear();

    // 死んだアクターを一時配列に追加
    std::vector<Actor*> deadActors;

    for (auto actor : mActors)
    {
        if (actor->GetState() == Actor::EDead)
        {
            deadActors.emplace_back(actor);
        }
    }

    // 死んだアクターを消す（mActorsから削除される）
    for (auto actor : deadActors)
    {
        delete actor;
    }
}
```

mActorsにアクターを追加・削除することで、コードは少し複雑になった。この章のゲームプロジェクトでは、Actorオブジェクトはコンストラクターとデストラクターで自動的に追加・削除される。ゆえに、（例えばGame::Shutdownのような）mActorsをループ処理してアクターを削除するコードは、注意して書く必要がある。

```
// ~ActorではRemoveActorが呼び出されるので、別の種類のループを使う
while (!mActors.empty())
{
    delete mActors.back();
}
```

2.2 スプライト

スプライト（sprite）は、2Dゲームの視覚的オブジェクトで、キャラクター、背景、その他の動的なオブジェクトを表現するのに使われるのが典型的な用例だ。たいていの2Dゲームには何百も（少なくとも何十も）のスプライトがあり、モバイルゲームでは、スプライトのデータがゲームのダウンロードサイズの大部分を占める。多数のスプライトを使うのだから、2Dゲームでは可能な限り効率よくスプライトを扱うことが重要だ。

それぞれのスプライトには、1つ以上の画像ファイルが割り当てられる。画像ファイルのフォーマットはさまざまであり、ゲームで使われるフォーマットは、プラットフォームなどの制約で、それぞれ異なっている。例えば、PNGは圧縮された画像フォーマットなので、ディスクを占める空間は少ない。しかし、ハードウェアはPNGファイルをネイティブで描画できないので、展開に時間がかかる。一部のプラットフォームは、グラフィックスハードウェアに適したフォーマットの使用を推奨している（例えばiOSのPVRや、PCおよびXboxのDXT）。本書ではPNGファイルだけを使うが、その理由は、どの画像編集プログラムも、このフォーマットをサポートしているからだ。

2.2.1 画像ファイルのロード

SDLの2Dグラフィックスだけを使うゲームでは、SDL Imageライブラリで画像ファイルを読み込むのが最も簡単だ。最初に、引数のフラグでファイルフォーマットを指定して、`IMG_Init`を呼び出してSDL Imageを初期化する。PNGファイルを使うには、次の呼び出しを`Game::Initialize`に追加する。

```
IMG_Init(IMG_INIT_PNG)
```

表2.1は、サポートされているファイルフォーマットのリストである。ただし、BMPファイルフォーマットは、SDL Imageを使わなくても、最初からサポートされているので、`IMG_INIT_BMP`というフラグは、この表には入っていない。

表2.1 SDLの画像ファイルフォーマット

フラグ	フォーマット
IMG_INIT_JPG	JPEG
IMG_INIT_PNG	PNG
IMG_INIT_TIF	TIFF

いったんSDL Imageを初期化したら、`IMG_Load`で画像ファイルを`SDL_Surface`構造体にロードできる。

```
// 画像をファイルからロードする
// 成功したらSDL_Surfaceのポインタを、失敗したらnullptrを返す
SDL_Surface* IMG_Load(
    const char* file // 画像ファイル名
);
```

次に、SDL_CreateTextureFromSurfaceで、SDL_Surfaceを（SDLで描画するのに必要な）SDL_Textureに変換する。

```
// SDL_Surface を SDL_Texture に変換する
// 成功したらSDL_Textureのポインタを、失敗したらnullptrを返す
SDL_Texture* SDL_CreateTextureFromSurface(
    SDL_Renderer* renderer,  // 利用するレンダラー
    SDL_Surface* surface     // 変換するsurface
);
```

次の関数は、この画像の読み込み処理をカプセル化したものだ。

```
SDL_Texture* LoadTexture(const char* fileName)
{
    // ファイルからロード
    SDL_Surface* surf = IMG_Load(fileName);
    if (!surf)
    {
        // テクスチャファイルのロードに失敗
        SDL_Log("Failed to load texture file %s", fileName);
        return nullptr;
    }

    // サーフェスからテクスチャを作成
    SDL_Texture* text = SDL_CreateTextureFromSurface(mRenderer, surf);
    SDL_FreeSurface(surf);
    if (!text)
    {
        // テクスチャへの変換に失敗
        SDL_Log("Failed to convert surface to texture for %s", fileName);
        return nullptr;
    }
    return text;
}
```

読み込んだテクスチャは、どこに格納するのか？　とてもよい質問だ。ゲームでは同じ画像ファイルを複数回、複数の異なるアクターで使うことが一般的だ。小惑星が20個あるとして、すべてが同じ画像ファイルを使うとしたら、そのファイルをディスクから20回もロードするのは無意味だろう。

単純なアプローチは、Gameに、SDL_Textureポインタと、それに対応するファイル名との連想配列を作ることだ。テクスチャの名前を受け取って、それに対応するSDL_Textureのポインタを返すGetTexture関数をGameに作る。この関数は、最初にそのテクスチャが連想配列に入っているかをチェックする。見つかれば、そのテクスチャのポインタを返すだけだ。もしなければ、そのファイル名のテクスチャを読み込む。

アセット管理システム

ファイル名からSDL_Textureポインタへの連想配列は、単純なケースでは役立つが、テクスチャだけでなく、SE、3Dモデル、フォントなど、さまざまな種類のアセットを持っていたらどうだろうか。あらゆる種類のアセットを一括して処理する、もっと堅牢なシステムを書くほうが望ましい。ただし、本書では話を単純にするために、そのようなアセット管理システム[訳注6]は実装しない。

役割を明確にするため、LoadData関数もGameに作る。この関数の役割は、ゲームワールドのすべてのアクターを作成することだ。とりあえず、それらのアクターを個別にハードコーディングするが、第14章「レベルファイルとバイナリデータ」では、アクターをレベルファイルからロードする機能を追加する。LoadData関数を、Game::Initializeの最後で呼び出すことになる。

2.2.2 スプライトの描画

1つの背景画像に一体のキャラクターがいる基本的な2Dのシーンを考えよう。このシーンを描画するには、まず背景を描いてからキャラクターを描くという単純な方法がある。このアプローチは、油絵を描くのに絵描きさんが使う方法だというので、**画家のアルゴリズム**（painter's algorithm）と呼ばれている。画家のアルゴリズムでは、スプライトを「*奥から手前の順序*」（back-to-front order）で描く。図2.3は画家のアルゴリズムによって、最初に背景の星々を描き、それから月を描き、あれば小惑星を描いてから、最後に宇宙船を描いている。

訳注6　詳細は、ジェイソン・グレゴリー（Jason Gregory）著『ゲームエンジン・アーキテクチャ 第2版』の「6.2 リソースマネージャ」などを参照。

図2.3 宇宙シーンでの画家のアルゴリズム

本書では、コンポーネントを利用するゲームオブジェクトモデルを使うので、SpriteComponentクラスを作るのがよさそうだ。リスト2.4に、その宣言を示す。

リスト2.4 SpriteComponentの宣言

```
class SpriteComponent : public Component
{
public:
    // 描画順序(drawOrder)が低いほど遠くに置かれる
    SpriteComponent(class Actor* owner, int drawOrder = 100);
    ~SpriteComponent();
    virtual void Draw(SDL_Renderer* renderer);
    virtual void SetTexture(SDL_Texture* texture);
    int GetDrawOrder() const { return mDrawOrder; }
    int GetTexHeight() const { return mTexHeight; }
    int GetTexWidth() const { return mTexWidth; }
protected:
    // 描画するテクスチャ
    SDL_Texture* mTexture;
    // 画家のアルゴリズムで使う描画順序
    int mDrawOrder;
    // テクスチャの幅と高さ
    int mTexWidth;
    int mTexHeight;
};
```

画家のアルゴリズムの実装として、メンバー変数mDrawOrderで指定された順序でスプライトコンポーネントを描画する。SpriteComponentのコンストラクターは、Game::AddSprite関数を通して、Gameクラスの「スプライトコンポーネントの配列」に自分自身を追加する。

Game::AddSpriteでは、描画順にmSpritesをソートする必要がある。AddSprite関数で描画順序を保存するようにすれば、このソートは「ソート済みの配列への挿入」として実装できる。

```
void Game::AddSprite(SpriteComponent* sprite)
{
    // ソート済みの配列で挿入点を見つける
    // (それは自分よりも順序の高い最初の要素の位置だ)
    int myDrawOrder = sprite->GetDrawOrder();
    auto iter = mSprites.begin();
    for ( ;
        iter != mSprites.end();
        ++iter)
    {
        if (myDrawOrder < (*iter)->GetDrawOrder())
        {
            break;
        }
    }

    // イテレーターの位置の前に要素を挿入する
    mSprites.insert(iter, sprite);
}
```

スプライトコンポーネントがmDrawOrderの順でソートされるので、Game::GenerateOutputは、単純にスプライトコンポーネントの配列をループ処理して、それぞれのDrawを呼べばよい。この処理は、バックバッファをクリアするコードと、バックバッファとフロントバッファを交換するコードとの間に置く。つまり、第1章のゲームで壁とボールとパドルの矩形を描いたコードを、置き換えることになる。

第6章「3Dグラフィックス」で述べるように、画家のアルゴリズムは3Dゲームでも利用できるが、その場合はいくつか難点がある。けれども2Dなら、画家のアルゴリズムは非常に上手く機能する。

SetTexture関数は、mTextureメンバー変数を設定し、SDL_QueryTextureを呼び出してテクスチャの幅と高さを得る。

```
void SpriteComponent::SetTexture(SDL_Texture* texture)
{
    mTexture = texture;
    // テクスチャの幅と高さを求める
    SDL_QueryTexture(texture, nullptr, nullptr,
        &mTexWidth, &mTexHeight);
}
```

テクスチャを描画するのに、SDLには2種類の関数がある。シンプルなほうの関数がSDL_RenderCopyだ。

```
// テクスチャをレンダリングターゲットにレンダリングする
// 成功したら0を、失敗したら負の値を返す
int SDL_RenderCopy(
    SDL_Renderer* renderer,   // 描画するレンダーターゲット
    SDL_Texture* texture,     // 描画したいテクスチャ
    const SDL_Rect* srcrect,  // 描画したいテクスチャの範囲（すべてならnullptr）
    const SDL_Rect* dstrect,  // レンダーターゲットでの描画範囲の矩形
);
```

スプライトを回転させるような、より高度な挙動には、**SDL_RenderCopyEx**を使う。

```
// テクスチャをレンダリングターゲットにレンダリングする
// 成功したら0を、失敗したら負の値を返す
int SDL_RenderCopyEx(
    SDL_Renderer* renderer,   // 描画するレンダーターゲット
    SDL_Texture* texture,     // 描画したいテクスチャ
    const SDL_Rect* srcrect,  // 描画したいテクスチャの範囲（全部ならnullptr）
    const SDL_Rect* dstrect,  // レンダーターゲットでの描画範囲の矩形
    double angle,             // 回転角（度数、時計回り）
    const SDL_Point* center,  // 回転中心（中央ならnullptr）
    SDL_RenderFlip flip,      // テクスチャを反転するか(普通はSDL_FLIP_NONE)
);
```

アクターは回転し、その回転をスプライトが引き継ぐのだから、**SDL_RenderCopyEx**を使わないといけない。そのため、**SpriteComponent::Draw**関数は、いくらか複雑になる。第1に、**SDL_Rect**構造体の x / y 座標は、描画先の左上隅の座標に対応する。だがアクターの位置変数は、アクターの中心を指す。したがって、第1章のボールやパドルで行ったように、左上隅の座標を計算する必要がある。

第2に、SDLは角度を度数（degrees）で受け取るが、**Actor**は角度に**ラジアン**を使う。幸い、**Math.h**ヘッダーファイルに入れてある本書のカスタム算術ライブラリには、この変換をする**Math::ToDegrees**がある。最後に、SDLでは正の角度が時計回り（clockwise）だが、これは正の角度が反時計回りとなる数学で通常使われる「単位円」（unit circle）とは逆である。したがって、単位円の振る舞いを維持するために角度を正負逆転する。リスト2.5が、**SpriteComponent::Draw**関数である。

リスト2.5 SpriteComponent::Drawの実装

```
void SpriteComponent::Draw(SDL_Renderer* renderer)
{
    if (mTexture)
    {
        SDL_Rect r;
```

```
		// 幅と高さを所有アクターのスケールで拡縮する
		r.w = static_cast<int>(mTexWidth * mOwner->GetScale());
		r.h = static_cast<int>(mTexHeight * mOwner->GetScale());
		// 矩形の中心を所有アクターの位置に合わせる
		r.x = static_cast<int>(mOwner->GetPosition().x - r.w / 2);
		r.y = static_cast<int>(mOwner->GetPosition().y - r.h / 2);

		// 描画する
		SDL_RenderCopyEx(renderer,
			mTexture,   // 描画したいテクスチャ
			nullptr,    // 描画したいテクスチャの範囲
			&r,         // 出力先の矩形
			-Math::ToDegrees(mOwner->GetRotation()), // (変換された回転角)
			nullptr, // 回転中心
			SDL_FLIP_NONE); // 反転方法
	}
}
```

このDrawの実装は、アクターが画面に表示されていることを前提としている。この仮定が成立するのは、ゲームワールドが画面に正確に対応するゲームだけだ。(例えばスーパーマリオブラザーズのような) ゲームワールドが一画面よりも広いゲームでは成立しない。そのようなケースでは、「カメラの位置」が必要となる。3Dゲームの文脈となるが、カメラを実装する方法を第9章「カメラ」で論じる。

2.2.3 スプライトアニメーション

ほとんどの2Dゲームでは**ぱたぱたアニメ** (flipbook animation) のような手法でスプライトアニメーションを実装している。つまり、一連の「静止2D画像」を素早く切り替えて表示することで、動いているように見せるのだ。図2.4は、骸骨のスプライトのさまざまなアニメに一連の画像を使う例だ。

スプライトアニメのフレームレートは決まっていないが、多くのゲームは (映画の伝統的なフレームレートである) 24FPSを選択している。この速度では、1秒のアニメに24枚の画像が必要だ。2D格闘ゲームのようなジャンルでは、60FPSのスプライトアニメを使うかもしれない。その場合、必要な画像の枚数は劇的に増大する。幸いなことに、ほとんどのスプライトアニメでは、長さが1秒よりもずっと短い。

図2.4 骸骨スプライトでの一連の画像

スプライトアニメーションの実現には、各フレームに対応するさまざまな画像を配列に格納するのが、最も単純な方法だ。リスト2.6による`AnimSpriteComponent`クラスは、このアプローチを使う。

リスト2.6 AnimSpriteComponentの宣言

```
class AnimSpriteComponent : public SpriteComponent
{
public:
    AnimSpriteComponent(class Actor* owner, int drawOrder = 100);
    // フレームごとにアニメーションを更新する (component からオーバーライド)
    void Update(float deltaTime) override;
    // アニメーションに使うテクスチャを設定する
    void SetAnimTextures(const std::vector<SDL_Texture*>& textures);
    // アニメーションの FPS を設定 / 取得
    float GetAnimFPS() const { return mAnimFPS; }
    void SetAnimFPS(float fps) { mAnimFPS = fps; }
private:
    // アニメーションでのすべてのテクスチャ
    std::vector<SDL_Texture*> mAnimTextures;
    // 現在表示しているフレーム
    float mCurrFrame;
    // アニメーションのフレームレート
    float mAnimFPS;
};
```

`mAnimFPS`変数により、異なるフレームレートでスプライトアニメーションを再生できる。これで、アニメーションの再生速度を動的に上げ下げできる。例えばキャラクターがスピードを出す時、そのアニメーションのフレームレートも上げることで、よりいっそうのスピード感を演出できる。`mCurrFrame`変数は、フレームの長さを`float`型で管理し、現在のアニメーションを表示している期間を追跡管理できる。

SetAnimTextures関数は、単に渡された配列をメンバー変数mAnimTexturesに設定し、mCurrFrameをゼロにリセットする。また、SpriteComponentから継承したSetTexture関数を呼び出して、アニメーションの最初のフレームを渡す。このコードはSpriteComponentのSetTextureを使うので、継承したDraw関数をオーバーライドする必要はない。

AnimSpriteComponentの重い処理のほとんどが、リスト2.7のUpdate関数だ。最初に、アニメーションのFPSとデルタタイムの関数としてmCurrFrameを更新する。次に、mCurrFrameの値が、テクスチャの数より必ず小さくなるようにする（つまり、必要ならばアニメーションを周期的に巻き戻す必要がある）。最後にmCurrFrameをintにキャストしてmAnimTexturesから適切なテクスチャを選択して、SetTextureを呼び出す。

リスト2.7 AnimSpriteComponent::Updateの実装

```
void AnimSpriteComponent::Update(float deltaTime)
{
    SpriteComponent::Update(deltaTime);

    if (mAnimTextures.size() > 0)
    {
        // フレームレートとデルタタイムに基づいて
        // カレントフレームを更新する
        mCurrFrame += mAnimFPS * deltaTime;

        // 必要に応じてカレントフレームを巻き戻す
        while (mCurrFrame >= mAnimTextures.size())
        {
            mCurrFrame -= mAnimTextures.size();
        }

        // 現時点のテクスチャを設定する
        SetTexture(mAnimTextures[static_cast<int>(mCurrFrame)]);
    }
}
```

このAnimSpriteComponentには、アニメーションの切り替え機能が足りない。現在、アニメーションを切り替える唯一の方法は、SetAnimTexturesを繰り返して呼び出すことだ。すべてのスプライトアニメーションのための各種のテクスチャすべてを1つの配列に入れておき、各アニメーションに対応する画像の集合を指定するのが合理的だろう。この考え方について、課題2.2で探究してほしい。

2.3 背景のスクロール

2Dゲームでは、背景をスクロールさせる技法がよく使われる。これはゲームの世界を広く見せる効果があり、無限にスクロールするゲームに用いられる。ここでは、レベルデザインに基づく画面遷移ではなく、背景のスクロールだけに注目する。最も簡単な方法は、背景を画面サイズで切り分け、フレーム単位で表示位置を変えてスクロールの印象を作り出すことだ。

スプライトのアニメーションと同じく、背景用にSpriteComponentの派生クラスを作ろう。リスト2.8が、BGSpriteComponentクラスの宣言だ。

リスト2.8 BGSpriteComponentの宣言

```
class BGSpriteComponent : public SpriteComponent
{
public:
    // 描画順序の初期値は下げる（だからこそ背景となる）
    BGSpriteComponent(class Actor* owner, int drawOrder = 10);
    // 更新と描画は親からオーバーライドする
    void Update(float deltaTime) override;
    void Draw(SDL_Renderer* renderer) override;
    // 背景用のテクスチャを設定する
    void SetBGTextures(const std::vector<SDL_Texture*>& textures);
    // 画面サイズとスクロール速度の設定 / 取得
    void SetScreenSize(const Vector2& size) { mScreenSize = size; }
    void SetScrollSpeed(float speed) { mScrollSpeed = speed; }
    float GetScrollSpeed() const { return mScrollSpeed; }
private:
    // 個々の背景画像とオフセットをカプセル化する構造体
    struct BGTexture
    {
        SDL_Texture* mTexture;
        Vector2 mOffset;
    };
    std::vector<BGTexture> mBGTextures;
    Vector2 mScreenSize;
    float mScrollSpeed;
};
```

BGTexture構造体にそれぞれの背景テクスチャに対応するオフセットを割り当てる。このオフセットを毎フレーム更新することで、スクロール効果を生み出す。オフセット値はSetBGTexturesで初期化される。追加される背景テクスチャの内部では、それぞれのテクスチャは、直前の背景テクスチャの右側に配置される。

```
void BGSpriteComponent::SetBGTextures(const std::vector<SDL_Texture*>&
textures)
{
    int count = 0;
    for (auto tex : textures)
    {
        BGTexture temp;
        temp.mTexture = tex;
        // それぞれのテクスチャは画面幅分のオフセットを持つ
        temp.mOffset.x = count * mScreenSize.x;
        temp.mOffset.y = 0;
        mBGTextures.emplace_back(temp);
        count++;
    }
}
```

このコードは、背景画像が画面幅の横幅を持つことを前提としているが、さまざまな横幅に対応するようにも変更できる。Updateのコードは、それぞれの画像が完全に画面外に出た場合を考慮しながら、背景テクスチャのオフセットを更新する。これで背景画面は永遠にリピートされる。

```
void BGSpriteComponent::Update(float deltaTime)
{
    SpriteComponent::Update(deltaTime);
    for (auto& bg : mBGTextures)
    {
        // xのオフセットを更新
        bg.mOffset.x += mScrollSpeed * deltaTime;
        // もし画面から完全に出たら、オフセットを
        // 最後の背景テクスチャの右にリセットする
        if (bg.mOffset.x < -mScreenSize.x)
        {
            bg.mOffset.x = (mBGTextures.size() - 1) * mScreenSize.x - 1;
        }
    }
}
```

Draw関数は、所有アクターの位置と背景のオフセット情報によって位置を調整しながら、SDL_RenderCopyを使って背景テクスチャを普通に描画する。これでシンプルなスクロールを実現できる。

視差スクロール（parallax scrolling）を実装しているゲームもある。このアプローチは背景に複数のレイヤーを使う。各レイヤーを別々の速度で動かすことで、奥行きを感じさせる。例えば、雲のレイヤーと地面のレイヤーを使うとしよう。雲のレイヤーを地面のレイヤーよりも遅くスクロールさせれば、雲が地面よりずっと遠くにあると感じられる。伝統的なアニメーショ

ンでは、この技法を100年近く使ってきた。それほど効果的なのだ。図2.5のように、たった3枚のレイヤーでそれらしい視差の効果が得られる。もちろん、レイヤー数が多いほど深みのある効果が得られる。

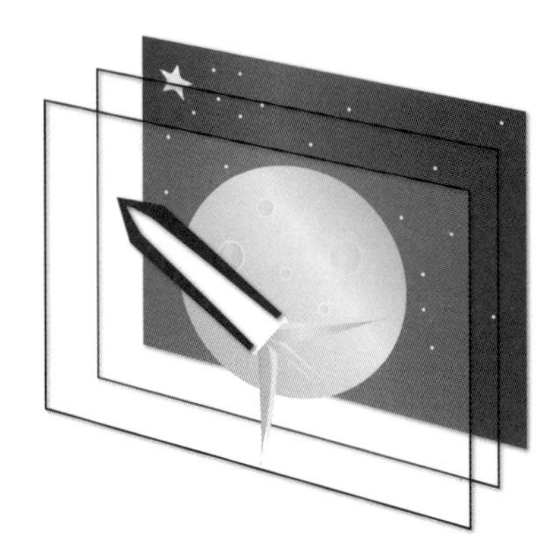

図2.5 宇宙のシーンを3つのレイヤーに分ければ、視差スクロールは容易に作れる

視差の効果を実装するには、1つのアクターに複数の`BGSpriteComponents`を持たせ、それぞれに異なる描画順序を指定する。それから個々の背景に異なるスクロール速度を割り当てれば完成だ。

2.A ゲームプロジェクト

残念ながら、この章で学んだ新しいトピックは、第1章「ゲームプログラミングの概要」で作ったPong（ポン）的ゲームより複雑な仕組みのゲームを作るには不足しているし、前章のゲームにスプライトを加えたところで、大して面白くはならないだろう。ということで、この章のゲームプロジェクトでは新しいゲームではなく、ここで学んだ新しいテクニックのデモを提供しよう。そのコードは、本書のGitHubレジストリの`Chapter02`ディレクトリにある。Windowsでは`Chapter02-windows.sln`を、Macでは`Chapter02-mac.xcodeproj`を開こう。図2.6は、このプロジェクトの実行画面である。スプライトの画像はJacob Zinman-Jeanesの作品である（CC BYライセンス[訳注7]）。

このコードでは、アクター・コンポーネントのハイブリッドモデル、`SpriteComponent`、`AnimSpriteComponent`、視差スクロールを実装している。また、`Ship`という名前の宇宙船の`Actor`の派生クラスがある。`Ship`クラスは、左右と上下の速度を制御する2つの速度の変数を

訳注7 「CC BYライセンス」は、原作クレジットの表示を条件として、クリエイターが自作の配布、リミックス、改変、別の作品での利用を商用を含めて許可できる、ゆるいライセンス。詳細は、クリエイティブ・コモンズの「ライセンスについて」（URL https://creativecommons.org/licenses/）を参照。

持つ。リスト2.9は、Shipの宣言である。

リスト2.9　Shipの宣言

```
class Ship : public Actor
{
public:
    Ship(class Game* game);
    void UpdateActor(float deltaTime) override;
    void ProcessKeyboard(const uint8_t* state);
    float GetRightSpeed() const { return mRightSpeed; }
    float GetDownSpeed() const { return mDownSpeed; }
private:
    float mRightSpeed;
    float mDownSpeed;
};
```

Shipのコンストラクターでは、mRightSpeedとmDownSpeedを0で初期化して、宇宙船に使うためのAnimSpriteComponentを作成してテクスチャを設定する。

```
AnimSpriteComponent* asc = new AnimSpriteComponent(this);
std::vector<SDL_Texture*> anims = {
    game->GetTexture("Assets/Ship01.png"),
    game->GetTexture("Assets/Ship02.png"),
    game->GetTexture("Assets/Ship03.png"),
    game->GetTexture("Assets/Ship04.png"),
};
asc->SetAnimTextures(anims);
```

キーボード入力で船の速度を直接変更する。このゲームでは、［W］キーと［S］キーで船を上下に動かし、［A］キーと［D］キーで船を左右に動かす。ProcessKeyboard関数は、これらの入力を受け取って、mRightSpeedとmDownSpeedを適切に更新する。

Ship::UpdateActor関数は、第1章で紹介した方法で、船を動かす。

```
void Ship::UpdateActor(float deltaTime)
{
    Actor::UpdateActor(deltaTime);
    // 速度とデルタタイムに基づいて位置を更新する
    Vector2 pos = GetPosition();
    pos.x += mRightSpeed * deltaTime;
    pos.y += mDownSpeed * deltaTime;
    // 位置を画面の左半分に制限する
    // ...
    SetPosition(pos);
}
```

「動き」はゲームでは、ごく一般的な機能なので、UpdateActor関数の中で実装するよりも、コンポーネントとして実装するほうが合理的だ。第3章「ベクトルと基礎の物理」で、MoveComponentクラスの作り方を説明する。

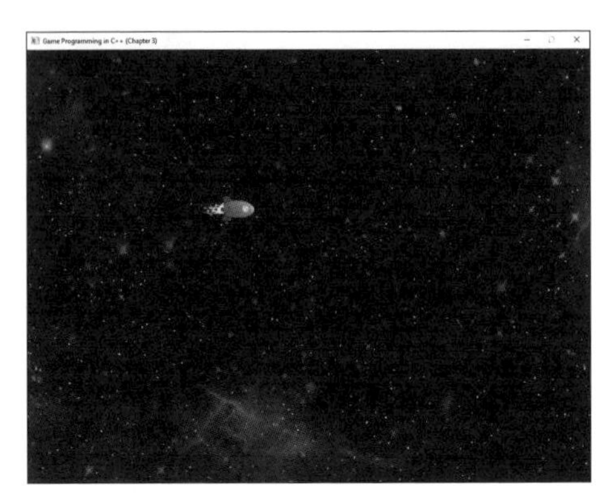

図2.6 横スクロールの実行画面

背景は、(派生クラスではなく) Actorそのもので、2つのBGSpriteComponentsを持つ。2つの背景のスクロール速度が異なることで視差の効果が得られる。これらアクターは (宇宙船を含めて) Game::LoadData関数の中で作成される。

2.B まとめ

ゲームのオブジェクトを表現する方法は数多く存在する。最もシンプルなアプローチは、モノリシックな階層構造だ。1つの基底クラスを全ゲームオブジェクトが継承するのだが、これではすぐに手に負えなくなってしまう。コンポーネントをベースとするモデルでは、ゲームオブジェクトの機能を、継承ではなく「それが含むコンポーネント」で定義できる。本書で使うハイブリッド的なアプローチでは、ゲームオブジェクトの浅い階層構造を持つが、描画や動きなどの、ある種の振る舞いはコンポーネントで実装する。

最も古い時代のゲームは2Dグラフィックスを使っていた。現在では多くのゲームが3Dになっているが、2Dゲームもまだ非常に人気がある。どんな2Dゲームでも(アニメーションがあってもなくても)、視覚的にはスプライトが主な構成要素である。SDLは単純なインターフェイスで、テクスチャの読み込みと描画をサポートする。

多くの2Dゲームが実装している「ぱらぱらアニメ」は、さまざまな画像を連続して素早く切り替えることでスプライトをアニメーションさせる。背景レイヤーのスクロールは、他のテクニックでも実装できるし、視差の効果によって奥行きを見せることも可能だ。

2.C 参考文献

ジェイソン・グレゴリー（Jason Gregory）の本[訳注8]は、かなりのページを（Naughty Dog社が使っているモデルを含む）各種のゲームオブジェクトモデルの紹介に費やしている。マイケル・ディックハイザー（Michael Dickheiser）が編集した本[訳注9]には、純粋なコンポーネントモデルの実装に関する記事が載っている。

— Gregory, Jason. *Game Engine Architecture, 2nd edition*. Boca Raton: CRC Press, 2014.

— Dickheiser, Michael, Ed. *Game Programming Gems 6*. Boston: Charles River Media, 2006.

2.D 練習問題

この章の最初の課題は、さまざまなゲームオブジェクトモデルに関する思考実験だ。2つめの課題では、`AnimSpriteComponent`クラスに機能を追加する。最後は**タイルマップ**（tile map）のサポートを追加する。これは少ないタイルで2Dシーンを生成するテクニックだ。

課題 2.1

プレイヤーがさまざまな乗り物で野生動物を観察できるような「サファリゲーム」を考えてみよう。このゲームでは、いろいろな種類の動植物や乗り物が出てくるだろう。これらのオブジェクトを、モノリシックなクラス階層構造を持つオブジェクトモデルで、どのように実装すればよいだろうか？

次に、同じゲームをコンポーネント型のゲームオブジェクトモデルで実装する場合を考えよう。あなたなら、どのように実装するだろうか。これら2つのアプローチのうち、このゲームに適しているのは、どちらであろうか？

課題 2.2

今の`AnimSpriteComponent`クラスは、1つのアニメーションだけをサポートし、それはすべてのスプライトを1つの配列に格納する形式だ。複数の異なるアニメーションをサポートするように、このクラスを変更しよう。それぞれのアニメーションは、配列内のテクスチャの範囲として定義する。`Chapter02/Assets`ディレクトリの`CharacterXX.png`ファイルをテストに使おう。

次に、ループしないアニメーションをサポートしよう。アニメーションを「テクスチャ

訳注8 邦訳は『ゲームエンジン・アーキテクチャ 第2版』ジェイソン・グレゴリー著、大貫 宏美・田中 幸 訳、今給黎 隆・湊 和久 監修（SBクリエイティブ、2015年）。「15.2 ランタイムオブジェクトモデルのアーキテクチャ」を参照。Naughty Dog（ノーティードッグ）のゲームは、「クラッシュ・バンディクー」や「アンチャーテッド」のシリーズなど。

訳注9 邦訳は『Game Programming Gems 6 日本語版』Michael Dickheiser著、加藤 諒 編、川西 裕幸・中本 浩 訳（ボーンデジタル、2007年）。

の範囲」として定義する時に、ループするかどうかを指定できるようにする。ループしないアニメーションでは、終了時に最初のテクスチャに戻してはいけない。

課題 2.3

2Dシーンを生成するアプローチの1つに、タイルマップがある。この方法では、同じ寸法を持つ一連のタイルを含む画像ファイルを使う。この画像ファイルは**タイルセット**（tile set）と呼ばれる。タイルを数多く組み合わせて2Dシーンを作るのだ。この課題のタイルマップは、Tiled（URL http://www.mapeditor.org）で生成した。タイルセットとタイルマップの生成に使える優れたツールだ[訳注10]。図2.7はタイルセットの例の一部である。

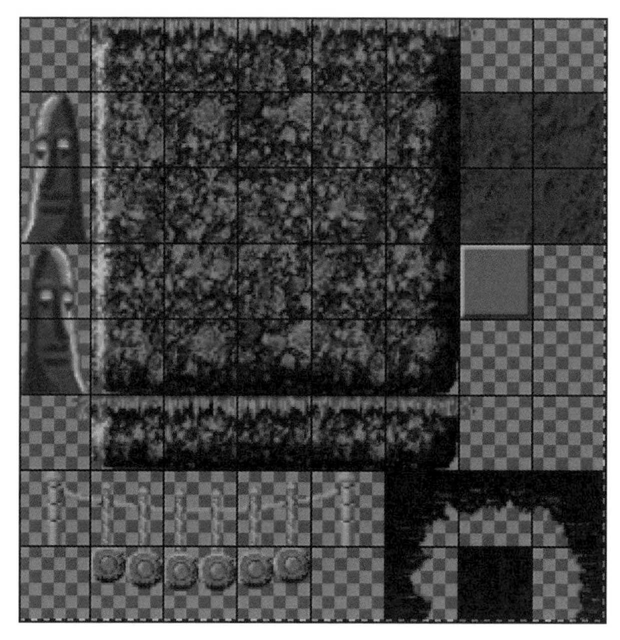

図2.7　課題2.3で使うタイルセットの一部

ここでは、タイルマップをCSV形式のファイルにした。`Chapter02/Assets`にある`MapLayerX.csv`という一連のファイルがそれで、3つのレイヤーを持つ（Layer 1が最も近く、Layer 3が最も遠い）。`Tiles.png`にタイルセットが入っている。CSVファイルの各行は、次のような一連の数を含んでいる。

```
-1,0,5,5,5,5
```

訳注10　HaxelFlixel Wikiの「TiledMapEditorの使い方」に詳しい解説がある（URL http://haxeflixel.2dgames.jp/index.php?TiledMapEditor）。

-1は、そのタイルには画像がないという意味だ（だから、そのタイルには何もレンダリングされない）。その他の数は、タイルセットに含まれる個々のタイルを参照する番号だ。番号は左から右へ、そして上から下へと数える。このタイルセットで「タイル8」は、第2行の左端のタイルだ。

TileMapComponentという新しいコンポーネントを、SpriteComponentを継承して作成しよう。タイルマップのCSVファイルを読み込む関数が必要だ。そして、個々のタイルをタイルセットのテクスチャから描画するようにDrawをオーバーライドする。テクスチャ全体ではなく、その一部だけを描画するには、SDL_RenderCopyExのsrcrectパラメーターを使う。そうすればタイルセット全体ではなく、タイルセットのテクスチャから参照した1つのタイルだけを描画できる。

Chapter

3

ベクトルと基礎の物理

ベクトルは、ゲームプログラマーが毎日のように使う、基本的な数学の概念だ。まずこの章では、ゲームにおけるさまざまな問題を、ベクトルを使って解決する方法を紹介する。次に、ゲームの基本的な運動をMoveComponentで実装し、キーボードをInputComponentで制御する方法を紹介する。そして、ニュートン物理学の基礎を簡単におさらいしてから、オブジェクト間のコリジョン（衝突）を検出する方法を示す。この章のゲームプロジェクトでは、これらのテクニックをいくつか使って、（いにしえのゲームである）アステロイド（Asteroids）を簡易的な形で実装する。

3.1 ベクトル

数学でいう**ベクトル**（vector）とは、（`std::vector`の話でなく）n次元空間で大きさと向きの両方を表現する存在だ。次元ごとに1つの**成分**（component）を持ち、2D（2次元）ベクトルは x と y の2つの成分を持つ。ゲームプログラマーにとって、ベクトルは最も重要な数学的ツールの1つだ。ベクトルは数多くのさまざまな問題を解くのに利用できる。ベクトルの理解は、3Dゲームではとりわけ重要だ。この章では、ベクトルの性質と、ゲームでの使い方の両方を押さえる。

本書では、変数名の上に矢印を引いて、それがベクトルであることを示す。また、ベクトルの成分を各次元の下付き文字で表す。例えば次の式は、2Dベクトル $\vec{v}$ を示す。

$$\vec{v} = \langle v_x, v_y \rangle$$

ベクトルには位置という概念はない。だが、第1章「ゲームプログラミングの概要」と第2章「ゲームオブジェクトと2Dグラフィックス」では、`Vector2`変数を使って位置を表現してきたではないかと思う人がいるかもしれない（これは、次の説明ですぐに理解できるはずだ）。

ベクトルに位置がないというのは、2つのベクトルが同じ大きさ（あるいは長さ）を持ち、同じ方向を指していれば、それら2つのベクトルは等しい、ということだ。図3.1は、ベクトル場におけるたくさんのベクトルである。多数のベクトルが異なる場所に描かれているが、大きさと方向が同じであるため、すべてのベクトルは等しい。

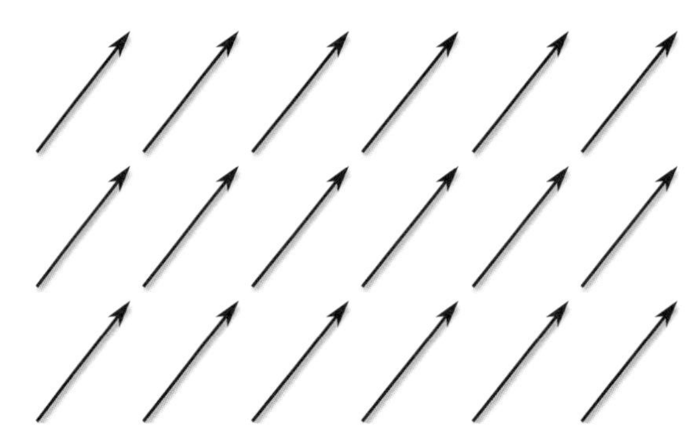

図3.1 すべてのベクトルが等しいベクトル場

ベクトルは、どこに描いても値が変わらないが、**始点**を原点に置くと、ベクトルの問題を解くのが簡単になることが多い。この時、ベクトルの矢印の先端（**終点**）が、空間の特定の点を「指している」と考えられる。このように描くと、ベクトルが指している位置は、そのベクトルの成分と同じ座標となる。例えば、原点を始点として2Dベクトル $\langle 1, 2 \rangle$ を描けば、その先端は図3.2のように $(1, 2)$ の点を指す。

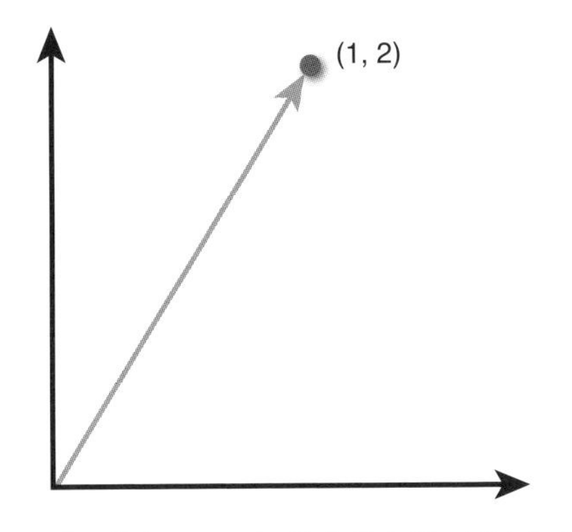

図3.2　原点を始点として $(1,2)$ を指す2Dベクトル $\langle 1,2 \rangle$

ベクトルが向きを表現できることから、オブジェクトの向きを記述するのにベクトルを使うことが多い。オブジェクトの**前方ベクトル**（forward vector）は、オブジェクトが進む方向を表現するベクトルだ。例えば x 軸に正面を向けているオブジェクトは、$\langle 1,0 \rangle$ の前方ベクトルを持つ。

ベクトルには、さまざまな種類の演算を適用できる。一般に、ゲームプログラマーは、各種の計算を行うのにライブラリを使う。だから、ただ方程式を暗記するより、どのベクトル計算が、どの問題を解くのか知っているほうが役に立つ。この節の残りの部分では、ベクトルの基本的な使い道を探っていく。

本書のソースコードは、`Math.h`ヘッダーファイルに入っている独自のベクトルライブラリを使う。この章以降のゲームプロジェクトのコードは、このヘッダーファイルをインクルードする。`Math.h`は、`Vector2`と`Vector3`のクラスを定義するほか、多くの演算とメンバー関数を実装している。なお、`x`と`y`の成分は`public`なメンバー変数で、次のようなコーディングが可能だ。

```
Vector2 myVector;
myVector.x = 5;
myVector.y = 10;
```

このセクションの図とサンプルでは、ほぼ例外なく2Dベクトルを使うが、ここで説明する演算のほとんどは3Dベクトルにも適用できる。3次元でも成分が1つ増えるだけだ。

3.1.1　2点間のベクトルを作る：減算

ベクトルの減算は、片方のベクトルの成分を、もう片方のベクトルの対応する成分から引く。結果は、新しいベクトルになる。例えば2次元では、ベクトルの x 成分は、y 成分とは別に引く。

$$
\begin{aligned}
\vec{c} &= \vec{b} - \vec{a} \\
&= \langle b_x - a_x, b_y - a_y \rangle
\end{aligned}
$$

ベクトルの減算を可視化するには、図3.3（a）のように、2つのベクトルを同じ位置を始点として描く。次に、1つのベクトルの先端から、もう1つのベクトルの先端に向かうベクトルを作る。減算は可換ではないから（つまり、$a-b$ は $b-a$ と同じではないから）順序は重要だ。正しい順序を覚えておくために、暗記をするとよい：「**$\vec{a}$ から $\vec{b}$ へのベクトルは、$\vec{b}-\vec{a}$**」。

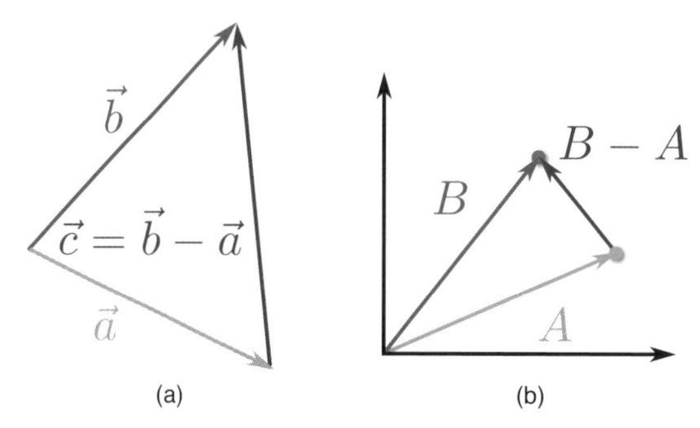

図3.3　ベクトルの減算（a）と、2点間の差を表現するベクトル（b）

2点間のベクトルは減算で作ることができる。例えば宇宙戦争のゲームで、宇宙船が敵にレーザーを発射するとしよう。宇宙船の位置を点 s で表し、標的の位置は点 t で表す。仮に、$s=(5,2)$、$t=(3,5)$ とする。

これらの点が、もしベクトルの $\vec{s}$ と $\vec{t}$ だとしたら、どうだろうか。そして、どちらも始点が原点にあり、それぞれの終点が、各ベクトルに対応する点を「指し示して」いるとしたら？
前にも述べたが、これらの x、y 成分は、点の座標と同じである。ただしベクトルなので、図3.3（b）のように、2点間のベクトルを減算で作ることができる。レーザーは宇宙船（s）から標的（t）を狙うので、次の減算を行う。

$$\vec{t} - \vec{s} = \langle 3,5 \rangle - \langle 5,2 \rangle = \langle -2,3 \rangle$$

本書の`Math.h`ライブラリでは、`-`演算子で2つのベクトルの差を計算できる。

```
Vector2 a, b;
Vector2 result = a - b;
```

3.1.2 ベクトルのスケーリング：スカラー乗算

ベクトルに**スカラー**（scalar）を掛けることができる。スカラーとは1つの値だ。スカラーとの乗算は簡単で、ベクトルの各成分にスカラーを掛ければよい。

$$s \cdot \vec{a} = \langle s \cdot a_x, s \cdot a_y \rangle$$

ベクトルに正のスカラーを掛けると、そのベクトルの大きさだけが変わる。負のスカラーを掛けると、大きさが変わるだけでなくベクトルの向きが反対になる（始点と終点が入れ替わる）。図3.4は、ベクトル $\vec{a}$ に、2つの異なるスカラーを掛けた結果である。

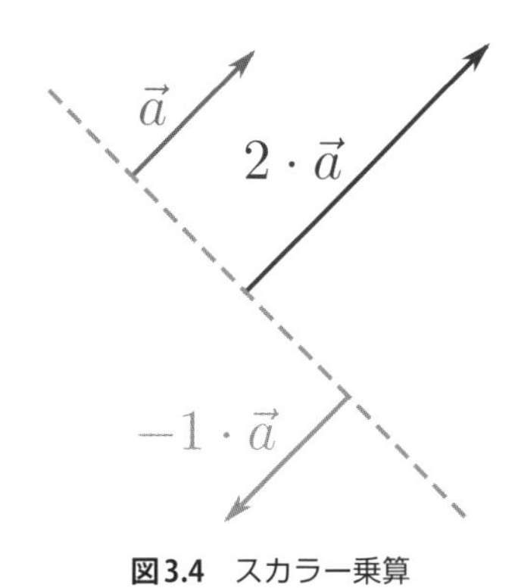

図3.4 スカラー乗算

本書のMath.hライブラリでは、*演算子でスカラー乗算を行う。

```
Vector2 a;
Vector2 result = 5.0f * a; // 5倍のスケーリング
```

3.1.3 ベクトルを組み合わせる：加算

ベクトルの加算は、2つのベクトルの各成分を足して、新たなベクトルを作る。

$$\vec{c} = \vec{a} + \vec{b} = \langle a_x + b_x, a_y + b_y \rangle$$

加算を可視化するには、片方のベクトルの終点（矢印の先端）が、もう片方のベクトルの始点に触れるように、2つのベクトルを描く。加算すると、図3.5のように、あるベクトルの始点から、もう片方のベクトルの終点に向かうベクトルができる。

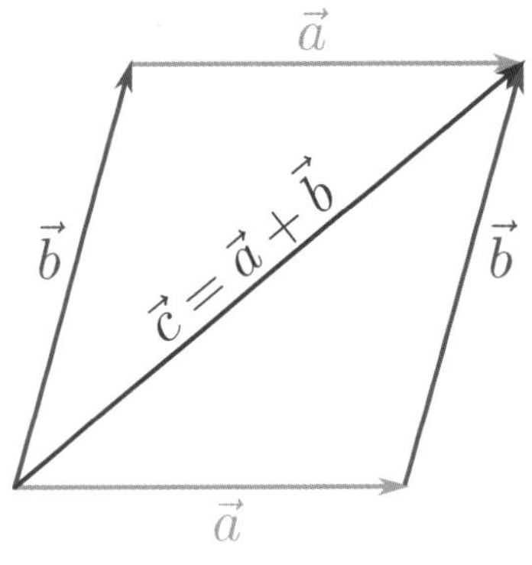

図3.5　ベクトルの加算

なお、加算の順序は結果に影響を与えない。数の加算と同じく、ベクトルの加算も可換だ。

$$\vec{a}+\vec{b}=\vec{b}+\vec{a}$$

ベクトルの加算には、さまざまな用途がある。例えばプレイヤーが点 p にいて、プレイヤーの前方ベクトルを $\vec{f}$ とする。すると、プレイヤーの前方150単位の位置にある点は、$\vec{p}+150\cdot\vec{f}$ である。

本書の`Math.h`ライブラリでは、`+`演算子で2つのベクトルを加算できる。

```
Vector2 a, b;
Vector2 result = a + b;
```

3.1.4 距離を求める：長さ

前述したように、ベクトルは**大きさ**（magnitude）と向きの両方を表現する。ベクトル変数の左右に2本の縦線を置くと、「ベクトルの大きさ——あるいは**長さ**（length）——を求めよ」という意味になる。例えば $\vec{a}$ の大きさは、$\|a\|$ と書く。ベクトルの長さを計算するには、各要素の二乗和の平方根を取る。

$$\|\vec{a}\|=\sqrt{a_x^2+a_y^2}$$

ユークリッド距離の公式とそっくりだ、と思われるかもしれない。そのとおりで、これはユークリッド距離の公式を単純化したものだ！　ベクトルを始点が原点となるように描けば、この公式で原点からベクトルが指す点までの距離が得られる[訳注1]。

訳注1　ベクトルの「大きさ」を「ユークリッドノルム」（Euclidean norm）とも呼ぶ。

この「大きさ」を使って、任意の2点間の距離を計算できる。p と q の2点を2つのベクトルとみなして、ベクトルの差を計算する。その結果の大きさは、2点間の距離に等しい。

$$distance = \|\vec{p} - \vec{q}\|$$

この「長さの公式」での平方根の処理は比較的高価な計算[訳注2]だ。どうしても長さを知る必要があるのなら、この平方根は避けられない。ただし、長さを知る必要があるように見えても、実は平方根を使わずに済むケースがある。

例えば、プレイヤーがオブジェクトAとオブジェクトBの、どちらに近いかを知りたいとしよう。それには、まずオブジェクトAからプレイヤーへのベクトル、$\vec{p} - \vec{a}$ を作る。同様に、オブジェクトBからプレイヤーへのベクトル、$\vec{p} - \vec{b}$ も作る。どちらのオブジェクトが近いのか判定するには、それぞれのベクトルの長さを計算して比較するのが当然と思われるかもしれない。だが、もっと単純な計算で十分なのだ。ベクトルの成分が虚数でないとすれば、ベクトルの長さは正のはずだ。この場合、2つのベクトルの長さを比較するのは、それぞれのベクトルの**長さの2乗**（length squared）を比較するのと、論理的に等価である。

$$\|\vec{a}\| < \|\vec{b}\| \equiv \|\vec{a}\|^2 < \|\vec{b}\|^2$$

したがって、大小の比較だけが必要であれば、長さではなく長さの2乗を使える。

$$\|\vec{a}\|^2 = a_x^2 + a_y^2$$

本書の`Math.h`ライブラリで、メンバー関数の`Length`は、ベクトルの長さを計算する。

```
Vector2 a;
float length = a.Length();
```

加えて、メンバー関数の`LengthSquared`は、長さの2乗を計算する。

3.1.5 向きを求める：単位ベクトルと正規化

単位ベクトル（unit vector）は、長さが1のベクトルだ。単位ベクトルの記法は、$\hat{u}$ のように、記号の上に「帽子」（hat）を載せる。非単位長のベクトルから単位ベクトルへの変換を**正規化**（normalization）という。ベクトルを正規化するには、それぞれの成分をベクトルの長さで割ればよい。

$$\hat{a} = \langle \frac{a_x}{\|\vec{a}\|}, \frac{a_y}{\|\vec{a}\|} \rangle$$

訳注2　CPUの計算処理において、多くのクロック数を必要とする。

単位ベクトルを使うと計算が単純化される場合がある。ただし、ベクトルを正規化すれば大きさの情報は失われる。だから、いつベクトルを正規化するのか、慎重に決めよう。

ゼロ除算（division by zero）

もしベクトルのすべての成分がゼロなら、そのベクトルの長さもゼロである。この場合、正規化の式は「ゼロ除算」となる。浮動小数点型の変数をゼロで割ると、結果はNaN（Not a Number）というエラー値になる。ひとたび計算結果がNaNになったら、それを排除することは不可能だ。NaNに対する演算は、どれもNaNを返す。

これを防ぐ一般的な策は、ベクトルの長さがゼロに近いかどうかを最初にテストする「安全な」正規化関数を作ることだ。長さがゼロに近い時は除算しないことでゼロ除算を避けられる。

経験則として、ベクトルの向きしか必要としない時は、いつでも正規化してよい。矢印の向きや、アクターの前方ベクトルなどが、その例である。けれど、もし距離が必要なら（例えばレーダーでオブジェクトまでの距離を表示したい時）、その情報は正規化によって失われる。

一般に、正規化するのは、オブジェクトの向き示す前方ベクトルや、どちらが上かを示す**上向きベクトル**（up vector）などだ。他のベクトルは、正規化すべきではないかもしれない。例えば重力ベクトルを正規化したら、重力の大きさが失われてしまう。

`Math.h`ライブラリは、2種類の`Normalize`関数を提供している。まず、指定されたベクトルを、その場で正規化する（正規化前のベクトルを上書きする）メンバー関数がある。

```
Vector2 a;
a.Normalize(); // aは正規化されている
```

もう1つは、引数として渡されたベクトルを正規化し、その正規化されたベクトルを返す静的関数である。

```
Vector2 a;
Vector2 result = Vector2::Normalize(a);
```

3.1.6 角度を前方ベクトルに変換する

第2章の`Actor`クラスで、回転の角度をラジアンで表現したことを思い出そう。この角度を変えることでアクターの進行方向を変えられる。今は2次元なので、アクターの回転角度は（図3.6の）単位円の角度に直接対応する。

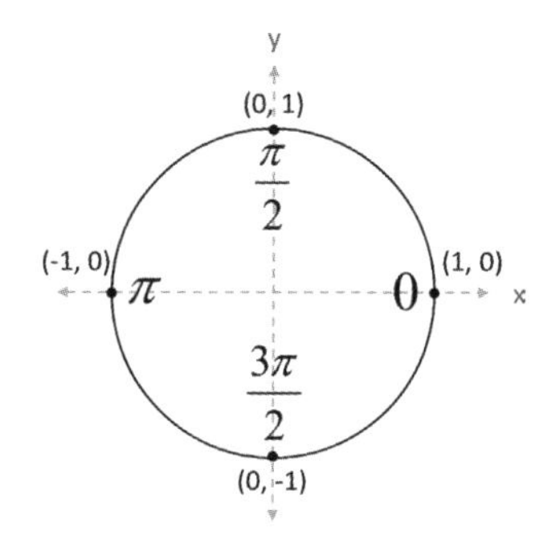

図3.6　単位円

単位円の式は、角度 θ（シータ）を使って、次のように書ける。

$$x = \cos\theta$$
$$y = \sin\theta$$

この2つの式で、アクターの角度を前方ベクトルに直接変換できる。

```
Vector2 Actor::GetForward() const
{
    return Vector2(Math::Cos(mRotation), Math::Sin(mRotation));
}
```

ここで、`Math::Cos`と`Math::Sin`という2つの関数は、C++標準ライブラリのサインおよびコサイン関数のラッパーだ。ベクトルを明示的に正規化していないことに注目しよう。単位円の半径（radius）は1なので、この式は常に単位ベクトルを返すのだ。

単位円では $+y$ が上向きだが、SDLの2Dグラフィックスで $+y$ は下向きであることを忘れてはいけない。正しいSDLの前方ベクトルを表すには、y 成分を反転する必要がある。

```
Vector2 Actor::GetForward() const
{
    // SDLのためにy成分を反転する
    return Vector2(Math::Cos(mRotation), -Math::Sin(mRotation));
}
```

3.1.7 前方ベクトルを角度に変換する：アークタンジェント

前項の逆の問題を考えよう。つまり、前方ベクトルの向きから角度を得たい場合だが、タンジェントを使うことで、角度から直角三角形の対辺と隣辺の比が得られることを思い出そう。

今、アクターの新しい前方ベクトルが計算で得られたとしよう。そのベクトルを角度（angle）に変換して、アクターの回転角（rotation）を表すメンバー変数に代入する必要があるとする。この時、図3.7のように、新しい前方ベクトル $\vec{v}$ と x 軸で、直角三角形を作ることができる。この三角形では、前方ベクトルのx成分は隣辺（adjacent side）の長さであり、前方ベクトルの y 成分は対辺（opposite side）の長さである。両辺の比から、アークタンジェント関数を使って、角度 θ が計算できる。

プログラミングで好ましいアークタンジェント関数は、atan2関数だ。2つの引数（対辺の長さと隣辺の長さ）を受け取って、角度を $[-\pi, \pi]$ の範囲で返す。正の角度は三角形が第1または第2象限にある（つまり y が正の値である）ことを意味し、負の角度は三角形が第3または第4象限にあることを意味する。

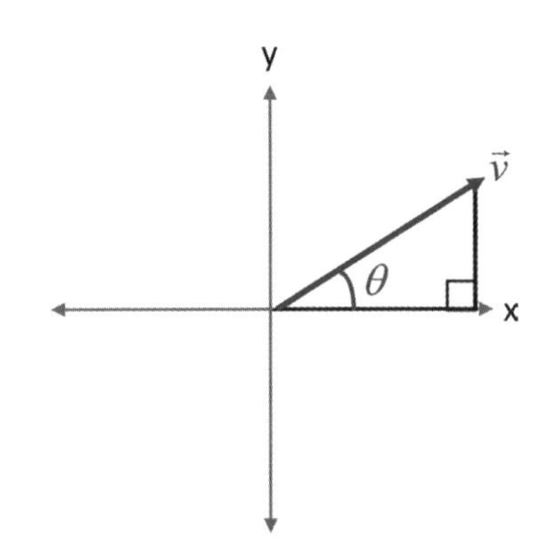

図3.7 x軸とベクトルにはさまれた直角三角形

例えば、宇宙船をある小惑星に向けたいとしよう。それにはまず、宇宙船から小惑星に向かうベクトルを作り、それを正規化する。次にatan2を使って、今作った前方ベクトルを角度に変換する。最後に、宇宙船アクターの回転角に、作った角度を設定する。ただしSDLの2D座標系では $+y$ が下方なので、y 成分の正負を反転する必要がある。だから、次のようにコーディングする。

```
// ( 宇宙船と小惑星は Actor)
Vector2 shipToAsteroid = asteroid->GetPosition() - ship->GetPosition();
shipToAsteroid.Normalize();
// 新しい前方ベクトルを atan2 で角度に変換 (SDL 用に y 成分を逆転)
float angle = Math::Atan2(-shipToAsteroid.y, shipToAsteroid.x);
ship->SetRotation(angle);
```

アークタンジェントのアプローチは、2Dゲームでは非常に良好に働く。ただし、この形式が使えるのは、すべてのオブジェクトが x - y 平面にとどまる2Dゲームにだけだ。3Dゲームでは、次項のドット積のアプローチのほうが好まれることがある。

3.1.8 2つのベクトルの成す角を求める：ドット積

2つのベクトルの**ドット積**（dot product）は、1個のスカラー値になる（スカラー積・内積ともいう）。ゲームでのドット積の最も一般的な用途は、2つのベクトルの成す角を求めることだ。次の等式は、ベクトル $\vec{a}$ とベクトル $\vec{b}$ とで、ドット積を計算する。

$$\vec{a} \cdot \vec{b} = a_x \cdot b_x + a_y \cdot b_y$$

ドット積と角度のコサインとの関係を利用すると、2つのベクトルの成す角を次のように計算できる。

$$\vec{a} \cdot \vec{b} = \|\vec{a}\|\|\vec{b}\| \cos\theta$$

図3.8に例を示すが、この公式は**余弦定理**（law of Cosines）に基づいている。この公式から、θ を次のように解くことができる。

$$\theta = \arccos\left(\frac{\vec{a} \cdot \vec{b}}{\|\vec{a}\|\|\vec{b}\|}\right)$$

ベクトル $\vec{a}$ とベクトル $\vec{b}$ が、どちらも単位ベクトルであれば、それぞれのベクトルの長さが1なので割り算を省略できる。

$$\theta = \arccos(\hat{a} \cdot \hat{b})$$

角度だけが必要なら、あらかじめベクトルを正規化するのが便利なのは、1つにはこのためだ。

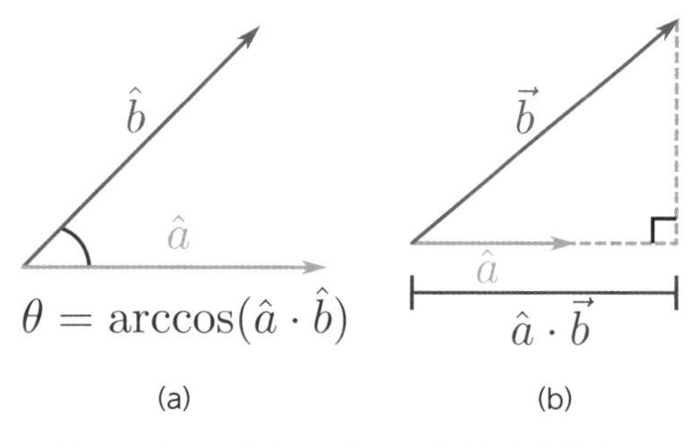

図3.8 2つの単位ベクトルの成す角を計算する

例えば、プレイヤーが位置 p にいて、前方ベクトル $\hat{f}$ を持っているとしよう。新しい敵が位置 e に出現した。そこで、元の前方ベクトルと、 p から e へのベクトルとの成す角を求めたいとする。まず点 p と点 e のベクトル表現を使って、 p から e へのベクトルを計算する。

$$\vec{v} = \vec{e} - \vec{p}$$

次に、今は向きだけの問題なので、 $\vec{v}$ を正規化する。

$$\hat{v} = \left\langle \frac{v_x}{\|\vec{v}\|}, \frac{v_y}{\|\vec{v}\|} \right\rangle$$

最後にドット積を使って、 $\hat{f}$ と $\hat{v}$ が成す角を求める。

$$\begin{aligned} \theta &= \arccos(\hat{f} \cdot \hat{v}) \\ &= \arccos(f_x \cdot v_x + f_y \cdot v_y) \end{aligned}$$

ドット積で、2つのベクトルの間の角度を計算できるが、特殊なケースを覚えておくことも重要だ。もし2つの単位ベクトルの間でドット積が 0 であれば、 $\cos(\pi/2) = 0$ なので、その2つのベクトルは直交している。また、ドット積が 1 ならば、2つのベクトルは平行であり、しかも同じ方向を向いている。最後に、ドット積が -1 ならば、**逆平行**（antiparallel）だ。つまり2つのベクトルは平行ではあるが、逆向きである。

ドット積を使った角度の計算には、アークコサイン関数が返す角度の範囲が $[0, \pi]$ であるという欠点がある。つまり、アークコサインは2つのベクトル間の最小の回転角を返すけれども、その回転が時計回りなのか反時計回りなのかは教えてくれない。

2つの実数の積と同じく、ドット積でも交換法則、和の分配法則が成り立つ。

$$\begin{gathered} \vec{a} \cdot \vec{b} = \vec{b} \cdot \vec{a} \\ \vec{a} \cdot (\vec{b} + \vec{c}) = \vec{a} \cdot \vec{b} + \vec{a} \cdot \vec{c} \end{gathered}$$

もう1つ便利なことは、長さの2乗の計算が、ベクトル自身とのドット積と等しいということだ。

$$\vec{v} \cdot \vec{v} = \|\vec{v}\|^2 = v_x^2 + v_y^2$$

`Math.h`ライブラリは、`Vector2`と`Vector3`の両方で、静的な`Dot`関数を定義している。例えば、`origForward`と`newForward`のなす角度は、次のように求められる。

```
float dotResult = Vector2::Dot(origForward, newForward);
float angle = Math::Acos(dotResult);
```

3.1.9 法線を計算する：クロス積

法線（normal）は、面に対して垂直なベクトルだ。（三角形などの）面の法線の計算は、3Dゲームでとても役に立つ。例えば第6章「3Dグラフィックス」で扱う照明モデルには、法線ベクトルの計算が必要となる。

平行ではない2つの3Dベクトルがあれば、それら2つのベクトルを含む1つの平面が存在する。**クロス積**（cross product）は、図3.9のように、その平面に垂直なベクトルを求める（ベクトル積・外積ともいう）。

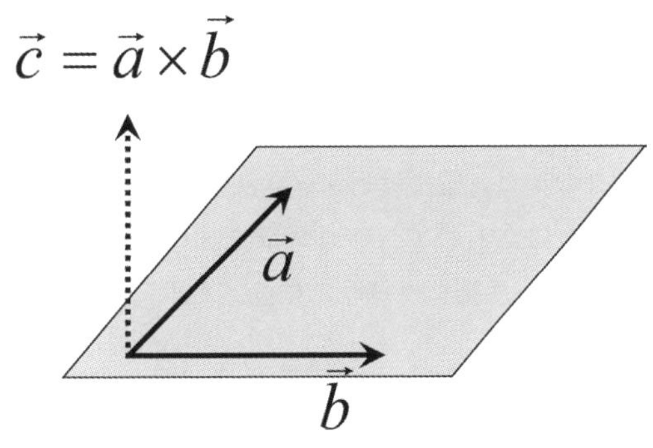

図3.9　左手座標系におけるクロス積

クロス積は2Dベクトルには使えない。だが、値がゼロの z 成分を加えるだけで2Dベクトルを3Dベクトルに変換できる。

2つのベクトルのクロス積では、次のような × 記号を使う。

$$\vec{c} = \vec{a} \times \vec{b}$$

ところで、厳密には、図3.9の平面と垂直なベクトルは、もうひとつある。$-\vec{c}$ だ。これはクロス積の重要な性質である。クロス積は交換法則を満たさない（可換ではない）。

$$\vec{a} \times \vec{b} = -\vec{b} \times \vec{a}$$

クロス積の結果のベクトルが、どちらを向くのか見極めるには、**左手の法則**を応用するとわかりやすい。あなたの左手の、人差し指を伸ばした方向が $\vec{a}$ で、中指を伸ばした方向が $\vec{b}$ だとしよう（必要なだけ手首を回転させる）。すると、親指が向いている方向が $\vec{c}$ になる。ここで左手を使うのは、本書の座標系が左手系だからだ（座標系については第5章「OpenGL」で詳しく学ぶ）。右手座標系では、代わりに右手の法則を使う。

クロス積は、次のように計算する。

$$\begin{aligned}\vec{c} &= \vec{a} \times \vec{b} \\ &= \langle a_y b_z - a_z b_y, a_z b_x - a_x b_z, a_x b_y - a_y b_x \rangle\end{aligned}$$

このクロス積の計算式を暗記するのに、よく使われる記憶法が"xyzzy"だ。これで、クロス積の結果として得られる x 成分の、添え字の順番を記憶しよう。

$$c_x = a_y b_z - a_z b_y$$

y 成分と z 成分では、添え字を $x \rightarrow y \rightarrow z \rightarrow x$ の順に回す。つまり、クロス積の残りの2つの成分は、次の結果になることがわかる。

$$c_y = a_z b_x - a_x b_z$$
$$c_z = a_x b_y - a_y b_x$$

ドット積と同じように、クロス積にも特殊なケースが存在する。もしクロス積がベクトル $\langle 0, 0, 0 \rangle$ を返すのなら、$\vec{a}$ と $\vec{b}$ は、同一直線上にある。同一直線上の2つのベクトルからは平面を作れないので、このクロス積には返すべき法線がない。

三角形は1つの平面上にあるので、クロス積で三角形の法線を求めることができる。図3.10の三角形 ABC を考える。法線を計算するには、まず三角形の2辺のベクトルを作る。

$$\vec{u} = B - A$$
$$\vec{v} = C - A$$

次に、その2辺間でクロス積を取り、結果を正規化する。これで三角形の法線ベクトルが得られる。

$$\vec{n} = \vec{u} \times \vec{v}$$
$$\hat{n} = \frac{\vec{n}}{\|\vec{n}\|}$$

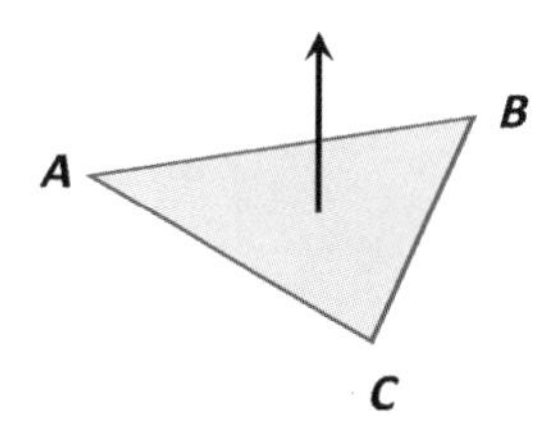

図3.10 三角形 ABC の法線

`Math.h`ライブラリは、静的な`Cross`関数を提供している。例えば次の行は、ベクトル`a`と`b`のクロス積を計算する。

```
Vector3 c = Vector3::Cross(a, b);
```

3.2 運動の基本

第2章のゲームプロジェクトでは、Actorの派生クラスであるShipでUpdateActorをオーバーライドして、宇宙船を動かしていた。しかし、**運動**（movement）は、ごく一般的なゲームの機能なので、コンポーネントに動きの振る舞いをカプセル化するほうが合理的である。この節では、まずゲームワールドの中でアクターを動かすMoveComponentを作る。このクラスを利用して、画面を動き回る小惑星を作る。次に、InputComponentというMoveComponentの派生クラスを作成する。このクラスは、キーボード入力を直接受け取ることができる。

3.2.1 基礎となるMoveComponentクラスの作成

基礎的なMoveComponentは、アクターを一定のスピードで前進させるものだろう。この機能を実現するには、アクターの前方ベクトルを計算する関数が必要だ（その方法は、「3.1.6 角度を前方ベクトルに変換する」で示した）。アクターの前方ベクトルがあれば、（単位長/秒の）速度とデルタタイムを使って、次の疑似コードのように前に進めることができる。

```
// 位置座標に（前方ベクトル * 前進スピード * デルタタイム）を加算
position += GetForward() * forwardSpeed * deltaTime;
```

アクターの回転も、同様な仕組みで更新できるが、こちらは前方ベクトルが不要だ。（角速度の大きさである）回転速度（ラジアン/秒）とデルタタイムだけが必要である。

```
// 回転角に（回転速度 * デルタタイム）を加算
rotation += angularSpeed * deltaTime;
```

このように、それぞれの速度に基づいて、アクターを前進、回転させる。MoveComponentクラスは、Componentの派生クラスとして実装し、リスト3.1のように宣言しよう。このクラスには、前進と回転を別々に管理するための2つの「速度」と、それらを取得・設定するゲッター・セッター関数がある。また、Update関数をオーバーライドして、アクターを動かすコードを入れる。MoveComponentのコンストラクターが、デフォルトの更新順序（updateOrder）として10を指定していることに注目しよう。前章で述べたように、更新順序は、アクターが自分のコンポーネントを更新する際の順番を決める。デフォルトの更新順序は100なので、MoveComponentは、他のほとんどのコンポーネントよりも先に更新される。

リスト3.1 MoveComponentの宣言

```
class MoveComponent : public Component
{
public:
    // updateOrder の値が小さいほど、先に更新される
    MoveComponent(class Actor* owner, int updateOrder = 10);

    void Update(float deltaTime) override;

    float GetAngularSpeed() const { return mAngularSpeed; }
    float GetForwardSpeed() const { return mForwardSpeed; }
    void SetAngularSpeed(float speed) { mAngularSpeed = speed; }
    void SetForwardSpeed(float speed) { mForwardSpeed = speed; }
private:
    // 回転を制御する（ラジアン/秒）
    float mAngularSpeed;
    // 前進運動を制御する（単位長/秒）
    float mForwardSpeed;
};
```

リスト3.2の`Update`の実装は、先ほどの「運動の疑似コード」を実際のコードへと単純に変換しただけだ。前に述べたように、`Component`クラスはメンバー変数の`mOwner`を介して、自分を所有するアクターにアクセスできる。だから、この`mOwner`ポインタを使って所有アクターの位置、向き、前方ベクトルを取得できる。また、`Math::NearZero`関数を使っている点にも注目しよう。この関数は引数の絶対値と、微小な値（epsilon）とを比較することで、その値がゼロに近いかどうかを判定する。今回のコードでは、対応するスピードがゼロに近ければ、アクターの向きや位置を変更しない。

リスト3.2 MoveComponent::Updateの実装

```
void MoveComponent::Update(float deltaTime)
{
    if (!Math::NearZero(mAngularSpeed))
    {
        float rot = mOwner->GetRotation();
        rot += mAngularSpeed * deltaTime;
        mOwner->SetRotation(rot);
    }
    if (!Math::NearZero(mForwardSpeed))
    {
        Vector2 pos = mOwner->GetPosition();
        pos += mOwner->GetForward() * mForwardSpeed * deltaTime;
        mOwner->SetPosition(pos);
    }
}
```

この章のゲームプロジェクトは、古典的なゲームのアステロイドをまねているので、画面の**ラッピング**（wrapping:折り返し）のコードも必要だ。つまり、小惑星が画面の左端に消えたところで画面の右端に瞬間移動させる（ここでコードを略しているのは、一般にMoveComponentで期待される機能ではないからだ。けれども本章のソースコードには、画面のラッピングを行うための変更が含まれている）。

基本的なMoveComponentができたら、Actorの派生クラスとしてAsteroidクラスを宣言しよう。小惑星を動かすためのUpdateActor関数を派生する必要はない。リスト3.3のコンストラクターの中で、単純に、MoveComponentと小惑星の画像を表示するSpriteComponentを構築するだけでよい。なお、このコンストラクターでは、小惑星の速度に、150単位長／秒を設定している（この場合には、150ピクセル／秒を意味する）。

リスト3.3　Asteroidのコンストラクター

```
Asteroid::Asteroid(Game* game)
    :Actor(game)
{
    // ランダムな位置 / 向きで初期化する
    Vector2 randPos = Random::GetVector(Vector2::Zero,
        Vector2(1024.0f, 768.0f));
    SetPosition(randPos);
    SetRotation(Random::GetFloatRange(0.0f, Math::TwoPi));

    // スプライトコンポーネントを作成し、テクスチャを設定する
    SpriteComponent* sc = new SpriteComponent(this);
    sc->SetTexture(game->GetTexture("Assets/Asteroid.png"));

    // 運動コンポーネントを作成し、前進速度を設定する
    MoveComponent* mc = new MoveComponent(this);
    mc->SetForwardSpeed(150.0f);
}
```

もうひとつ、このAsteroidコンストラクターで新たに使っている機能は、静的なRandom関数だ。実装は特殊なものではない。単純にC++組み込み関数の乱数生成器をラップして、指定範囲内のベクトルないし浮動小数点数を取得する。ここでは、Random関数を使って、小惑星がランダムな位置と向きを持つようにしている。

このAsteroidクラスができたら、Game::LoadData関数でいくつもの小惑星を作成する。

```
const int numAsteroids = 20;
for (int i = 0; i < numAsteroids; i++)
{
    new Asteroid(this);
}
```

結果、画面上を小惑星が動き回る（図3.11）。

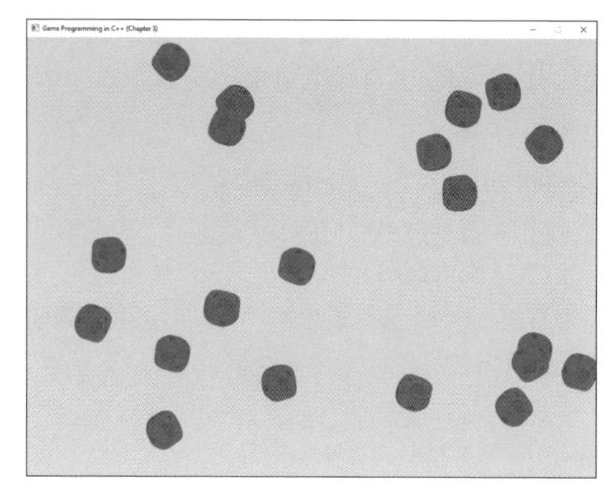

図3.11 Moveコンポーネントで小惑星が動く

3.2.2 InputComponentクラスの作成

基底クラスのMoveComponentは、小惑星などプレイヤーが制御しないオブジェクトには適しているが、プレイヤーが宇宙船をキーボードで操作したい場合は別の方法を選ぶことになる。1つのアイデアは、第2章のゲームプロジェクトのように、Shipクラスの中の独自関数で入力を処理することだ。ただ、アクターまたはコンポーネントが入力を受けとるのは、ごく一般的なことなので、入力処理もゲームオブジェクトモデルに組み込みたい。言い換えれば、ActorとComponentの両方で、必要に応じて派生クラスが再定義できる、オーバーライド可能な入力用関数が欲しい。

上記の実現のために、まずはComponentに仮想関数ProcessInputを追加する。デフォルトの実装は空にしておく。

```
virtual void ProcessInput(const uint8_t* keyState) {}
```

次にActorで2つの関数を宣言する。1つは仮想ではないProcessInput関数、もう1つは仮想のActorInput関数だ。要するに、「アクターの派生クラスで独自の入力処理が欲しければActorInputをオーバーライドできるけれど、ProcessInputはオーバーライドできない」とするアイデアだ。これはUpdate関数とUpdateActor関数を切り分けた方法と似ている。

```
// ProcessInput 関数は、Game から呼び出される（オーバーライド不可）
void ProcessInput(const uint8_t* keyState);
```

```
// アクター独自の入力用コードでオーバーライド可能
virtual void ActorInput(const uint8_t* keyState);
```

Actor::ProcessInput関数は、まずアクターの状態がアクティブかどうかをチェックする。もしアクティブならば、すべてのコンポーネントについてProcessInputを呼び出し、次にアクターごとにオーバーライド可能な振る舞いについてActorInputを呼び出す。

```
void Actor::ProcessInput(const uint8_t* keyState)
{
    if (mState == EActive)
    {
        for (auto comp : mComponents)
        {
            comp->ProcessInput(keyState);
        }
        ActorInput(keyState);
    }
}
```

最後に、Game::ProcessInputは、次のループで全アクターのProcessInputを呼び出す。

```
mUpdatingActors = true;
for (auto actor : mActors)
{
    actor->ProcessInput(keyState);
}
mUpdatingActors = false;
```

ループに入る前に、bool型のmUpdatingActorsにtrueをセットしているのは、アクターまたはコンポーネントがProcessInputの内部で別のアクターを作るケースに対処するためだ。その時はmActorsを使わず、代わりにmPendingActors配列にアクターを追加する必要がある。これは第2章の2.1.3項で、mActorsの反復処理中に同じ配列を書き換えないようにしたのと同じテクニックだ。

上記のコードを利用して、リスト3.4のように、MoveComponentの派生クラスであるInputComponentを宣言する。InputComponentの要点は、キー入力で所有アクターの前進・後退運動と回転を制御するということだ。また、MoveComponentの前進・回転の速度を、オーバーライドされたProcessInputが設定するため、キーボード操作における適切な速度を計算するための「最大」(max) スピードを指定する必要がある。

リスト3.4 InputComponentの宣言

```
class InputComponent : public MoveComponent
{
public:
    InputComponent(class Actor* owner);

    void ProcessInput(const uint8_t* keyState) override;

    // プライベート変数の getter/setter
    // ...
private:
    // 前進 / 回転の最大速度
    float mMaxForwardSpeed;
    float mMaxAngularSpeed;
    // 前進 / 後退のためのキー
    int mForwardKey;
    int mBackKey;
    // 回転運動のためのキー
    int mClockwiseKey;
    int mCounterClockwiseKey;
};
```

リスト3.5が、`InputComponent::ProcessInput`の実装である。最初に前進スピードにゼロを設定し、その後、押されているキーに対応する適切な前進スピードを決定する。そして、その速度を、継承された`SetForwardSpeed`関数に渡す。もしユーザーが前進キーと後退キーの両方を押しているか、どちらも押していなかったら、前進速度はゼロになる。回転速度の設定にも、同様なコードを使う。

リスト3.5 InputComponent::ProcessInputの実装

```
void InputComponent::ProcessInput(const uint8_t* keyState)
{
    // MoveComponent のために前進速度を計算
    float forwardSpeed = 0.0f;
    if (keyState[mForwardKey])
    {
        forwardSpeed += mMaxForwardSpeed;
    }
    if (keyState[mBackKey])
    {
        forwardSpeed -= mMaxForwardSpeed;
    }
    SetForwardSpeed(forwardSpeed);

    // MoveComponent のために回転速度を計算
    float angularSpeed = 0.0f;
```

```
    if (keyState[mClockwiseKey])
    {
        angularSpeed += mMaxAngularSpeed;
    }
    if (keyState[mCounterClockwiseKey])
    {
        angularSpeed -= mMaxAngularSpeed;
    }
    SetAngularSpeed(angularSpeed);
}
```

このコードがあれば、InputComponentのインスタンスを作るだけで、宇宙船をキーボードで制御できるようになる（ここではShipのコンストラクターに置くコードを示さないが、それらは基本的には、キーと最大速度のためのさまざまなInputComponentメンバー変数を設定する）。さらに、SpriteComponentを作成して、テクスチャを割り当てる。これで、ユーザーが制御可能な宇宙船ができあがる（図3.12）。

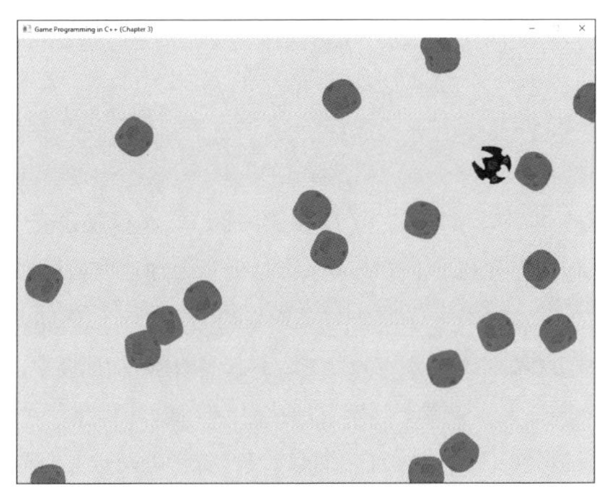

図3.12　キーボードで制御される船

これは、柔軟性が高い入力システムに至る第一歩として優れたものだ。入力については、第8章「入力システム」で、さらに詳しく論じる。

3.3 ニュートン物理学

今まで扱ってきた基礎的な運動のアプローチは、ある種のゲームでは上手く働くが、より現実的な動きをさせるには、物理的に正確なアプローチが必要だ。幸いなことにアイザック・ニュートンらによって、運動の法則を記述する**ニュートン物理学**（Newtonian physics）（あるいは「古典力学」）を構築されている。一般に、ゲームでニュートン物理学が利用されるのは、オブジェクトが光速に近いスピードで動かない限り、またオブジェクトが量子的なほど微小でない限り、その法則が成り立つからだ。ゲームでは、通常そういう極端なケースは扱わないので、ニュートン物理学で十分なのである。

ニュートン物理学には、いくつかの分野がある。この本で扱うのは、そのうち最も基礎的な領域である、回転しない運動、すなわち**質点の力学**だけだ。ニュートン物理学の、他の領域に関する詳しい論考は、この章の「参考文献」のセクションにあるIan Millingtonの本や、一般教養レベルの物理の教科書を読んでほしい。

3.3.1 質点の力学の概要

質点の力学には2つの必要不可欠な要素がある。力と質量だ。**力**（force）は、物体（object）を動かす影響である。力には大きさと向きがあるので、ベクトルで表現するのが自然だ。**質量**（mass）は、物体が含む物質の量を表すスカラーである。質量は重さ（weight）と混同されやすいが、質量は重力に依存しない（重さは重力に依存する）。物体の質量が大きければ大きいほど、その物体の運動を変えるのは難しくなる。

もし物体に十分な力を与えれば、物体は運動を始める。**運動の第2法則**（Newton's second law of motion）は、この考えを要約したものだ。

$$F = m \cdot a$$

この方程式において、F は力、m は質量、そして a は**加速度**（acceleration）すなわち「物体の**速度**（velocity）の変化率」である。力は質量と加速度の積に等しいので、加速度は力を質量で割った値だ。これがゲームにおける通常のアプローチで、「どんな物体も質量を持ち、物体には力を加えることができる」。これによって、物体の加速度を計算できる。

物理の教科書を見ると、位置と速度と加速度が時間の関数だというのが、質点の力学の典型的な代数表現だ。微分により、「速度の関数」を「位置の関数」の導関数として、また、「加速度の関数」を「速度の関数」の導関数として、計算できる。

けれども、これらの代数方程式と導関数による定式化は、あまりゲームに適していない。ゲームで必要なのは、物体に力をかけ、その力から加速度を割り出すことだ。物体の加速度がわかったら、物体の速度の変化を計算できる。そして、速度がわかったら、その物体の位置の変化を計算できる。ゲームでは、これをデルタタイムという離散的な時間間隔で計算することだけが必要なのであって、代数による方程式が必要なのではない。また、速度や位置を計算するには積分が必要だが、代数的な積分が必要なのではない。その代わりに、**数値積分**（numeric integration）を使う。これは、ある一定の時間間隔での代数的な積分の近似である。こう書くと、ずいぶん複雑なようだが、ありがたいことに、われわれプログラマーは数値積分を数行のコードで実現できる。

3.3.2 オイラー積分で位置を計算する

数値積分を使えば、加速度から速度を求め、速度に基づいて位置を更新できる。けれども、物体の加速度を計算するには、物体の質量だけでなく、物体に働く力も知る必要がある。

考慮すべき力には、複数の種類がある。重力などは、どのフレームでも一定の力がかかる。その他の力として**撃力**（impulse）がある。つまり、ある1フレームだけにかかる力だ。

例えば、キャラクターがジャンプする時は、撃力によって地面を離れることになる。けれども、キャラクターは常に働く重力という力によって、結局は地面に戻る。物体に対して複数の力が同時に作用すれば、それらすべての力を加算することで、そのフレームにおける物体に働く力の合計が得られる。その力の合計を質量で割ると、加速度が得られる。

```
// 加速度 = 力の合計 / 質量
acceleration = sumOfForces / mass;
```

次に**オイラー法**による数値積分を使って、速度と位置を計算する。

```
//（半陰的）オイラー積分（Semi-implicit Euler）で
// 速度を更新
velocity += acceleration * deltaTime;
// 位置を更新
position += velocity * deltaTime;
```

これらの計算で、力も、加速度も、速度も、位置も、すべてベクトルである。これらの計算はデルタタイムに依存するので、物理をシミュレートするコンポーネントのUpdate関数に入れる。

3.3.3 可変タイムステップの問題点

物理シミュレーションを使うゲームでは、可変フレーム時間（あるいは**タイムステップ**）が問題を起こすことがある。なぜなら、数値積分の精度はタイムステップの長さに影響を受けるからだ。タイムステップが短ければ短いほど、近似は正確になる。フレームごとにフレームレートが変化すると、数値積分の精度も、それに従って変化する。

精度の変化は、振る舞いに顕著な影響を与えることがある。例えばスーパーマリオブラザーズがこの仕組みで動いていたとすると、マリオがジャンプできる距離が、フレームレートによって変わる。フレームレートが低いほど、マリオがジャンプできる距離が大きくなる。その理由は、フレームレートが低ければ数値積分の誤差が増大し、その結果として、ジャンプのカーブが大きくなるからだ。つまり、遅いマシンでゲームをプレイすると、高速なマシンでゲームをプレイするより、マリオを遠くに飛ばすことができる。図3.13は、シミュレーションでの円弧が、タイムステップが大きいことで意図した円弧からそれてしまう例だ。

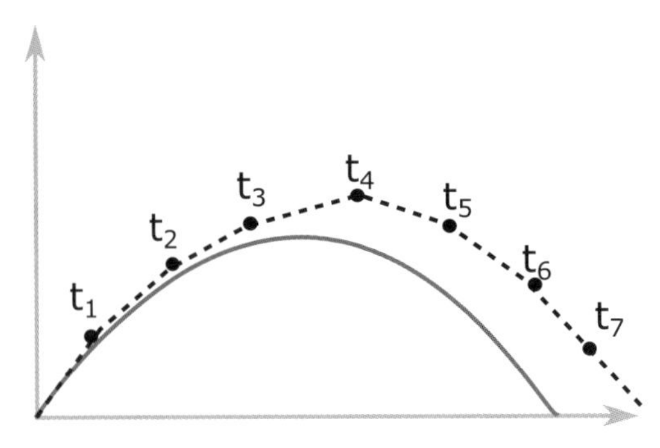

図3.13 タイムステップが大きいと、ジャンプの結果は、意図したジャンプよりも大きな円弧となる

このため、物理的にオブジェクトの位置を計算するゲームでは、(少なくとも物理シミュレーションには) 可変フレームレートを使わないほうがよい。その代わりに、第1章のようなフレーム制限のアプローチが使える。これなら、フレームレートが想定するフレームレートを下回らない限り正しく働く。もっと複雑なアプローチとしては、長いタイムステップを複数の固定サイズのタイムステップに分割する方法もある。

3.4 基礎的な衝突検知

衝突検知 (Collision detection:コリジョン検出) は、ゲームワールドにある2つのオブジェクトが接触しているかどうかを判定する方法だ。第1章でも、ボールが壁またはパドルと衝突しているかどうかを判定するのに、ある種の衝突検知を実装した。けれども、この章のアステロイドゲームプロジェクトで、宇宙船が発射するレーザーが小惑星に当たるかどうかを判定するには、もう少し複雑な計算をする必要がある。

衝突検知で重要なのは、問題を単純化することだ。例えば、小惑星の画像は丸みをおびているが、正確な円ではない。小惑星のリアルな輪郭を用いた衝突判定は、より精密ではあるが、小惑星を円として考えるほうが、ずっと効率がよい。同じように、レーザーを1個の円に単純化すると、レーザーが小惑星に当たる判定を、2つの円の交差判定に落とし込める。

3.4.1 円と円の交差

2つの円が交差 (intersect) するのは、2つの円の中心を結ぶ距離が、それらの半径の和よりも小さいか等しい時に限られる。図3.14は2つの円の関係である。第1のケースでは、2つの円は十分に離れているので交差しない。この場合、中心の間の距離は半径の和よりも大きい。第2のケースでは2つの円が交差しており、中心間距離は半径の和よりも小さい。

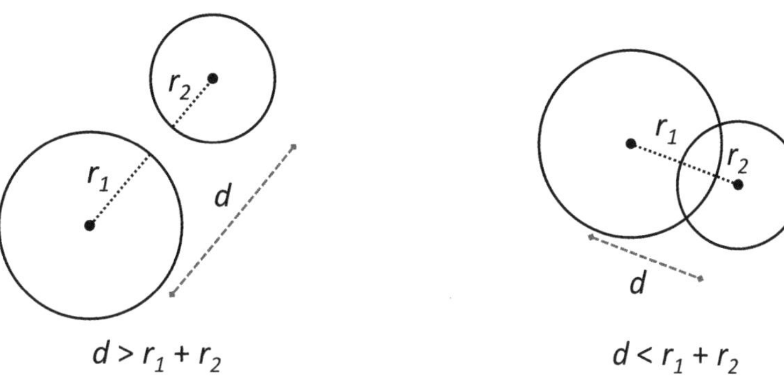

図3.14　2つの円の交差を判定する

交差判定をするには、まず2つの円 A 、 B の中心（center）を結ぶベクトルを作り、そのベクトルの大きさを計算する。次に、その距離を、2つの円の半径（radius）の和と比較する。

$$\|A.center - B.center\| \leq A.radius + B.radius$$

この章の前のほうで述べた、長さと長さの2乗に関する話を思い出そう。円の交差判定に必要なのは、距離と半径の和との比較だけだ。距離も半径も負の値にならないのだから、不等式の両辺を2乗しても大小の関係は保たれる。

$$\|A.center - B.center\|^2 \leq (A.radius + B.radius)^2$$

応用 ： 球の衝突検知

この手法と同じ原理は、球にも使うことができる。

3.4.2 CircleComponent 派生クラスを作る

アクターで衝突検知をするには、`CircleComponent`クラスと、2つの`CircleComponent`の交差をテストする関数があればよい。また、衝突検知を必要とするアクターに、`CircleComponent`を追加する。

まず、`CircleComponent`を`Component`の派生クラスとして、リスト 3.6の宣言をしよう。`CircleComponent`が必要とするメンバーデータは半径だけである。なぜなら、この円の中心は所有者であるアクターの位置に他ならないからだ。

リスト3.6 CircleComponentの宣言

```
class CircleComponent : public Component
{
public:
    CircleComponent(class Actor* owner);

    void SetRadius(float radius) { mRadius = radius; }
    float GetRadius() const;

    const Vector2& GetCenter() const;
private:
    float mRadius;
};
```

次に、2つのCircleComponentを参照の形で受け取るグローバルなIntersect関数を宣言する。これは、リスト3.7のように、2つの円が交差するとtrueを返す。この実装には、前項の式が、そのまま反映されていることを意識しよう。まず2つの円の中心を結ぶ距離の2乗を計算し、2つの円の半径の和を2乗した値と比較する。

リスト3.7 CircleComponentの交差（Intersect関数）

```
bool Intersect(const CircleComponent& a, const CircleComponent& b)
{
    // 距離の 2 乗を計算
    Vector2 diff = a.GetCenter() - b.GetCenter();
    float distSq = diff.LengthSq();

    // 半径の和の 2 乗を計算（radii は、radius の複数形）
    float radiiSq = a.GetRadius() + b.GetRadius();
    radiiSq *= radiiSq;

    return distSq <= radiiSq;
}
```

あとはCircleComponentを、他のコンポーネントと同じように作ればよい。例えば次のコードは、1個のCircleComponentをAsteroidオブジェクトに追加する（mCircleというメンバー変数は、CircleComponentへのポインタ）。

```
mCircle = new CircleComponent(this);
mCircle->SetRadius(40.0f);
```

宇宙船から発射されるレーザーでは、すべての小惑星とのコリジョンをチェックする必要があるので、Asteroidポインタ群の配列（std::vector）をGameに追加しよう。これで、

Laser::UpdateActorの中で、小惑星それぞれに対する交差テストが簡単に実行できる。

```
void Laser::UpdateActor(float deltaTime)
{
    // 小惑星と交差するか？
    for (auto ast : GetGame()->GetAsteroids())
    {
        if (Intersect(*mCircle, *(ast->GetCircle())))
        {
            // レーザーが小惑星と交差するのなら
            // レーザーも小惑星も消えてなくなる
            SetState(EDead);
            ast->SetState(EDead);
            break;
        }
    }
}
```

個々の小惑星で呼び出されるGetCircle関数は、その小惑星のCircleComponentへのポインタを返すpublicなメンバー関数だ。同様に、mCircle変数はレーザーのCircleComponentである。

CircleComponentがアステロイドゲームで使えるのは、このゲームのすべてのオブジェクトのコリジョンが円で近似できるからだ。だが、あらゆるオブジェクトに円を使えるとは限らない（もちろん3次元にも使えない）。第10章「衝突検知」では、この話題を、より詳細に論じる。

3.A ゲームプロジェクト

この章のゲームプロジェクトで実装するのは、古典的なアステロイド（Asteroids）ゲームの基本的なバージョンだ。このゲームで使った新しいコードは、本章のこれまでの説明で、ほとんどカバーされている。このプロジェクトは、MoveComponentとInputComponentで動きを実装している。CircleComponentのコードは、宇宙船のレーザーと小惑星の衝突検知を行う。このプロジェクトに欠けている機能で特記すべきものは、小惑星と宇宙船との衝突だ（それは課題3.2で追加しよう）。また、このプロジェクトはニュートン物理学も実装していない（それも、課題3.3で追加しよう）。コードは本書のGitHubレジストリにある（Chapter03ディレクトリ）。WindowsではChapter03-windows.slnを、MacではChapter03-mac.xcodeprojを開こう。

本章でカバーしなかった機能に、プレイヤーがスペースキーを押した時にレーザーオブジェクトを作成する処理がある。スペースキー入力の検出は、Ship特有のものだから、ActorInput関数をオーバーライドすべきだ。しかし、もしプレイヤーがスペースキーを押し続けたり、キーを連打した時に、レーザーの連射を許したら、ゲームが易しくなりすぎる。そうはしたくないので、冷却期間（クールダウン）を導入して、1/2秒に1回だけレーザーを発射できるようにしよう。冷却期間を実装するには、まずShipにfloat型のメンバー変数mLaserCooldownを実装し、0.0fで初期化する。次にActorInputでは、プレイヤーがスペースキーを押していて、しかもmLaserCooldownがゼロ以下かどうかをチェックする。もし両方の条件が満たされたらレーザーを作り、その位置と向きを宇宙船に合わせ（レーザーは宇宙船から発射され、宇宙船の向きに進む）、mLaserCooldownに0.5fをセットする。

```
void Ship::ActorInput(const uint8_t* keyState)
{
    if (keyState[SDL_SCANCODE_SPACE] && mLaserCooldown <= 0.0f)
    {
        // レーザーを作り、位置と回転角を宇宙船と合わせる
        Laser* laser = new Laser(GetGame());
        laser->SetPosition(GetPosition());
        laser->SetRotation(GetRotation());
        // レーザーの冷却期間をリセット（0.5秒間）
        mLaserCooldown = 0.5f;
    }
}
```

あとは、UpdateActorをオーバーライドして、mLaserCooldownをデルタタイムだけ減らす。

```
void Ship::UpdateActor(float deltaTime)
{
    mLaserCooldown -= deltaTime;
}
```

こうすれば、mLaserCooldownで、プレイヤーが再び射撃できるようになるまでの時間を管理できる。ActorInputは、タイムアウトするまでレーザーを撃てないので、想定以上の頻度でプレイヤーが射撃することは不可能になる。レーザーの射撃で小惑星を打ち壊す処理には、これまでに述べたコリジョンのコードが使える（図3.15）。

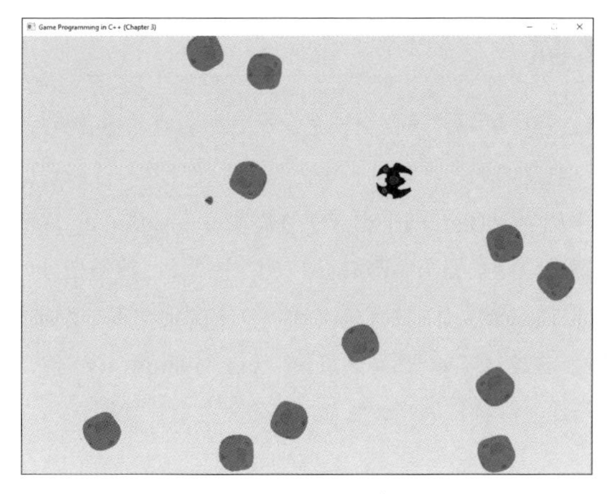

図3.15　小惑星をレーザーで撃つ

Laserにも、同様なfloat変数を使うことで、1秒後には(たとえ小惑星に当たらなくても)レーザーを強制的に消去（そしてゲームワールドから削除）できる。

3.B まとめ

ベクトルは大きさと向きを表す。2点間のベクトルを（減算で）作り、2点間の距離を（ベクトルの減算と長さで）計算し、2つのベクトルが成す角を（ドット積を使って）求め、面への法線を（クロス積を使って）求めるなど、数多くの計算にベクトルを利用できる。

基本的な運動として、この章では、アクターの前進と回転を可能にするMoveComponentの作り方を示した。前進させるには、アクターの前方ベクトルに運動の速度とデルタタイムを掛ける。これをアクターの現在位置に加算すれば、タイムステップ経過後の新しいアクターの位置が定まる。また、この章ではアクターとコンポーネントにオーバーライド可能な入力の振る舞いを追加する方法、そして、それを利用するMoveComponentを継承したInputComponentを作る方法を示した。

ニュートン物理学における物体の加速度は、物体に与えられた力を物体の質量で割ったものだ。フレームごとに速度と位置の変化を計算するには、オイラー積分が使える。

最後に、衝突検知は、2つのオブジェクトが接触するかどうかを判定する方法だ。ある種のゲームでは（この章のゲームプロジェクトで行ったように）円を使ってオブジェクトのコリジョンを表現できる。2つの円が交差するのは、それらの中心を結ぶ距離が、それらの半径の和と同じか、それを下回る時だ。最適化のために、その等式の両辺を2乗しよう。

3.C 参考文献

Eric Lengyelは、3Dゲームプログラミングで使われるさまざまな数学的概念のすべてを深く考察している。熱意のあるグラフィックスプログラマーは、ぜひ彼の本を読んで、より高度な材料を探すべきだ[訳注3]。Glenn Fiedlerが管理する「Gaffer on Games」サイトには、ゲームにおける物理の基礎についての記事がある。その中には、数値積分のさまざまな方式を紹介する記事（Integration Basics）や、タイムステップを固定するのが重要な理由を述べた記事（Fix Your Timestep）が含まれている[訳注4]。最後にIan Millingtonの本では、ニュートン物理学をゲームで実装する方法が、詳細にカバーされている[訳注5]。

— Lengyel, Eric. *Mathematics for 3D Game Programming and Computer Graphics, 3rd edition*. Boston: Cengage, 2011.

— Fiedler, Glenn. *Gaffer on Games*. Accessed April, 2018. URL http://gafferongames.com/

— Millington, Ian. *Game Physics Engine Development, 2nd edition*. Boca Raton: CRC Press, 2010.

3.D 練習問題

この章の最初の課題として、ここで学んだベクトル技術を使う小さな問題を並べた。そのあとの2つの課題は、本章のゲームプロジェクトへの機能の追加だ。

課題 3.1

□**問1.** ベクトル $\vec{a} = \langle 2, 4 \rangle$ と $\vec{b} = \langle 3, 5 \rangle$、スカラー値 $s = 2$ があるとして、次の計算をしよう。

(a) $\vec{a} + \vec{b}$

(b) $s \cdot \vec{a}$

(c) $\vec{a} \cdot \vec{b}$

訳注3　旧版の邦訳は『ゲームプログラミングのための3Dグラフィックス数学』(Eric Lengyel著、狩野智英訳、ボーンデジタル、2002年)。類書では『実例で学ぶゲーム3D数学』(Fletcher Dunn, Ian Parberry 著、松田 晃一 訳、オライリー、2008年) があり、C++のコードが使われている。その他『技術者のための高等数学4　線形代数とベクトル解析(原書第8版)』(E.クライツィグ 著、近藤 次郎 監訳、堀 素夫 監訳・訳、培風館、2003年) など参考書は多い。

訳注4　概要記事のURLは：
Integration Basics - URL https://gafferongames.com/post/integration_basics/
Fix your timestep! - URL https://gafferongames.com/post/fix_your_timestep/

訳注5　邦訳は出ていない。訳者は『スタンフォード物理学再入門　力学』（レオナルド・サスキンド、ジョージ・ラボフスキー著、森 弘之 訳、日経BP、2014年）を、原著とともに参考にした。ゲーム開発用には、初心者向きの『実例で学ぶゲーム開発に使える数学・物理学入門』(2013年)、中級レベルの『動かして学ぶ3Dゲーム開発の数学・物理』(2015年）が、どちらも加藤潔著で翔泳社から出ている。ジェイソン・グレゴリーの『ゲームエンジン・アーキテクチャ 第2版』では「12.4 剛体力学」と「12.4.5.2 角速度と角加速度」などが参考になる。

□**問2.** 図3.16の三角形は、次の3点を持つとする。

$$A = \langle -1, 1 \rangle$$
$$B = \langle 2, 4 \rangle$$
$$C = \langle 3, 3 \rangle$$

この章で述べたベクトル演算を使って、θ を計算しよう。

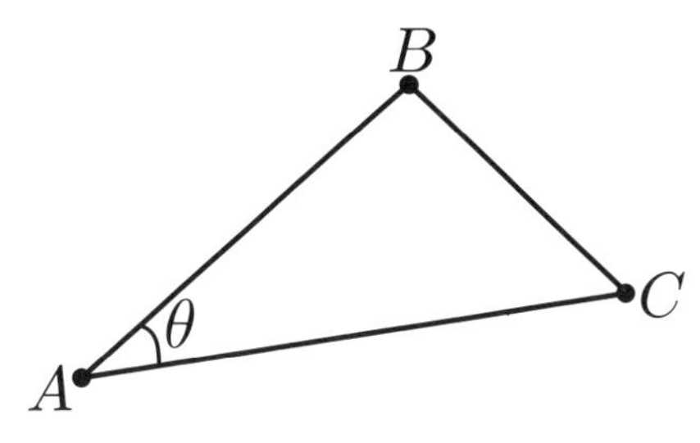

図3.16 課題3.1 問2の三角形

□**問3.** 2Dゲームで、次の目標への矢印をプレイヤーから伸ばすとしよう。ゲームが最初に始まった時、矢印は x 軸で $\langle 1, 0 \rangle$ を指している。プレイヤーの最初の位置は、$(4, 0)$ である。今、位置 $(5, 6)$ に、新しい目標を作った。

a. プレイヤーの最初の位置から新しい「通過点」(waypoint) を指す「単位ベクトル」を求めよう。
b. 最初の矢印の向きと、(a)で計算したベクトルとの間の「回転角」を計算しよう。
c. 最初の矢印の向きと、(a)で計算したベクトルによって作られる平面に直交するベクトルを計算しよう。

課題 3.2

現在、この章のゲームプロジェクトで宇宙船は小惑星と衝突しない。宇宙船にコリジョンを追加しよう。そのためには、まず`Ship`に`CollisionComponent`を作って半径を指定する必要がある。次に、`Ship::UpdateActor`の中で、すべての小惑星との衝突を判定する(レーザーでの判定とほぼほぼ同じ方法だ)。もし宇宙船が小惑星に衝突したら、画面の中心の位置へ、回転角はゼロで、強制的にリセットしよう。

さらなる追加機能として、小惑星と衝突したら、1秒か2秒の間、宇宙船の姿を消そう。そのあと、宇宙船は画面の中心に再び現れるものとする。

課題 3.3

MoveComponentに変更を加えて、ニュートン物理学を使おう。具体的には、質量、力の合計、速度を、メンバー変数として持たせる。Updateでは、前進運動のためのコードを変更して、力の合計から加速度を、加速度から速度を、そして速度から位置を計算するようにしよう。

次に、コンポーネントに力を設定する何らかのメソッドが必要だ。例としては、Vector2を1個受け取って、それを「力の合計」変数に加算するようなAddForce関数を追加するアプローチがある。各フレームでは、加速度を計算したあとで力の合計をクリアするとよい。こうしておけば、撃力はAddForceを1回だけ呼び出すだけでよい。一定不変の力については、力ごとに、毎フレームAddForceを呼び出すようにする。

最後にInputComponent、Asteroid、Shipに変更を加えて、ニュートン物理学をサポートする、この新しいMoveComponentを正しく動作するようにしよう。

Chapter

4

人工知能(AI)

ゲームでの人工知能（Artificial Intelligence）アルゴリズムは、コンピューターが制御するエンティティ（entity）の行動を決めるのに使われる。この章では、ゲームで有益な3つのAIの技法を紹介する。ステートマシンによって振る舞いを変えるテクニック、ゲームワールドでエンティティが移動する経路（path）を計算する経路探索（pathfinding）、2人が交替でプレイするターン制の対戦ゲームでの思考に使うゲーム木やミニマックス法である。この章のゲームプロジェクトでは、これらのAI技法の一部を使って「タワーディフェンス」型ゲームを作る。

4.1 ステートマシンの振る舞い

非常に単純なゲームでは、AIはいつも同じように振る舞う。例えば、2人プレイヤー用ゲームのPongでは、AIは動くボールの位置を追うが、その振る舞いはゲームを通じて変わることがなく、状態はない（stateless：ステートレス）。だが、もっと複雑なゲームでは、AIは状況に応じて異なる振る舞いをする。パックマンのゴーストには、3種の異なる挙動がある。プレイヤーを追いかけるか、「ホームエリア」に逃げ帰るか、プレイヤーから逃げるかだ。このような振る舞いの変化を表現する方法の1つが**ステートマシン**（state machine）であり、個々の振る舞いが1つの状態（state）に対応する。

4.1.1 ステートマシンを設計する

状態そのものは、ステートマシンを部分的にしか定義しない。状態の変化を決定する、状態間の**遷移**（transition）も、状態と同じくらい重要である。また、状態に入る時や出る時に発生する「アクション」が存在することがある。

キャラクターのAIをステートマシンとして実装するなら、さまざまな状態を、それらのつながりを含めて計画するのが賢明だ。ステルス（潜入）ゲームの、基本的な「護衛」（guard）キャラクターを例にしよう。護衛は、デフォルトでは決められた経路を巡回するが、もし巡回中にプレイヤーを見つけたら、プレイヤーに対して攻撃を開始する。そして、致命的なダメージを受けたら死亡する。この例で、AIは、Patrol（巡回）、Attack（攻撃）、Death（死亡）という3種類の状態を持つ。

次に、これら状態の遷移を定義する必要がある。Deathの状態遷移はシンプルだ。護衛が致命的なダメージを受けたら、必ずDeathに遷移する。現在の状態は関係ない。護衛がAttack状態に入るのは、Patrol状態の護衛がプレイヤーを見つけた時だ。図4.1のステートマシンの図は、これらの状態と遷移の組み合わせを表している。

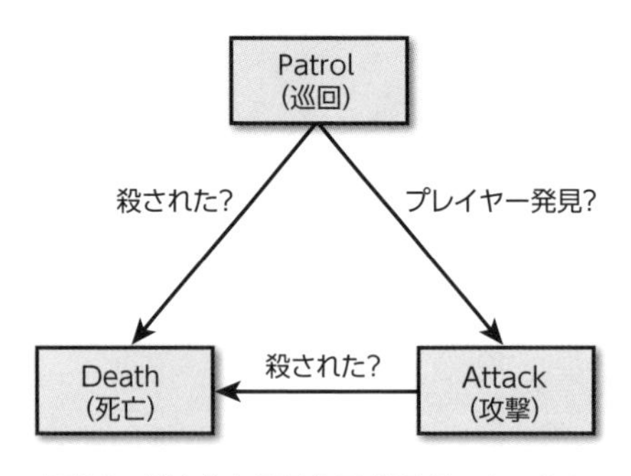

図4.1 基本的なステルスAIステートマシン

このAIでも、機能することはするが、実際のステルスゲームは、もっと複雑だ。例えば護衛がPatrol状態で、あやしい音を聴いたとする。現在のステートマシンでは、その後も護衛は巡回を続ける。けれども、その音を聴いて驚いた護衛はプレイヤーを探すべきだ。この振る舞いはInvestigate（探索）状態として表現できるだろう。

さらに、現状のステートマシンでは、プレイヤーを見つけた護衛は常に攻撃する。それでは単調なので、変化を付けるために、時には攻撃しないで警報を鳴らそう。この振る舞いは、Alert（警戒）状態として表現できる。Alert状態は2つの状態のどちらかに不規則に遷移する。1つはAttack状態、もう1つはAlarm（警報）状態だ（これも新規に追加）。このように改良していくと、ステートマシンは図4.2のように、もっと複雑になる。

Alert状態からは、「75%」と「25%」という2つの遷移がある。これらの数字は、遷移の確率を意味している。つまり、Alert状態にある時、AIは75%の確率でAttack状態へ遷移する。また、Alarm状態からの「完了」遷移は、AIが警報を鳴らすのを——たぶん、ゲームワールド内の何らかのオブジェクトの操作を——終えて、Attack状態に遷移するという意味だ。

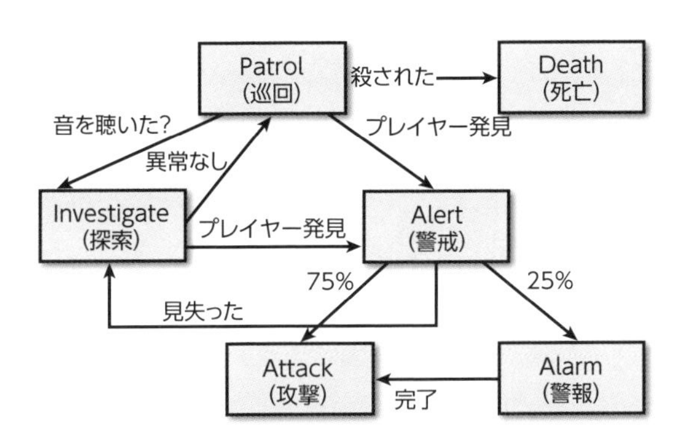

図4.2 より複雑なステルスAIステートマシン

このステートマシンを、さらに改善することもできるが、いずれにしても、AIステートマシン設計の原則が、状態の数で変化することはない。とにかく、ステートマシンを定義したら、次のステップは、それをコードで実現することだ。

4.1.2 基本的なステートマシンの実装

ステートマシンには、いくつもの実装方法がある。少なくとも、コードはAIの振る舞いを現在の状態に基づいて更新する必要があり、入口（Enter）と出口（Exit）のアクションもサポートしなければならない。この「状態の振る舞い」を、`AIComponent`クラスでカプセル化しよう。

もし状態が2つしかないのなら、`Update`処理で、単純に`bool`変数をチェックすればよさそうだが、応用が利かない。柔軟な実装のために、列挙型で状態を表現しよう。図4.1のステートマシンなら、次の列挙子を宣言する。

```
enum AIState
{
    Patrol,
    Death,
    Attack
};
```

次に、メンバーデータとしてAIStateのインスタンスを持つAIComponentクラスを作る。それぞれの状態に1個ずつの更新関数、UpdatePatrolとUpdateDeathとUpdateAttackを作る。AIComponent::Update関数では、AIState型のメンバー変数で現在の状態を判定し、個々の状態に対する更新関数を呼び出す。

```
void AIComponent::Update(float deltaTime)
{
    switch (mState)
    {
    case Patrol:
        UpdatePatrol(deltaTime);
        break;
    case Death:
        UpdateDeath(deltaTime);
        break;
    case Attack:
        UpdateAttack(deltaTime);
        break;
    default:
        // 無効な状態
        break;
    }
}
```

ステートマシンの遷移は、ChangeState関数で処理する。どんな更新関数からでも、ただChangeStateを呼び出すだけで遷移できるように、ChangeStateを実装する。

```
void AIComponent::ChangeState(State newState)
{
    // 現在の状態から出る
    // (switch 文で、対応する Exit 関数を呼び出す)
    // ...

    mState = newState;

    // 現在の状態に入る
    // (switch 文で、対応する Enter 関数を呼び出す)
    // ...
}
```

この実装はシンプルだが、いろいろ問題がある。まず、拡張性がよくない。状態を増やすとUpdateもChangeStateも読みにくくなってしまう。また、Update、Enter、Exitの関数が数多く別々に存在するのでは、コードが追いにくい。

それに、複数のAIが持つ機能を組み合わせて使うのが難しい。AIのステートマシンが異なっていれば列挙型は別々に必要となり、AIコンポーネントも別のものが必要になる。一方、多くのAIキャラクターで共有したい機能もある。例えば、2つのAIで、大部分のステートマシンが違っているのに、どちらもPatrol状態を持つ場合を考えてみよう。前述した基本的な実装では、両者のAIコンポーネントでPatrolのコードを共有するのは簡単ではない。

4.1.3 クラスとしての状態

前項のアプローチに代わるものとして、状態を個別のクラスで表現する方法がある。まず、すべての状態の基底クラスAIStateを定義しよう。

```
class AIState
{
public:
    AIState(class AIComponent* owner)
        :mOwner(owner)
    { }
    // 状態ごとの振る舞い
    virtual void Update(float deltaTime) = 0;
    virtual void OnEnter() = 0;
    virtual void OnExit() = 0;
    // 状態名の取得
    virtual const char* GetName() const = 0;
protected:
    class AIComponent* mOwner;
};
```

この基底クラスには、状態を制御する仮想関数が、いくつか含まれている。Updateは状態を更新し、OnEnterは遷移に入る際の、OnExitは遷移から出る際の処理を実装する。GetName関数は、人間が読めるような形で状態の名前を返す。メンバー変数mOwnerを通して、各AIComponentがAIStateに関連付けられる。

次に、AIComponentクラスを次のように宣言する。

```
class AIComponent : public Component
{
public:
    AIComponent(class Actor* owner);

    void Update(float deltaTime) override;
```

```
    void ChangeState(const std::string& name);

    // 新たな状態を連想配列に登録する
    void RegisterState(class AIState* state);
private:
    // 状態の名前とAIStateのインスタンスを対応付ける
    std::unordered_map<std::string, class AIState*> mStateMap;
    // 現在の状態
    class AIState* mCurrentState;
};
```

AIComponentは、状態の名前とAIStateインスタンスへのポインタを関連付ける連想配列を持っている。また、現時点のAIStateへのポインタも持つ。RegisterState関数は、AIStateのポインタを受け取って、その状態を連想配列に追加する。

```
void AIComponent::RegisterState(AIState* state)
{
    mStateMap.emplace(state->GetName(), state);
}
```

AIComponent::Update関数も単純で、現在の状態があれば、そのUpdateを呼び出すだけだ。

```
void AIComponent::Update(float deltaTime)
{
    if (mCurrentState)
    {
        mCurrentState->Update(deltaTime);
    }
}
```

一方、リスト4.1のChangeStateは、いくらかの仕事を実際に行う。まず現在の状態のOnExitを呼び出す。次に、変更先となる状態を連想配列で探す。新たな状態が見つかれば、mCurrentStateをその状態に変更し、新しい状態のOnEnterを呼び出す。もし連想配列の中に次の状態が見つからなければ、エラーメッセージを出力してmCurrentStateにnullptrをセットする。

リスト4.1 AIComponent::ChangeStateの実装

```
void AIComponent::ChangeState(const std::string& name)
{
    // まず現在の状態を抜け出る
    if (mCurrentState)
    {
```

```
        mCurrentState->OnExit();
    }

    // 新しい状態を連想配列から探す
    auto iter = mStateMap.find(name);
    if (iter != mStateMap.end())
    {
        mCurrentState = iter->second;
        // 新しい状態に入る
        mCurrentState->OnEnter();
    }
    else
    {
        SDL_Log("AIState %s の状態はありません", name.c_str());
        mCurrentState = nullptr;
    }
}
```

このパターンを利用するには、まず、次のAIPatrolクラスのようなAIStateの派生クラスを宣言する。

```
class AIPatrol : public AIState
{
public:
    AIPatrol(class AIComponent* owner);

    // 振る舞いをオーバーライドする
    void Update(float deltaTime) override;
    void OnEnter() override;
    void OnExit() override;

    const char* GetName() const override
    { return "Patrol"; }
};
```

特別な振る舞いがあれば、Update、OnEnter、OnExitで実装する。例えば、このAIPatrolでは、キャラクターが死ぬ時にAIDeath状態に遷移させたいとしよう。この遷移を始めるには、新しい状態の名前を引数として、所有コンポーネントのChangeStateを呼び出す。

```
void AIPatrol::Update(float deltaTime)
{
    // その他の更新を実行
    // ...
    bool dead = /* 自分が死んだかをチェック */;
    if (dead)
    {
```

```
        // 状態の変更をAIコンポーネントに指示する
        mOwner->ChangeState("Death");
    }
}
```

ChangeStateが呼び出されると、AIComponentは連想配列を調べ、もしDeathという名前の状態が見つかったら、その状態に遷移する。同じようにAIDeathとAIAttackのクラスも宣言すれば、図4.1の基本的なステートマシンの状態ができあがる。

以上の状態クラスをAIComponentの連想配列に登録するには、アクターと、そのAIComponentを作成してから、ステートマシンに加えたい状態を引数にしてRegisterを呼び出す。

```
Actor* a = new Actor(this);
// AIComponentを作成
AIComponent* aic = new AIComponent(a);
// 状態をAIComponentに登録
aic->RegisterState(new AIPatrol(aic));
aic->RegisterState(new AIDeath(aic));
aic->RegisterState(new AIAttack(aic));
```

その後、AIComponentを"Patrol"で初期化するために、ChangeStateを呼び出す。

```
aic->ChangeState("Patrol");
```

全般に、このアプローチは有効だ。それぞれの状態の実装が別々の派生クラスに入っているおかげで、AIComponentは単純さを保っている。また、他のAIキャラクターで状態を再利用するのも、ずっと簡単になっている。新しいアクターのAIComponentに、必要な状態をなんでも登録すればよいのだ。

4.2 経路探索

経路探索（pathfinding）は、（障害物があれば回避しながら）2点間の経路（path）を見つけるアルゴリズムである。この問題が複雑なのは、2点間には膨大な数の経路が存在しうるが、そのうちわずかな経路しか最短ではないからだ。例えば、図4.3は、点Aと点Bの間の2つのルートを表している。実線に沿って進むAIは、あまり賢くない（破線の経路のほうが短いから）。最短距離の経路を見つけるには、可能なすべての経路を効率よく探索する手法が必要だ。

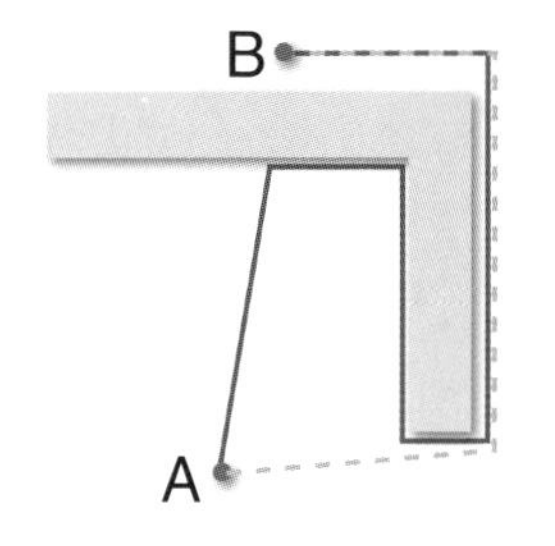

図4.3　AからBに向かう2つの経路

4.2.1 グラフ

経路探索の問題を解くには、AIで経路を作ろうとするゲームワールドの各部を表現する方法が必要だ。よく使われるものに、**グラフ**（graph）構造がある。グラフは、**ノード**（頂点とも呼ばれる）を複数持ち、**エッジ**（edge：辺、稜線）でノード間をつなぐ。エッジには**無向**（undirected）と**有向**（directed）がある。無向エッジは、どちらの方向にもたどることができる。有向エッジは1方向にしかたどれない。例えば、高台から地面にジャンプできても、元の場所には戻れない場合があるかもしれない。このような接続は、高台から地面に向かう有向エッジで表現できる。

エッジには**重み**（weight）を持たせることも可能だ。重みとは、そのエッジをたどるコストのことだ。ゲームでは、少なくともノード間の距離を重みとして評価できる。エッジをたどる難しさに応じた重み付けもある。例えば、砂の上での移動を意味するエッジは、コンクリート上で同じ距離を移動するエッジよりも大きな重みがふさわしい。**重みなしグラフ**（unweighted graph）は、どのエッジの重みも一定なグラフと同じものだ。図4.4は、無向で重みのない単純なグラフの例である。

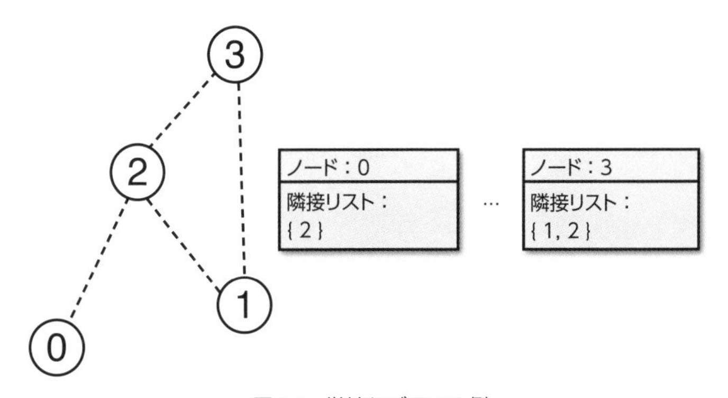

図4.4　単純なグラフの例

メモリ空間でグラフを表現する方法はいくつもあるが、本書では**隣接リスト**（adjacency list）を使う。この表現では、各ノードは、「（`std::vector`を使った）隣接するノードの集合」の情報を持つ。重みなしグラフの場合は、隣接リストは隣接するノードへのポインタで構成される。グラフは、このようなノードを集めるだけで実装できる。

```
struct GraphNode
{
    // 各ノードは隣接ノードへのポインタを持つ
    std::vector<GraphNode*> mAdjacent;
};

struct Graph
{
    // グラフはノードを含む
    std::vector<GraphNode*> mNodes;
};
```

重み付きグラフでは、個々のノードは隣接ノードへのポインタではなく、ノードから出て行くエッジのリストである。

```
struct WeightedEdge
{
    // エッジにつながっているノード
    struct WeightedGraphNode* mFrom;
    struct WeightedGraphNode* mTo;
    // エッジの重み
    float mWeight;
};

struct WeightedGraphNode
{
    // このノードから出て行くエッジを格納
    std::vector<WeightedEdge*> mEdges;
};
// ( WeightedGraph は、WeightedGraphNode のリストを持つ )
```

個々のエッジは、入ってくるノード「From」と出て行くノード「To」の両方を参照する。ノードAからノードBへのエッジを有向エッジにするには、ノードAの`mEdges`配列にエッジを追加する一方、ノードB側にはエッジを追加しないことで実現できる。無向エッジが欲しければ、両側（AからBへと、BからAへ）に合計2つの有向エッジを追加する。

グラフでゲームワールドを表現する方法は、ゲームの種類で変わる。世界を正方形（または正六角形）のグリッド（格子）で分割するのが、最もシンプルなアプローチだ。この方法は、「**シヴィライゼーション**」（Civilization）や「**XCOM**」のようなターン制ストラテジーゲームでは非常に一般的だが、違う種類のゲームには応用しにくい。話を単純にするため、この節では正方形のグリッドで議論を進めよう（他の表現についても、この章で後述する）。

4.2.2 幅優先探索

正方形のグリッドで構成された迷路のゲームを考えよう。この迷路では、上下左右の動きだけが許される。どの動きも長さは均一なので、この迷路は重みなしグラフで表現できる。図4.5が、迷路のサンプルと、それに対応するグラフである。

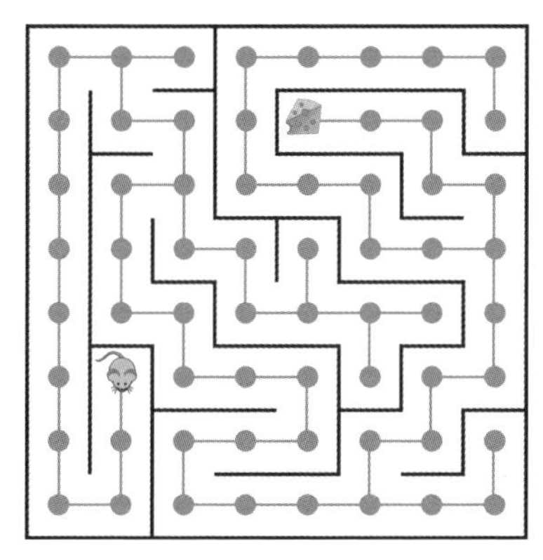

図4.5 正方形グリッド上の迷路と、それに対応するグラフ

AIのねずみキャラクターがいて、迷路のどこかの**開始ノード**（start node）から、チーズのかけらが置いてある**終了ノード**（goal node）までの最短経路を見つけたい。1つのアプローチは、最初に始点から1手先のすべての正方形をチェックし、どの正方形にもチーズがなければ、次は始点から2手先のすべての正方形をチェックしていく方法だ。このプロセスを、チーズが見つかるか、有効な手がなくなるまで繰り返す。このアルゴリズムは、近いノードを調べ尽くしてからでなければ、より遠いノードを考慮しないので、チーズへの最短経路を見逃すことはない。以上が、**幅優先探索**（breadth-first search：BFS）で起きることだ。BFSアルゴリズムは、エッジに重みがないか、どのエッジにも同じ正の重みが付いている時に、最短経路を見つけることが保証される。

BFSの探索中に、それまでの経路を記録しておくと、最短経路の構築に役立つ。計算が終わったあと、AIキャラクターは、それまでの経路をたどればよい。

BFSの間、各ノードは、その直前に訪問したノード、すなわち**親ノード**（parent node）を、知っている必要がある。親ノードのデータは、BFSの完了後に必要な経路の再構築に役に立つ。親ノードのデータは、`GraphNode`構造体に追加することもできるが、親ノードの記録は、変化しないデータ（グラフの構造そのもの）とは別にしておいたほうがよい。なぜなら親ノードは選択された始点と終点によって変わるからだ。データを別にすると、複数スレッドで別々の経路を計算する時に探索が干渉しないという利点もある。

以上の実装のために、まずNodeToPointerMapという、連想配列を定義する。これは、キーと値の両方がGraphNodeポインタであるunordered_map（ハッシュ連想配列）である（グラフのノードは書き換える必要がないので、ポインタはconstである）。

```
using NodeToParentMap =
    std::unordered_map<const GraphNode*, const GraphNode*>;
```

この型のマップを用いたBFSの実装がリスト4.2である。BFSを実装する最も単純な方法は、**キュー**（queue：待ち行列）を使うことだ。キューは、ノードの追加・削除を、FIFO（先入れ先出し）で扱う。ノードをキューに追加するにはエンキュー（enqueue）、取り出してキューから削除するにはデキュー（dequeue）を呼び出す。開始ノードをキューに入れたあとにループ処理を行う。ループの中ではノードを1つ取り出し、そのノードに隣接するノード群をキューに追加する。同じノードを何度もキューに追加しないように、親をチェックする。ノードの親がnullptrなのは、そのノードが以前にキューに追加されていない時か、開始ノードである時しかない。

ここでoutMapに対して角括弧（[]）[訳注1]を使う時に、次の2つのどちらかが起きる。もしキーがマップに存在していれば、親として値にアクセスできる。もしキーがなければ、通常は（すなわち開始ノードでなければ）、そのキーの要素がマップに追加される。ここでは、outMapにアクセスしてみて、要求したノードがマップになければ、そのノードの親に先ほどキューから取り出したノードを設定している。

たとえ始点と終点をつなぐ経路が存在しなくても、このループは必ず終わる。なぜなら、このアルゴリズムは、始点から到達可能なノードを全部、調べるからだ。すべての可能性を調べ尽くした時点でキューは空になり、ループは終了する。

リスト4.2 Breadth-First Search（幅優先探索）

```
bool BFS(const Graph& graph, const GraphNode* start,
         const GraphNode* goal, NodeToParentMap& outMap)
{
    // 経路を見つけたか？
    bool pathFound = false;
    // 検討するノード
    std::queue<const GraphNode*> q;
    // 最初のノードをキューに入れる（enqueue）
```

訳注1　マップの添え字演算のこと。本書の「付録A 中級C++の復習」に簡単な解説がある。詳しくは、『C++プライマー 第5版』（Stanley B. Lippman, Josée Lajoie, Barbara E. Moo 著、株式会社 クイープ 訳、神林 靖 監修、翔泳社、2016年）の「11.3.4 mapでの添字演算」などを参照。

```
    q.emplace(start);

    while (!q.empty())
    {
        // ノードを1つキューから出す (dequeue)
        const GraphNode* current = q.front();
        q.pop();
        if (current == goal)
        {
            pathFound = true;
            break;
        }

        // まだキューに入っていない隣接ノードをエンキューする
        for (const GraphNode* node : current->mAdjacent)
        {
            // もし親がnullptrなら、まだキューに追加されていない
            // (ただし開始ノードは例外)
            const GraphNode* parent = outMap[node];
            if (parent == nullptr && node != start)
            {
                // このノードのエンキューと親の設定をする
                outMap[node] = current;
                q.emplace(node);
            }
        }
    }

    return pathFound;
}
```

Graph gがあるとして、それに含まれる2つのGraphNode間でBFSを実行するには、次のコードを追加する。

```
NodeToParentMap map;
bool found = BFS(g, g.mNodes[0], g.mNodes[9], map);
```

BFSが成功したら、outMapに入っている親ポインタを使って、経路を再構築できる。終点の親は、その経路で1手前のノードを指している。そして、終点ノードの1手前のノードの親は、終点の2手前のノードである。この「親ポインタの連鎖」をたどれば、いつかは開始ノードに到達し、終点から始点に至る経路が得られる。

とはいえ、欲しいのは始点から終点への経路なので、これでは向きが反対だ。スタックを使って経路を逆にすることもできるが、もっとかしこい「逆向きに探索する」方法がある。例えば、ねずみのノードを始点、チーズのノードを終点とするのではなく、その反対にする。そうすれば、終点からの親ポインタをたどることで目的の経路が得られるわけだ。

BFSは常に、始点と終点のノードを結ぶ経路を（もしあれば）見つける。けれども、BFSでは重み付きのグラフで最短経路を見つける保証がない。その理由は、BFSがエッジの重みを考慮しないからだ。エッジの移動は、どれも等価とみなされる。このため、図4.6では、破線の経路が最短なのに、BFSは「2手が最短」とみて実線の経路を返す。

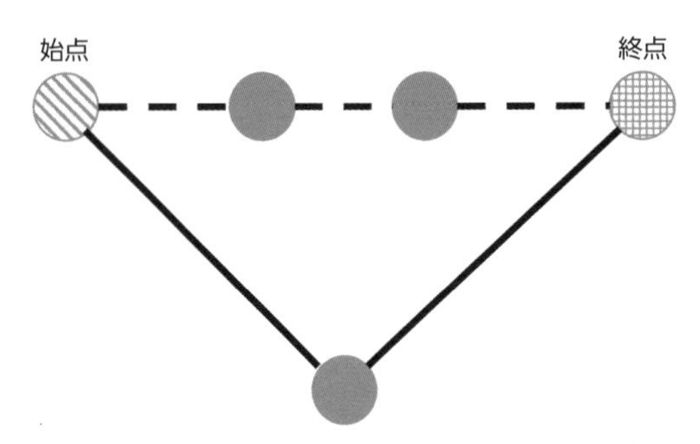

図4.6 BFSは、破線の経路のほうが短くても、実線の経路を「最短」とする

BFSのもう1つの問題は、終点とは逆方向にあるノードを含めてテストすることだ。より高度なアルゴリズムを使えば、最適解を見つけるまでにテストするノードの数を削減できる。

ゲームで使われる他の経路探索アルゴリズムも、全体の構造はBFSと同様だ。繰り返しごとに次に調べるノードを1つ選び、その隣接ノードをデータ構造に追加する。アルゴリズムによって異なるのは、ノードを評価する順序だ。

4.2.3 ヒューリスティック

多くの探索アルゴリズムは**ヒューリスティック**（heuristic:発見的手法）に依存する。これは予想される結果の近似値を求める関数だ。経路探索のヒューリスティックは、対象とするノードから終点ノードまでのコストを見積もる。ヒューリスティックは、より高速に経路を見つけるのに役立つ。例えばBFSの反復処理では、常にキューに積まれた次のノードを取り出すので、終点から離れる方向のノードも等しく処理される。ヒューリスティックを使う場合は、各ノードの終点までの距離を見積もり、「より近い」ノードを先に評価していく。これにより、より少ない回数で経路探査を終了する可能性を高める。

ヒューリスティックを $h(x)$ と表記する。x はグラフ内のノードである。すなわち、$h(x)$ は、ノード x から終点ノードへのコスト見積もりである。

見積もりがノード x から終点に至る実際のコストを決して上回らない（常に、少ないか等しい）ものを**許容的**（あるいは**適格** ： admissible）なヒューリスティック関数という。実際のコストを上回る見積もりを出すヒューリスティックは**不適格**(inadmissible)で、使うべきではない。後述するA*アルゴリズムは、最短経路を保証するために「許容的ヒューリスティック」を必要とする。

正方形のグリッドでは、ヒューリスティックを計算する一般的な方法が2種類ある。図4.7の例では、×が置かれたノードは終点（end）を、黒く塗られたノードは始点（$start$）を表す。ここで灰色のマス目は、通過できないマス目だ。

図4.7の左側は、**マンハッタン距離**（Manhattan distance）のヒューリスティックだ。無秩序にビルが立ち並ぶ大都会で、ブロックをたどるようなものである。ビルが「5ブロック先」にあるとしても、長さが5ブロックの経路は複数あるかもしれない。マンハッタン経路では、斜め移動は無効だ。もし斜め移動を有効にすると、マンハッタン距離は、コストを過大評価してしまい、結果として不適格なヒューリスティックとなる。

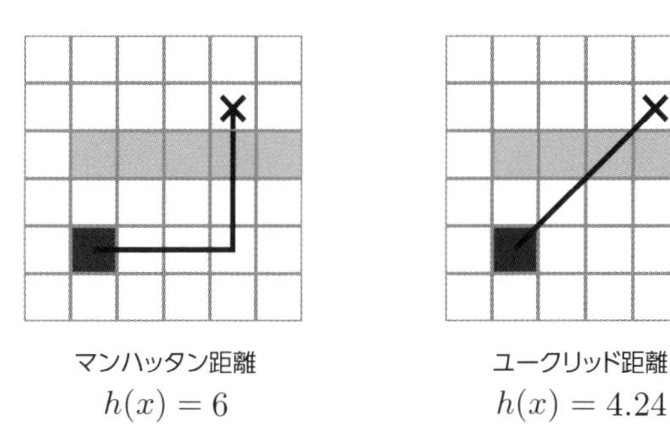

図4.7　マンハッタン（左）とユークリッド（右）のヒューリスティック

2次元のグリッドでは、マンハッタン距離は次の式で計算する。

$$h(x) = |start.x - end.x| + |start.y - end.y|$$

第2のヒューリスティックは、図4.7の右側の**ユークリッド距離**（Euclidean distance）だ。このヒューリスティックの計算には標準的な距離の公式を使う。いわば「カラスが飛ぶ」経路での見積もりだ。マンハッタン距離と違って、ユークリッド距離は、正方形のグリッドより複雑な世界にも容易に適用できる。2次元でのユークリッド距離は、次の式で求められる。

$$h(x) = \sqrt{(start.x - end.x)^2 + (start.y - end.y)^2}$$

ユークリッド距離の関数は、（たとえマンハッタン距離では不適格なケースであろうと）ほとんど常に適格である。ゆえにユークリッド距離が、通常は推奨されるヒューリスティック関数である。ただし、マンハッタン距離の計算は平方根を含まないので、より効率がよい。

ユークリッド距離のヒューリスティックが本当のコストよりも過大に評価する唯一のケースは、ゲームが非ユークリッド的な移動を許す場合だ（例えばレベルの反対側にある離れたノードへテレポートするような手がある時）。

図4.7にある2つのヒューリスティック関数 $h(x)$ は、開始ノードから終点ノードへ向かう経路のコストを、どちらも実際より*過小評価*していることに注意しよう。ヒューリスティック関数は隣接リストについて何も知らないので、一部の領域が通過できないことも知らない。それでも構わないのは、ヒューリスティックが「ノード x が終点ノードにどれほど近いか」の下限であるからだ。ヒューリスティックは、ノード x が、**少なくとも**それだけ遠くにあることを保証する。これは相対的な意味で重要な情報だ。つまりヒューリスティックは、ノードAとノードBの、どちらが終点ノードに近いかを見積もる役に立つ。あとは、その見積もりを使って、次にどちらのノードを探究するか決めればよい。

次の項では、ヒューリスティック関数を使った、より複雑な経路探索アルゴリズムを紹介しよう。

4.2.4 欲張り最良優先探索（GBFS）

BFSでは、キューを使ってFIFOの順にノードを評価した。**欲張り最良優先探索**（Greedy best-first search：GBFS）は、ヒューリスティック関数 $h(x)$ を使って、次に評価すべきノードを決める。これは経路探索に適したアルゴリズムに見えるが、GBFSは*最短経路を保証*できない。図4.8は、GBFS検索で得られた経路の例である。グレーのノードは通過できない。この経路は、始点からまっすぐ下に進まずに、4手も余計な回り道をしていることに注意しよう。

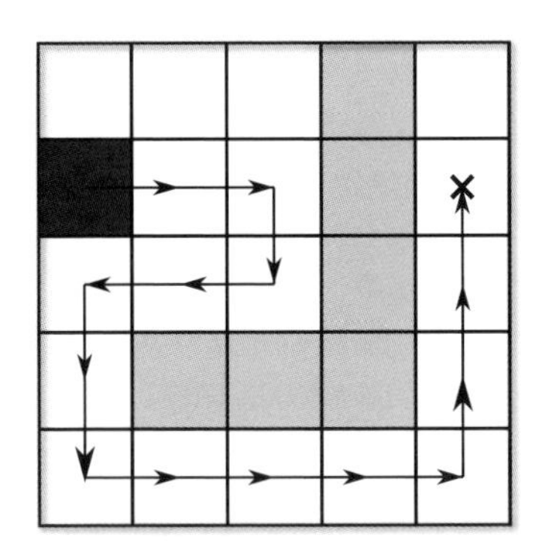

図4.8　欲張り最良優先経路

GBFSとA*アルゴリズム

GBFSの結果は最良ではないが、GBFSの理解があとで役に立つ。少しの変更でA*になるからだ。A*アルゴリズムは、許容的ヒューリスティックであれば最短経路を保証する。だから、A*に話を進める前に、GBFSの実装を理解することが重要だ。

GBFSでは、キューを使わずに、2つのノード集合を使う。**オープンセット**（open set）には検討中のノードを格納する。いったん評価されたノードは、**クローズドセット**（closed set）に移される。ノードがクローズドセットに入ったら、そのノードをさらに調査する必要はない。ただし、オープンセットまたはクローズドセットに属するノードが最終的に経路に入る保証はない。これらの集合は、単にノードを検索の対象から外す「枝刈り」（pruning）のためにある。

オープンセットとクローズドセットに使うデータ構造の選択には、ジレンマが生じる。オープンセットに必要な計算は、最小のコストを持つノードの削除と、それぞれの集合に属しているかを確認する帰属判定（membership test）の2つである。クローズドセットに必要なのは、帰属判定だけだ。帰属判定を高速化するには、スクラッチデータ（scratch data ： 補助的な、使い捨てのデータ）を導入し、スクラッチデータへの`bool`演算として、ノードがオープンセットのメンバーなのか、クローズドセットのメンバーなのかを管理するとよい。そして、クローズドセットには帰属判定だけがあればいいので、コレクションを使う必要はない。

オープンセットの一般的なデータ構造として、優先度付きキュー（priority queue）がある。だが、この章では単純さを優先して、オープンセットに（動的な）配列、`std::vector`を使う。これなら、線形検索を使ってオープンセットから最もコストの低い要素を見つけられる。

BFSと同じくGBFSの探索でも、ノードごとに追加のスクラッチデータが必要になる。ノードごとに複数のスクラッチデータを持つので、カプセル化する構造体を定義するとよい。重み付きグラフを使うので、親は「1つ前のノード」ではなく「入ってくるエッジ」となる。さらに、個々のノードについて、ヒューリスティック値と、オープンセットおよびクローズドセットへの帰属情報が必要だ。

```
struct GBFSScratch
{
    const WeightedEdge* mParentEdge = nullptr;    // 親エッジ
    float mHeuristic = 0.0f;    // ヒューリスティック値
    bool mInOpenSet = false;    // オープンセットに帰属
    bool mInClosedSet = false;  // クローズドセットに帰属
};
```

次に定義する連想配列は、キーがノードへのポインタ、値は`GBFSScratch`のインスタンスだ。

```
using GBFSMap =
    std::unordered_map<const WeightedGraphNode*, GBFSScratch>;
```

以上で、欲張り最良優先探索（GBFS）に必要な部品はすべてそろった。GBFS関数は、`WeightedGraph`と、始点と終点のノードと、`GBFSMap`への参照を受け取る。

```
bool GBFS(const WeightedGraph& g, const WeightedGraphNode* start,
        const WeightedGraphNode* goal, GBFSMap& outMap);
```

GBFS関数のはじめに、オープンセットの動的配列を定義する。

```
std::vector<const WeightedGraphNode*> openSet;
```

次に、カレントノード（現在評価中のノード）を記録するための変数`current`が必要だ。これはアルゴリズムの進行に伴って更新される。初期状態の`current`は始点ノードであり、スクラッチデータを「Closed」に設定することで、クローズドセットに「追加」する。

```
const WeightedGraphNode* current = start;
outMap[current].mInClosedSet = true;
```

それからGBFSのメインループに入る。このメインループでは、いくつかの処理を行う。まずカレントノードに隣接するすべてのノードを調べる。調査するのは、まだクローズドセットに属していないノードだけだ。これらは、カレントノードから入るエッジを「親エッジ」とするノードだ。まだオープンセットに属していないノードならば、（そのノードから終点までの）ヒューリスティックを計算して、次のコードのようにノードをオープンセットに追加する。

```
do
{
    // 隣接ノードをオープンセットに追加する
    for (const WeightedEdge* edge : current->mEdges)
    {
        // このノードのスクラッチデータを取得
        GBFSScratch& data = outMap[edge->mTo];

        // クローズドセットにない時に限り追加
        if (!data.mInClosedSet)
        {
            // 隣接ノードの親エッジを設定する
            data.mParentEdge = edge;
            if (!data.mInOpenSet)
            {
                // ヒューリスティックを計算してオープンセットに追加する
                data.mHeuristic = ComputeHeuristic(edge->mTo, goal);
                data.mInOpenSet = true;
                openSet.emplace_back(edge->mTo);
            }
        }
    }
```

ComputeHeuristic関数には、マンハッタン距離やユークリッド距離など、任意のヒューリスティック関数 $h(x)$ を使える。実際には、関数に応じて（例えばノードが世界のどこにあるかを示す位置情報など）ノードごとの追加情報が必要かもしれない。

カレントノードに隣接するノードの処理を終えたら、オープンセットを調べる。もしオープンセットが空ならば、評価すべきノードは残っていない。この事象は、始点から終点に至る経路がない時にのみ発生する。

```
if (openSet.empty())
{
    break; // 外側のループから出る
}
```

オープンセットにノードが残っていたら、アルゴリズムは次に進む。次は、オープンセットに属するノードのうち、ヒューリスティックなコストが最も低いノードを見つけて、それをクローズドセットに移す。そのノードが、新しいカレントノードになる。

```
// 最もコストの低いノードをオープンセットから探す
auto iter = std::min_element(openSet.begin(), openSet.end(),
    [&outMap](const WeightedGraphNode* a, const WeightedGraphNode* b)
{
    return outMap[a].mHeuristic < outMap[b].mHeuristic;
});
// それをカレントノードにして、オープンセットからクローズドセットに移す
current = *iter;
openSet.erase(iter);
outMap[current].mInOpenSet = false;
outMap[current].mInClosedSet = true;
```

最も低い値の要素を求めるために、`<algorithm>`ヘッダーの`std::min_element`関数を使う。この関数が第3引数で受け取るのは、**ラムダ式**（lambda expression）と呼ばれる特殊な関数だ。ある要素が、もう1つの要素よりも値が低いかどうかを決める方法を、ラムダ式で指定する。`min_element`関数は、最小の要素へのイテレーターを返す。

最後に、もしカレントノードが終点ノードでなければ、メインループを続行する。

```
} while (current != goal);
```

ループが終了するのは、上記の`while`条件が満たされない時か、先ほどの`break`ステートメントが実行された時（オープンセットが空の時）だ。最後に、GBFSが経路を発見していたら、カレントノードが終点ノードと等しいはずなので、確認しよう（等しくなければ、結局、経路は見つからなかった）。

```
return (current == goal) ? true : false;
```

図4.9は、GBFSをサンプルのデータ集合に適用した時の、ループの最初の2回を示している。図4.9(a)の時点で、始点ノード(A2)はクローズドセットに属し、その隣接ノードはオープンセットに属している(図を読み取りやすくするために、マンハッタン距離ヒューリスティックを使い、矢印は子ノードから親ノードを指している)。次のステップは、見積もられたコストが最も低いノードの選択で、それは $h = 3$ のノードだ。このノードが新たなカレントノードになって、クローズドセットに入る。図4.9 (b) は、その次の2回目で、この時はC2が、オープンセットで最もコストの低いノードである。

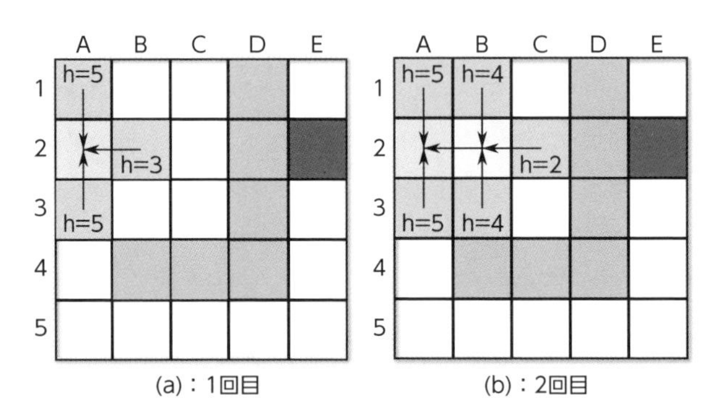

図4.9　欲張り最良優先探索のスナップショット。(a) はループの1回目、(b) は2回目

ただし、オープンセットに属する、あるノードのヒューリスティックなコストが最も低いからといって、それが最短経路上にあるとは限らないことに注意しよう。例えば図4.9(b)でのノードC2は、最短経路には属さない。残念ながらGBFSアルゴリズムは、それでもC2を経路に選ぶ。この問題に、何らかの対策が必要なことは明らかだ。

リスト4.3に、このGBFS（欲張り最良優先探索）関数の完全なコードを示しておく。

リスト4.3　Greedy Best-First Search関数

```
bool GBFS(const WeightedGraph& g, const WeightedGraphNode* start,
          const WeightedGraphNode* goal, GBFSMap& outMap)
{
    std::vector<const WeightedGraphNode*> openSet;
    // カレントノードに始点をセットし、クローズドセットに入れる
    const WeightedGraphNode* current = start;
    outMap[current].mInClosedSet = true;
    do
    {
        // 隣接ノードをオープンセットに追加する
        for (const WeightedEdge* edge : current->mEdges)
        {
```

```
            // このノードのスクラッチデータを取得
            GBFSScratch& data = outMap[edge->mTo];
            // クローズドセットにない時に限り追加
            if (!data.mInClosedSet)
            {
                // 隣接ノードの親エッジを設定する
                data.mParentEdge = edge;
                if (!data.mInOpenSet)
                {
                    // ヒューリスティックを計算してオープンセットに追加する
                    data.mHeuristic = ComputeHeuristic(edge->mTo, goal);
                    data.mInOpenSet = true;
                    openSet.emplace_back(edge->mTo);
                }
            }
        }

        if (openSet.empty())
        { break; }

        // 最もコストの低いノードをオープンセットから探す
        auto iter = std::min_element(openSet.begin(), openSet.end(),
            [&outMap](const WeightedGraphNode* a, const WeightedGraphNode* b)
        {
            return outMap[a].mHeuristic < outMap[b].mHeuristic;
        });
        // それをカレントノードにして、オープンセットからクローズドセットに移す
        current = *iter;
        openSet.erase(iter);
        outMap[current].mInOpenSet = false;
        outMap[current].mInClosedSet = true;
    } while (current != goal);

    // 経路を見つけたか？
    return (current == goal) ? true : false;
}
```

4.2.5 A* 探索

GBFSの欠点は、最適な経路を保証できないことだ。幸いなことに、GBFSは少しの変更で、**A*探索**（A* search）になる（A*は「エイスター」と読む）。A*では開始ノードから各ノードまでの**実際の**コストである**経路コスト**（path-cost）が追加される。あるノード x の経路コストを $g(x)$ で表現する。カレントノードを新たに選ぶ時、A*は最も $f(x)$ 値の低いノードを選択するのだが、その $f(x)$ とは、経路コスト $g(x)$ にヒューリスティック $h(x)$ を足した値だ。

$$f(x) = g(x) + h(x)$$

A*が最適な経路を見つけるには3つの条件がある。当然であるが、始点と終点の間に何らかの経路がなければならない。さらに、ヒューリスティックが許容的でなければならない（実際のコストより過大に評価してはならない)。最後に、エッジの重みは、どれもゼロ以上でなければならない。

A*を実装するために、まず`AStarScratch`構造体を定義する。これはGBFSのスクラッチデータとほぼ同じだが、唯一の違いとして、$f(x)$の値を格納するための`float`型メンバー`mActualFromStart`も追加する。

GBFSとA*では、コードにも違いがある。ノードをオープンセットに追加する時、A*では経路コスト$g(x)$の計算も行う必要がある。また、コスト最小のノードを選ぶ時、A*は$f(x)$が最も低いノードを選択する。そして最後に、A*では、**ノード採択**（node adoption）と呼ばれるプロセスを使って、親にするノードを慎重に選択する。

GBFSのアルゴリズムでは、隣接ノードの親は常にカレントノードだった。ところが、A*では、ノードの経路コスト値$g(x)$は、その親ノードの$g(x)$に依存しており、ノードxの経路コスト値は、その親の経路コストに、親からノードxまでのコストを加えた値となっていなくてはならない。そのため、A*では、ノードxに新しい親を割り当てる前に、$g(x)$値が親より増えることを確認する。

図4.10（a）は、マンハッタン式のヒューリスティック関数を使い、カレントノード(C3)について、その隣接ノードをチェックしている。左側のノード(B3)は$g = 2$で、その親はB2であるが、もし親をC3に変更したら、カレントノードは$g = 4$なので、値が悪化して（子のコストが親のコストより小さくなって）しまう。したがって、A*は、この状況では（GBFSと違って）B2の親を変更しない。

図4.10（b）は、A*で計算された最終的な経路で、明らかにGBFSの解よりも優れている。

ノード採択以降のコードは、GBFSのコードとよく似ている。リスト4.4の隣接ノードのループ処理に、コードの主な変更が含まれている。今までの説明で触れなかったその他の変更点は、オープンセットから最もコストの低いノードを選択するコードだけだ。その選択は$h(x)$ではなく、$f(x)$に基づいている。完全なA*の実装コードは、この章のゲームプロジェクトに含まれている。

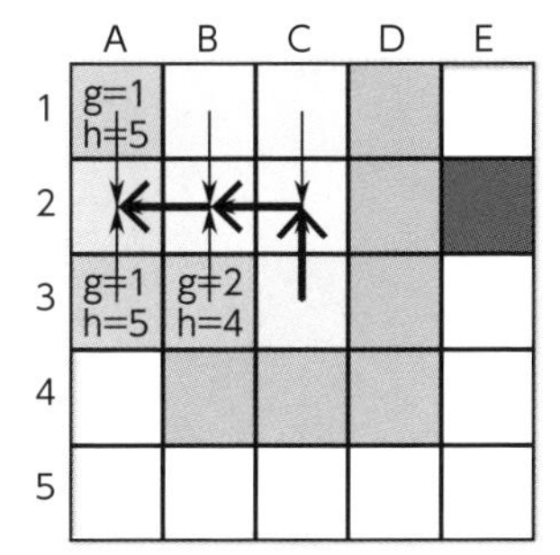

(a)：カレントノード（太い矢印）ではノード採択は失敗

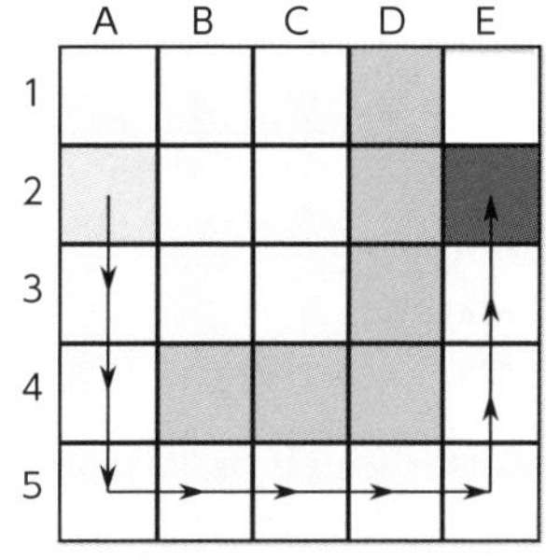

(b)：A*の最終的な経路

図4.10 (a) カレントノードの親採択が失敗。(b) A*の最終的な経路

リスト4.4 A*探索における、隣接ノードのループ処理

```
for (const WeightedEdge* edge : current->mEdges)
{
    const WeightedGraphNode* neighbor = edge->mTo;
    // このノードのスクラッチデータを取得
    AStarScratch& data = outMap[neighbor];
    // クローズドセットにないノードだけをチェック
    if (!data.mInClosedSet)
    {
        if (!data.mInOpenSet)
        {
            // オープンセットになければ親はカレントに違いない
            data.mParentEdge = edge;
            data.mHeuristic = ComputeHeuristic(neighbor, goal);
            // 実際のコストは、親のコスト + エッジをたどるコスト
            data.mActualFromStart = outMap[current].mActualFromStart +
            edge->mWeight;
            data.mInOpenSet = true;
            openSet.emplace_back(neighbor);
        }
        else
        {
            // カレントを親にした時の経路コストを計算
            float newG = outMap[current].mActualFromStart + edge->mWeight;
            if (newG < data.mActualFromStart)
            {
                // このノードの親をカレントにする
                data.mParentEdge = edge;
                data.mActualFromStart = newG;
            }
        }
    }
}
```

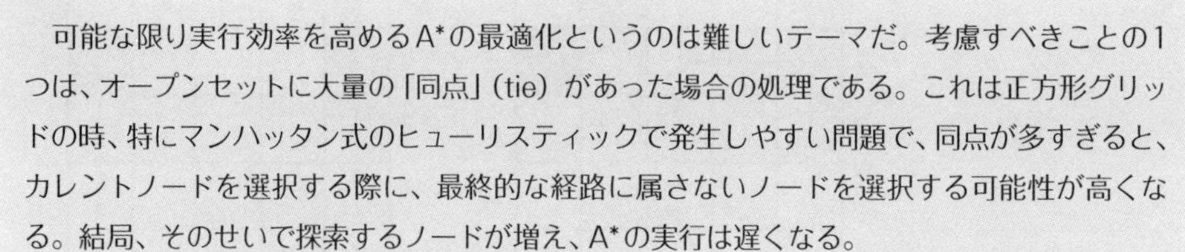

Note A*の最適化

可能な限り実行効率を高めるA*の最適化というのは難しいテーマだ。考慮すべきことの1つは、オープンセットに大量の「同点」(tie)があった場合の処理である。これは正方形グリッドの時、特にマンハッタン式のヒューリスティックで発生しやすい問題で、同点が多すぎると、カレントノードを選択する際に、最終的な経路に属さないノードを選択する可能性が高くなる。結局、そのせいで探索するノードが増え、A*の実行は遅くなる。

同点を減らすのに役立つ方法の1つは、ヒューリスティック関数の重みを調整するもので、例えばヒューリスティックを一律に0.75倍してみる。こうすると経路コスト関数 $g(x)$ がヒューリスティック関数 $h(x)$ より重くなるので、開始ノードから遠いノードを探索するケースが多くなるだろう。

グリッドに基づく経路探索の効率を重視すると、A*は、実は劣った選択肢である。グリッドなら他の経路探索アルゴリズムのほうが、はるかに効率がよい。その1つがJPS+アルゴリズムで、これはSteve Rabinの『Game AI Pro 3』に解説がある(「4.C 参考文献」を参照)。ただし、A*があらゆるグラフで使えるのに対して、JPS+はグリッドでしか使えない。

4.2.6 ダイクストラのアルゴリズム

再び迷路の例に戻ろう。ただし今回は迷路にチーズがいくつも置かれ、一番近いチーズにねずみを導きたいとする。ヒューリスティックを用いれば、どのチーズが最も近いのか見積もることができる。A*なら、そのチーズへの経路を見つけられるだろう。けれども、ヒューリスティックで選んだチーズが、本当に最も近いチーズではない可能性がある。ヒューリスティックは見積もりにすぎないからだ。

ダイクストラのアルゴリズム(Dijkstra's algorithm)にも開始ノードがあるが、終了ノードはない。代わりにダイクストラ法は、開始ノードから、それ以外のすべての到達可能なノードへの距離を計算する。今の迷路でいえば、ダイクストラ法は、到達できるすべてのノードについて、ねずみからの距離を計算する。これで、それぞれのチーズに至る経路の実際のコストが判明し、ねずみを最も近いチーズまで走らせることができる。

A*のコードをダイクストラ法に変換することは可能だ。まず、ヒューリスティック成分の $h(x)$ を削除する。これは $h(x) = 0$ のヒューリスティック関数と等しく、この場合、実際のコスト以下であることが保証されるから適格である。次に終了ノードを削除し、ループの終了条件を、オープンセットが空である時だけにする。こうすれば、始点から到達できるすべてノードの経路コスト $g(x)$ が計算される。

このアルゴリズムは、Edsger Dijkstraによるオリジナルの定式化とは、わずかに異なっている。けれども、ここで提案したアプローチは、機能的にはオリジナルと等価なものだ(AIの教科書では、このアプローチを**均一コスト探索**と呼ぶことがある)。面白いことに、ダイクストラのアルゴリズムの発明は、GBFSやA*よりも先行している。けれどもゲームでは、通常はA*のような、ヒューリスティックに誘導されるアプローチが好まれる。その理由は、それらが探索するノードの数が、ダイクストラ法と比べて、概してはるかに少ないからだ。

4.2.7 経路をたどる

経路探索アルゴリズムで経路を生成したら、その経路をたどる必要がある。経路は点のシーケンス（点列）にまとめられるので、AIは、経路に含まれる点から点へと移動すればよい。これをNavComponentというMoveComponentの派生クラスで実装する。MoveComponentでアクターを前進できているので、NavComponentに必要なのは、アクターが経路に沿って移動する際に、正しい方向を向かせることだけだ。

まずNavComponentのTurnTo関数で、アクターを次の点に向けよう。

```
void NavComponent::TurnTo(const Vector2& pos)
{
    // 自分から pos へのベクトル
    Vector2 dir = pos - mOwner->GetPosition();
    // 新しい角度は、dir ベクトルの atan2
    // ( 画面では +y が下なので、y の正負が反転する )
    float angle = Math::Atan2(-dir.y, dir.x);
    mOwner->SetRotation(angle);
}
```

また、NavComponentにmNextPoint変数を持たせ、経路の次の点を記録する。Update関数は、アクターがmNextPointに到達したかを判定する。

```
void NavComponent::Update(float deltaTime)
{
    // もし次の点に到達したら、経路の次の点に進む
    Vector2 diff = mOwner->GetPosition() - mNextPoint;
    if (diff.Length() <= 2.0f)
    {
        mNextPoint = GetNextPoint();
        TurnTo(mNextPoint);
    }
    // アクターを前進させる
    MoveComponent::Update(deltaTime);
}
```

これはGetNextPointという関数が、経路の次の点を返すことを前提としている。アクターが経路の最初の点から出発する時、mNextPointを第2の点で初期化して線形のスピードを設定すれば、アクターは経路に沿って移動するはずだ。

この経路をたどる方法には、1つ問題がある。アクターが速く動きすぎて、1ステップで次のノードを越えてしまう事態を考慮していない。この時は、2点間の距離が十分に近づくことがなく、アクターはどこかに行ってしまうだろう。

4.2.8 その他のグラフ表現

リアルタイムなアクションゲームでは、NPC（non-player character:プレイヤー以外のキャラクター）は、通常、グリッド上のマスからマスへと動くわけではない。この問題が世界のグラフ表現を複雑にする。ここでは、代替的なアプローチとして、経路ノードを使う方法と、ナビゲーションメッシュを使う方法を紹介する。

経路ノード（path node）は、「ウェイポイントグラフ」（waypoint graph）とも呼ばれ、1990年代に現れた「一人称シューター」（first-person shooter:FPS）とともに一般化された。このアプローチでは、デザイナーがゲームワールドにAIが通る経路となるノードを配置する。これらの経路ノードは、グラフのノードに変換される。

経路ノード間のエッジは、自動的に生成するのが一般的だ。そのアルゴリズムを説明しよう。それぞれの経路ノードについて、近隣するノードとの間に障害物がないか判定する。経路に障害物がなければエッジにする。障害物の有無は、「線分キャスト」（line segment cast）などの衝突判定で計算する。線分キャストの実装方法は、第10章「衝突検知」で学ぶ。

経路ノードの主な欠点は、AIがノードまたはエッジ上の場所にしか移動できないことだ。例えば経路ノードが三角形を形成していて、その中を歩けそうでも、その三角形の内側が有効だという保証はない。途中に障害物がありうるので、経路検索アルゴリズムは、ノード上あるいはエッジ上にない場所を無効とみなさざるを得ない。

これにより、ゲームの世界にAIの立ち入り禁止の場所が大量に発生するか、数多くの経路ノードが必要になる。前者は、AIの挙動が不自然になってしまうから望ましくない。といって後者は効率が悪すぎる。ノードとエッジが増えれば増えるほど、経路探索のアルゴリズムが結果を出すまでの時間が長くなる。これは性能と精密さのトレードオフなのだ。

その他のゲームでは、**ナビゲーションメッシュ**（navigation mesh）を使っている（略して「ナビメッシュ」）。このアプローチでは、グラフの各ノードが1つの「凸ポリゴン」（convex polygon）に対応する。隣接ノードは、隣接する凸ポリゴンだ。このように凸ポリゴンの集まりとしてゲームワールドを表現する。ナビメッシュでは、AIは、凸ポリゴンノードの内側であれば、どこでも安全に移動できる。つまりAIの行動の自由さが改善される。図4.11は、経路ノードとナビメッシュによる表現の比較である。

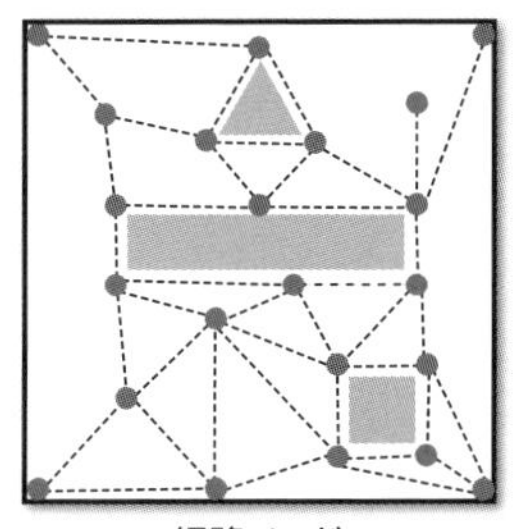
経路ノード
(22個のノード、41本のエッジ)

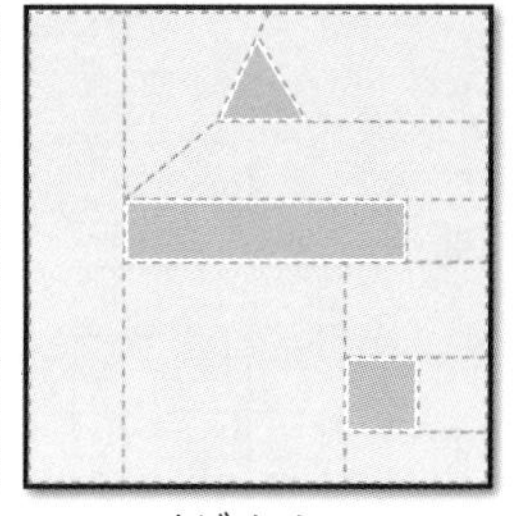
ナビメッシュ
(9個のノード、12本のエッジ)

図4.11 経路ノード(a)とナビメッシュ(b)による、ある部屋の表現

ナビメッシュは、さまざまなサイズのキャラクターへの対応にも優れている。ゲームで牛と鶏が農場を歩き回っているとしよう。鶏は牛よりも小さいので、鶏には通れても牛には通れない場所がある。そのため、鶏のための経路ノード網は、牛には使えない。したがって、経路ノードを使うのであれば、動物の種類ごとに別々のグラフが必要となる。反対に、ナビゲーションメッシュのノードは、要素が凸ポリゴンなので、あるキャラクターが、特定の領域に収まるのか計算することが可能だ。したがって、1つのナビメッシュを鶏と牛の両方に使える。

ほとんどのゲームは、ナビメッシュを自動的に生成する。おかげでデザイナーは、AIの経路への影響について、あまり心配せずにレベルを変更できる。ただしナビメッシュの生成アルゴリズムは複雑だ。幸い、ナビメッシュを計算するオープンソースライブラリが存在する。最も有名なRecastは、レベルの三角形モデルからナビメッシュを生成する。Recastの情報は、「参考文献」を見てほしい。

4.3 ゲーム木

三目並べ(tic-tac-toe)やチェスは、リアルタイムゲームとかなり違う。プレイ人数が2人であり、手番(turn)を換えて交互に手を打っていく対戦形(adversarial)ゲームで、2人のプレイヤーは互いを敵とする。このようなゲームに要求されるAIは、リアルタイムゲームとは非常に異なる。ゲーム全体の状態を何らかの形で表現し、その状態においてAIが下した判断がわかるようにする必要がある。そのようなアプローチの1つに、**ゲーム木**(game tree)がある。ルート(根)ノードがゲームの現在の状態を表現する。それぞれのエッジ(辺)はゲームの手(move)を表現し、それによってゲームは新たな状態に進む。

図4.12は、進行中の三目並べのゲーム木である。(最上段の)ルートノードでは、3種類の手のうち1手を現在のプレイヤー(**maxプレイヤー**)が選ぶ。maxプレイヤーが手を打ったら、ゲームの状態は、ツリーの第1レベルにあるノードの1つに遷移する。次は対戦者(**minプレイヤー**)が1手を選んで、ツリーの第2レベルへと手を進める。このプロセスが、ゲームの終了状態を表すリーフ(葉)ノードに到達するまで繰り返される。

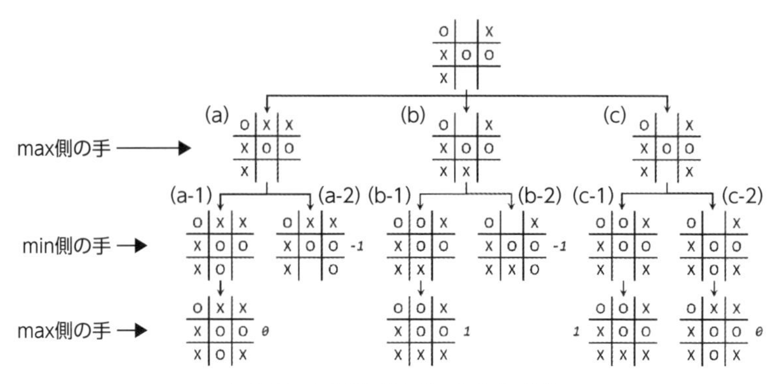

図4.12　三目並べのゲーム木（一部）

三目並べでは、結末は3つ。勝つか、負けるか、引き分けだ。図4.12でリーフノードに添えた数字は、対戦の結果を示している。これらの値はmaxプレイヤーから見たスコアであり、1ならばmaxプレイヤーの勝ち、-1ならばminプレイヤーの勝ち、0ならば引き分けである。

ゲームごとに状態の表現は異なるが、三目並べなら、ボードの状態は簡単な2次元配列だ。

```
struct GameState
{
    enum SquareState { Empty, X, O };
    SquareState mBoard[3][3];
};
```

ゲーム木のノードには、子ノードのリストと、そのノードのゲームの状態の両方を格納する。

```
struct GTNode
{
    // 子ノードのリスト
    std::vector<GTNode*> mChildren;
    // このノードのゲームの状態
    GameState mState;
};
```

完全なゲーム木を生成するには、ルートノードに現在の状態を設定し、可能な手の数だけ子ノードを作る。これと同じプロセスを次のレベルの各ノードについて繰り返し、打てる手がなくなるまで、続けていけばよい。

ゲーム木の大きさは、可能な手の数に応じて、指数関数的に増大する。三目並べでは、ゲーム木の上限は9!、すなわち362,880個のノードだ。三目並べであれば、完全なゲーム木を生成して評価することが可能である。ところが、チェスでは、完全なゲーム木は10^{120}個のノードを持ち、時間的にも空間的にも複雑すぎて、完全に作成することはできない。まずは完全なゲーム木があると仮定して話を進め、あとから不完全なゲーム木を扱う方法を述べよう。

4.3.1 ミニマックス法

ミニマックス（minimax）法は、二人ゲームの木を評価して、現在のプレイヤーの最善手を探すアルゴリズムだ。ミニマックス法では、2人とも自分にとって最も有利な選択をするものと仮定する。スコアはmaxプレイヤーから見た値とする。maxプレイヤーは自分のスコアを最大化（maximize）しようとする。minプレイヤーは、maxプレイヤーのスコアを最小化（minimize）しようとする。

例えば図4.12では、max側（ここでは×のほう）に、打つ手が3つある。もしmaxが「上の真ん中（a)」か「下の真ん中（b)」を選べば、min側（◯）は「下の右」に打って勝つことができる（a-1、b-2)。min側は、この決まり手を打つだろう。だからmax側は、自分の最終スコアを最大化するために「下の右（c)」を選ぶ。

もしmax側が「下の右」を選んだら、min側は「上の真ん中」か「下の真ん中」を選べる。ここでの選択が、スコアを1にするか0にするかを決める。min側はmax側のスコアを最小化したいので、「下の真ん中」を選ぶ。これでゲームは引き分けで終了する。これは、三目並べにおいて、両方のプレイヤーが最善なプレイをする際に予期される結果だ。

リスト4.5の実装では、minプレイヤーとmaxプレイヤーの振る舞いに、別々の関数を使っている。どちらも、まずノードがリーフノードかを判定する。リーフノードであれば、`GetScore`関数でスコアを計算して返す。次に、どちらの関数も相互再帰により、可能な最良のサブツリーを決定する。maxプレイヤーなら、最良のサブツリーは最も高い値を出すものだ。逆にminプレイヤーなら、最も値の低いサブツリーを探す。

リスト4.5 MaxPlayer関数とMinPlayer関数

```
float MaxPlayer(const GTNode* node)
{
    // このノードがリーフなら、スコアを返す
    if (node->mChildren.empty())
    {
        return GetScore(node->mState);
    }
    // 最大値のサブツリーを探す
    float maxValue = -std::numeric_limits<float>::infinity();
    for (const GTNode* child : node->mChildren)
    {
        maxValue = std::max(maxValue, MinPlayer(child));
    }
    return maxValue;
}
```

```
float MinPlayer(const GTNode* node)
{
    // このノードがリーフなら、スコアを返す
    if (node->mChildren.empty())
    {
        return GetScore(node->mState);
    }
    // 最小値のサブツリーを探す
    float minValue = std::numeric_limits<float>::infinity();
    for (const GTNode* child : node->mChildren)
    {
        minValue = std::min(minValue, MaxPlayer(child));
    }
    return minValue;
}
```

ルートノードでは、MaxPlayerの呼び出しによって、maxプレイヤーの最良のスコアが得られるが、次にどの手を打てば最良のスコアになるかはわからない。AIは、これも知りたい。最良の手を決めるためのコードは、リスト4.6のMinimaxDecide関数に入っている。この関数はMaxPlayer関数に似ているが、最良の値を与える手を返すところが異なる。

リスト4.6 MinimaxDecideの実装

```
const GTNode* MinimaxDecide(const GTNode* root)
{
    // 最大の値を持つサブツリーを探して、その選択を返す
    const GTNode* choice = nullptr;
    float maxValue = -std::numeric_limits<float>::infinity();
    for (const GTNode* child : root->mChildren)
    {
        float v = MinPlayer(child);
        if (v > maxValue)
        {
            maxValue = v;
            choice = child;
        }
    }
    return choice;
}
```

4.3.2 不完全なゲーム木の扱い方

以前に触れたように、常に完全なゲーム木が生成できるわけではない。しかし、ミニマックス法のコードを書き換えて不完全なゲーム木に対応させることはできる。まず関数の対象をノードではなくゲームの状態にする。次に、子ノードを反復処理するのではなく、与えられた状態の次に可能な手を反復処理する。この変更によってminimaxアルゴリズムは、実行前では

なく実行中にツリーを生成することになる。

（例えばチェスのように）ツリーがあまりに大きいと、ツリー全体を生成することは不可能だ。チェスの熟練プレイヤーでも8手先までしか読めないといわれる。同様に、AIもゲーム木の深さを制限する必要がある。つまり、探索している途中で、ある種のノードを（ゲームの終了状態ではないのだけれども）リーフとして扱うことになる。

minimaxは、スコアの情報に基づいて判断を下すために、それらの非終了（nonterminal）状態が、どれほどよいものかを知る必要がある。しかし、終了状態と違って、正確なスコアを知ることはできない。このため、スコアを求める関数には、非終了状態の質を見積もるヒューリスティックな処理が必要であり、スコアは三目並べの $-1, 0, 1$ という三者択一ではなく、ある範囲の中の値になる。

重要なこととして、ヒューリスティックな処理を加えると、minimaxは最良の判断を保証できなくなる。ヒューリスティックはゲーム状態の質を推測するが、それがどれほど正確かは不明だ。不完全なゲーム木による判断では、minimaxが選ぶ手が次善の策で、結局は敗北を招くこともありうる。

リスト4.7が、`MaxPlayerLimit`関数の実装例である（他の関数も同様に変更する必要があるだろう）。このコードでは、`GameState`のメンバー関数に、`IsTerminal`、`GetScore`、`GetPossibleMoves`の3つがあることを想定している。`IsTerminal`は、終了状態の時に`true`を返す。`GetScore`は、非終了状態ならばヒューリスティック値を、終了状態ならばスコアを返す。`GetPossibleMoves`は、現在の状態より1手先のゲーム状態を集めた配列を返す。

リスト4.7　MaxPlayerLimitの実装

```
float MaxPlayerLimit(const GameState* state, int depth)
{
    // 終了状態または最大の深さに達したか？
    if (depth == 0 || state->IsTerminal())
    {
        return state->GetScore();
    }
    // 最大の値を持つサブツリーを求める
    float maxValue = -std::numeric_limits<float>::infinity();
    for (const GameState* child : state->GetPossibleMoves())
    {
        maxValue = std::max(maxValue, MinPlayer(child, depth - 1));
    }
    return maxValue;
}
```

ヒューリスティック関数はゲームによって異なる。例えば、チェスの単純なヒューリスティックとしては、盤上にあるそれぞれのプレイヤーのコマの数を（コマによって重みを付けて）数えるという方法が考えられる。しかし、このように単純なヒューリスティックでは、短期的にはコマを犠牲にしても長期的なメリットがあるケースを考慮できない。その他のヒューリスティックとして、盤の中央を支配しているか、キングは安全か、クイーンは動けるか、などが考えられる。結局、いくつもの異なる要素がヒューリスティックに影響を与える。

より複雑なヒューリスティックには、より多くの計算が必要だ。ほとんどのゲームでは、AIに何らかの持ち時間を課している。例えばチェスのAIでは、次の手を決めるまでに10秒しか与えられないかもしれない。このため、探索の深さとヒューリスティックの複雑さの間でバランスを取ることが求められる。

4.3.3 アルファ・ベータ法

アルファ・ベータ法（alpha-beta pruning）は、minimax法の最適化だ。枝刈りによって評価するノードの平均的な数を減らして、計算時間を増やすことなく探索する最大の深さを増すことが期待できる。

図4.13が、アルファ・ベータ法によって単純化されたゲーム木である。兄弟ノードは左から右へ評価するものとする。`MaxPlayer`は最初にサブツリーBを調べる。そこで`MinPlayer`は値5のリーフを見る。つまり、min側は、5または「他の値」からノードを選択することになる。他の値が5よりも大きければ、min側は5を選ぶ。したがって、サブツリーBの上限は5である。下限はマイナス無限大だ。min側が調査を続け、値が0であるリーフを見つける。min側は可能な限り最小のスコアが欲しいので、サブツリーBではこのリーフが選択される。

制御は`MaxPlayer`関数に戻る。関数は、もうサブツリーBの値が0であることを知っている。次に`MaxPlayer`はサブツリーCを調べる。`MinPlayer`がリーフを最初に見た時、値は-3だ。前回と同じく、これはサブツリーCの上限が-3であることを意味する。けれども、サブツリーBの値が0だということがすでにわかっていて、Bの値のほうが-3より大きい。すなわち、max側について、サブツリーCがサブツリーBより良くなる可能性はない。アルファ・ベータ法は、そのことを認識して、サブツリーCにサブツリーDなど他の子ノードがあっても、それらの探索をキャンセルする（サブツリーBの結果を採用する）。

アルファベータ法では、`alpha`と`beta`という2つの変数が追加される。`alpha`は現在（または、それ以降）の手番のmaxプレイヤーにとって、最良と保証されるスコアだ。逆に`beta`は現在の（または、それ以降）の手番のminプレイヤーにとって、最良と保証されるスコアである。言い換えると、`alpha`と`beta`はスコアの下限と上限である。

初期状態で、`alpha`はマイナス無限大、`beta`はプラス無限大である。これが両方のプレイヤーにとって最悪の値だ。リスト4.8の`AlphaBetaDecide`は、これらの値で`alpha`と`beta`を初期化してから、`AlphaBetaMin`を繰り返し呼び出す。

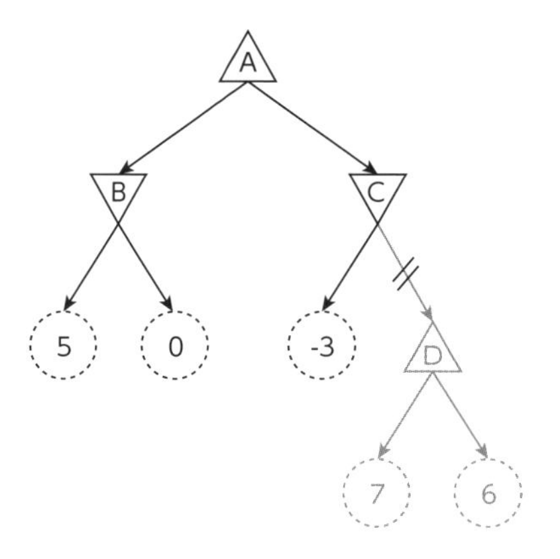

図4.13　アルファ・ベータ法によって単純化されたゲーム木

リスト4.8　AlphaBetaDecideの実装

```
const GameState* AlphaBetaDecide(const GameState* root, int maxDepth)
{
    const GameState* choice = nullptr;
    // alpha はマイナス無限大、beta はプラス無限大から始まる
    float maxValue = -std::numeric_limits<float>::infinity();
    float beta = std::numeric_limits<float>::infinity();
    for (const GameState* child : root->GetPossibleMoves())
    {
        float v = AlphaBetaMin(child, maxDepth - 1, maxValue, beta);
        if (v > maxValue)
        {
            maxValue = v;
            choice = child;
        }
    }
    return choice;
}
```

リスト4.9の`AlphaBetaMax`の実装は、`MaxPlayerLimit`を基に作られている。繰り返しの中で、もし`maxValue`が`beta`以上になったら、スコアが前に決めた上限を超えることはない。もしそうなら、残りの兄弟ノードをテストする必要はないので、この関数はリターンする。そうでなければ、この関数は、もし`maxValue`が`alpha`よりも大きければ`alpha`の下限を上げる。

リスト4.9　AlphaBetaMaxの実装

```
float AlphaBetaMax(const GameState* node, int depth, float alpha,
                   float beta)
{
    if (depth == 0 || node->IsTerminal())
```

```
    {
        return node->GetScore();
    }
    float maxValue = -std::numeric_limits<float>::infinity();
    for (const GameState* child : node->GetPossibleMoves())
    {
        maxValue = std::max(maxValue,
            AlphaBetaMin(child, depth - 1, alpha, beta));
        if (maxValue >= beta)
        {
            return maxValue; // betaの枝を刈る
        }
        alpha = std::max(maxValue, alpha); // 下限を上げる
    }
    return maxValue;
}
```

同様に、リスト4.10の`AlphaBetaMin`は、`minValue`が`alpha`以下かをチェックする。`alpha`以下なら、スコアが下限より高くなることがないので、この関数はリターンする。そうでない時、必要ならば`beta`の上限を下げる。

リスト4.10 AlphaBetaMinの実装

```
float AlphaBetaMin(const GameState* node, int depth, float alpha,
                   float beta)
{
    if (depth == 0 || node->IsTerminal())
    {
        return node->GetScore();
    }
    float minValue = std::numeric_limits<float>::infinity();
    for (const GameState* child : node->GetPossibleMoves())
    {
        minValue = std::min(minValue,
        AlphaBetaMax(child, depth - 1, alpha, beta));
        if (minValue <= alpha)
        {
            return minValue; // alphaの枝を刈る
        }
        beta = std::min(minValue, beta); // 上限を下げる
    }
    return minValue;
}
```

子ノードの評価の順番が、枝刈りされるノードの数に影響を与えることに注意しよう。深さの制限が一定でも、開始状態が違えば実行時間が異なる。このことは、固定の持ち時間が課せ

られた時に問題となる。サーチが不完全ならばAIは取るべき手を決められない。解決策の1つは**反復深化**(iterative deepening)だ[訳注2]。これはアルゴリズムを何度も繰り返し実行しながら、深さの制限を上げていく。例えば、最初にアルファ・ベータ法を実行する時は深さの制限を3とし、これによって基礎となる手を決める。次は深さ制限を4に、次は5に、と増やしながら、タイムリミットまで繰り返す。時間切れになったら、コードは前回で得た手を返す。こうすれば、たとえ制限時間いっぱいでも何らかの手は打つことができる。

4.A ゲームプロジェクト

この章のゲームプロジェクトは、図4.14のようなタワーディフェンス(防衛戦)ゲームだ。敵は左端の開始タイル(start tile)から、右端の終了タイル(end tile)まで攻めて来る。最初、敵は左から右へとまっすぐに攻めてくる。プレイヤーは、グリッド上に(たとえ経路の上でも)塔を建てることができ、必要に応じて経路は塔を迂回する。コードは本書のGitHubリポジトリから入手できる。`Chapter04`ディレクトリで、Windowsなら`Chapter04-windows.sln`を、Macなら`Chapter04-mac.xcodeproj`を開こう。

マウスでタイルをクリックして選択しよう。タイルを選んだら、[B]キーで塔を建てることができる。敵の飛行機は、A*アルゴリズムを使って、塔を迂回する経路を取る。新たに塔を建てるたびに経路がふさがれているか調べ、通れる経路に変更する。プレイヤーが塔の建築を要求するたびに、敵を完全にブロックしているのか調べるために、コードは敵側の経路がまだ存在するかを確認する。もし塔が経路を完全にブロックしていれば、プレイヤーが塔を建てられないようにする。

単純化のため、ゲームプロジェクトの`Tile`クラスに、すべてのグラフ情報と、A*探索が使うスクラッチデータを入れている。すべてのタイルを作成してグラフを初期化するコードは、`Grid`クラスのコンストラクターに入っている。`Grid`クラスは、実際にA*探索を実行する`FindPath`関数も含んでいる。

その他、この章のソースコードには、本文で述べた他の種類の探索法やminimaxアルゴリズムも入れてある(それらは別の`Search.cpp`というファイルにある)。また、`AIState`と`AIComponent`の実装も入れてあるが、ゲームプロジェクトのアクターは、それらを使わない。

訳注2 本書で挙げられてない方法として、alphaが大きく(betaが小さく)なると見込まれるサブツリーの順に探索する方法も知られている。

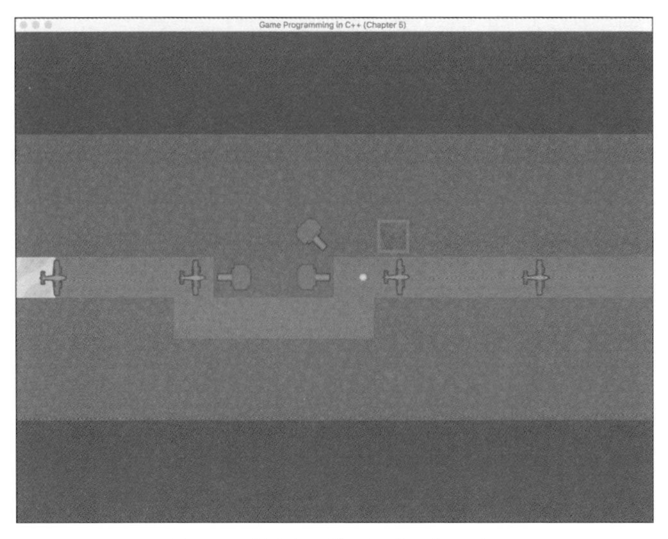

図4.14　第4章のゲームプロジェクト

4.B まとめ

人工知能（AI）は興味深いトピックで、数多くの下位領域がある。ゲーム内でAIが制御するキャラクターに振る舞いを与えるには、ステートマシンを使うのが効果的だ。ステートマシンの実装は、単純な`switch`文でも可能だが、状態のデザインパターンを使えば、それぞれの状態を別クラスにすることで柔軟性を加えることができる。

経路探索のアルゴリズムは、ゲームワールドにある2点間の最短経路を見つけるものだ。まずはゲームワールドをグラフによって表現する。正方形グリッドなら、これは単純な作業だが、それ以外のゲームでは、経路ノードまたはナビゲーションメッシュを使う。重みのないグラフでは、幅優先探索（BFS）を使えば、最短経路が（もしあれば）必ず見つかることが保証される。けれども、重み付きグラフで最短経路を見つけるには、A*やダイクストラ法など、別のアルゴリズムが必要だ。

チェスやチェッカーなど、2人のプレイヤーが対戦するターン（手番）ベースのゲームでは、現在のゲーム状態から可能な手番列をゲーム木で表現する。minimaxアルゴリズムでは、現在のプレイヤーは自分のスコアを最大化しようとし、相手側は現在のプレイヤーのスコアを最小化しようとする、というのが基本原理だ。アルファ・ベータ法は枝刈りによってminimaxを最適化する。ほとんどのゲームではツリーに深さの制限が必要となる。

4.C 参考文献

AIの技術を扱う資料は多い。Stuart RussellとPeter Norvigの本[訳注3]は人気があるAI本で、多くの技術をカバーするが、ゲームに使えるのは一部だけだ。Mat Bucklandの本[訳注4]は、少し古いが、ゲームAIに関する有益なトピックを数多くカバーしている。Steve Rabinの『Game AI Pro』シリーズは、さまざまなゲームAI開発者による興味深い記事が数多く収められている。

ナビゲーションメッシュでは、Stephen Prattの濃いWeb記事が、ナビゲーションメッシュをレベルのジオメトリから生成する手順を解説している。Recastプロジェクトは、ナビゲーションメッシュの生成と経路探索アルゴリズムの両方で、オープンソースの実装を提供している。

— Russell, Stuart, and Peter Norvig. *Artificial Intelligence: A Modern Approach, 3rd edition*. Upper Saddle River: Pearson, 2009.

— Buckland, Mat. *Programming Game AI by Example*. Plano: Wordware Publishing, 2005.

— Rabin, Steve, Ed. *Game AI Pro 3: Collected Wisdom of Game AI Professionals*. Boca Raton: CRC Press, 2017.

— Pratt, Stephen. *"Study: Navigation Mesh Generation."* Accessed May, 2018. URL http://critterai.org/projects/nmgen_study/index.html

— Mononen, Mikko. *"Recast Navigation Mesh Toolkit."* Accessed May, 2018. URL https://github.com/recastnavigation

4.D 練習問題

この章の課題は2つとも、本章のゲームプロジェクトで使っていないテクニックを実装する。4.1はステートマシンに注目し、4.2は「(重力付き) 四目並べ」(four-in-a-row) ゲームにアルファ・ベータ法を使う。

課題 4.1

この章のゲームプロジェクトのコードを基に、`Enemy`クラスか`Tower`クラスの、どちらか(両方でも!)を、AIステートマシンを使うように更新しよう。まずは、どのような挙動をAIに持たせるかを検討して、ステートマシンのグラフを設計する。次に、すでにある基底クラス`AIComponent`と`AIState`を使って、それらの挙動を実装しよう。

訳注3 旧版の邦訳に『エージェントアプローチ 人工知能 第2版』(Stuart Russsell・Peter Norvig著、古川 康一 監訳、共立出版、2008年) がある。共立出版のWebページ(URL http://www.kyoritsu-pub.co.jp/bookdetail/9784320122154) から詳細目次(pdf) を参照できる。

訳注4 邦訳『実例で学ぶゲームAIプログラミング』(Mat Buckland著、松田 晃一 訳、オライリー・ジャパン、2007年)。

課題 4.2

「(重力付き) 四目並べ」では、プレイヤーは6行×7列の垂直グリッドを持つ。2人のプレイヤーが交替で、列の一番上に1個のコマを乗せる。コマは、その列で最も上の空いた位置まで落ちていく。このゲームは、片方のプレイヤーが連続する4個のコマを、水平か、垂直か、斜めに並べるまで続く。

`Exercises/4.2`にある最初のコードでは、人間のプレイヤーがクリックして手を打てるが、AIは有効な手からランダムに1手を選んでいる。AI側のコードを、深さの制限を持つアルファ・ベータ法を使うように書き換えよう。

Chapter

5

OpenGL

この章では、ゲームのグラフィックスにOpenGLを使う方法を詳解する。OpenGLの初期化、三角形の利用、シェーダープログラムの記述、行列による座標変換、テクスチャの利用など、話題は多岐にわたる。この章のゲームプロジェクトは、第3章「ベクトルと基礎の物理」のゲームプロジェクトの描画をOpenGLで書き換える。

5.1 OpenGLを初期化する

SDLのレンダラーは2Dグラフィックスをサポートするが、3Dはサポートしない。以降の章では3Dを使うので、SDLの2Dグラフィックスから、2Dと3Dの両方をサポートする別のライブラリへと切り替える必要がある。

本書ではOpenGLを使う。OpenGLは、2D/3Dグラフィックスのためのクロスプラットフォームな業界標準ライブラリとして、もう25年も使われている。これだけ長生きなら、ライブラリがさまざまに進化しているのもうなずけよう。オリジナルバージョンのOpenGLにあった関数は、現在のOpenGLのものと大きく違っている。本書では、OpenGL 3.3までに定義された関数を使う。

古いバージョンのOpenGLは、大きく違う

ネットで参照できるOpenGLのリファレンスは、もっと古いバージョンのOpenGLをもとにしているかもしれないので、注意が必要だ。

訳者より：OpenGL 3.0が2008年に発表されて、旧来の多くの機能が非推奨とされた（それらは次の3.1で、ほとんど削除された）。本書で使う3.3が、4.0と同時に発表されたのは、2010年のことである。

この章では、第3章のゲームプロジェクトのグラフィックスを、SDLからOpenGLへと書き換えていく。目標に至るまでに、多くの段階を踏まなくてはならない。この節では、OpenGLと、GLEWと呼ばれるヘルパーライブラリの、設定と初期化のステップを追っていこう。

5.1.1 OpenGLウィンドウの設定

OpenGLを使うには、これまでの章で利用してきた`SDL_Renderer`の利用をやめる必要がある。したがって、`SDL_Renderer`への参照は、すべて削除しなければならない。これには、`Game`の`mRenderer`変数、`SDL_CreateRenderer`の呼び出し、`GenerateOutput`にあるSDL関数の呼び出しが含まれる。また、`SpriteComponent`のコードも`SDL_Renderer`に依存しているので、修正しなければならない。`Game::GenerateOutput`のコードは、OpenGLが使える状態になるまで、すべてコメントアウトしよう。

SDLでは、ウィンドウ作成時の`SDL_CreateWindow`呼び出しの最後の引数に、`SDL_WINDOW_OPENGL`フラグを渡すことで、作成されたウィンドウでOpenGLが使えるようになる。

```
mWindow = SDL_CreateWindow("Game Programming in C++ (Chapter 5)", 100, 100,
    1024, 768, SDL_WINDOW_OPENGL);
```

OpenGL用のウィンドウを作る前に、OpenGLのバージョンや色深度などの属性を設定する。これらの属性は、SDL_GL_SetAttribute関数で、1つずつ設定する。

```
// OpenGL ウィンドウの属性を指定（ウィンドウの作成前に行うこと）
// 成功すれば 0 を、失敗すれば負の値が返る
SDL_GL_SetAttribute(
    SDL_GLattr attr, // 設定する属性
    int value        // この属性の値
);
```

enum SDL_GLattrにはさまざまな属性が列挙されている。この章では、その一部だけを使う。属性を設定するには、Game::Initializeの中のSDL_CreateWindowを呼び出す**前**のコードに、リスト5.1の処理を追加する。今回のケースでも、かなりの数の属性を設定する必要がある。最初に「コアOpenGLプロファイル」を設定する。

Note

OpenGLプロファイルの種類と違い

OpenGLがサポートするメインプロファイルは、コア（core）、互換（compatibility）、ESの3種類だ。デスクトップ環境のデフォルトプロファイルとして推奨されるのが、コアプロファイルである。コアと互換の違いは、ただ1つしかない。互換プロファイルでは**非推奨の**（今後の利用を意図しない）OpenGL関数の呼び出しが許されるという点だ。OpenGL ESプロファイルは、モバイル開発用である。

リスト5.1 OpenGLの属性を設定する

```
// コア OpenGL プロファイルを使う
SDL_GL_SetAttribute(SDL_GL_CONTEXT_PROFILE_MASK,
                    SDL_GL_CONTEXT_PROFILE_CORE);
// バージョン 3.3 を指定
SDL_GL_SetAttribute(SDL_GL_CONTEXT_MAJOR_VERSION, 3);
SDL_GL_SetAttribute(SDL_GL_CONTEXT_MINOR_VERSION, 3);
// RGBA 各チャネル 8 ビットのカラーバッファを使う
SDL_GL_SetAttribute(SDL_GL_RED_SIZE, 8);
SDL_GL_SetAttribute(SDL_GL_GREEN_SIZE, 8);
SDL_GL_SetAttribute(SDL_GL_BLUE_SIZE, 8);
SDL_GL_SetAttribute(SDL_GL_ALPHA_SIZE, 8);
// ダブルバッファを有効にする
SDL_GL_SetAttribute(SDL_GL_DOUBLEBUFFER, 1);
// ハードウェアアクセラレーションを使う
SDL_GL_SetAttribute(SDL_GL_ACCELERATED_VISUAL, 1);
```

それに続く2つの属性で、OpenGL version 3.3を宣言する。もっと新しいバージョンも存在するが、OpenGL 3.3は本書で必要な機能のすべてをサポートし、ESプロファイルと密接に連携した機能セットを持っている。だから本書の大部分のコードは、現在のモバイルデバイスでも使えるはずだ。

その次に、各チャネルのビット深度の属性を指定する。このプログラムでは、RGBAの各チャネルに8ビットを要求し、合わせて1ピクセル当たり32ビットを使う。最後から2番目の属性はダブルバッファの利用を求めている。最後の属性はOpenGLをハードウェアアクセラレーション付きで実行するよう求めている。これは、OpenGLのレンダリングが、グラフィックスハードウェア（GPU）を活用するという意味だ。

5.1.2 OpenGLコンテクストと、GLEWの初期化

OpenGL属性を設定してウィンドウを作り終えたら、次のステップは、OpenGLコンテクストの作成だ。**コンテクスト**（context）というのは、いわばOpenGLの「世界」であり、OpenGLが関知するすべての要素が含まれる。例えば、カラーバッファ、ロードされた画像やモデル、その他のOpenGLオブジェクトも、すべてコンテクストに含まれる（1つのOpenGLプログラムで複数のコンテクストを持つことも可能だが、本書では1つに限定する）。

コンテクストを作るために、まずは、次のメンバー変数を`Game`に追加する。

```
SDL_GLContext mContext;
```

次に、`SDL_CreateWindow`でSDLウィンドウを作った直後に、次の1行を追加する。これでOpenGLコンテクストが作成され、メンバー変数に保存される。

```
mContext = SDL_GL_CreateContext(mWindow);
```

ウィンドウの作成と削除だけでなく、OpenGLコンテクストもデストラクターで削除する必要がある。そのために`Game::Shutdown`の`SDL_DeleteWindow`呼び出しの直前に、次のコードを追加する。

```
SDL_GL_DeleteContext(mContext);
```

これでプログラムはOpenGLコンテクストを作成するようになった。けれども、OpenGL 3.3の全機能にアクセスできるようにするには、もうひとつ、超えるべきハードルが存在する。OpenGLでは、「拡張システム」（extension system）で後方互換性をサポートしている。通常の方法では、利用したい拡張を、いちいち手動で確認するのだが、かなり面倒だ。このプロセスを簡単にするために、オープンソースライブラリの**GLEW**（OpenGL Extension Wrangler

Library)がある。GLEWは、1つの単純な関数呼び出しで、現在のOpenGLのバージョンがサポートするすべての拡張機能を自動的に初期化してくれる。今回は、OpenGL 3.3(と、それ以前のバージョン)が対応する、全拡張機能を、GLEWで初期化する。

GLEWの初期化は、OpenGLコンテクストの作成後に、次のコードを追加して行う。

```
// GLEWを初期化
glewExperimental = GL_TRUE;
if (glewInit() != GLEW_OK)
{
    SDL_Log("GLEWの初期化に失敗しました.");
    return false;
}
// 一部のプラットフォームでは、GLEWが無害な
// エラーコードを出すので、それをクリアする
glGetError();
```

glewExperimentalの行は、一部のプラットフォームでコアコンテクストを使う時に発生する初期化エラーを予防する。さらに、あるプラットフォームはGLEWを初期化する時、無害なエラーコードを出すので、glGetErrorを呼び出して、そのエラーコードをクリアしている。

古いPCで動作させる場合

統合グラフィックス(integrated graphics:IGP)形式の、古い(2012年までの)PCの一部に、OpenGL version 3.3で問題が出るものがある。その場合、できることは2つある。1つは、より新しいグラフィックスドライバーに更新すること。もう1つはOpenGL version 3.1を使うことだ。

5.1.3 フレームのレンダリング

次にGame::GenerateOutputで、バッファをクリアし、シーンを描画してからバッファを交換するというプロセスを、OpenGL関数で処理するように変更する。

```
// クリアカラーを灰色に設定
glClearColor(0.86f, 0.86f, 0.86f, 1.0f);
// カラーバッファをクリア
glClear(GL_COLOR_BUFFER_BIT);

// TODO: シーンを描画

// バッファを交換。これでシーンが表示される
SDL_GL_SwapWindow(mWindow);
```

クリアする色には、赤86%、緑86%、青86%、アルファ100%を指定している。クリアすると、画面は灰色で塗りつぶされる。glClearを、引数にGL_COLOR_BUFFER_BITを設定して呼び出すと、指定した色でカラーバッファが実際にクリアされる。最後にSDL_GL_SwapWindowの呼び出しで、フロントバッファとバックバッファを交換する。この時点でゲームを実行しても、灰色の画面になるだけだが、それは、まだSpriteComponentを描画していないからだ。

5.2 三角形の基礎

2Dゲームと3Dゲームのグラフィックスのニーズは、天と地ほど違う。第2章「ゲームオブジェクトと2Dグラフィックス」で述べたように、ほとんどの2Dゲームはスプライトで2Dのキャラクターを描く。一方、3Dゲームは3次元環境をシミュレートし、それを何らかの方法で、画面に表示する2次元画像へと平面化する。

初期の2Dゲームでは、スプライトの画像をカラーバッファ上の好きな場所に、ただコピーするだけで表示できた。この**ブリッティング**(blitting)と呼ばれる手法は、ファミリーコンピューターのようなスプライトベースのゲーム機では効率的だった。けれども、現在のグラフィックハードウェアでは、ブリッティングは非効率的な一方、ポリゴンの描画効率は非常に高い。このため、現在のほとんどのゲームでは、2Dでも3Dでも、結局はグラフィックス処理にポリゴンを利用している。

5.2.1 なぜポリゴンなのか

コンピューターが3D環境をシミュレートする方法は数多く存在する。その中でもポリゴンがゲームで一般的になった理由は、いくつもある。他の3Dグラフィックス技術と比べて、ポリゴンはそれほど大量の計算を必要としない。しかもポリゴンはスケーラブルで、あまり強力ではないハードウェアでも、3Dモデルに使うポリゴンの数が少なければ問題ない。そして重要なポイントとして、ほとんどの3Dモデルはポリゴンで表現できる。

ほとんどのゲームで使われるポリゴンは三角形だ。三角形は最もシンプルなポリゴンで、たった3個の点、すなわち**頂点**(vertex)3個で、1個の三角形を生成できる。だが、三角形が選ばれる理由は、それだけではない。1つの三角形は1つの平面上にしか存在しない。言い換えれば、三角形の3つの点は、必ず**同一平面上**にある(coplanar)。そして最後に、三角形は**細分割**(tessellate)が容易である。つまり、どんなに複雑な3Dオブジェクトでも、比較的簡単に多数の三角形へと分割することが可能だ。この章の残りの部分では、三角形について述べるが、ここで論じるテクニックは、同一平面性が維持される限り、(四角形など)他のポリゴンにも適用できる。

2Dゲームでのポリゴンによるスプライトの表現は、まず1個の矩形を描画し、その中を画像ファイルから得た色で塗ることになる。この処理は、後ほど、この章の中で詳しく説明しよう。

5.2.2 正規化デバイス座標系（NDC）

三角形の描画では、3つの頂点を配置する座標を指定する必要がある。例えばSDLでは画面の左上隅が(0, 0)で、x が正の値ならばその右、y が正の値ならその下に置かれる。一般に、**座標空間**（coordinate space）は、原点がどこにあり、どの向きに座標値が増えるかを指定するものだ。そして座標空間の**基底ベクトル**（basis vectors）は、それらの座標値が増加する向きを示す。

基礎的な幾何学で座標空間の例を見よう。図 5.1は**デカルト座標系**（Cartesian coordinate system）だ。2次元のデカルト座標系では、原点(0, 0)は、ある特定の位置であり（通常は中央）、x が正の値ならその右、y が正の値ならその上に位置する。

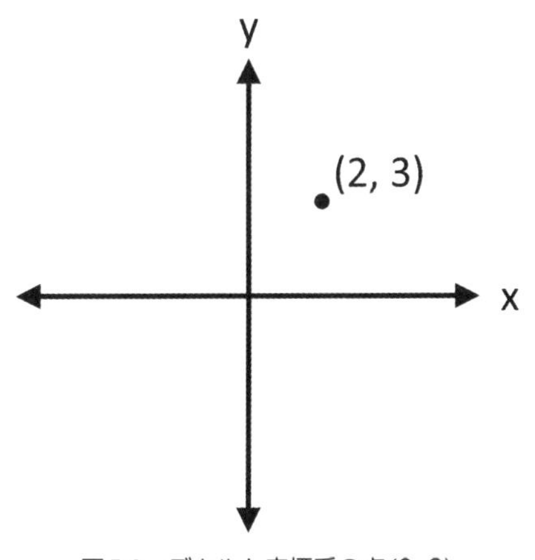

図5.1 デカルト座標系の点(2, 3)

OpenGLのデフォルトの座標系は、**正規化デバイス座標系(NDC)**（normalized device coordinates）だ。OpenGLウィンドウにおいては、そのウィンドウの中央が、正規化デバイス座標の原点である。さらに、ウィンドウの左下隅は $(-1, -1)$ 、上右隅は $(+1, +1)$ である。

これはウィンドウの幅と高さとは関係ない（ゆえに「正規化された」デバイス座標系である）。グラフィックスハードウェアの内部では、NDCの各点をウィンドウの対応するピクセルに変換している。

例えば、ウィンドウの中心に、辺が単位長（unit length）の正方形を描くとしよう。それには三角形が2つ必要で、第1の三角形の頂点は、$(-0.5, 0.5)$ 、$(0.5, 0.5)$ 、$(0.5, -0.5)$ であり、第2の三角形の頂点は $(0.5, -0.5)$ 、 $(-0.5, -0.5)$ 、 $(-0.5, 0.5)$ である。図5.2はこの正方形を表している。重要なポイントだが、もしウィンドウの高さと幅が同じでなければ、正規化デバイス座標における正方形は、画面に「正方形」として映らない。

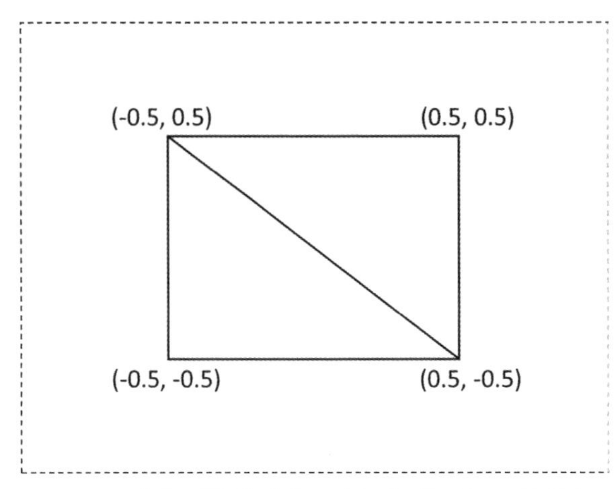

図5.2 2次元の正規化デバイス座標系に描画された正方形

3次元では、正規化デバイス座標系の z 成分は、やはり $[-1,+1]$ の範囲で、z が正の方向は画面の奥に向かう方向だ。今のところ、z の値はゼロにしておこう（3Dについては第6章「3Dグラフィックス」で、もっと詳細に調べる）。

5.2.3 頂点バッファとインデックスバッファ

多くの三角形で構成された3Dモデルでは、それらの三角形の頂点を、何らかの方法でメモリに格納しなくてはならない。最も単純なアプローチは、連続するメモリまたはバッファに、それぞれの三角形の座標値を、そのまま格納することだ。例えば、次の配列は、図5.2で示した2つの三角形の、3次元座標での頂点を格納している（**vertices**は、頂点vertexの複数形）。

```
float vertices[] = {
    -0.5f,  0.5f,  0.0f,
     0.5f,  0.5f,  0.0f,
     0.5f, -0.5f,  0.0f,
     0.5f, -0.5f,  0.0f,
    -0.5f, -0.5f,  0.0f,
    -0.5f,  0.5f,  0.0f,
};
```

この単純な例でもわかるように、頂点の配列にはデータの重複がある。$(-0.5, 0.5, 0.0)$ と $(0.5, -0.5, 0.0)$ という座標は、2回ずつ現れている。このような重複を削除すれば、バッファに格納される値の数を33%削減できる。12個の値が8個に減るのだ。4バイトの単精度浮動小数点数なら、重複を削除することで24バイトの節約ができる。大差ないと思われるかもしれないが、もっと大きな、2万個の三角形からなるモデルならばどうだろうか。座標の重複で無駄に使われるメモリは少なくない。

この問題の解決策は2段階となる。まず、その立体図形が使うユニークな（重複しない）座標だけを集めた**頂点バッファ**（vertex buffer）を作る。そして、三角形のそれぞれの頂点を指定するため、頂点バッファへのインデックスを使う（配列に添え字を使うのと同じだ）。そのため、**インデックスバッファ**（index buffer）と呼ばれるバッファに、1つの三角形につき3個のインデックスを格納する。スプライトの正方形では、次のような頂点バッファとインデックスバッファを用意する。

```
float vertexBuffer[] = {
    -0.5f,  0.5f,  0.0f, // 頂点 0
     0.5f,  0.5f,  0.0f, // 頂点 1
     0.5f, -0.5f,  0.0f, // 頂点 2
    -0.5f, -0.5f,  0.0f  // 頂点 3
};
unsigned short indexBuffer[] = {
    0, 1, 2,
    2, 3, 0
};
```

1つ目の三角形は頂点`0, 1, 2`を持ち、それらは座標値の $(-0.5, 0.5, 0.0)$、$(0.5, 0.5, 0.0)$、$(0.5, -0.5, 0.0)$ に対応する。インデックスは頂点番号で、浮動小数点数ではないことが重要だ（例えば`1`というインデックスは、頂点配列の2番目の要素を指す）。インデックスバッファに`unsigned short`を使っているが、そのサイズは16ビットが典型的だ。これでインデックスバッファのメモリ消費が抑えられる。インデックスバッファのメモリを節約するために、もっと小さなサイズの整数が使われることもある。

この例では、頂点バッファとインデックスバッファの組み合わせで、$12 \times 4 + 6 \times 2$、すなわち合計60バイト使う。もとの頂点データでは、72バイト必要だ。この例では、わずか20%の節約だが、複雑なモデルでは、頂点バッファとインデックスバッファの組み合わせで、メモリをより大きく節約できる[訳注1]。

頂点バッファとインデックスバッファは、その存在をOpenGLに知らせなければ使えない。OpenGLでは、1個の頂点バッファと1個のインデックスバッファと頂点レイアウトを、**頂点配列オブジェクト**（vertex array object）を使ってカプセル化する。**頂点レイアウト**（vertex layout）は、モデルの各頂点のデータ形式を指定する。今回は、3次元の位置座標による頂点レイアウトとする（2次元にしたければ、z 成分に`0.0f`を使えばよい）。この章では後ほど、他のデータも各頂点に追加する。

訳注1　ここでは、このような説明がされているが、このあとの説明や、公開されているソースコードは、インデックスが`unsigned int`型となっている。となると、使用メモリは72バイトになり、メモリ節約のメリットはなくなる。しかし、シェーダーでの計算数削減など、引き続きインデックスバッファを使用するメリットは多い。

どのモデルも頂点配列オブジェクトを使うので、モデルをVertexArrayクラスでカプセル化するのがよさそうだ。リスト5.2は、VertexArrayクラスの宣言である。

リスト5.2 VertexArrayの宣言

```
class VertexArray
{
public:
    VertexArray(const float* verts, unsigned int numVerts,
        const unsigned int* indices, unsigned int numIndices);
    ~VertexArray();

    // この頂点配列をアクティブにする（描画できるようにする）
    void SetActive();

    unsigned int GetNumIndices() const { return mNumIndices; }
    unsigned int GetNumVerts() const { return mNumVerts; }
private:
    // 頂点バッファにある頂点の数
    unsigned int mNumVerts;
    // インデックスバッファにあるインデックスの数
    unsigned int mNumIndices;
    // 頂点バッファの OpenGL ID
    unsigned int mVertexBuffer;
    // インデックスバッファの OpenGL ID
    unsigned int mIndexBuffer;
    // 頂点配列オブジェクトの OpenGL ID
    unsigned int mVertexArray;
};
```

VertexArrayのコンストラクターは、頂点バッファおよびインデックスバッファの配列ポインタを受け取り、データをOpenGLに渡す（最終的に、データをグラフィックスハードウェアにロードさせる）。このクラスのメンバーデータに、頂点バッファ、インデックスバッファ、頂点配列オブジェクトのためのunsigned intが含まれることに注意しよう。その理由は、OpenGLが、作成したオブジェクトへのポインタを返さないからだ。その代わり、整数のID番号を受け取る。しかも、そのID番号は、型が異なるオブジェクトの間で区別されない。頂点バッファとインデックスバッファは、OpenGLにとって型の異なるオブジェクトなので、どちらも同じ1というIDになりうる。

VertexArrayコンストラクターの実装は複雑だ。まず頂点配列オブジェクトを作成し、そのIDをメンバー変数mVertexArrayに保存する。

```
glGenVertexArrays(1, &mVertexArray);
glBindVertexArray(mVertexArray);
```

頂点配列オブジェクトができたら、頂点バッファを作成できる。

```
glGenBuffers(1, &mVertexBuffer);
glBindBuffer(GL_ARRAY_BUFFER, mVertexBuffer);
```

glBindBufferに渡す引数のGL_ARRAY_BUFFERは、このバッファを頂点バッファとしてバインドしますよ（頂点バッファに使いますよ）、という意味だ。

頂点バッファができたら、VertexArrayコンストラクターに渡された頂点データvertsを、この頂点バッファにコピーする必要がある。そのデータをコピーするのに使うglBufferDataは、次の引数を受け取る。

```
glBufferData(
    GL_ARRAY_BUFFER,                  // バッファの種類
    numVerts * 3 * sizeof(float),     // コピーするバイト数
    verts,                            // コピー元（ポインタ）
    GL_STATIC_DRAW                    // このデータの利用方法
);
```

ここでは、書き込み対象のオブジェクトIDをglBufferDataに渡すのではなく、バインドされたバッファの種類を指定することに注意しよう。この場合のGL_ARRAY_BUFFERは、今作られた頂点バッファを使う、という意味だ。

第2引数に、バイト数を渡す。これは各頂点のデータ量に頂点の数を掛けた値だ。ここでは、各頂点が (x, y, z) で、3個のfloatを含むものとしている。

利用方法を示す第4引数には、そのバッファのデータを、どのように使いたいのかを指定する。GL_STATIC_DRAWは、GPUでデータのロードを1回だけ行い、その後、描画で頻繁にデータを読み込む際に使われる。

次にインデックスバッファを作る。頂点バッファの作成と非常によく似ているが、引数をGL_ELEMENT_ARRAY_BUFFERにして、インデックスバッファとして使うことを宣言する。

```
glGenBuffers(1, &mIndexBuffer);
glBindBuffer(GL_ELEMENT_ARRAY_BUFFER, mIndexBuffer);
```

その後、インデックスデータをインデックスバッファにコピーする。

```
glBufferData(
    GL_ELEMENT_ARRAY_BUFFER,             // インデックスバッファの指定
    numIndices * sizeof(unsigned int),   // データのサイズ
    indices, GL_STATIC_DRAW);
```

ここでは、データの種類が`GL_ELEMENT_ARRAY_BUFFER`で、サイズはインデックスの数に`unsigned int`のサイズを掛けた値になっている（ここインデックスに使用するのは符号なし整数データだ）。

最後に、頂点レイアウトを指定する。これは**頂点属性**（vertex attributes）とも呼ばれる。先に述べたように、今回のレイアウトは、位置座標として3個の`float`値を使う。

最初の頂点属性（attribute 0）を有効にするために、`glEnableVertexAttribArray`を使う。

```
glEnableVertexAttribArray(0);
```

それから`glVertexAttribPointer`で、属性のサイズ、種類、フォーマットを指定する。

```
glVertexAttribPointer(
    0,                    // 属性インデックス（1つ目はゼロ）
    3,                    // 要素数（ここでは3）
    GL_FLOAT,             // 要素の型
    GL_FALSE,             //（整数型のみ使用する）
    sizeof(float) * 3,    // ストライド（通常は各頂点のサイズ）
    0                     // 頂点データの開始位置からこの属性までのオフセット
);
```

最初の2つの引数、`0`と`3`は、位置を頂点属性`0`で指定し、成分が(x, y, z)の3要素という意味だ。個々の成分が`float`型なので、型は`GL_FLOAT`と指定する。第4引数は整数型だけに使われるので、ここでは`GL_FALSE`とする。**ストライド**（stride:歩幅）は、連続する頂点属性間のバイトオフセットだ。ただし、頂点バッファに頂点データ間のパディング（隙間）がない時は（通常、パディングはない）ストライドは単に頂点のサイズである。最後にオフセットが`0`なのは、これが唯一の属性だからだ。もし他に属性があれば、そのオフセットを渡す必要があり、ゼロ以外の値になる。

デストラクターでは、頂点バッファとインデックスバッファと頂点配列オブジェクトを破棄する。

```
VertexArray::~VertexArray()
{
    glDeleteBuffers(1, &mVertexBuffer);
    glDeleteBuffers(1, &mIndexBuffer);
    glDeleteVertexArrays(1, &mVertexArray);
}
```

SetActive関数では、利用する頂点配列を指定するglBindVertexArrayを呼び出す。

```
void VertexArray::SetActive()
{
    glBindVertexArray(mVertexArray);
}
```

Game::InitSpriteVertsにある次のコードは、VertexArrayのインスタンスを作り、Gameのメンバー変数mSpriteVertsに保存する。

```
mSpriteVerts = new VertexArray(vertexBuffer, 4, indexBuffer, 6);
```

ここでの頂点バッファとインデックスバッファの変数は、四角形スプライト用の配列だ。頂点バッファに4個の頂点があり、インデックスバッファに6個のインデックスがある（これらは四角形を作る2つの三角形だ)。mSpriteVertsは、後ほど、この章のスプライト描画で使う（すべてのスプライトで同じ頂点データを使う)。

5.3 シェーダー

現代のグラフィックスパイプラインでは、ただ単に頂点とインデックスのバッファを与えるだけで三角形が描かれるわけではない。それらの頂点を、どのように描画したいのか指定していく。例えば、三角形は固定色にするか、それともテクスチャの色を使うのか？　描画するピクセルのすべてにライティング（照明）の計算を行いたいのか？

数多くの表示のテクニックが生み出され、「何にでも使えるメソッド」というものが、ありえなくなった。そこで、より多くのカスタマイズを可能にするため、OpenGLを含むグラフィックスAPIでは、**シェーダープログラム**（shader program）をサポートしている。それらは、グラフィックスハードウェアで実行され、特定の仕事を行う小さなプログラムだ。重要なポイントとして、シェーダーは*別プログラム*であり、独自のmain関数を持っている。

シェーダー言語「GLSL」

シェーダープログラムには、C++プログラミング言語を使わない。本書でシェーダープログラムに使うのは、**GLSL**（OpenGL Shading Language）というプログラミング言語だ。GLSLは、表面的にはCに似ているが、GLSL特有のセマンティクス（意味）が数多く存在する。本書では、GLSLの詳細を一気に説明するのではなく、必要に応じて紹介していく。

シェーダーは別プログラムなので、別ファイルに書く。C++コード側では、OpenGLに対して、それらのシェーダープログラムを、いつコンパイルしてロードすればいいのか、そして、それらを何に使えばいいのかを、指定する必要がある。

さまざまな種類のシェーダーがあるが、本書では、そのうち最も重要な、頂点シェーダーとフラグメント（ピクセル）シェーダーの2つに話を絞る。

5.3.1 頂点シェーダー

頂点シェーダー（vertex shader）のプログラムは、描画されるすべての頂点について、1回ずつ実行される。頂点シェーダーは、頂点属性データを入力として受け取り、それらの頂点属性を必要に応じて変更する。頂点属性を変更する必要性は、この章を読み進めていくうちに明らかになっていくはずだ。

三角形には3つの頂点があるので、頂点シェーダーは三角形ごとに3回実行されると考えられる。ただ、頂点バッファとインデックスバッファを使うと、三角形が頂点を共有しているため、頂点シェーダーの呼び出し回数は減少する。これも、頂点バッファだけではなく、頂点バッファとインデックスバッファの両方を使うことによって得られる利点だ。ただし、同じモデルをフレーム内で何度も描画する場合、それぞれの描画で頂点シェーダーは相互に依存することなく、個別に計算を行うことになる。

5.3.2 フラグメントシェーダー

三角形の頂点を頂点シェーダーで処理したあと、OpenGLは、三角形に対応するカラーバッファの画素を決定する。三角形を画素に変換する、このプロセスが**ラスタライズ**（rasterization）だ。ラスタライズのアルゴリズムは数多く存在するが、今ではグラフィックスハードウェアがラスタライズしてくれる。

フラグメントシェーダー（fragment shader）またはピクセルシェーダー（pixel shader）の仕事は、個々の画素の色を決めることであり、フラグメントシェーダーのプログラムは、それぞれの画素につき少なくとも1回は実行される。色には、モデル表面の属性（テクスチャ、色、材質など）が反映されうるし、明かりがあれば照明計算が必要かもしれない。このように、行われる可能性のある計算が数多く存在するので、通常の3Dゲームでは、頂点シェーダーよりも、はるかに多くのコードがフラグメントシェーダーに入っている。

5.3.3 基礎的なシェーダーを書く

C++プログラムの中にハードコーディングされた文字列としてシェーダープログラムを読み込むこともできるが、別のファイルに入れるほうが、ずっと便利だ。本書では、頂点シェーダーファイルに`.vert`という拡張子を使い、フラグメントシェーダーファイルに`.frag`という拡張子を使う。

シェーダーはC++とは別のプログラミング言語で記述するので、ファイルは各章のShadersディレクトリに入れた。例えばChapter05/Shadersには、本章のシェーダーのソースファイルが入っている。

Basic.vert ファイル

Basic.vertには、頂点シェーダーのコードが入っている。C++コードではないので注意しよう！

GLSLのシェーダーファイルでは、最初に、使用するGLSLプログラミング言語のバージョンを指定する必要がある。次の行は、OpenGL 3.3に対応するGLSLバージョンの指定だ。

```
#version 330
```

次に、頂点シェーダーでは、それぞれの頂点の頂点属性を指定する。これらの属性は、頂点シェーダーの入力として流し込まれるもので、先ほどの頂点配列オブジェクトの属性と一致させる必要がある。GLSLはC/C++と違ってmain関数が引数を取らない。シェーダーの入力はグローバル変数のような形をとり、特別なinキーワードが付く。

今のところ、入力変数は3次元の位置座標だけだ。次が、その入力変数の宣言である。

```
in vec3 inPosition;
```

inPosition変数の型はvec3で、これは3個の浮動小数点数のベクトルに対応する。その中に、頂点の位置に対応するx、y、zが入る。vec3の各成分には、ドットの構文を使ってアクセスできる。例えば、inPosition.xは、ベクトルの x 成分にアクセスする。

C/C++プログラムと同じく、シェーダープログラムもmain関数がエントリポイントだ。

```
void main()
{
    // TODO: ここにシェーダーのコードを書く
}
```

main関数の戻り値がvoidであることに注意しよう。GLSLは、シェーダー出力にもグローバル変数を使う。今の例では、シェーダーの頂点位置が出力であり、それを組み込み変数gl_Positionに格納する。

頂点シェーダーは頂点の位置座標を、inPositionからgl_Positionへと直接コピーしている。ただし、gl_Positionには4つの成分が期待される。それらは、通常の (x, y, z) 座標に、

w成分（w component）と呼ばれる第4の成分を加えたものだ。この w 成分の意味は、この章で後に説明する。とりあえず、今は`w`を`1.0`に固定しておこう。`inPosition`を`vec3`から`vec4`に変換するには、次の構文を使える。

```
gl_Position = vec4(inPosition, 1.0);
```

リスト5.3が、`Basic.vert`の完全なコードである。頂点の位置座標を変更することなく、ただコピーするだけのコードだ。

リスト5.3 Basic.vertのコード

```
// GLSL 3.3 を要求
#version 330

// 頂点属性を、ここに入れる
// 今は位置座標だけ
in vec3 inPosition;

void main()
{
    // inPosition を gl_Position に、そのまま渡す
    gl_Position = vec4(inPosition, 1.0);
}
```

Basic.frag ファイル

フラグメントシェーダーは、現在の画素に出力する色を計算する。`Basic.frag`では、青い色をすべてのピクセルにハードコーディングで出力する。

頂点シェーダーと同じく、フラグメントシェーダーも、`#version`の行から始める。その次に、出力色を格納するグローバル変数を、`out`という変数修飾子で宣言する。

```
out vec4 outColor;
```

`outColor`変数は`vec4`型で、RGBAカラーバッファの4成分に対応する。

次にフラグメントシェーダープログラムのエントリポイントを宣言する。この関数の中で、`outColor`に、ピクセルに割り当てる色を設定する。青のRGBA値は、`(0.0, 0.0, 1.0, 1.0)`であり、次の代入文を使う。

```
outColor = vec4(0.0, 0.0, 1.0, 1.0);
```

リスト5.4が、Basic.fragファイルの完全なソースコードだ。

リスト5.4 Basic.fragのコード

```
// GLSL 3.3 を要求
#version 330

// カラーバッファへの出力色
out vec4 outColor;

void main()
{
    // 出力色を青に設定する
    outColor = vec4(0.0, 0.0, 1.0, 1.0);
}
```

5.3.4 シェーダーを読み込む

シェーダーを別ファイルで書いたら、OpenGLにシェーダーの中身を知らせるために、各ファイルをC++側で読み込む必要がある。その処理は、次のステップで構成される。

1. 頂点シェーダーをロードしてコンパイルする
2. フラグメントシェーダーをロードしてコンパイルする
3. 2つのシェーダーをリンクして「シェーダープログラム」にする

複数のステップにわたってシェーダーを読み込むので、リスト5.5のように別のShaderクラスを宣言するのがよい。

リスト5.5 最初のShader宣言

```
class Shader
{
public:
    Shader();
    ~Shader();
    // 指定された名前の頂点 / フラグメントシェーダーを読み込む
    bool Load(const std::string& vertName,
              const std::string& fragName);
    // アクティブなシェーダープログラムとして設定
    void SetActive();

private:
```

```
    // シェーダーをコンパイルする
    bool CompileShader(const std::string& fileName,
                       GLenum shaderType, GLuint& outShader);
    // シェーダーのコンパイルに成功したかの判定
    bool IsCompiled(GLuint shader);
    // 頂点/フラグメントプログラムのリンクを確認
    bool IsValidProgram();
    // シェーダーオブジェクトのIDを格納
    GLuint mVertexShader;
    GLuint mFragShader;
    GLuint mShaderProgram;
};
```

メンバー変数がシェーダーオブジェクトIDに対応していることに注目しよう。これらは、頂点バッファやインデックスバッファとよく似たオブジェクトIDを持つ（GLuintはunsigned intのOpenGL版にすぎない）。

ここでCompileShader、IsCompiled、IsValidProgramをprivateセクションで宣言しているのは、これらがLoadから使われるヘルパー関数だからだ。これによってLoadでのコードの重複を減らせる。

CompileShader関数

CompileShaderは、コンパイルするシェーダーファイルの名前、シェーダーの種類、シェーダーのIDを格納する参照変数、という3つの引数を受け取り、bool型の戻り値によってCompileShaderが成功したかどうかを示す。

リスト5.6のCompileShaderは、いくつかのステップで処理を行う。最初に、ファイルをロードするためのifstreamを作成する。次に文字列ストリームを使って、そのファイル全体の内容を、contentsという1つの文字列にロードし、c_str関数でC言語スタイルの文字列ポインタを作る。

次のglCreateShader関数で、そのシェーダーに対応するOpenGLシェーダーオブジェクトを作成する（そしてIDをoutShaderに保存する）。引数shaderTypeは、GL_VERTEX_SHADERや、GL_FRAGMENT_SHADERなどのシェーダー型である。

glShaderSourceでシェーダーソースコードを含む文字列を指定し、glCompileShaderで、そのコードをコンパイルする。そのすぐあとでヘルパー関数のIsCompiled関数を使って、シェーダーが正常にコンパイルされたかどうか確認する。

エラーがあったら（シェーダーファイルをロードできなかった場合や、コンパイルに失敗した場合など）、CompileShaderはエラーメッセージを出力してfalseを返す。

リスト5.6　Shader::CompileShaderの実装

```
bool Shader::CompileShader(const std::string& fileName,
    GLenum shaderType,
    GLuint& outShader)
{
    // ファイルを開く
    std::ifstream shaderFile(fileName);
    if (shaderFile.is_open())
    {
        // すべてのテキストを1つの文字列に読み込む
        std::stringstream sstream;
        sstream << shaderFile.rdbuf();
        std::string contents = sstream.str();
        const char* contentsChar = contents.c_str();

        // 指定されたタイプのシェーダーを作成
        outShader = glCreateShader(shaderType);
        // 読み込んだ文字列でのコンパイルを試みる
        glShaderSource(outShader, 1, &(contentsChar), nullptr);
        glCompileShader(outShader);

        if (!IsCompiled(outShader))
        {
            SDL_Log("シェーダー %s のコンパイルに失敗しました", fileName.c_str());
            return false;
        }
    }
    else
    {
        SDL_Log("シェーダーファイル %s が見つかりません", fileName.c_str());
        return false;
    }
    return true;
}
```

IsCompiled関数

リスト5.7のIsCompiled関数は、シェーダーオブジェクトがコンパイルされたことを確認し、失敗ならばコンパイルエラーのメッセージを出力する。これによって、シェーダーのコンパイルに失敗した原因について、何らかの情報が得られる。

リスト5.7　Shader::IsCompiledの実装

```
bool Shader::IsCompiled(GLuint shader)
{
    GLint status;
```

```
    // コンパイル状態を問い合わせる
    glGetShaderiv(shader, GL_COMPILE_STATUS, &status);
    if (status != GL_TRUE)
    {
        char buffer[512];
        memset(buffer, 0, 512);
        glGetShaderInfoLog(shader, 511, nullptr, buffer);
        SDL_Log("GLSL のコンパイルが失敗しました :¥n%s", buffer);
        return false;
    }
    return true;
}
```

glGetShaderiv関数は、コンパイルの状態を問い合わせて、その結果を整数の状態コードで返す。もし状態がGL_TRUEでなければエラーが発生している。エラーの場合は、glGetShaderInfoLogで、人間が読めるコンパイルエラーメッセージを取得できる。

Load関数

リスト5.8のLoad関数は、頂点シェーダーとフラグメントシェーダーのファイル名を受け取って、2つのシェーダーのコンパイルとリンクを試みる。

両方のシェーダーをCompileShaderでコンパイルし、それぞれのオブジェクトIDを、mVertexShaderとmFragShaderに保存する。どちらかのCompileShaderが失敗したら、Loadはfalseを返す。

リスト5.8 Shader::Loadの実装

```
bool Shader::Load(const std::string& vertName,
                  const std::string& fragName)
{
    // 頂点シェーダーとフラグメントシェーダーをコンパイルする
    if (!CompileShader(vertName, GL_VERTEX_SHADER, mVertexShader) ||
        !CompileShader(fragName, GL_FRAGMENT_SHADER, mFragShader))
    {
        return false;
    }

    // 頂点 / フラグメントシェーダーをリンクして
    // シェーダープログラムを作る
    mShaderProgram = glCreateProgram();
    glAttachShader(mShaderProgram, mVertexShader);
    glAttachShader(mShaderProgram, mFragShader);
    glLinkProgram(mShaderProgram);
```

```
    // プログラムが正しくリンクされたことを確認
    if (!IsValidProgram())
    {
        return false;
    }
    return true;
}
```

フラグメントシェーダーと頂点シェーダーの両方をコンパイルしたら、2つをリンクして**シェーダープログラム**と呼ばれる第3のオブジェクトにまとめる。オブジェクトを描画する時、OpenGLは現在アクティブなシェーダープログラムを使って三角形をレンダリングする。

シェーダープログラムはglCreateProgramで作成する。この関数は新しいシェーダープログラムのオブジェクトIDを返す。次に、glAttachShaderで、頂点シェーダーとフラグメントシェーダーをシェーダープログラムに追加する。そしてglLinkProgramで、アタッチしたシェーダーのすべてをリンクし、シェーダープログラムを完成させる。

シェーダーをコンパイルした時と同じく、リンクが成功したどうかを判断するには、もう1つの関数呼び出しが必要だ。その機能をIsValidProgramヘルパー関数に入れる。

IsValidProgram 関数

IsValidProgramのコードは、IsCompiledのコードと非常によく似ているが、2つだけ違いがある。まず、glGetShaderivを呼び出す代わりに、glGetProgramivを呼び出す。

```
glGetProgramiv(mShaderProgram, GL_LINK_STATUS, &status);
```

そして、glGetShaderInfoLogの代わりに、glGetProgramInfoLogを呼び出す。

```
glGetProgramInfoLog(mShaderProgram, 511, nullptr, buffer);
```

SetActive 関数

SetActive関数は、シェーダープログラムをアクティブにする。

```
void Shader::SetActive()
{
    glUseProgram(mShaderProgram);
}
```

OpenGLは、アクティブにされたシェーダーを使って三角形を描画する。

Unload 関数

Unload関数は、シェーダープログラムと、頂点シェーダー、フラグメントシェーダーを削除する。

```
void Shader::Unload()
{
    glDeleteProgram(mShaderProgram);
    glDeleteShader(mVertexShader);
    glDeleteShader(mFragShader);
}
```

シェーダーをゲームに追加する

Shaderクラスができたので、ShaderのポインタをGameのメンバー変数に追加しよう。

```
class Shader* mSpriteShader;
```

この変数をmSpriteShaderと呼ぶのは、最終的には、これをスプライトの描画に使うからだ。LoadShaders関数は、2つのシェーダーファイルをロードして、シェーダープログラムをアクティブにする。

```
bool Game::LoadShaders()
{
    mSpriteShader = new Shader();
    if (!mSpriteShader->Load("Shaders/Basic.vert", "Shaders/Basic.frag"))
    {
        return false;
    }
    mSpriteShader->SetActive();
}
```

LoadShadersの呼び出しは、Game::Initializeの中で、OpenGLとGLEWの初期化を終えた直後（だが、頂点配列オブジェクトのmSpriteVertsを作成する前）に行う。

頂点シェーダーとフラグメントシェーダーを作成してロードしたら、ついに三角形を描画できる。

5.3.5 三角形を描画する

前述したように、三角形を用いたスプライトの描画は、画面に矩形を描画する形で行う。単位正方形の頂点と、青いピクセルを描画する基本的なシェーダーは、すでに読み込んだ。以前と同じくSpriteComponentのDraw関数でスプライトを描画しよう。

まず、SpriteComponent::Drawの宣言を変更して、SDL_Renderer*の代わりにShader*を受け取る。そして、glDrawElementsで四角形を描画する。

```
void SpriteComponent::Draw(Shader* shader)
{
    glDrawElements(
        GL_TRIANGLES,      // 描画するポリゴン/プリミティブの種類
        6,                 // インデックスバッファにあるインデックスの数
        GL_UNSIGNED_INT,   // インデックスの型
        nullptr            // 通常はnullptr
    );
}
```

glDrawElementsに渡す最初の引数は、描画する要素の型（この場合は三角形リスト）を指定する。第2引数は、インデックスバッファに入っているインデックスの数だ。この場合、単位正方形のためのインデックスバッファの要素は6個なので、6を渡す。第3引数は、インデックスの型であり、これはunsigned intとしている。最後の引数は、nullptrとする。

glDrawElementsの呼び出しには、アクティブな頂点配列オブジェクトとアクティブなシェーダーの両方が必要だ。毎フレームの処理で、どんなSpriteComponentsの描画でも、描画する前にスプライトの頂点配列オブジェクトとシェーダーを必ずアクティブにしなければならない。これはリスト5.9のGame::GenerateOutput関数の中で行っている。シェーダーと頂点配列をアクティブにしてから、シーンのスプライトのDrawを1回ずつ呼び出す。

リスト5.9 Game::GenerateOutput（スプライトの描画を試みる）

```
void Game::GenerateOutput()
{
    // クリアカラーを灰色に設定
    glClearColor(0.86f, 0.86f, 0.86f, 1.0f);
    // カラーバッファをクリア
    glClear(GL_COLOR_BUFFER_BIT);

    // スプライトのシェーダーと頂点配列オブジェクトをアクティブ化
    mSpriteShader->SetActive();
    mSpriteVerts->SetActive();

    // すべてのスプライトを描画
    for (auto sprite : mSprites)
    {
        sprite->Draw(mSpriteShader);
    }
```

```
    // バッファの入れ替え
    SDL_GL_SwapWindow(mWindow);
    return true;
}
```

このコードを実行すると、どうなるだろうか？　フラグメントシェーダーが青い色を出力するので、それぞれの`SpriteComponent`が青い正方形で現れると期待するのは当然だが、実は、他に問題がある。どのスプライトにも同じ頂点を使っているが、これらの頂点は正規化デバイス座標系（NDC）で単位正方形を定義しているだけだ。つまり、どの`SpriteComponent`も、同じNDC単位正方形を、ひたすら描画している。だから、このゲームを今実行したら、灰色の背景に1個の青い矩形が見えるだけだ（図5.3）。

図5.3　NDC単位正方形を、いくつも描画した（でも、1個の長方形しか見えない）

解決策は何だろう。スプライトごとに別々の頂点配列を定義することだろうか？　実は、この1個の頂点配列で、すべてのスプライトを描画できる。その秘訣は、頂点シェーダーの「頂点属性を変換する能力」を活用することにある。

5.4 座標変換の基礎

10個の小惑星が動き回る画面で、個々の小惑星を、それぞれ異なる頂点配列オブジェクトで表現することは可能だ。ただし、これらの小惑星は画面の別々の位置に出したいので、小惑星を描画する三角形に、それぞれ別の正規化デバイス座標値を持たせる必要がある。

上記の素朴なアイデアでは、10個の小惑星のために10個の頂点バッファを作成し、それらの頂点バッファの位置座標を必要に応じて再計算することになる。この方法は、メモリにも計算にも無駄が生じる。頂点バッファの頂点位置を変更して何度もOpenGLに送るのは効率が悪い。

代わりに、スプライトを抽象化しよう。どのスプライトも、結局はただの矩形にすぎない。さまざまなスプライトが画面のさまざまな場所にあっても、それぞれ別のサイズに拡大・縮小しても、回転させても、それらは矩形のままだ。

こう考えると、より効率のよいソリューションは、矩形用に1つの頂点バッファを作り、それを再利用することだ。スプライトを描画する時は、いつも何らかの位置オフセット、拡縮率、回転角度があるだろうが、NDCの単位正方形があれば、**変換**（transform）することで、任意の位置、任意のスケール、任意の向きを持つ、任意の矩形にできる。

オブジェクトの種類ごとに1つの頂点バッファを持ち、それを再利用するというコンセプトは、3次元にも拡張できる。例えば森を舞台とするなら、何百もの木がありえる。それらの多くは、わずかに異なるバリエーションにすぎない。そんな時に、同じ種類の木である各インスタンスに別々の頂点バッファを持たせるのは効率が悪い。それよりも木を表す1つの頂点バッファを作り、同じ木の数多くのインスタンスを、位置やスケールや向きを変えて描画するべきだ。

5.4.1 オブジェクト空間

（例えば3Dモデリングプログラムで）3Dオブジェクトを作る時、正規化デバイス座標系で位置座標を表現することは、まずない。各頂点には、オブジェクト自身の原点からの相対位置を使うだろう。その原点は、しばしばオブジェクトの中心だが、そうでなくてもよい。この、オブジェクト自身に相対的な座標系が、**オブジェクト空間**（object space）あるいは**モデル空間**（model space）である。

この章で前述したように、座標空間を定義するには、その座標空間の原点と、それぞれの成分がどの方向に増大するか（つまり基底ベクトル）の、両方を知っている必要がある。例えばある3Dモデリングプログラムは、$+y$ を上向きとするが、別のプログラムは $+z$ を上向きとする。このように、異なる基底ベクトルによって、オブジェクトにさまざまなオブジェクト空間が定義される。図5.4に示すのは2次元の正方形だが、正方形の中心がオブジェクト空間の原点であり、$+y$ が上を、$+x$ が右を向いている。

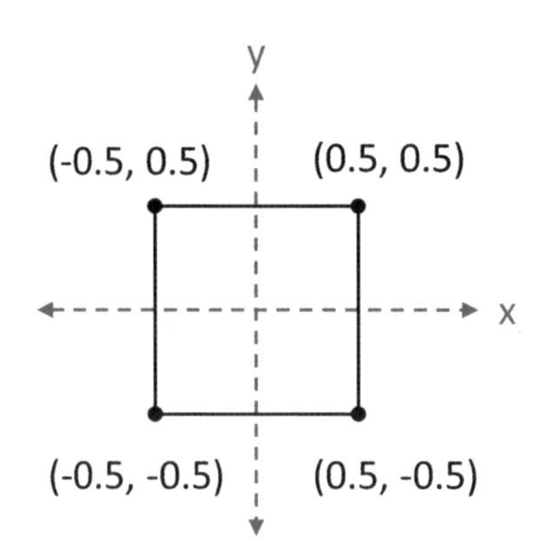

図5.4 正方形と、そのオブジェクト空間の原点からの相対座標

例えば、オフィスビルを舞台にするゲームを想像してみよう。コンピュータのモニタ、キーボード、デスク、オフィスチェアなどのモデルが置かれるだろう。それぞれのモデルを、それ自身のオブジェクト空間で作れば、個々のオブジェクトの頂点の位置座標は、そのモデル固有のオブジェクト空間の、原点からの相対位置になる。

実行時には、個々のモデルを専用の頂点配列オブジェクト（VAO: vertex array object）にロードする。例えば、モニタ用に1個のVAO、キーボード用にも1個のVAO、といった具合だ。シーンを描画する時には、描画するオブジェクトが持つ個々の頂点が頂点シェーダーに渡される。`Basic.vert`のように、ただ頂点位置をそのまま渡すのは、「これらの頂点位置はNDC（正規化デバイス座標）ですよ」という意味になる。

問題は、モデルの座標が、NDCではなく各オブジェクト固有のオブジェクト空間に対する相対座標だという点にある。頂点位置をそのまま渡したら、出力はゴミのようになる。

5.4.2 ワールド空間

オブジェクトが、それぞれ独自のオブジェクト空間座標を持つという問題を解決するには、まずゲームワールドそのもののための座標空間を定義する。この座標空間は、**ワールド空間**（world space）と呼ばれるもので、独自の原点と基底ベクトルを持つ。オフィスビル内でのゲームならば、ワールド空間の原点は、例えばビルの1階の中心に置けばよさそうだ。

現実世界では、オフィスプランナーが、机やイスを、オフィスのさまざまな場所に、さまざまな方向で配置するだろう。それと同時に、ゲーム内のオブジェクトも、ワールド空間の原点からの相対位置、スケールや向きを持つ。同じ机である5個のインスタンスがオフィスに置いてあるのなら、それらがワールド空間でどのように見えるのかを記述する情報が各インスタンスに必要だ。

机のインスタンスを描画する時は、それぞれの机に同じ頂点配列オブジェクトを使う。ただし、それぞれのインスタンスに、そのオブジェクト空間座標をワールド空間へ座標変換するための情報を追加する。この追加データを、インスタンスを描画する時に頂点シェーダーに送れば、シェーダーは必要に応じて頂点の位置を調整できる。最終的にグラフィックスハードウェアが描画時に必要とするのはNDC座標系なので、頂点をワールド空間に変換したあとにも、まだ処理すべきステップが残される。けれどもまずは、オブジェクト空間からワールド空間へと頂点を変換する方法を学ぼう。

5.4.3 ワールド空間への座標変換

座標変換を行う時は、2つの座標空間で基底ベクトルが同じかどうかを知る必要がある。例えばオブジェクト空間の $(0,5)$ という点を考えてみよう。もしオブジェクト空間を「 $+y$ が上」と定義していたら、その $(0,5)$ という点は、原点から5単位「上」にある。けれども、ワールド空間を「 $+y$ が右」と定義することにしたら、 $(0,5)$ は5単位「右」になってしまう。

ひとまず、オブジェクト空間とワールド空間の基底ベクトルが同じとしよう。現在のゲームは2次元なので、オブジェクト空間でもワールド空間でも、 $+y$ が上で、 $+x$ が右だと考えてよい。

2次元座標系の向き

ここで使う2次元座標系は、 $+y$ を「下」とするSDLの座標系とは違う！　つまり、`Actor::GetForward`のコードでは、 y 成分の正負を反転しない。それだけでなく、何かの計算に`atan2`を使う際に、もはや第1引数の正負を反転しなくてよい。

図5.4のように、1つの単位正方形の中心が、そのオブジェクト空間の原点にあるとする。また、ワールド空間の原点が、ゲームウィンドウの中心にあるとしよう。目標は、「オブジェクト空間で自分の原点を中心にしている単位正方形」を、ワールド空間の原点に対する相対的な任意の位置に、任意のスケールや回転角を持つ矩形として表現することだ。

例えば、矩形のインスタンスの1つを、サイズを2倍にして、ワールド空間の原点から50単位右の位置に表示させたいとする。矩形の頂点のそれぞれに対して数学的な演算を行えば、それを達成できる。

1つのアプローチは、頂点の位置を計算するのに代数方程式を使う方法だ。最終的に採用しないとしても、これはより好ましいソリューションを理解するための架け橋として便利なアプローチである。この章では話を2次元座標系に絞るが、ここで説明する方法は（ z 成分を加えるだけで）3次元でも使うことができる。

平行移動

平行移動（translation）は、1個の点を、あるオフセット量だけ移動させる。点 (x, y) をオフセット (a, b) だけ平行移動するには、次の式を使う。

$$x' = x + a$$
$$y' = y + b$$

例えば、点 $(1, 3)$ をオフセット $(20, 15)$ だけ平行移動すると、次のようになる。

$$x' = 1 + 20 = 21$$
$$y' = 3 + 15 = 18$$

三角形のすべての頂点に同じ平行移動を適用すれば、その三角形全体が平行移動する。

スケーリング

ある**スケール**を、三角形の各頂点に適用すれば、その三角形は拡大・縮小する。**一様なスケール**（uniform scale）を適用する場合、それぞれの成分は同じスケールファクター s で、均一にスケーリングされる。

$$x' = x \cdot s$$
$$y' = y \cdot s$$

次の式は、$(1, 3)$ を5倍に拡大する一様なスケーリングだ。

$$x' = 1 \cdot 5 = 5$$
$$y' = 3 \cdot 5 = 15$$

三角形の頂点位置を、それぞれ5で一様にスケーリングすれば、その三角形のサイズは5倍になる。

非一様なスケール（non-uniform scale）を使う場合、それぞれの成分に別々のスケールファクター、(s_x, s_y) を適用する。

$$x' = x \cdot s_x$$
$$y' = y \cdot s_y$$

単位正方形で、非一様なスケールを使えば、結果は正方形ではなく長方形になる。

回転

第3章「ベクトルと基礎の物理」の単位円の話を思い出してほしい（図3.6)。単位円は、点 $(1,0)$ から始まる。90° または $\frac{\pi}{2}$ ラジアンの回転は、反時計回りに点(0, 1)に向かい、180° または π ラジアンの回転は、点 $(-1,0)$ に向かう。通常の単位円の図では z 軸を描かないけれど、この回転は、正確にいえば z 軸周りの回転だ。

サインとコサインを使って、任意の点 (x,y) を、角度 θ だけ回転できる。

$$x' = x\cos\theta - y\sin\theta$$
$$y' = x\sin\theta + y\cos\theta$$

どちらの式も、x と y の両方の値に依存する。例えば $(5,0)$ を 270° 回転させるには、次のようにする。

$$x' = 5\cdot\cos(270^\circ) - 0\cdot\sin(270^\circ) = 0$$
$$y' = 5\cdot\sin(270^\circ) + 0\cdot\cos(270^\circ) = -5$$

単位円の場合と同じく、角度 θ は反時計回りの回転を表現する。

回転が**原点を中心とする**ことを忘れてはいけない。オブジェクト空間の原点を中心として三角形を置いた時、それぞれの頂点を回転すると、その三角形は原点を中心に回転する。

変換を組み合わせる

これまでに挙げた方程式は、それぞれの変換を単独で適用するが、同じ頂点に対して複数の変換が要求されるのが一般的だ。例えば四角形を平行移動**しながら**回転させたいかもしれない。重要なのは、これらの変換を正しい順序で組み合わせることだ。

ある三角形が、下記の点を持つとしよう。

$$A = (-2,-1)$$
$$B = (0,1)$$
$$C = (2,-1)$$

この最初の三角形は、図5.5（a）のように、真上を向いている。この三角形を、ここから $(5,0)$ だけ平行移動し、90° 回転させたいとしよう。もし先に回転してから平行移動するなら、次のようになる。

$$A' = (-2\cos 90^\circ + 1\sin 90^\circ + 5, -2\sin 90^\circ - 1\cos 90^\circ + 0) = (6,-2)$$
$$B' = (-1\sin 90^\circ + 5, 1\cos 90^\circ + 0) = (4,0)$$
$$C' = (2\cos 90^\circ + 1\sin 90^\circ + 5, 2\sin 90^\circ - 1\cos 90^\circ + 0) = (6,2)$$

その結果、三角形は図5.5（b）のように左を向いて、右に平行移動する。

もし変換の順序を逆にして、先に平行移動を評価したら、次の計算になる。

$$A' = ((-2+5)\cos 90^\circ + 1\sin 90^\circ, (-2+5)\sin 90^\circ - 1\cos 90^\circ) = (1,3)$$
$$B' = (5\cos 90^\circ - 1\sin 90^\circ, 5\sin 90^\circ + 1\cos 90^\circ) = (-1,5)$$
$$C' = ((2+5)\cos 90^\circ + 1\sin 90^\circ, (2+5)\sin 90^\circ - 1\cos 90^\circ) = (1,7)$$

平行移動が先で、回転があとの場合、結果の三角形は、やはり左向きだが、図5.5（c）のように、原点の上に置かれる。こうなったのは、右に平行移動した三角形を、原点を中心に回転したからだ。このような振る舞いは、普通は期待していないものだろう。

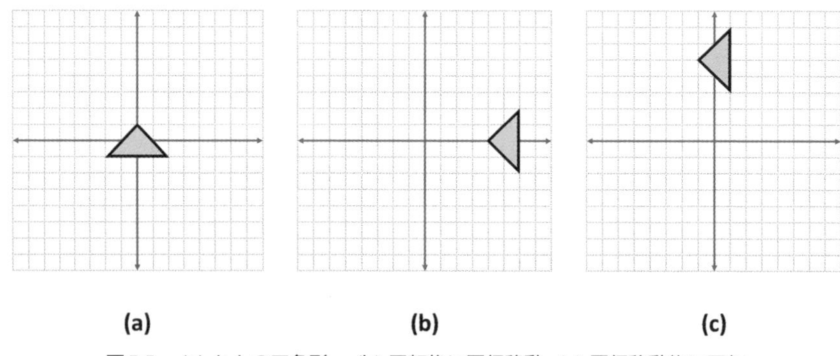

図5.5 (a) もとの三角形。(b) 回転後に平行移動。(c) 平行移動後に回転

座標変換の順序は結果に影響を与えるので、一貫した順序を保つことが重要だ。オブジェクト空間からワールド空間への変換では、常に「最初にスケーリング、次に回転、最後に平行移動」という順序で適用する。これを覚えておけば、スケーリング、回転、平行移動の、それぞれの式を組み合わせて、(s_x, s_y) によるスケーリング、θ による回転、(a, b) による平行移動を、次の方程式で表現できるだろう。

$$x' = s_x \cdot x\cos\theta - s_y \cdot y\sin\theta + a$$
$$y' = s_x \cdot x\sin\theta + s_y \cdot y\cos\theta + b$$

連立方程式による方法の問題点

今導入した方程式の組み合わせが、問題の解決策だと思ったかもしれない。オブジェクト空間の任意の頂点をとりあげ、各成分に、この方程式を適用すれば、その頂点は、任意のスケールと回転と位置でワールド空間に変換されるのではないのか。

先に暗示したように、これはただ一群の頂点を、オブジェクト空間からワールド空間に変換するだけだ。ワールド空間はデバイス座標で正規化されていないので、他にも頂点シェーダーで適用すべき変換が残されている。これから追加すべき変換には、今まで見てきたような単純な方程式を使えない場合が多い。その主な理由は、2つの座標空間で基底ベクトルが異なる場合があるからだ。その種の変換を追加して組み合わせたら、非常に複雑な方程式になってしまうだろう。

これらの問題の解決策は、それぞれの成分を別にした方程式を**使わない**。代わりに、さまざまな変換を行列で記述すれば、行列の乗算を用いて、それらの変換を容易に組み合わせることができるのだ。

5.5 行列と変換

行列（matrix）とは、m 行 × n 列の、値のグリッド（格子）だ。例えば 2×2 の行列は、個々の値を a から d までの記号で表すと、次のように書ける。

$$\begin{bmatrix} a & b \\ c & d \end{bmatrix}$$

コンピューターグラフィックスでは座標変換に行列を使う。前節の座標変換のそれぞれに行列表現がある。線形代数を学んだ人は、連立1次方程式を解くのに行列が使えることを覚えているかもしれない。前節で挙げた連立方程式を行列で表現できるのは、いわば当然なのだ。

この節では、ゲームプログラミングにおける、行列の基本的な用途をいくつか見ていこう。ベクトルの場合と同じく、これらの行列を、いつ、どのようにコードで使えばよいのか理解することが最も重要だ。本書の独自ヘッダーファイル`Math.h`では、`Matrix3`と`Matrix4`クラスを定義するほか、必要な機能をすべて実装するための演算子、メンバー関数、静的関数を定義している。

5.5.1 行列の乗算

スカラー値のように、行列と行列を掛け合わせることができる。次の2つの行列があるとしよう。

$$A = \begin{bmatrix} a & b \\ c & d \end{bmatrix}$$

$$B = \begin{bmatrix} e & f \\ g & h \end{bmatrix}$$

$C = AB$ という乗算で、次の結果が得られる。

$$C = AB = \begin{bmatrix} a & b \\ c & d \end{bmatrix} \begin{bmatrix} e & f \\ g & h \end{bmatrix} = \begin{bmatrix} a \cdot e + b \cdot g & a \cdot f + b \cdot h \\ c \cdot e + d \cdot g & c \cdot f + d \cdot h \end{bmatrix}$$

C の左上の要素は、 A の第1行と B の第1列のドット積である。

行列の乗算では、2つの行列が同じ次元である必要はないが、左辺の列数は、右辺の行数と同じでなければならない。例えば、次の乗算も有効である。

$$\begin{bmatrix} a & b \end{bmatrix} \begin{bmatrix} c & d \\ e & f \end{bmatrix} = \begin{bmatrix} a \cdot c + b \cdot e & a \cdot d + b \cdot f \end{bmatrix}$$

行列の乗算は、**非**可換だが、結合的だ。

$$AB \neq BA$$
$$A(BC) = (AB)C$$

5.5.2 行列で座標を変換する

変換で重要なポイントの1つは、任意の座標を1つの行列で表現できることだ。例えば座標 $p = (x, y)$ は、1個の行で表現できる。これは**行ベクトル**（row vector）と呼ばれる。

$$p = \begin{bmatrix} x & y \end{bmatrix}$$

また、 p は、1個の列としても表現できる。これは**列ベクトル**（column vector）だ。

$$p = \begin{bmatrix} x \\ y \end{bmatrix}$$

どちらの表現も使えるが、どちらかの表現を一貫して使うことが重要だ。座標が行なのか、列なのかによって、座標が乗算の左辺になるか、右辺になるかが決まる。

次の変換行列、 T があるとしよう。

$$T = \begin{bmatrix} a & b \\ c & d \end{bmatrix}$$

この行列 T との乗算によって座標 p を変換すると、変換された座標 (x', y') が得られる。けれども、 p が行なのか列なのかによって、結果が異なるのだ。

もし p が行ならば、次の乗算結果になる。

$$\begin{bmatrix} x' & y' \end{bmatrix} = pT = \begin{bmatrix} x & y \end{bmatrix} \begin{bmatrix} a & b \\ c & d \end{bmatrix}$$
$$x' = a \cdot x + c \cdot y$$
$$y' = b \cdot x + d \cdot y$$

けれど、もし p が列ならば、乗算は次のようになる。

$$\begin{bmatrix} x' \\ y' \end{bmatrix} = Tp = \begin{bmatrix} a & b \\ c & d \end{bmatrix} \begin{bmatrix} x \\ y \end{bmatrix}$$
$$x' = a \cdot x + b \cdot y$$
$$y' = c \cdot x + d \cdot y$$

x' 、y' として得られる値が異なっているが、真実はいつも1つしかないはずだ。なぜこうなるかというと、変換行列の定義が、列ベクトルを使うか、行ベクトルを使うかに依存するからだ。

行と列の、どちらのベクトルを使えばよいかは、実はどうでもいい。線形代数の教科書では、たいがい列ベクトルだ。けれどもコンピューターグラフィックスには、リソースとグラフィックスAPIによって、行ベクトルと列ベクトルを使い分けてきた歴史がある。**本書では行ベクトルを使う**が、その主な理由は、座標の変換が「左から右」の順序で適用されるからだ。次の式は、行ベクトルの座標 q を、まず行列 T で、それから行列 R で変換する。

$$q' = qTR$$

行ベクトルと列ベクトルを入れ替えるには、変換行列を**転置**（transpose）する。つまり、もとの行列の第1行を第1列にするように入れ替えて転置行列を作る。

$$\begin{bmatrix} a & b \\ c & d \end{bmatrix}^T = \begin{bmatrix} a & c \\ b & d \end{bmatrix}$$

q を列ベクトルに切り替えたら、次の計算を行うことになる。

$$q' = R^T T^T q$$

これ以降、本書では原則として行ベクトルを使用する。だが、行列を単に転置するだけで、列ベクトルにできる。

最後に、**単位行列**（identity matrix）は大文字の I で表現される特殊な行列だ。単位行列は、常に行数と列数が等しく、対角部分の値はすべて 1 だが、それ以外の値はすべて 0 である。例えば、次が 3×3 の単位行列だ。

$$I_3 = \begin{bmatrix} 1 & 0 & 0 \\ 0 & 1 & 0 \\ 0 & 0 & 1 \end{bmatrix}$$

どんな行列も、単位行列との乗算で変化することはない。つまり、以下の式が成り立つ。

$$MI = M$$

5.5.3 ワールド空間への座標変換（再び）

スケーリング、回転、平行移動の変換は、行列で表現できる。変換を組み合わせるには、方程式の組み合わせを解く代わりに、それらの行列を掛ける。掛け合わせて、いったんワールド行列が得られたら、オブジェクトのすべての頂点を、そのワールド行列で座標変換すればよい。

まずは前回と同じく、2D変換に集中しよう。

スケール行列

スケール変換をするには、2×2 の**スケール行列**（scale matrix）を使う。

$$S(s_x, s_y) = \begin{bmatrix} s_x & 0 \\ 0 & s_y \end{bmatrix}$$

例えば、次の演算は、座標 $(1,3)$ を $S(5,2)$ でスケーリングする。

$$\begin{aligned} \begin{bmatrix} 1 & 3 \end{bmatrix} S(5,2) &= \begin{bmatrix} 1 & 3 \end{bmatrix} \begin{bmatrix} 5 & 0 \\ 0 & 2 \end{bmatrix} = \begin{bmatrix} 1 \cdot 5 + 3 \cdot 0 & 1 \cdot 0 + 3 \cdot 2 \end{bmatrix} \\ &= \begin{bmatrix} 5 & 6 \end{bmatrix} \end{aligned}$$

回転行列

2Dの**回転行列**（rotation matrix）は、角度 θ での（ z 軸周りの）回転を表現する。

$$R(\theta) = \begin{bmatrix} \cos\theta & \sin\theta \\ -\sin\theta & \cos\theta \end{bmatrix}$$

次の計算で、座標 $(0,3)$ は 90° 回転される。

$$
\begin{bmatrix} 0 & 3 \end{bmatrix} R(90^\circ) = \begin{bmatrix} 0 & 3 \end{bmatrix} \begin{bmatrix} \cos 90^\circ & \sin 90^\circ \\ -\sin 90^\circ & \cos 90^\circ \end{bmatrix}
$$

$$
= \begin{bmatrix} 0 & 3 \end{bmatrix} \begin{bmatrix} 0 & 1 \\ -1 & 0 \end{bmatrix}
$$

$$
= \begin{bmatrix} -3 & 0 \end{bmatrix}
$$

平行移動行列

2Dのスケーリングと回転は、2×2 行列で表現できるが、2Dの**平行移動行列**（translation matrix）を包括的に表現する 2×2 の行列は存在しない。平行移動 $T(a, b)$ を表現するには、3×3 の行列を使う。

$$
T(a, b) = \begin{bmatrix} 1 & 0 & 0 \\ 0 & 1 & 0 \\ a & b & 1 \end{bmatrix}
$$

だが、座標を表現する 1×2 の行列に 3×3 の行列を掛けることはできない。1×2 の行列では列が不足するからだ。この2つの行列を掛け合わせる唯一の方法は、行ベクトルに成分を1つ足して、1×3 の行列にすることだ。すなわち座標の成分を1つ追加する。**同次座標系**（homogenous coordinates）は、$n + 1$ 個の成分によって、n 次元の空間を表現する方法だ。2D空間では、同次座標系は3つの成分を使う。

この第3の成分を「z 成分」と呼びたくなるかもしれないが、違う呼び名が使われている。なぜなら、追加した成分で3D空間を表現するつもりはないのだし、「z 成分」は3D空間のために取っておきたいからだ。ゆえに、同次座標の、この特殊な成分は**w成分**（w component）と呼ばれる。2Dの同次座標系にも3Dの同次座標系にも、w を使う。したがって、2次元の座標の同次座標系での表現は (x, y, w) と書き、3次元の座標を同次座標系で表現するには (x, y, z, w) と書く。

今のところ、w 成分の値には 1 だけを使う。例えば座標 $p = (x, y)$ は、同次座標 $(x, y, 1)$ で表現する。ここで、同次座標の働きを理解するために、座標 $(1, 3)$ を $(20, 15)$ だけ平行移動してみよう。まず、この座標を同次座標で表現する（w 成分は 1 とする）。そして、その座標に平行移動行列を掛ける。

$$\begin{bmatrix} 1 & 3 & 1 \end{bmatrix} T(20,15) = \begin{bmatrix} 1 & 3 & 1 \end{bmatrix} \begin{bmatrix} 1 & 0 & 0 \\ 0 & 1 & 0 \\ 20 & 15 & 1 \end{bmatrix}$$

$$= \begin{bmatrix} 1 \cdot 1 + 3 \cdot 0 + 1 \cdot 20 & 1 \cdot 0 + 3 \cdot 1 + 1 \cdot 15 & 1 \cdot 0 + 3 \cdot 0 + 1 \cdot 1 \end{bmatrix}$$

$$= \begin{bmatrix} 21 & 18 & 1 \end{bmatrix}$$

この計算では、 w 成分は1のまま残るが、 x と y の成分は、与えた量だけ平行移動されている。

変換を組み合わせる

前述したように、複数の変換行列を組み合わせるには、それらを掛ける。ただし、 2×2 の行列に 3×3 の行列を掛けることはできない。したがって、スケール行列と回転行列も、同次座標で使える 3×3 行列で表現する必要がある。

$$S(s_x, s_y) = \begin{bmatrix} s_x & 0 & 0 \\ 0 & s_y & 0 \\ 0 & 0 & 1 \end{bmatrix}$$

$$R(\theta) = \begin{bmatrix} \cos\theta & \sin\theta & 0 \\ -\sin\theta & \cos\theta & 0 \\ 0 & 0 & 1 \end{bmatrix}$$

スケールと回転と平行移動の行列が 3×3 の行列で表現できたので、これらを掛けて1つの変換行列を作ることができる。そうして組み合わせた、オブジェクト空間からワールド空間への座標変換を行う行列が、**ワールド行列**（world transform matrix）である。ワールド行列（ $WorldTrasform$ ）を計算するには、スケール、回転、平行移動の行列を、次の順序で掛ける。

$$WorldTransform = S(s_x, s_y)R(\theta)T(a,b)$$

この乗算の順序は、変換したい順序（最初にスケーリング、次に回転、それから平行移動）に対応している。このワールド行列は頂点シェーダーに渡すことができる。オブジェクトの頂点を、このワールド行列で座標変換できるのだ。

5.5.4 Actorにワールド変換を加える

`Actor`クラスの宣言には、すでに位置のための`Vector2`、スケールのための`float`、回転角のための`float`があることを思い出そう。これらの属性を組み合わせてワールド行列を作ろう。

まずは、`Matrix4`型と`bool`型の、2つのメンバー変数を、`Actor`に追加する。

```
Matrix4 mWorldTransform;
bool mRecomputeWorldTransform;
```

mWorldTransform変数には、もちろんワールド行列を格納する。ここでMatrix3ではなくMatrix4を使う理由は、(たとえ実際にはz成分が不要な2次元であっても)すべての頂点がz成分を持つことを、頂点レイアウトが想定しているからだ。もちろん、3次元のための同次座標であれば、(x, y, z, w)なので、4×4の行列が必要である。

bool型の変数で、ワールド行列の再計算の必要性を管理する。なぜなら、本当にワールド変換を計算する必要があるのは、アクターの位置かスケールか回転角が変化した時だけだからだ。そこで、アクターの位置、スケール、回転角を更新するすべての関数で、mRecomputeWorldTransformをtrueに設定する。こうすれば、これらの成分が変更された際に、必ずワールド変換を再計算するようにできる。

また、コンストラクターでもmRecomputeWorldTransformにtrueを設定することで、各アクターについて、必ず一回はワールド変換が計算されることが保証される。

次に、ComputeWorldTransform関数を、次のように実装する。

```
void Actor::ComputeWorldTransform()
{
    if (mRecomputeWorldTransform)
    {
        mRecomputeWorldTransform = false;
        // まずスケーリング、次に回転、最後に平行移動
        mWorldTransform = Matrix4::CreateScale(mScale);
        mWorldTransform *= Matrix4::CreateRotationZ(mRotation);
        mWorldTransform *= Matrix4::CreateTranslation(
            Vector3(mPosition.x, mPosition.y, 0.0f));
    }
```

ここではMatrix4の静的関数を使って、個々の変換行列を作っていることに注目しよう。CreateScaleは一様スケールの行列を作り、CreateRotationZはz軸周りの回転行列を作り、CreateTranslationは平行移動行列を作る。

ComputeWorldTransformは、Actor::Updateでコンポーネントを更新する前とUpdateActorを呼び出したあとに(その間に変化した場合に備えて)呼び出す。

```
void Actor::Update(float deltaTime)
{
    if (mState == EActive)
    {
        ComputeWorldTransform();
        UpdateComponents(deltaTime);
        UpdateActor(deltaTime);
        ComputeWorldTransform();
    }
}
```

次に、Game::UpdateにもComputeWorldTransform呼び出しを追加して、ペンディング状態のアクター（他のアクターの更新時に作られたアクター）でも、作成されたフレームで、ワールド変換が計算されるようにする。

```
// Game::Update の中で（ペンディング状態のアクターを mActors に移す）
for (auto pending : mPendingActors)
{
    pending->ComputeWorldTransform();
    mActors.emplace_back(pending);
}
```

コンポーネントには、その所有アクターのワールド変換が更新されたら通知されるような機構が欲しい。そうすればコンポーネントは必要に応じて対処できる。この仕組みを組み込むために、まず基底クラスComponentに仮想関数の宣言を追加する。

```
virtual void OnUpdateWorldTransform() { }
```

次に、ComputeWorldTransform関数で、各コンポーネントのOnUpdateWorldTransformを呼び出す。リスト5.10が、ComputeWorldTransformの最終バージョンだ。

リスト5.10　Actor::ComputeWorldTransformの実装

```
void Actor::ComputeWorldTransform()
{
    if (mRecomputeWorldTransform)
    {
        mRecomputeWorldTransform = false;
        // まずスケーリング、次に回転、最後に平行移動
        mWorldTransform = Matrix4::CreateScale(mScale);
        mWorldTransform *= Matrix4::CreateRotationZ(mRotation);
        mWorldTransform *= Matrix4::CreateTranslation(
        Vector3(mPosition.x, mPosition.y, 0.0f));
```

```
        // ワールド変換の更新をコンポーネントに通知する
        for (auto comp : mComponents)
        {
            comp->OnUpdateWorldTransform();
        }
    }
}
```

今のところ、どのコンポーネントもOnUpdateWorldTransformを実装していない。けれども、この先の章ではいくつかのコンポーネントで、これを使う。

これでアクターはワールド行列を持つようになったが、まだ頂点シェーダーの中で、その行列を使っていない。だから、これまで見てきたコードでゲームを実行しても、図5.3と同じ画面が出るだけだ。ワールド行列をシェーダーで使えるようにするには、その前に、もう1つの変換について知っておく必要がある。

5.5.5 ワールド空間からクリップ空間への変換

ワールド行列で、頂点をワールド空間に座標変換できる。次のステップは、それらの頂点を、頂点シェーダーの出力に期待されるクリップ空間に変換することだ。**クリップ空間**（clip space）は正規化デバイス座標と非常によく似ている。1つ違うのは、クリップ空間にw成分があることだ。「基本的なシェーダー」で頂点位置をgl_Position変数に保存するため、vec4を生成したのは、このためである。

ワールド空間からクリップ空間への変換は、**ビュー射影行列**（view-projection matrix）で行う。この名前が示唆するようにビュー射影行列には、「ビュー」と「射影」という2つの構成要素がある。**ビュー**（view）行列は、ゲーム中のカメラがゲームワールドをどのように見るのかを指定する。そして**射影**（projection）行列は、カメラのビューをクリップ空間に変換する方法を指定する。この2つの行列については、第6章「3Dグラフィックス」で詳しく説明しよう。今は、ゲームが2Dなので、単純なビュー射影行列を使うことができる。

正規化デバイス座標では、画面の左下隅が$(-1,-1)$で、画面の右上隅が$(+1,+1)$である。ここで、スクロール機能を持たない2Dゲームについて考えてみよう。その場合、ゲームワールドをウィンドウの解像度で考えると、話が簡単になる。例えば、もしゲームウィンドウが1024×768だとしたら、ゲームワールドの大きさを、それに合わせない理由はあるだろうか？

言い換えれば、ウィンドウの中心がワールド空間の原点にあり、ワールド空間の単位長と1ピクセルとが一対一で対応するようなビュー（視点）を考えてみる。その場合、ワールド空間で単位長だけ上に動くのは、ウィンドウで1ピクセルだけ上に動くのと同じだ。つまり、解像度が1024×768だとすれば、ウィンドウの左下隅が、ワールド空間の$(-512,-384)$に対応し、ウィンドウの右上隅は、ワールド空間の$(512,384)$に対応する（図5.6を参照）。

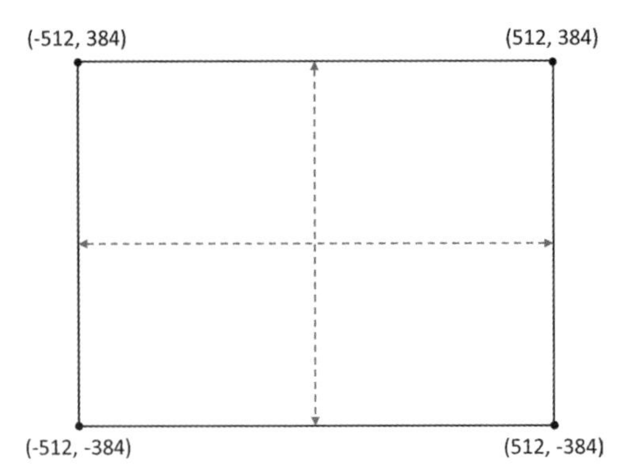

図5.6 画面の解像度が1024×768で、1ピクセルとワールド空間の単位長が1:1の比率を持つ世界でのビュー

このような世界のビューならば、ワールド空間をクリップ空間に変換するのは難しくない。ただ x 座標を(**幅**/2)で割り、y 座標を(**高さ**/2)で割ればよい。行列の形にすると（2D同次座標ならば)、この単純なビュー射影行列 ($SimpleViewProjection$) は、次のものになる。

$$SimpleViewProjection = \begin{bmatrix} 2/width & 0 & 0 \\ 0 & 2/height & 0 \\ 0 & 0 & 1 \end{bmatrix}$$

例えば解像度が1024×768で、ワールド空間の座標が $(256, 192)$ だとしよう。その座標に $SimpleViewProjection$ を掛けると、次の結果が得られる。

$$\begin{bmatrix} 256 & 192 & 1 \end{bmatrix} \begin{bmatrix} 2/1024 & 0 & 0 \\ 0 & 2/768 & 0 \\ 0 & 0 & 1 \end{bmatrix} = \begin{bmatrix} 512/1024 & 384/768 & 1 \end{bmatrix}$$
$$= \begin{bmatrix} 0.5 & 0.5 & 1 \end{bmatrix}$$

これが上手くいく理由は、x 軸の範囲 $[-512, +512]$ が $[-1, +1]$ に正規化され、y 軸の範囲 $[-384, +384]$ が $[-1, +1]$ に正規化されるからだ。これは正規化デバイス座標と同じである。

$SimpleViewProjection$ 行列と、ワールド行列を組み合わせると、任意の頂点 v を、オブジェクト空間からクリップ空間へと変換できる。

$$v' = v(WorldTransform)(SimpleViewProjection)$$

これこそまさに、(少なくとも、$SimpleViewProjection$ で用が足りている間は)頂点シェーダーが個々の頂点に行う計算だ。

5.5.6 変換行列を使うようにシェーダーを更新する

この項では、Transform.vertという名前の新しい頂点シェーダーファイルを作ろう。最初は、リスト5.3のBasic.vertをコピーする。シェーダーのコードは、C++ではなくGLSLで書く。

最初に、Transform.vertの中に、uniformという型指定子を使って、新しいグローバル変数を宣言する。uniformは一種のグローバル変数で、モデルを描画する際にシェーダープログラムが何度実行されても値が変わらない。これは、シェーダーが実行されるたびに（例えば頂点またはピクセルごとに）変更されるinおよびoutの変数とは対照的だ。uniform変数を宣言するには、キーワードuniformのあとに型を、そのあとに変数名を書く。

ここでは、ワールド変換とビュー射影変換を行う行列のために、2つのuniformが必要だ。それらは次のように宣言する。

```
uniform mat4 uWorldTransform;
uniform mat4 uViewProj;
```

このmat4型は、4×4行列に対応する。同次座標系の3次元空間に必要な行列だ。

次に、頂点シェーダーのmain関数のコードを変更しよう。まず、3次元のinPositionを同次座標系へと変換する。

```
vec4 pos = vec4(inPosition, 1.0);
```

この位置がオブジェクト空間にあることを思い出そう。これにワールド行列を掛けて、ワールド空間の位置座標へと変換し、さらにビュー射影行列を掛けて、クリップ空間に変換する。

```
gl_Position = pos * uWorldTransform * uViewProj;
```

これで、リスト5.11に示す最終バージョンのTransform.vertができた。

リスト5.11 Transform.vert 頂点シェーダー

```
#version 330
// ワールド変換とビュー射影の uniform 変数
uniform mat4 uWorldTransform;
uniform mat4 uViewProj;

// 頂点属性
in vec3 inPosition;
void main()
{
    vec4 pos = vec4(inPosition, 1.0);
    gl_Position = pos * uWorldTransform * uViewProj;
```

```
}
```

次に、Game::LoadShadersのコードを変更して、頂点シェーダーにBasic.vertではなくTransform.vertを使うようにする。

```
if (!mSpriteShader->Load("Shaders/Transform.vert", "Shaders/Basic.frag"))
{
    return false;
}
```

この頂点シェーダーには、ワールド行列とビュー射影行列のuniform変数がある。これらのuniformをC++コードから設定しなくてはならない。OpenGLには、アクティブなシェーダープログラムのuniform変数を設定する関数がある。これらの関数のラッパーを、Shaderクラスに追加するのがよいが、今は代わりにリスト5.12のSetMatrixUniform関数を追加しよう。

リスト5.12 Shader::SetMatrixUniformの実装

```
void Shader::SetMatrixUniform(const char* name, const Matrix4& matrix)
{
    // この名前のuniformを探す
    GLuint loc = glGetUniformLocation(mShaderProgram, name);
    // 行列データをuniformに送る
    glUniformMatrix4fv(
        loc,      // Uniform ID
        1,        // 行列の数（この場合は1個だけ）
        GL_TRUE, // 行ベクトルを使うのならTRUE
        matrix.GetAsFloatPtr() // 行列データへのポインタ
    );
}
```

ここでSetMatrixUniformが、行列の他に、文字列リテラルの名前を受け取ることに注意しよう。この名前は、シェーダーファイル内の変数名に対応する。したがって、uWorldTransformの場合、この引数は"uWorldTransform"にする。第2引数は、そのuniformに送る行列だ。

SetMatrixUniformの中で、uniformのロケーションIDをglGetUniformLocationで取得している。厳密にいえば、同じuniformを更新するたびに毎回このIDを問い合わせる必要はない。このIDは実行中に変わるものではないからだ。特定のuniformについて値をキャッシュすることで、性能を改善できる。

次にglUniformMatrix4fv関数で、行列をuniformに代入する。行ベクトルを使う時は、この関数の第3引数にGL_TRUEをセットする必要がある。GetAsFloatPtr関数は、Matrix4のヘルパー関数で、その行列への`float`型ポインタを返す。

Note

uniformバッファオブジェクト (UBO)

OpenGLには、uniformを設定するための新しいアプローチとして、**uniformバッファオブジェクト**（uniform buffer object:UBO）が導入されている。UBOを使うと、シェーダー内の複数のuniformをグループ化して1つにまとめ、すべての変数を同時に送ることができる。一般的に、数多くのuniformを持つシェーダープログラムでは、それぞれのuniformを個別に設定するよりも、このほうが効率がよい。

複数のuniformバッファオブジェクトを使えば、uniformをグループ分けすることができる。例えば、フレームごとに更新するuniformと、オブジェクトごとに更新するuniformに分けるのだ。ビュー射影行列は1フレームに1回しか変更されないが、ワールド行列は、アクターごとに異なるだろう。分類することで、フレームごとに更新すべきuniformを、フレームの開始時における1回の関数呼び出しによって一括して更新できる。同様に、オブジェクトごとに更新すべきuniformは、それとは別に、必要に応じて更新できる。これを実装するには、シェーダーでuniformを宣言する方法と、そのデータをC++コードで対応付けする方法の両方を変更する必要がある。

しかし、本書執筆の時点では、一部のハードウェアでUBOのサポートが万全ではない。具体的には、一部のノートパソコンの統合グラフィックスチップに、UBOを完全にサポートしていないものがある。また、UBOを使うと従来の方法でuniformを設定するよりも実行速度が下がる場合もある。このため、本書ではuniformバッファオブジェクトを使っていない。とはいえ、バッファオブジェクトのコンセプトは、他のグラフィックスAPIでも一般的になっている(例えばDirectX 11以上)。

これで頂点シェーダーの行列uniformを設定する方法がわかったので、実際に設定しよう。単純なビュー射影行列は、プログラムの実行中に変化しないので、設定は1回だけでよい。一方、ワールド行列は、描画すべき個々のスプライトコンポーネントごとに設定する必要がある。なぜなら、それぞれのスプライトコンポーネントは、それを所有するアクターのワールド行列を使って描画されるからだ。

`Game::LoadShaders`に、次の2行を追加しよう。これは画面が1024×768という前提で単純なビュー射影行列を作成し、設定する。

```
Matrix4 viewProj = Matrix4::CreateSimpleViewProj(1024.f, 768.f);
mSpriteShader->SetMatrixUniform("uViewProj", viewProj);
```

SpriteComponentのためのワールド行列は、もう少し複雑だ。アクターのワールド行列は、ゲームワールドにおけるアクターの位置とスケールと向きを記述する。けれどもスプライトの場合は、さらに矩形のサイズを、テクスチャのサイズに基づいてスケーリングしたい。例えばアクターのスケールが1.0fで、そのスプライトに対応するテクスチャ画像のサイズが128×128だとしたら、単位正方形を128×128に拡大する必要がある。取りあえず、テクスチャを（SDLで行ったように）ロードする方法があって、スプライトコンポーネントはテクスチャのサイズをメンバー変数のmTexWidthとmTexHeightを介して知ることができることにしよう。

リスト5.13は、SpriteComponent::Drawの暫定的な実装だ。まず、テクスチャの幅と高さによるスケーリングを行うためのスケール行列を作る。その行列と、所有者であるアクターのワールド行列とを掛け合わせて、このスプライトに必要なワールド行列を作る。それから、SetMatrixUniformで頂点シェーダープログラムのuWorldTransformを設定する。最後に、以前と同様にglDrawElementsで三角形を描画する。

リスト5.13 SpriteComponent::Drawの実装（暫定）

```
void SpriteComponent::Draw(Shader* shader)
{
    // テクスチャの幅と高さで矩形をスケーリング
    Matrix4 scaleMat = Matrix4::CreateScale(
        static_cast<float>(mTexWidth),
        static_cast<float>(mTexHeight),
        1.0f);
    Matrix4 world = scaleMat * mOwner->GetWorldTransform();

    // ワールド変換の設定
    shader->SetMatrixUniform("uWorldTransform", world);
    // 矩形を描画
    glDrawElements(GL_TRIANGLES, 6, GL_UNSIGNED_INT, nullptr);
}
```

これでワールド行列とビュー射影行列をシェーダーに追加できたので、図5.7のように、任意の位置とスケールと回転を持つ個々のスプライトコンポーネントを、画面で見ることができる。もちろん、すべての三角形は、単色である。それはBasic.fragが青しか出力しないからだ。あとは、この点を修正すれば、前章で作ったSDLの2Dレンダリングと機能的に等しくなる。

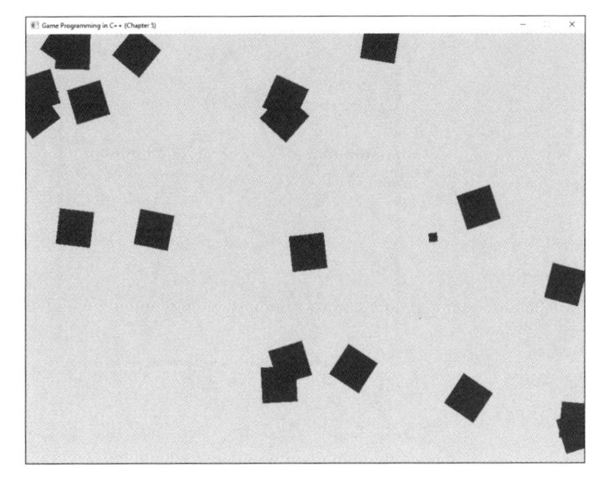

図5.7　スプライトコンポーネントを、それぞれ異なるワールド行列で描画

5.6 テクスチャマッピング

テクスチャマッピング（texture mapping）は、**テクスチャ**（画像）を三角形の表面に貼ってレンダリングする技法だ。ただ単色の三角形を描画するのではなく、テクスチャの色を表示に利用できるようになる。

テクスチャマッピングには画像ファイルが必要だ。それから、個々の三角形にテクスチャを貼り付ける方法を決める必要がある。スプライトの矩形だけなら、その矩形の左上隅をテクスチャの左上隅に対応させればいいだろう。けれども、テクスチャマッピングは任意の3Dオブジェクトで使える。例えば、キャラクタの顔にテクスチャを正しく貼り付けるには、テクスチャのどの部分が、どの三角形に対応するのかわからなければならない。

そのため、頂点バッファに入っている頂点のすべてに、別の頂点属性を追加する必要がある。これまで頂点属性に入れていたのは各頂点の3D位置座標だけだった。テクスチャマッピングでは、それぞれの頂点について、対応するテクスチャ内の位置を指定する**テクスチャ座標**（texture coordinate）も必要になる。

テクスチャ座標は普通は正規化座標である。OpenGLの場合、その座標は図5.8に示すように、テクスチャの左下隅が(0, 0)、右上隅が(1, 1)である。そして**U成分**（U component）でテクスチャの右方向を、**V成分**（V component）でテクスチャの上方向を指定する。だから、テクスチャ座標の同義語として**UV座標**（UV coordinates）という用語を使う人が多い。

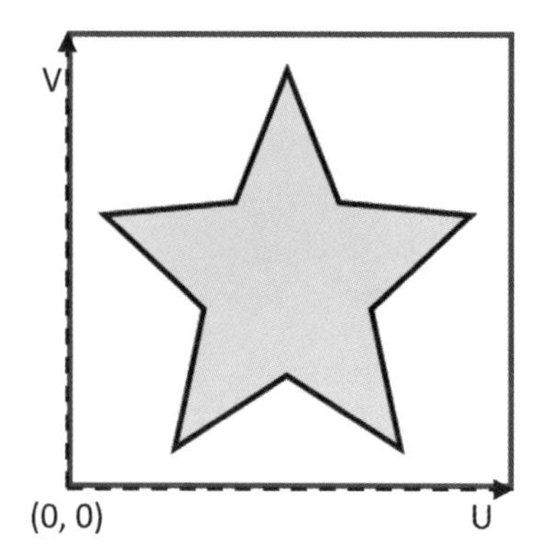

図5.8 OpenGLのテクスチャとUV座標

OpenGLはテクスチャの左下を原点とするので、画像のピクセルデータも、最下行から始まる行単位のフォーマットを想定している。ここに大きな問題があって、ほとんどの画像ファイルフォーマットは、データを上の行から格納するのだ。この違いに対処しないとテクスチャが上下逆になってしまう。この問題を解決する方法は複数あって、V成分を逆転するか、画像を上下逆にロードするか、ディスクに画像を上下逆に保存する。本書では単純にV成分を逆転し、上左隅を (0, 0) にしている。これはDirectXが使うテクスチャ座標系に対応するものだ。

三角形の、それぞれの頂点が、個別のUV座標値を持つ。各頂点のUV座標がわかったら、その三角形の、すべてのピクセルを塗りつぶすことができる。それには、3つの頂点からの距離をベースとしてテクスチャ座標をブレンディング――あるいは**補間**（interpolating）――する。例えば三角形の、ちょうど中心に位置するピクセルは、3つの頂点のUV座標を平均したUV座標に対応する（図 5.9）。

2D画像は、さまざまな色を持つピクセルのグリッドにすぎない。だから、各ピクセルについてテクスチャ座標値がわかったら、そのUV座標を、テクスチャの画素に対応させる必要がある。その「テクスチャの画素」は、**テクスチャピクセル**（texture pixel）または**テクセル**（texel）と呼ばれる。グラフィックスハードウェアは、特定のUV座標値に対応するテクセルを**サンプリング**（sampling）と呼ばれる処理で選択する。

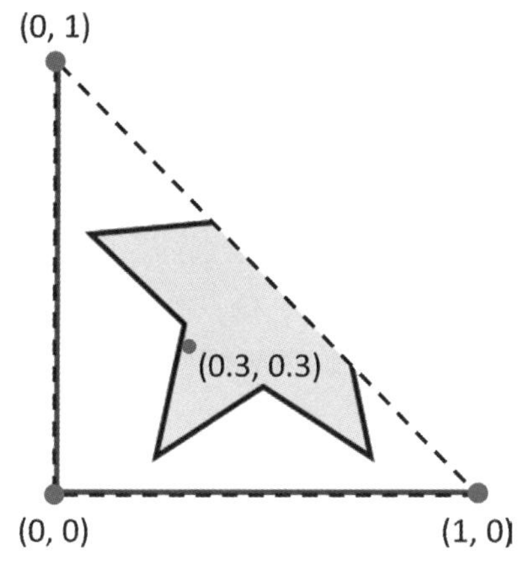

図5.9　三角形にテクスチャマッピングを施す

正規化されたUV座標には、複雑な問題がある。2つのわずかに異なるUV座標に画像ファイルの同じテクセルが選択される場合があるのだ。UV座標に最も近いテクセルの色を使う方法は、**最近傍フィルタリング**（nearest-neighbor filtering）と呼ばれる。

最近傍フィルタリングには、いくつかの問題がある。3Dワールドの壁に、あるテクスチャを貼るとしよう。プレイヤーが近づくにつれて、その壁は次第に大きくなっていく。ペイントアプリのズーム機能で画像ファイルを拡大表示するように、個々のテクセルを画面上で目に見えるほど拡大すると、ブロック状のギザギザが見える**ピクセル化**（pixelate）されたテクスチャになってしまう。

バイリニアフィルタリング（双線形フィルタリング）（bilinear filtering）を使えばピクセル化を防止できる。このフィルタリングでは、複数の最近傍テクセルを合成した色を選択する。壁の例では、バイリニアフィルタリングを使うと、プレイヤーが近寄った時、壁はピクセル化されずに、ぼやけて見える。星のテクスチャでの最近傍フィルタリングとバイリニアフィルタリングの違いを図5.10に示す。

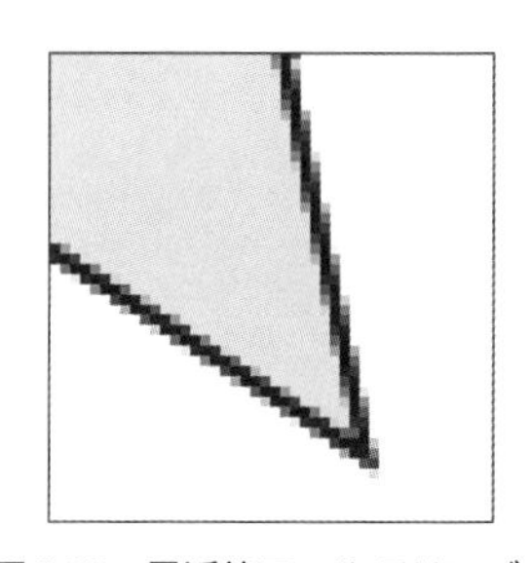
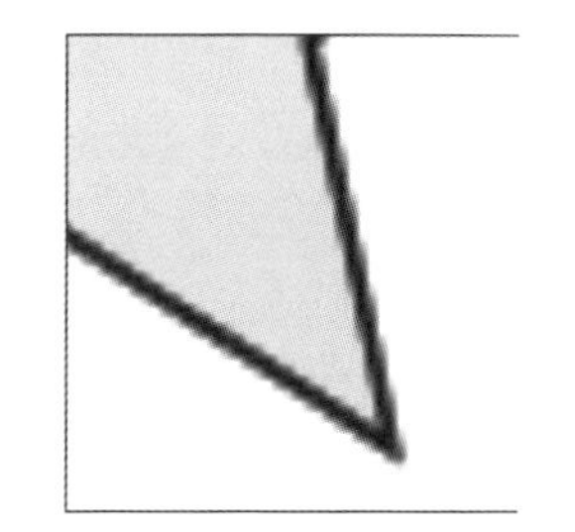
図5.10　最近傍フィルタリング（左）とバイリニアフィルタリング（右）

テクスチャの質を改善するアイデアは、第13章「中級グラフィックス」で追究する。今は、すべてのテクスチャでバイリニアフィルタリングを有効にしておこう。

OpenGLでテクスチャマッピングを使うには、次の3つのステップが必要である。

- 画像ファイル（テクスチャ）をロードして、OpenGLのテクスチャオブジェクトを作る。
- テクスチャ座標を含むように、頂点のフォーマットを更新する。
- テクスチャを使うように、シェーダーを更新する。

5.6.1 テクスチャをロードする

OpenGL用に画像をロードするにはSDLのImageライブラリも使えるが、それよりSimple OpenGL Image Library（SOIL）のほうが、少し使いやすい。SOILは、PNG、BMP、JPG、TGA、DDSなど、かなり多くのファイルフォーマットを読むことができ、OpenGL用に設計されているので、テクスチャオブジェクトの作成に必要な他のOpenGLコードとの相性もよい。

リスト5.14は`Texture`クラスの宣言だ。テクスチャファイルをロードしてOpenGLで使うための機能をカプセル化している。関数やメンバー変数は、ほとんど説明不要だろう。例えば`Load`は、テクスチャをファイルからロードする。メンバー変数には、テクスチャの幅と高さ、OpenGLのテクスチャIDがある。

リスト5.14 Textureクラスの宣言

```
class Texture
{
public:
    Texture();
    ~Texture();

    bool Load(const std::string& fileName);
    void Unload();

    void SetActive();

    int GetWidth() const { return mWidth; }
    int GetHeight() const { return mHeight; }
private:
    // このテクスチャの OpenGL ID
    unsigned int mTextureID;
    // テクスチャの幅と高さ
    int mWidth;
    int mHeight;
};
```

Textureクラスのコードの大半は、Loadの実装に入っている。最初にチャネル数を格納するローカル変数を宣言し、それからSOIL_load_imageでテクスチャを読み込む。

```
int channels = 0;
unsigned char* image = SOIL_load_image(
    fileName.c_str(), // ファイル名
    &mWidth,          // 幅が記録される
    &mHeight,         // 高さが記録される
    &channels,        // チャネル数が記録される
    SOIL_LOAD_AUTO    // 画像ファイルの種類（または auto）
);
```

SOILが画像ファイルの読み込みに失敗したら、SOIL_load_imageはnullptrを返す。画像がロードされたことを確認する処理を追加しよう。

次に、画像がRGBかRGBAかを判定する必要がある。これはチャネル数から推測できる（3ならばRGB、4ならばRGBAと判断する）。

```
int format = GL_RGB;
if (channels == 4)
{
    format = GL_RGBA;
}
```

次に、glGenTexturesで、OpenGLテクスチャオブジェクトを作成し（そのIDをmTextureIDに保存する）、glBindTextureで、テクスチャをアクティブにする。

```
glGenTextures(1, &mTextureID);
glBindTexture(GL_TEXTURE_2D, mTextureID);
```

glBindTextureに渡すGL_TEXTURE_2Dは、最も一般的なテクスチャターゲットだが、高度なテクスチャのために用意された他の選択肢もある。

OpenGLテクスチャオブジェクトを作成したら、次に、生の画像データをコピーする。それにはglTexImage2Dを使うが、この関数は引数の数が多い。

```
glTexImage2D(
    GL_TEXTURE_2D,      // テクスチャターゲット
    0,                  // LoD（Level of Detail：詳細レベル）（今は0とする）
    format,             // OpenGL が使うべきカラーフォーマット
    mWidth,             // テクスチャの幅
    mHeight,            // テクスチャの高さ
    0,                  // 境界色（この値は0にする）
    format,             // 入力データのカラーフォーマット
```

```
    GL_UNSIGNED_BYTE,  // 入力データのビット深度
                       // unsigned byte で 8 ビット / チャネルを指定
    image              // 画像データへのポインタ
);
```

画像データをOpenGLにコピーしたら、SOILの画像データはメモリから解放できる。

```
SOIL_free_image_data(image);
```

最後に、glTexParameteri関数を使ってバイリニアフィルタを有効にする。

```
glTexParameteri(GL_TEXTURE_2D, GL_TEXTURE_MIN_FILTER, GL_LINEAR);
glTexParameteri(GL_TEXTURE_2D, GL_TEXTURE_MAG_FILTER, GL_LINEAR);
```

今は、glTexParameteriに渡す引数の心配をする必要はない（第13章「中級グラフィックス」で詳しく説明する）。

リスト5.15が、Texture::Loadの最終バージョンだ。

リスト5.15 Texture::Loadの実装

```
bool Texture::Load(const std::string& fileName)
{
    int channels = 0;
    unsigned char* image = SOIL_load_image(fileName.c_str(),
        &mWidth, &mHeight, &channels, SOIL_LOAD_AUTO);

    if (image == nullptr)
    {
        SDL_Log("SOIL が画像 %s のロードに失敗しました : %s",
            fileName.c_str(), SOIL_last_result());
        return false;
    }

    int format = GL_RGB;
    if (channels == 4)
    {
        format = GL_RGBA;
    }

    glGenTextures(1, &mTextureID);
    glBindTexture(GL_TEXTURE_2D, mTextureID);
    glTexImage2D(GL_TEXTURE_2D, 0, format, mWidth, mHeight, 0, format,
              GL_UNSIGNED_BYTE, image);
    SOIL_free_image_data(image);
```

```
    // バイリニアフィルタを有効にする
    glTexParameteri(GL_TEXTURE_2D, GL_TEXTURE_MIN_FILTER, GL_LINEAR);
    glTexParameteri(GL_TEXTURE_2D, GL_TEXTURE_MAG_FILTER, GL_LINEAR);

    return true;
}
```

Texture::UnloadとTexture::SetActiveは、どちらも1行の関数だ。Unloadはテクスチャオブジェクトを削除し、SetActiveはglBindTextureを呼び出す。

```
void Texture::Unload()
{
    glDeleteTextures(1, &mTextureID);
}

void Texture::SetActive()
{
    glBindTexture(GL_TEXTURE_2D, mTextureID);
}
```

このあと、ロードしたテクスチャを連想配列でGameに追加する。これは、以前にSDL_Textureで行ったのと、ほとんど同じだ。これでGame::GetTexture関数は、要求されたテクスチャを指すTexture*を返せるようになる。SpriteComponentには、SDL_Texture*の代わりに、Texture*のメンバー変数が必要だ。

最後に、SpriteComponent::Drawに頂点を描画する直前にmTextureをSetActiveするコードを追加する。これで、描画するスプライトコンポーネントごとに、異なるテクスチャを設定できる。

```
// SpriteComponent::Drawの中で…
// 現在アクティブなテクスチャを設定
mTexture->SetActive();
// 四角形を描画
glDrawElements(GL_TRIANGLES, 6,
    GL_UNSIGNED_INT, nullptr);
```

5.6.2 頂点フォーマットを更新する

テクスチャマッピングを使うには、頂点にテクスチャ座標を持たせる必要がある。ゆえに、スプライトのVertexArrayを変更する。

```
float vertices[] = {
    -0.5f,  0.5f,  0.f,  0.f,  0.f, // 左上
     0.5f,  0.5f,  0.f,  1.f,  0.f, // 右上
     0.5f, -0.5f,  0.f,  1.f,  1.f, // 右下
    -0.5f, -0.5f,  0.f,  0.f,  1.f  // 左下
};
```

前述したように、OpenGLは画像データの扱いが独特なので、それに合わせてテクスチャのV座標を逆転させている。

各頂点で、最初の3個の浮動小数点値が位置座標であり、それに続く2つの浮動小数点値がテクスチャ座標である。図5.11は、この新しい頂点フォーマットのメモリレイアウトだ。

	頂点0					頂点1					頂点2					…
	x	y	z	u	v	x	y	z	u	v	x	y	z	u	v	
バイト	0	4	8	12	16	20	24	28	32	36	40	44	48	52	56	60

UVへのオフセット = sizeof(float) * 3

ストライド = sizeof(float) * 5

図5.11　位置座標とテクスチャ座標での頂点メモリレイアウト

頂点レイアウトを変更するので、**VertexArray**コンストラクターのコードを修正する必要がある。話を単純にするために、すべての頂点が必ず3次元の位置座標と2次元のテクスチャ座標を持つことにする（これは以降の章で変更する）。

頂点のサイズが変わったので、**glBufferData**の呼び出しを更新する必要がある。個々の頂点が**5個**の**float**を持つので、次のように変更する。

```
glBufferData(GL_ARRAY_BUFFER, numVerts * 5 * sizeof(float),
    verts, GL_STATIC_DRAW);
```

インデックスバッファは同じなので、それに対する**glBufferData**呼び出しに変更はない。ただし、頂点のストライドが**float5個**分に増えたので、「頂点属性0」を調整する必要がある。

```
glEnableVertexAttribArray(0);
glVertexAttribPointer(0, 3, GL_FLOAT, GL_FALSE,
    sizeof(float) * 5,    // 新しいストライドは float5 個分
    0);                   // 頂点の位置は、今もオフセット0
```

これで位置座標の属性が修正される。けれども、テクスチャ座標のために第2の頂点属性を追加したので、「頂点属性1」を有効にして、そのフォーマットを指定しなくてはならない。

```
glEnableVertexAttribArray(1);
glVertexAttribPointer(
    1,                      // 頂点属性インデックス
    2,                      // 成分の数（UV は 2 個 ）
    GL_FLOAT,               // 各成分の型
    GL_FALSE,               // (GL_FLOAT には使わない)
    sizeof(float) * 5,      // ストライド ( 通常は各頂点のサイズ)
    reinterpret_cast<void*>(sizeof(float) * 3) // オフセットポインタ
);
```

`glVertexAttribPointer`呼び出しの、最後の引数は、ちょっと見苦しい。OpenGLは頂点の先頭から、この属性までに何バイトあるのかを知る必要がある。そのために、`sizeof(float) * 3`という部分がある。OpenGLは、これを「オフセットポインタ」として受け取ることになっている。だから、`reinterpret_cast`を使って、`void*`ポインタ型へ強制的に変換する必要があるのだ。

構造体を使った場合のオフセット計算

頂点フォーマットの表現にC++の構造体を使うのなら、このような計算の代わりに、`offsetof`マクロを利用して頂点属性へのオフセットを算出できる。この方法は、頂点要素間にパディングがある時に、とても便利だ。

5.6.3 シェーダーを更新する

テクスチャ座標を使う頂点フォーマットになったので、新しいシェーダーを2つ作る必要がある。1つは`Sprite.vert`で、最初は`Transform.vert`をコピーする。もう1つは`Sprite.frag`で、最初は`Basic.frag`をコピーする。

● Sprite.vert シェーダー

これまでは頂点属性が1つだけだったので、位置を1個の`in`変数として宣言するだけで、GLSLは対応する頂点属性を知ることができた。けれども、複数の頂点属性になったので、どの属性スロットが、どの変数に対応するのか指定する必要がある。このため、変数宣言を次のように変更する。

```
layout(location=0) in vec3 inPosition;
layout(location=1) in vec2 inTexCoord;
```

どの属性スロットが、どの変数に対応するのかを、layoutディレクティブによって指定する。ここでは、頂点属性のスロット0に3次元のfloatベクトルを、頂点属性のスロット1に2Dのfloatベクトルを指定する。これらは、glVertexAttribPointer呼び出しのスロット番号に対応している。

また、テクスチャ座標は頂点シェーダーの入力の一部だが（これは頂点レイアウトに入っている）、フラグメントシェーダーにもテクスチャ座標を知らせる必要がある。その理由は、フラグメントシェーダーがピクセルの色を決めるのに、テクスチャ座標を使うからだ。幸い、データを頂点シェーダーからフラグメントシェーダーに渡すことが可能だ。それには、まずグローバルなout変数を、頂点シェーダーの中に宣言する。

```
out vec2 fragTexCoord;
```

また、頂点シェーダーのmain関数に、次の行を追加する。これは、テクスチャ座標を、頂点の入力変数から出力変数へと直接コピーする。

```
fragTexCoord = inTexCoord;
```

これが上手くいくのは、OpenGLが頂点シェーダーの出力を三角形ポリゴンの表面すべてに自動的に補間するからだ。1つの三角形には3個の頂点しかないけれど、三角形の表面にある任意のピクセルについて、それに対応するフラグメントシェーダーでのテクスチャ座標を、補間された座標値として得ることができる。

リスト5.16が、Sprite.vertのソースコード全体である。

リスト5.16 Sprite.vertの実装

```
#version 330
// ワールド変換とビュー射影のための uniform 行列
uniform mat4 uWorldTransform;
uniform mat4 uViewProj;

// 属性 0 は位置、属性 1 はテクスチャ座標
layout(location = 0) in vec3 inPosition;
layout(location = 1) in vec2 inTexCoord;

// 出力に、テクスチャ座標を追加
out vec2 fragTexCoord;
```

```
void main()
{
    // 位置座標を同次座標系に変換
    vec4 pos = vec4(inPosition, 1.0);
    // 位置をワールド空間に、そしてクリップ空間に変換
    gl_Position = pos * uWorldTransform * uViewProj;
    // テクスチャ座標をフラグメントシェーダーに渡す
    fragTexCoord = inTexCoord;
}
```

Sprite.frag シェーダー

規則として、頂点シェーダーのout変数は、どれもフラグメントシェーダーのin変数に対応させなければならない。フラグメントシェーダー側のin変数は、名前も型も、頂点シェーダー側のout変数と、必ず同じ名前、同じ型にする必要がある。

```
in vec4 fragTexCoord;
```

次に、(与えられたテクスチャ座標にしたがってテクスチャから色を取得する) テクスチャサンプラーのために、uniformを1つ追加する。

```
uniform sampler2D uTexture;
```

このsampler2D型は、2Dテクスチャをサンプリングする特別な型だ。頂点シェーダーのワールド行列およびビュー射影行列のuniformと違って、このサンプラーではuniformをバインドするC++コードを書く必要はない。なぜなら、今は一枚のテクスチャしかバインドしないので、OpenGLは、このシェーダーの唯一のテクスチャサンプラーがアクティブテクスチャに対応することを自動的に察知できるからだ。

最後に、main関数にあるoutColorへの代入を、次のように書き換える。

```
outColor = texture(uTexture, fragTexCoord);
```

これで、テクスチャの色がサンプリングされる。この時使われるのは、(座標が三角形の表面全体に補間されたあとの) 頂点シェーダーから渡されたテクスチャ座標である。

リスト5.17は、Sprite.fragの完全なソースコードだ。

リスト5.17 Sprite.fragの実装

```
#version 330
// 頂点シェーダーからのテクスチャ座標入力
in vec2 fragTexCoord;
// 出力色
out vec4 outColor;
// テクスチャサンプリング用
uniform sampler2D uTexture;

void main()
{
    // テクスチャから色をサンプリングする
    outColor = texture(uTexture, fragTexCoord);
}
```

Game::LoadShadersのコードを書き換えて、今後はSprite.vertとSprite.fragをロードする。これまでは、さまざまなアクター内のコードでSpriteComponentのテクスチャをセットしていたが、それらのテクスチャはSOILでロードされる。以上の更新によるコードで、図5.12のように、テクスチャマッピング付きでスプライトを描画できる。残念ながら、あと1つだけ修正すべき問題が残っていた。現在のコードは透明にすべきピクセルを黒く塗っているのだ。

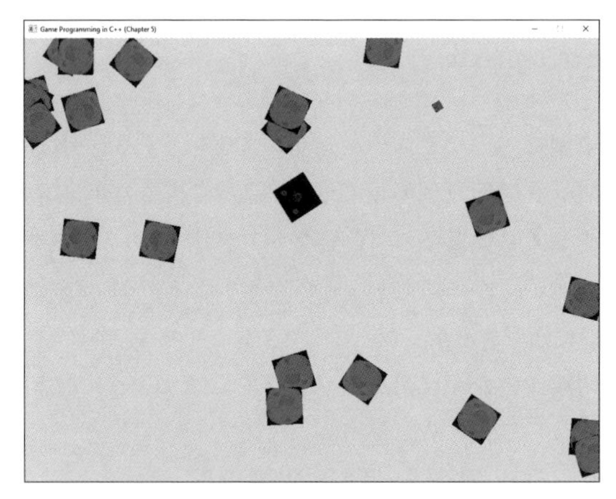

図5.12 テクスチャマッピングされたスプライト

5.6.4 アルファブレンディング

アルファブレンディング（alpha blending）は、半透明なピクセル（アルファチャネルが1未満のもの）を、合成する処理だ。アルファブレンディングでは、通常は次の式でピクセルの色を決める。

$$outputColor = srcFactor \cdot srcColor + dstFactor \cdot dstColor$$

「ソースカラー」(source color) とは、(フラグメントシェーダーから出力された) 描画しようとする色であり、「ディスティネーションカラー」(destination color) とは、その時点までカラーバッファに記録されていた色のことだ。個々の係数パラメーター (srcFactor と dstFactor) はカスタマイズできる。

アルファブレンディングで半透明にするには、$srcFactor$ に、描画するピクセルのアルファ値 ($srcAlpha$) を使い、 $dstFactor$ には、 1 から $srcAlpha$ を引いた値を使う。

$$outputColor = srcAlpha \cdot srcColor + (1 - srcAlpha) \cdot dstColor$$

例えばRGBに各8ビットの値を使うとして、カラーバッファのピクセルが赤い色だとしよう。それが $dstColor$ となる。

$$dstColor = (255, 0, 0)$$

そして、今描画しようとするピクセルは青い。これが $srcColor$ だ。

$$srcColor = (0, 0, 255)$$

ここで、$srcAlpha$ がゼロだとしよう。ピクセルは完全に透明という意味になる。この場合、上記の式は次のように評価される。

$$outputColor = 0 \cdot (0, 0, 255) + (1 - 0) \cdot (255, 0, 0)$$
$$outputColor = (255, 0, 0)$$

完全に透明なピクセルに望ましい結果が得られる。アルファは不透明度であり、もしゼロならば、 $srcColor$ は完全に無視され、すでにカラーバッファに描かれている値が、そのまま使われる。

この合成方法を有効にするには、`Game::GenerateOutput`でスプライトを描画する直前に、次のコードを追加する。

```
glEnable(GL_BLEND);
glBlendFunc(
    GL_SRC_ALPHA,              // srcFactor は srcAlpha
    GL_ONE_MINUS_SRC_ALPHA     // dstFactor は (1-srcAlpha)
);
```

`glEnable`の呼び出しで、カラーバッファのブレンディングを有効にする（デフォルトでは無効にされている）。それから`glBlendFunc`を使って、 $srcFactor$ と $dstFactor$ を指定する。

アルファブレンディングにより、図5.13のようにスプライトが正しく表示される。これで2D OpenGLのレンダリングコードは、これまでのSDLの2Dレンダリングと機能的に等しくなった。ここまでたどり着くのに、なんと多くの作業が必要だったか、と思われるかもしれないが、十分なメリットがある。これで第6章の主題である3Dグラフィックスをサポートするための基礎が整ったのだ。

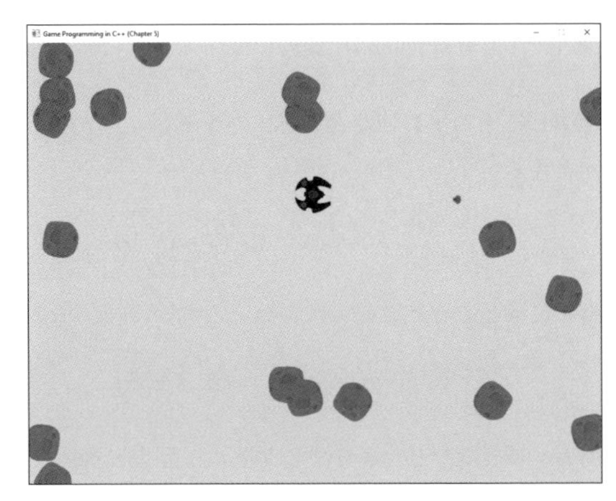

図5.13 アルファブレンディングを使ってテクスチャマッピングされたスプライト

5.A ゲームプロジェクト

この章のゲームプロジェクトには、SDLグラフィックスからOpenGLへとゲームのコードを変換する、すべてのコードがそろっている。これによって、第3章のAsteroidsゲームプロジェクトが、OpenGLを使うように変更されている。操作方法は第3章と同じだ。[W][A][S][D]のキーで船を動かし、スペースバーでレーザーを発射する。コードは本書GitHubレジストリの、`Chapter05`ディレクトリにある。Windowsでは`Chapter05-windows.sln`、Macでは`Chapter05-mac.xcodeproj`を開こう。

5.B まとめ

グラフィックスハードウェアはポリゴン描画用に最適化されているので、2Dでも3Dでもゲームは内部的にはポリゴン（通常は三角形）を使って、ゲームワールドに存在するすべての視覚的オブジェクトを表現する。単なる画像と思われがちな2Dスプライトさえも、テクスチャがマッピングされた矩形のポリゴンモデルなのだ。三角形をグラフィックスハードウェアに送るには、それぞれの頂点の属性を宣言し、頂点とインデックスのバッファを作成する必要がある。

すべての現代的なグラフィックスAPIは、プログラマーが頂点シェーダーとフラグメント（ピクセル）シェーダーを使って、ポリゴンのレンダリング方法を指定することを期待する。これらのシェーダーは、（C++ではなく）シェーダープログラミング言語を使って、別プログラムとして用意する。頂点シェーダーは、少なくとも頂点の位置をクリップ空間に出力し、フラグメントシェーダーはピクセル単位に最終的な色を決める。

座標変換を利用すれば、同じオブジェクトの複数のインスタンスを描画するのに、頂点とインデックスのバッファをインスタンスごとに持つ必要がなくなる。オブジェクト空間はオブジェクトの原点からの相対座標空間、ワールド空間は、ゲームワールドの相対座標空間だ。

ゲームでは行列を使って座標変換を表現する。変換に使える行列は、スケール、回転、平行移動などだ。これらの変換を「スケール、回転、平行移動」の順に組み合わせれば、オブジェクト空間からワールド空間へとオブジェクトを変換するワールド行列になる。ワールド空間からクリップ空間に変換するには、ビュー射影行列を使う。2Dゲームならば、ワールド空間の単位長をウィンドウの1ピクセルと等しくすることで、この変換を単純化できる。

テクスチャマッピングは、テクスチャの一部を三角形の表面に貼る。これを実装するには、テクスチャ（UV）座標の頂点属性が必要になる。フラグメントシェーダーでは、UV座標からテクスチャの色をサンプリングする。サンプリングは、UV座標に最も近いテクスチャピクセル（テクセル）をベースとして、あるいは近傍のテクセルも考慮するバイリニアフィルタリングをベースとして読み込む。

最後に、ささいな仕事に見えても、OpenGLでスプライトを表示するには大量のコードが必要だ。まず、OpenGLとGLEWを初期化する必要がある。次に、三角形をレンダリングするには、頂点配列オブジェクトを作り、頂点レイアウトを指定し、頂点シェーダーとフラグメントシェーダーを書き、それらのシェーダープログラムをロードするコードを書く必要がある。頂点をオブジェクト空間からクリップ空間に変換するには、ワールド変換とビュー射影変換の行列を、uniformを使って渡す必要がある。テクスチャマッピングを追加するには、画像をロードし、UV座標を含むように頂点レイアウトを変更し、テクスチャをサンプリングするようにシェーダーを更新する必要がある。

5.C 参考文献

熱心なOpenGL開発者のために、数多くの優れたオンラインリファレンスがある。公式のOpenGL Reference Pagesは、個々の関数のパラメーターを調べるのに便利だ。OpenGLのチュートリアルサイトも数多く存在するが、Learn OpenGLは、特に優れている[訳注2]。ゲーム開発で使われるグラフィックスのテクニックを詳しく研究するには、Thomas Akenine-MollerたちのReal-Time Renderingという本が決定的な参考書だ[訳注3]。

— Akenine-Möller, Thomas, Eric Haines, and Naty Hoffman. *Real-Time Rendering, 4th edition*. Natick: A K Peters, 2018.

— *Learn OpenGL*. Accessed May, 2018. URL http://learnopengl.com/

— *OpenGL Reference Pages*. Accessed May, 2018. URL https://www.khronos.org/registry/OpenGL-Refpages/

5.D 練習問題

この章のゲームプロジェクトを変更して、OpenGLの経験をもっと積んでいこう。

課題 5.1

背景色のクリアカラーを変更して、色がスムーズに変わっていくようにしよう。例えば黒から始めて、数秒の間に青に至るまで、スムーズに色を変えていく。それから別の色（例えば赤）を選び、また数秒の間で、その色までスムーズに色を変えていく。このようなスムーズな移り変わりを`Game::Update`で実現するには、どのようにデルタタイムを使えばいいか、考えよう。

課題 5.2

スプライトの個々の頂点でRGB色を持つように変更しよう。これは**頂点カラー**（vertex color）と呼ばれる。頂点シェーダーを書き換えて、頂点カラーを入力として受け取り、それをフラグメントシェーダーに渡そう。それからフラグメントシェーダーを書き換えて、テクスチャからサンプリングした色を単純に描画する代わりに、頂点色とテクスチャ色の平均値を使うようにしよう。

訳注2　日本語では「OpenGL 3.3以降のチュートリアル」（URL http://www.opengl-tutorial.org/jp/）がある。

訳注3　邦訳は『リアルタイムレンダリング 第4版』Tomas Akenine-Moller, Eric Haines, Naty Hoffman 著、髙橋 誠史、今給黎 隆 監修、加藤 諒 編集、中本 浩 訳（ボーンデジタル、2019年）。

Chapter

6

3Dグラフィックス

この章では、2D環境から完全な3Dのゲームに切り替える方法を示すが、かなりの変更が必要となる。3次元回転を含んだActorの変換は、より複雑になる。また、3Dモデルをロードして描画しなくてはならない。そして、ほとんどの3Dゲームでは、シーンに何らかのライティングが施される。この章のゲームプロジェクトは、これらの3D技術をすべて披露する。

6.1 Actorの3次元座標変換

これまで扱ってきたActorの変換は、2Dグラフィックス用のものだ。3次元で用いるには修正が必要である。わかりやすい変更を挙げると、Vector2の位置座標はVector3になる。ここで重要な疑問が生まれる。この世界で、x と y と z とは、どの方向なのだろうか。ほとんどの2Dゲームの座標系は、x が水平方向、y は垂直方向だ。ただし2次元でさえ、実装に応じて $+y$ が上向きになったり下向きになったりする。第3の成分を追加すれば、さらに可能性は広がる。どれを使うかは好きにしてよいが、選択した座標系を一貫して使う必要がある。本書では、$+x$ は前方、$+y$ は右向き、$+z$ は上向きとする。図6.1に、この座標系を示す。

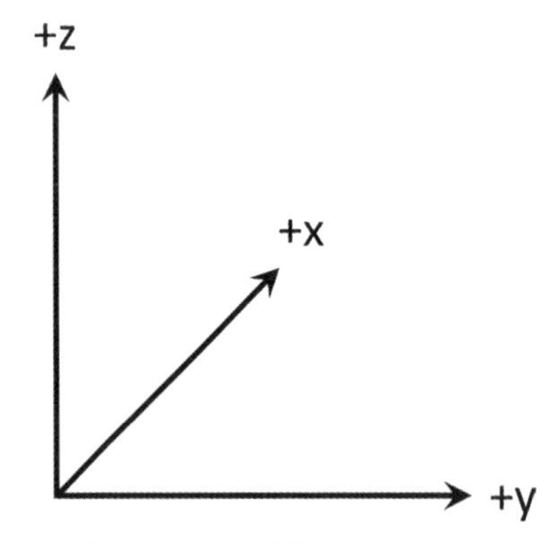

図6.1　本書で使用する3D座標系

左手の親指が上向きだとする。人差し指で前方を、中指で右を指せる。これは図6.1の座標系と完全に一致する。この座標系は**左手座標系**（left-handed coordinate system）だ。もし $+y$ が左向きなら、右手座標系になる。

6.1.1 3次元の変換行列

3D座標系を使うので、同次座標は (x, y, z, w) になる。変換行列には、w 成分が必要なことを思い出そう。3D座標では、変換行列が 4×4 の行列になる。この変更は、平行移動とスケーリングに関しては単純だ。

(a, b, c) をオフセットとする 4×4 の平行移動行列を次に示す。

$$T(a,b,c) = \begin{bmatrix} 1 & 0 & 0 & 0 \\ 0 & 1 & 0 & 0 \\ 0 & 0 & 1 & 0 \\ a & b & c & 1 \end{bmatrix}$$

同様に、スケール行列では3個の要素での拡大縮小が可能だ。

$$S(s_x, s_y, s_z) = \begin{bmatrix} s_x & 0 & 0 & 0 \\ 0 & s_y & 0 & 0 \\ 0 & 0 & s_z & 0 \\ 0 & 0 & 0 & 1 \end{bmatrix}$$

しかし、3次元の回転は、これほど単純ではない。

6.1.2 オイラー角

3次元の回転表現は、2次元のものよりも複雑だ。これまでアクターが、(z 軸周りの) 回転用に1個の`float`で済んだのは、それが2次元では唯一可能な回転だったからだ。けれども、3次元では、3つの座標軸のどれでも回転ができる。3次元での回転を表現するには**オイラー角**(Euler angles) によるアプローチがある。ヨー、ピッチ、ロールという3つの角度 (飛行機の操縦の用語と同じもの)で、それぞれの軸周りに回転する。**ヨー**(yaw)は上下軸周りの回転、**ピッチ**(pitch) は左右軸周りの回転、**ロール**(roll) は前後軸周りの回転である。図6.1の座標系では、ヨーは $+z$ を巡る回転、ピッチは $+y$ を巡る回転、ロールは $+x$ を巡る回転だ。

このように3種類の異なる回転角があれば、個々のオイラー角について別々の回転行列を作り、それらを組み合わせて回転行列を作れる。ただし、3つの行列の掛け合わせの順序がオブジェクトの最終的な回転に影響する。一般的なアプローチの1つが、ロール、ピッチ、ヨーという順番だ。

$$FinalRot = (RollMatrix)(PitchMatrix)(YawMatrix)$$

これらオイラー角の適用に「正しい」順序があるわけではない。必要なのは、順序を1つ選んで、その順序だけを使うことだ。

ただし、オイラー角では、任意の回転を作り出すことが難しい。オブジェクト空間の宇宙船が、$+x$ (前方) を向いているとしよう。この船を回転させて、位置 P にあるオブジェクトの方角に向けるには、ヨーとピッチとロールの組み合わせが要求されるが、個々の角度は単純な計算では求められない。

問題は、それだけではない。あるオブジェクトが、オイラー角で初期方向と目的方向を持っているとしよう。この2つの角の間を、時間をかけて少しずつスムーズに遷移、あるいは**補間**(interpolate) したいとする。3つの角度を個別に補間することで、オイラー角での補間は可能だ。けれども、この方法では正しく補間されない状況もある。個々の成分を別々に補間すると、不自然な角度に見える特異点に遭遇することがあるのだ。

オイラー角を使うのは可能だが、任意の回転を扱うには、もっと上手くいくことの多い、別の選択肢がある。

6.1.3 クォータニオン

多くのゲームがオイラー角ではなく**クォータニオン**（quaternion:四元数）を使っている。クォータニオンの正式な数学的定義は複雑なものだ。本書の目的に関してのみいえば、クォータニオンは、（x 、 y 、 z に限らず）任意の軸周りの回転を表現する方法と考えてよい。

基礎的な定義

3Dグラフィックスで使われる**単位クォータニオン**（unit quaternion）は、大きさが1のクォータニオンだ。クォータニオンは、ベクトルとスカラーの成分を持つ。本書ではクォータニオン（ q ）を、ベクトル（ v ）成分とスカラー（ s ）成分で次のように表記する。

$$q = [\vec{q_v}, q_s]$$

ベクトル成分とスカラー成分は、正規化された回転軸 $\hat{a}$ と、回転角 θ から計算される。

$$\vec{q_v} = \hat{a} \sin \frac{\theta}{2}$$
$$q_s = \cos \frac{\theta}{2}$$

このあとの展開が成り立つのは、「正規化された回転軸」（normalized axis of rotation）に限られる。正規化されていない軸を使うと、非単位クォータニオンとなって、ゲーム内のオブジェクトが「剪断（せんだん）」（非均一な引き伸ばし）されてしまう。

さて、クォータニオンの使い方の理解のために、先ほどの宇宙船を任意のオブジェクトに向ける問題を考えてみよう。オイラー角では、正確なヨーとピッチとロールを計算するのは難しい。クォータニオンでは、この問題は非常に易しくなる。宇宙船は最初、位置 S で $+x$ の方向を向いている。この宇宙船をある座標 P を向くように回転させたい。まず、この宇宙船から新しい座標に向かうベクトル（$NewFacing$）を計算し、そのベクトルを正規化する。

$$NewFacing = \frac{P - S}{\|P - S\|}$$

次に、もとの向きから新しい向きに回す回転軸を（クロス積で）計算し、そのベクトルを正規化する。

$$\hat{a} = \frac{\langle 1,0,0 \rangle \times NewFacing}{\| \langle 1,0,0 \rangle \times NewFacing\|}$$

ドット積とアークコサインを使って、回転角度を計算する。

$$\theta = \arccos(\langle 1,0,0\rangle \cdot NewFacing)$$

最後に、その軸（$\hat{a}$）と角度（θ）から、宇宙船が点 P を向くまでの回転を表すクォータニオンを作る。これは、P が3Dワールドのどこにあっても使える。

ただし、1つだけエッジケース[訳注1]があって、$NewFacing$ が、もとの向きと平行なら、クロス積で成分がすべてゼロのベクトルができる。このベクトルは長さがゼロなので、ベクトルの正規化でゼロによる除算が発生して、回転軸が壊れてしまう。このため、$NewFacing$ が、もとの向きと平行していないことを確認しなければならない。もし両者が同じ向きなら、オブジェクトはすでにNewFacingを向いている。その場合、クォータニオンは単なる恒等クォータニオンであって、回転は不要である。もし2つのベクトルが逆向きならば、π ラジアンの回転が必要である。

回転を組み合わせる

もうひとつ一般的な演算は、クォータニオンに回転を追加することだ。2つのクォータニオン、p と q がある時、次の**グラスマン積**（Grassmann product）は、q に続いて p で回転をする[訳注2]。

$$(\vec{pq})_v = p_s\vec{q_v} + q_s\vec{p_v} + \vec{p_v} \times \vec{q_v}$$
$$(pq)_s = p_s q_s - \vec{p_v} \cdot \vec{q_v}$$

この乗算は p が q の左にあるが、回転は右から左の順序で適用される。また、グラスマン積はクロス積（外積）を使うので、可換ではない。したがって、p と q を入れ替えたら、回転の順序が逆になる。

行列に逆行列があるように、クォータニオンにも逆元（inverse）が存在する。単位クォータニオンならば、その逆元は、ベクトル成分の符号を反転すればよい。

$$q^{-1} = [-\vec{q_v}, q_s]$$

逆があるなら、単位元（恒等クォータニオン）もある。これは次のように定義される。

$$\vec{i_v} = \langle 0,0,0\rangle$$
$$i_s = 1$$

訳注1　プログラミングでの"エッジケース"は、アルゴリズムで特殊な扱いが必要な入力値のこと。

訳注2　グラスマン積は、交代積とも呼ばれる。グラスマン代数（外積代数）については、具体的な解説のある『実例で学ぶゲーム3D数学』の「9.4.8 四元数の乗算（外積）」が理解しやすい。『ゲームエンジン・アーキテクチャ 第2版』の「4.4 クォータニオン」の説明も参考になるだろう。

クォータニオンでベクトルを回転する

3次元ベクトル $\vec{v}$ を、単位クォータニオンで回転させるには、まず v を次のクォータニオン r で表現する。

$$r = [\vec{v}, 0]$$

次に、2つのグラスマン積で r' を計算する。

$$r' = (qr)q^{-1}$$

回転されたベクトルは、この r' のベクトル成分である。

$$\vec{v'} = \vec{r'_v}$$

球面線形補間

クォータニオンによって、**球面線形補間**（spherical linear interpolation:Slerp）と呼ばれる、より正確な回転の補間がサポートされる。Slerpは、2つのクォータニオン a 、 b と、 a から b へ向かうパラメーターとなる範囲 $[0, 1]$ の小数値を受け取る。例えば次は、 a に25%の割合で b を混ぜた回転クォータニオンである。

$$Slerp(a, b, 0.25)$$

長くなるので、Slerpの計算は省略する[訳注3]。

クォータニオンから回転行列への変換

最終的には、ワールド行列が必要なので、いつかはクォータニオン回転を行列に変換する必要が生じる。クォータニオンから行列への変換式には、かなり多くの項がある。

$$\vec{q_v} = \langle q_x, q_y, q_z \rangle$$

$$q_s = q_w$$

$$Rotate(q) = \begin{bmatrix} 1 - 2q_y^2 - 2q_z^2 & 2q_xq_y + 2q_wq_z & 2q_xq_z - 2q_wq_y & 0 \\ 2q_xq_y - 2q_wq_z & 1 - 2q_x^2 - 2q_z^2 & 2q_yq_z + 2q_wq_x & 0 \\ 2q_xq_z + 2q_wq_y & 2q_yq_z - 2q_wq_x & 1 - 2q_x^2 - 2q_y^2 & 0 \\ 0 & 0 & 0 & 1 \end{bmatrix}$$

訳注3　計算すると、 $Slerp(a, b, f) = (a \sin(1 - f)\theta + b \sin f\theta) / \sin\theta$ となる。ここで、 θ は、2つの単位クォータニオンのベクトル成分のなす角である。この式は、 f の割合だけ角度を進めた向きのベクトルで合成した回転として導出できる。

クォータニオンのコーディング

クォータニオンをベクトルや行列と同じようにサポートするために、独自のMath.hヘッダーファイルにQuaternionクラスを置いた。リスト6.1は、最も便利な関数群だ。クォータニオンの除算の順序は、しばしばゲームプログラマーを混乱させるので（例えば、先に p 、次に q で回転する時、 q に p を掛ける）、乗算の演算子を使う代わりに、Math.hライブラリはConcatenate関数を宣言している。この関数はクォータニオンを、多くの人々が期待する順序で受け取る。このため、「先に p 、そのあとで q 」の回転を、次のように書ける。

```
Quaternion result = Quaternion::Concatenate(q, p);
```

リスト6.1 特に重要なQuaternionの関数群

```
class Quaternion
{
public:
    // 関数 / データ省略
    // ...

    // 軸と角度からクォータニオンを構築
    explicit Quaternion(const Vector3& axis, float angle);
    // 球面線形補間
    static Quaternion Slerp(const Quaternion& a, const Quaternion& b, float f);
    // 連結（先にq、次にpで回転。グラスマン積pqを使用）
    static Quaternion Concatenate(const Quaternion& q, const Quaternion& p);
    // v = (0, 0, 0); s = 1
    static const Quaternion Identity;
};

// Matrix4 内 ...
// Matrix4 をクォータニオンから作成
static Matrix4 CreateFromQuaternion(const Quaternion& q);

// Vector3 内 ...
// Vector3 をクォータニオンで変換
static Vector3 Transform(const Vector3& v, const Quaternion& q);
```

6.1.4 Actorの新しい座標変換を使う

回転の問題に決着が付いた。Actorクラスは変換用に位置のVector3、回転のQuaternion、スケールのfloatを持たせていく。

```
Vector3 mPosition;
Quaternion mRotation;
float mScale;
```

この新しい変換表現では、ComputeWorldTransformでのワールド行列の計算は、次のように変わる。

```
// まずスケーリング、次に回転、それから平行移動
mWorldTransform = Matrix4::CreateScale(mScale);
mWorldTransform *= Matrix4::CreateFromQuaternion(mRotation);
mWorldTransform *= Matrix4::CreateTranslation(mPosition);
```

前方ベクトルを取得するには、もとの前方ベクトル（ $+x$ ）をクォータニオンで回転する必要がある。

```
Vector3 GetForward() const
{
    return Vector3::Transform(Vector3::UnitX, mRotation);
}
```

また、1つの角度での回転（例えばMoveComponent::Update）を、修正する必要がある。話を単純にするため、MoveComponentが $+z$ 軸周りの回転（ヨー）だけを行うものとする。この修正を行ったコードがリスト6.2である。まず所有アクターの回転クォータニオンを取得する。次に、さらに回転させるための新しいクォータニオンを作る。最後に、もとの回転と新しい回転を結合して、最終的な回転クォータニオンを作る。

リスト6.2 クォータニオンでのMoveComponent::Updateの実装

```
void MoveComponent::Update(float deltaTime)
{
    if (!Math::NearZero(mAngularSpeed))
    {
        Quaternion rot = mOwner->GetRotation();
        float angle = mAngularSpeed * deltaTime;
        // 回転を追加させるクォータニオンを作成
        // (+z 軸周りの回転 )
        Quaternion inc(Vector3::UnitZ, angle);
        // もとの rot と増分のクォータニオンを結合
        rot = Quaternion::Concatenate(rot, inc);
        mOwner->SetRotation(rot);
    }

    // 前進スピードに応じて位置を更新するコードは同じ
    // ...
}
```

6.2 3Dモデルのロード

スプライトベースのゲームでは、どのスプライトも四角形1つで描画するので、頂点バッファとインデックスバッファを固定コーディングしても構わなかった。けれども3Dゲームでは、三角形のメッシュが大量に存在する。例えば一人称シューターならば、敵のメッシュ、武器のメッシュ、キャラクターのメッシュ、環境のためのメッシュなど。アーティストは、これらのモデルを、BlenderやAutodesk Mayaのような3Dモデリングツールで作る。それらのモデルを頂点バッファとインデックスバッファにロードするコードが必要だ。

6.2.1 モデルフォーマットの選択

3Dモデルを使うには、モデルをファイルに格納する方法を決めなければならない。モデリングツールを決め、そのツール独自のファイルフォーマットの読み込みをサポートする考えもあるだろう。しかし、この方法には短所がある。まず、3Dモデリングツールの機能は、ゲームよりも、ずっと多い。モデリングツールは、NURBS曲線や、四角形、多角形を含めて、数多くの幾何形状をサポートする。また、モデリングツールは、レイトレーシングなどの、複雑なライティング（照明）とレンダリングのテクニックもサポートする。ゲームで、これらすべての機能を取り入れることはないだろう。

さらに、ほとんどのモデルファイルは、実行時には必要のないデータが大量に入る。例えば、モデルの更新履歴が入っているかもしれない。明らかに、ゲーム中にアクセスすることはない。これら余分な情報があるため、モデルファイルフォーマットは大きく、実行時に使用したら性能に悪影響を及ぼす。

そればかりか、モデルファイルフォーマットは透明性がなく、フォーマットによってはドキュメントがない。リバースエンジニアリングしない限り、ファイルをゲームにロードすることさえ不可能かもしれない。

最後に、モデリングフォーマットの選択は、ゲームを特定のモデリングツールに縛り付けることになる。新しいアーティストが、まったく別のモデリングツールを使いたいと言い出したら、どうすればよいのだろうか？　ツール独自のフォーマットを使っていると乗り換えは難しい（もし簡単な変換プロセスがなければ）。

異なるモデリングツールの間で、その機能を提供するのが、**変換フォーマット**（exchange formats）だ。最も一般的なフォーマットは、FBXとCOLLADAで、多数のモデリングツールがサポートしている。これらのフォーマットをロードするためのSDKも存在するが、「ゲームが実行時に必要とするより、はるかに多くのデータがある」というフォーマットの問題は解決されない。

そこで、Unityや、EpicのUnreal Engineのような製品エンジンが、どういう仕組みになっているのか考えてみよう。どちらのエンジンも、FBXのようなファイルフォーマットは、エディターではインポート可能でも、ランタイムでは使わない。インポート時に、エンジンの内部フォーマットに変換する処理が走る。ランタイムでは、その内部フォーマットのモデルをロードする。

その他のエンジンでは、一般的なモデリングツール用に、エクスポーター（exporter）プラグインを提供している。エクスポータープラグインは、モデリングツールのフォーマットから、ランタイム目的で設計された独自フォーマットに変換する。

本書では、独立性を重視して、独自フォーマットを使おう。バイナリファイルフォーマットのほうが効率はよいが（実際ほとんどのゲームが使っている）、シンプルにするため、JSON（JavaScript Object Notation）テキストフォーマットを使う。モデルファイルを手作業で簡単に編集でき、正しくロードされたかの確認も容易である。バイナリフォーマットの取り扱いは、第14章「レベルファイルとバイナリデータ」で学ぼう。

リスト6.3は、本書の「gpmesh」ファイルフォーマットでの立方体の表現である。第1の項目（version）はバージョンの指定で、現在は1だ。次の行（vertexformat）は、モデルの頂点フォーマットを指定する。第5章「OpenGL」では頂点フォーマットに、位置を表す3個のfloatとテクスチャ座標を表す2個のfloatを使ったが、ここで指定しているPosNormTexフォーマットは、位置とテクスチャ座標の間に、頂点法線のための3個のfloatを追加している。頂点法線（vertex normal）については、今のところ気にする必要はない。本章の後半に出てくるライティングで説明しよう。

リスト6.3 Cube.gpmesh

```
{
    "version":1,
    "vertexformat":"PosNormTex",
    "shader":"BasicMesh",
    "textures":[
        "Assets/Cube.png"
    ],
    "vertices":[
        [1.0,1.0,-1.0,0.57,0.57,-0.57,0.66,0.33],
        [1.0,-1.0,-1.0,0.57,-0.57,-0.57,0.66,0.0],
        [-1.0,-1.0,-1.0,-0.57,-0.57,-0.57,1.0,0.33],
        [-1.0,1.0,-1.0,-0.57,0.57,-0.57,0.66,0.66],
        [1.0,0.99,1.0,0.57,0.57,0.57,0.33,0.33],
        [0.99,-1.0,1.0,0.57,-0.57,0.57,0.0,0.0],
        [-1.0,-1.0,1.0,-0.57,-0.57,0.57,0.66,0.33],
        [-1.0,1.0,1.0,-0.57,0.57,0.57,0.33,0.66]
    ],
    "indices":[
        [1,3,0],
        [7,5,4],
        [4,1,0],
```

```
        [5,2,1],
        [2,7,3],
        [0,7,4],
        [1,2,3],
        [7,6,5],
        [4,5,1],
        [5,6,2],
        [2,6,7],
        [0,3,7]
    ]
}
```

shaderの項目は、描画で使用するシェーダープログラムを指定する（BasicMeshシェーダープログラムは、この章で後ほど定義する）。その次のtexture配列は、モデルに割り当てたテクスチャのリストを指定する。

最後の2つの項目、verticesとindicesで、モデルの「頂点とインデックスのバッファ」を指定する。verticesの各行は1個の頂点であり、indicesの各行は1個の三角形のインデックスである。

もちろん、モデルファイルフォーマットを決めても、そのフォーマットのモデルをモデリングツールで作成できなければ意味がない。本書のGitHubのcodeリポジトリで、Exporterディレクトリに2つのエクスポーターを提供している[訳注4]。その1つはBlenderモデリングツールのためのエクスポートスクリプトで、本書の多くで使われている基本的なメッシュをサポートしている。もう1つはUnreal Engineのためのエクスポータープラグインで、こちらはメッシュだけでなく、第12章「スケルタルアニメーション」のアニメーションデータもエクスポートできる。これらのエクスポーターのコードは、BlenderおよびUnrealに限定されるコードなので、ここでの解説は省略する。興味のある読者は、リポジトリのコードを精読していただきたい。エクスポーターには、マニュアルも含まれている。

6.2.2 頂点属性の更新

gpmeshファイルでは、位置（Position）と法線（Normal）とテクスチャ座標（TexCoord）の3つの頂点属性を使う。ひとまずすべてのメッシュで、このフォーマットを使おう（つまり四角形のメッシュも法線を必要とする）。図6.2が、この新しい頂点レイアウトだ。

訳注4　著者によれば、先にBlenderエクスポートスクリプトをExporterディレクトリに置いた。このほうがUnrealエクスポーターよりも単純である(スケルタルモデルもアニメーションの処理もない)。Unrealエクスポーターも、近々ポストする、とのことだった(2018年9月24日現在)。

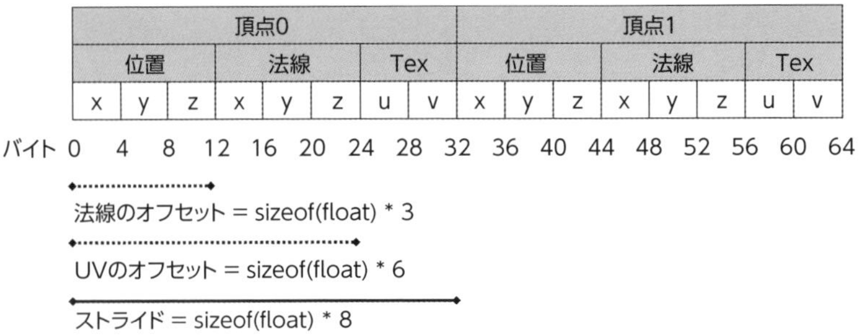

頂点0								頂点1							
位置			法線			Tex		位置			法線			Tex	
x	y	z	x	y	z	u	v	x	y	z	x	y	z	u	v

バイト 0 4 8 12 16 20 24 28 32 36 40 44 48 52 56 60 64

法線のオフセット = sizeof(float) * 3

UVのオフセット = sizeof(float) * 6

ストライド = sizeof(float) * 8

図6.2 位置と法線とテクスチャの座標を持つ頂点レイアウト

すべての頂点配列が、この新しい頂点レイアウトなので、`VertexArray`のコンストラクターを、この新しいレイアウト用に変更する。大きな変更点は、各頂点のサイズが`float`8個分に増えて、法線の属性が加わっていることだ。

```
// 位置座標：3個のfloat
glEnableVertexAttribArray(0);
glVertexAttribPointer(0, 3, GL_FLOAT, GL_FALSE, 8 * sizeof(float), 0);
// 法線ベクトル：3個のfloat
glEnableVertexAttribArray(1);
glVertexAttribPointer(1, 3, GL_FLOAT, GL_FALSE, 8 * sizeof(float),
    reinterpret_cast<void*>(sizeof(float) * 3));
// テクスチャ座標：2個のfloat
glEnableVertexAttribArray(2);
glVertexAttribPointer(2, 2, GL_FLOAT, GL_FALSE, 8 * sizeof(float),
    reinterpret_cast<void*>(sizeof(float) * 6));
```

次に`Sprite.vert`も、新しい頂点レイアウトに変更する。

```
// 属性0は位置座標、1は法線ベクトル、2はテクスチャ座標
layout(location = 0) in vec3 inPosition;
layout(location = 1) in vec3 inNormal;
layout(location = 2) in vec2 inTexCoord;
```

あとは、`Game::CreateSpriteVerts`で作られる四角形に法線ベクトルの3個の`float`を追加する（これらはスプライトのシェーダープログラムで使われないので、ゼロでよい）。これらの変更を加えても、スプライトは新しい頂点レイアウトとして正しく描画される。

6.2.3 gpmeshファイルのロード

gpmeshファイルはJSONフォーマットなので、一般的なライブラリを使って解析できる。本書で使う、RapidJSON（URL http://rapidjson.org）は、JSONファイルの高速な読み込みをサポートする。第5章のTextureクラスと同じく、メッシュのローディングもMeshクラスにカプセル化する。リスト6.4が、Meshの宣言だ。

リスト6.4 Meshの宣言

```
class Mesh
{
public:
    Mesh();
    ~Mesh();
    // メッシュのLoad/Unload
    bool Load(const std::string& fileName, class Game* game);
    void Unload();
    // このメッシュに割り当てられた頂点配列を取得
    class VertexArray* GetVertexArray() { return mVertexArray; }
    // インデックスからテクスチャを取得
    class Texture* GetTexture(size_t index);
    // シェーダー名を取得
    const std::string& GetShaderName() const { return mShaderName; }
    // オブジェクト空間での境界球の半径を取得
    float GetRadius() const { return mRadius; }
private:
    // メッシュのテクスチャ群
    std::vector<class Texture*> mTextures;
    // メッシュの頂点配列
    class VertexArray* mVertexArray;
    // シェーダーの名前
    std::string mShaderName;
    // オブジェクト空間での境界球の半径を記録
    float mRadius;
};
```

Textureクラスと同じくMeshにも、コンストラクターとデストラクターのほかにLoadとUnloadがある。ただし、LoadはGameへのポインタも受け取る。ゲームはロードされたテクスチャの連想配列を持つので、テクスチャがメッシュに割り当てられていたら、Meshからアクセスできるようになる。

Meshのメンバーデータには、テクスチャの配列（gpmeshファイルで指定されたテクスチャの数だけポインタを持つ）、頂点バッファとインデックスバッファのVertexArrayポインタ、オブジェクト空間での**境界球**（bounding sphere）の半径がある。境界球の半径は、メッシュファイルをロードする時に計算する。この半径は、オブジェクト空間の原点と、その原点から最も遠い点までの距離である。これをロード時に計算する理由は、コリジョンコンポーネントがオブジェクトの半径を必要とする時、そのデータにアクセスできるようにするためだ。コリジョンは第10章「衝突検知」で詳しく説明する。性能の改善のために、gpmeshエクスポーターで半径を計算するのもよい。

Mesh::Loadの実装は、長いが特に目新しいものはない。すべての頂点とインデックスを格納する2つの一時的な配列を構築する。RapidJSONライブラリを通じて全部の値を読み終えたら、VertexArrayオブジェクトを構築する。Mesh::Loadの完全な実装は、GitHubのChapter06ディレクトリの本章のプロジェクトを見てほしい。

またGameに、ロードしたメッシュの連想配列とGetMesh関数を追加する。テクスチャと同様に、GetMeshで、メッシュがすでに連想配列に入っているか、それともディスクからロードする必要があるのか判定する。

6.3 3Dメッシュの描画

3Dメッシュを読み込んだら、メッシュを描画する。3Dメッシュを画面に出す前に触れておくべき問題点が、数多く存在する。

それらのトピックに突き進む前に、まずコードを少し整理しておこう。Gameにレンダリング特有のコードがずいぶんたまってしまい、そろそろ何がレンダリング関係で、何がそうではないのかを分けるのが難しくなっている。さらに3Dメッシュ描画を追加するので、問題は複雑になるばかりだ。解決策として、レンダリングコードをカプセル化するRendererクラスを、別に作ろう。今までGameにあったのと同じコードを、別クラスに移すだけである。リスト6.5が、(短縮版の) Rendererクラスの宣言だ。

リスト6.5 Rendererの宣言 (短縮版)

```
class Renderer
{
public:
    Renderer();
    ~Renderer();
    // レンダラーの初期化と終了処理
    bool Initialize(float screenWidth, float screenHeight);
    void Shutdown();
    // すべてのテクスチャ・メッシュを開放
    void UnloadData();
    // フレームの描画
    void Draw();

    void AddSprite(class SpriteComponent* sprite);
    void RemoveSprite(class SpriteComponent* sprite);
```

```
    class Texture* GetTexture(const std::string& fileName);
    class Mesh* GetMesh(const std::string& fileName);
private:
    bool LoadShaders();
    void CreateSpriteVerts();
    // メンバーデータは省略
    // ...
};
```

Gameクラスは、Game::Initializeで、Rendererインスタンスの生成と初期化を行う。Initialize関数は、画面の幅と高さを受け取り、これらをメンバー変数として保存する。そしてGame::GenerateOutputが、レンダラーインスタンスのDrawを呼び出すようになる。読み込んだテクスチャの連想配列、読み込んだメッシュの連想配列、SpriteComponentの連想配列も、Rendererに移す。コード全体を変更するが、どれも新しいものではなく、ただ移動するだけだ。今後、すべてのレンダリング関連コードは、GameではなくRendererに入る。

6.3.1 クリップ空間への変換（再び）

第5章のOpenGLの3Dレンダリングの実装では、単純なビュー射影行列でワールド空間の座標をクリップ空間の座標へと変換していたが、3Dゲームでは、以前のビュー射影行列では不十分だ。ビュー射影行列を、ビュー行列と射影行列に分解して考えよう。

ビュー行列

ビュー行列（view matrix）は、カメラ――つまり世界を見る「目」――の位置と方向についての行列である。カメラについては第9章「カメラ」で、何種類かの実装をカバーするが、今はシンプルにしておこう。最小限の**注視行列**（look-at matrix）をカメラの位置と方向で表現する。

典型的な注視行列は3つのパラメーターで構成される。それは、目（eye）の位置と、注視するターゲット（target）の位置と、上（up）を表す方向だ。これら3つのパラメーターから、まずは次のように4つのベクトルを計算する。

$$\hat{k} = \frac{target - eye}{\|target - eye\|}$$
$$\hat{i} = \frac{up \times \hat{k}}{\|up \times \hat{k}\|}$$
$$\hat{j} = \frac{\hat{k} \times \hat{i}}{\|\hat{k} \times \hat{i}\|}$$
$$\vec{t} = \left\langle -\hat{i} \cdot eye, -\hat{j} \cdot eye, -\hat{k} \cdot eye \right\rangle$$

これらのベクトルで、次のように注視行列を定義する。

$$LookAt = \begin{bmatrix} i_x & j_x & k_x & 0 \\ i_y & j_y & k_y & 0 \\ i_z & j_z & k_z & 0 \\ t_x & t_y & t_z & 1 \end{bmatrix}$$

カメラを動かす手っ取り早い方法は、カメラ用のアクターを作ることだ。カメラアクターの位置が、目の位置を表現する。ターゲットの位置は、カメラアクターの正面の方向にある点だ。上方向は、もしアクターが倒れていなければ（今は倒れていないから）$+z$ でよい。これらの引数を**Matrix4::CreateLookAt**に渡せば、ビュー行列が得られる。

もしカメラアクターが**mCameraActor**なら、次のコードでビュー行列が構築される。

```
// カメラの位置
Vector3 eye = mCameraActor->GetPosition();
// カメラの正面 10 単位先の位置
Vector3 target = mCameraActor->GetPosition() +
    mCameraActor->GetForward() * 10.0f;
Matrix4 view = Matrix4::CreateLookAt(eye, target, Vector3::UnitZ);
```

射影行列

射影行列（projection matrix）は、3次元の世界を、画面に描画される2次元の世界に射影（平面化）する方法を決める。3Dゲームで一般的な射影行列には、正射影と透視射影の2種類がある。

正射影（orthographic projection）では、カメラから遠く離れたオブジェクトも、カメラに近いオブジェクトも、同じ大きさになる。ゆえにプレイヤーは、オブジェクトがカメラに近いのか、カメラから遠いのかを、知ることができない。ほとんどの2次元ゲームは、正射影を使う。図6.3が、正射影でレンダリングされたシーンの例だ。

透視射影（perspective projection）では、カメラから遠いオブジェクトが、近くにあるオブジェクトよりも小さく見える。これにより、シーンの奥行き（depth）が感知される。ほとんどの3Dゲームは透視射影を使っている。この章のゲームプロジェクトでも、透視射影を使う。図6.4は、図6.3と同じ3Dシーンを透視射影を使ってレンダリングしている。

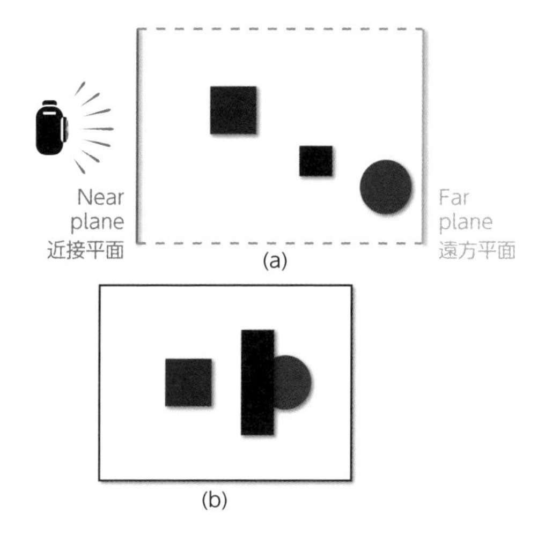

図6.3　(a) 上から見た正射影と、(b) 画面に映る2D画像

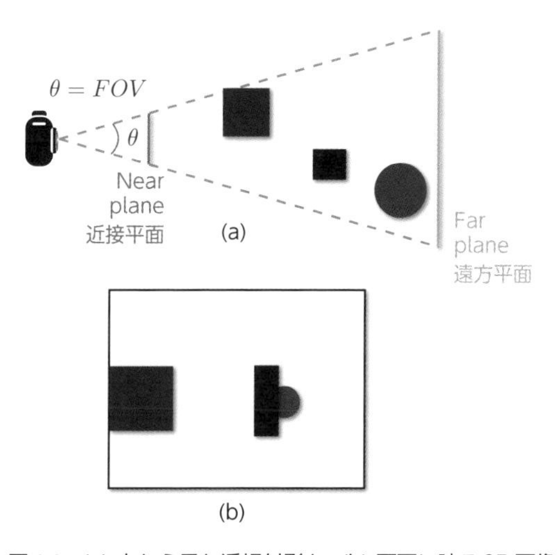

図6.4　(a) 上から見た透視射影と、(b) 画面に映る2D画像

どちらの射影にも、近接平面（near plane）と遠方平面（far plane）がある。近接平面は、普通はカメラに非常に近い。カメラと近接平面の間にある物体は、画面に映らない。これが、ゲームのオブジェクトが、カメラに近すぎると部分的に見えなくなる原因である。同様に、遠方平面より遠いものは見えない。プレイヤーが「描画距離」(draw distance）を縮めるオプションを使って、実行速度を上げることができるゲームがある。この処理は、しばしば遠方平面を近づけるだけなのだ。

正射影行列には、ビューの幅（width)、ビューの高さ（height)、近接平面への距離（near)、遠方平面への距離（far）という4つのパラメーターがある。これらのパラメーターを与えて、次の正射影行列を作る[訳注5]。

$$Orthographic = \begin{bmatrix} \frac{2}{width} & 0 & 0 & 0 \\ 0 & \frac{2}{height} & 0 & 0 \\ 0 & 0 & \frac{1}{far-near} & 0 \\ 0 & 0 & \frac{near}{near-far} & 1 \end{bmatrix}$$

この正射影行列は、第5章で見た`SimpleViewProjection`行列に似ているが、近接平面と遠方平面のパラメーターを使う項が加わっている。

透視射影には、**垂直画角**（vertical field of view）または**fov**と呼ばれるパラメーターが増えている。これは縦方向に画面に入る範囲を示す、カメラ中心の角度だ。画角を変えることによって、どれほど多くの3Dワールドを映すのかを決められる。次が、透視行列である[訳注6]。

$$yScale = \cot\left(\frac{fov}{2}\right)$$

$$xScale = yScale \cdot \frac{height}{width}$$

$$Perspective = \begin{bmatrix} xScale & 0 & 0 & 0 \\ 0 & yScale & 0 & 0 \\ 0 & 0 & \frac{far}{far-near} & 1 \\ 0 & 0 & \frac{-near \cdot far}{far-near} & 0 \end{bmatrix}$$

透視行列は、同次座標の w 成分を変えることに着目しよう。w 成分を1に戻すには、変換された頂点の各成分をw成分で除算する**透視除算**（perspective divide）を行う。これにより、オブジェクトがカメラから遠いほど小さく表示される。OpenGLは自動的に透視除算を行う。なお、ここでは、正射影行列と透視行列の導出を省略した。

どちらの射影行列にも、`Math.h`ライブラリにヘルパー関数がある。正射影行列には`Matrix4::CreateOrtho`を、透視行列には`Matrix4::CreatePerspectiveFOV`を使う。

訳注5　この行列は、nearからfarで z の範囲が $[0, 1]$ にしかならない。OpenGLの正規化デバイス空間を考えると、$near$ の時が $z = -1$、far の時が $z = +1$ となる座標変換は、33成分を $\frac{2}{far-near}$、43成分を $-\frac{far+near}{far-near}$ とする必要がある。

訳注6　こちらも、z の値が、nearからfarで、0 から $+1$ の値となる。$near$ から far で、-1 から $+1$ の範囲を取るようにするには、33成分を $\frac{far+near}{far-near}$、43成分を $-\frac{-2far \cdot near}{far-near}$ とする必要がある。

● ビュー射影の計算

ビュー射影行列は、ビュー行列と射影行列の、単なる積にすぎない。

$$ViewProjection = (View)(Projection)$$

頂点シェーダーは、このビュー射影行列を使って、頂点の位置をワールド空間からクリップ空間へと変換する。

6.3.2 画家のアルゴリズムからZバッファ法へ

第2章「ゲームオブジェクトと2Dグラフィックス」で紹介した「画家のアルゴリズム」は、オブジェクトを奥から手前へと順番に描画する手法だった。これは2Dゲームでは素晴らしいが、3次元では複雑な問題に直面する。

● 画家のアルゴリズムの憂鬱

画家のアルゴリズムを3Dゲームで使う時の、大きな問題の1つは、奥から手前という順序が静的でないことにある。カメラがシーンを移動し、回転するのにつれて、オブジェクトの前後関係は変化する。画家のアルゴリズムを3Dシーンで使うには、シーンにあるすべての三角形を、前後関係によって（場合によってはフレームごとに）ソートしなければならない。複雑なシーンでは、この絶え間ないソートが性能のボトルネックになる。

画面分割のゲームでは、さらに深刻である。プレイヤーAとプレイヤーBが対面して対戦したら、プレイヤーごとに奥から手前の順序が入れ替わる。対策にビューごとのソートが必要だ。

もう1つの問題として、画家のアルゴリズムでは大量の**重ね塗り**（overdraw）が発生する。つまり、1つのピクセルの色データを1フレームに何度も更新することになる。シーンの後ろにあるオブジェクトが、前にあるオブジェクトによってピクセルを上書きされる事態が常に発生しうる。現在の3Dゲームでは、ピクセルの最終的な色の計算処理は、レンダリングパイプラインのなかでも最も負荷の高い処理の1つだ。その理由は、フラグメントシェーダーに、テクスチャやライティング（照明計算）など、高度なテクニックが多く含まれているからだ。ピクセルが重ね塗りされるたびに、以前のフラグメントシェーダーの実行時間が無駄になる。だから3Dゲームは、できるだけ重ね塗りを排除しようとする。

最後に、重複する三角形の問題がある。図6.5の3個の三角形を見てほしい。どれが最も奥にあるのだろうか。その答えは、実は特定できない。この場合、画家のアルゴリズムでこれらの三角形を正しく描画するには、三角形を2つに分割するしかないが、美しいソリューションではない。これらの理由により、3Dゲームでは、画家のアルゴリズムが、ほとんど使われない。

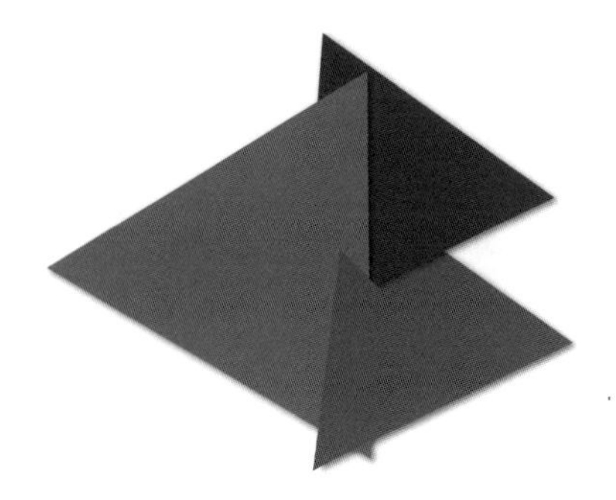

図6.5 三角形の重複により画家のアルゴリズムが失敗する例

Z バッファ法

Zバッファ法は、**深度バッファ法**、**デプスバッファ法**（depth buffering）とも呼ばれる手法で、レンダリング処理に、**Zバッファ**あるいは**デプスバッファ**と呼ばれる追加のメモリバッファを使う。Zバッファには、シーンのデータが、カラーバッファとよく似た形で格納される。ただし、カラーバッファには色情報が格納されるが、Zバッファには、画素ごとにカメラからの距離、あるいは**深度**(depth)が格納される。これら、フレームをグラフィカルに表現するバッファを(カラーバッファ、Zバッファなどを含めた総称として）**フレームバッファ**（frame buffer）と呼ぶ。

Zバッファは、各フレームの最初でクリアする必要がある。これもカラーバッファの場合と似ているが、1色でクリアする代わりに、正規化デバイス座標で最大の深度を表す値（`1.0`）で、すべてのピクセルをクリアする。Zバッファ法では、オブジェクトをレンダリングする際に、各ピクセルを描画する前に、そのピクセルの場所での描画オブジェクトの深度を計算する。もし深度が現在Zバッファに書かれている深度の値よりも小さければ（近ければ）そのピクセルはカラーバッファに描画され、Zバッファのピクセルの深度の値が更新される。

図6.6は、あるシーンでのZバッファを視覚化したものだ。球は立方体よりも近いので、そのZバッファ値はゼロに近い(黒に近い色で視覚化される)。フレームで最初に描画されるオブジェクトは、常にすべてのピクセルについて、色情報と深度の情報がカラーバッファとZバッファに、それぞれ書かれる。けれども第2のオブジェクトを描画する時は、深度がZバッファの値よりも浅い（近い・暗い）ピクセルだけが描画される。リスト6.6に、Zバッファのアルゴリズムを疑似コードで示す。

リスト6.6 Zバッファ法の疑似コード

```
// zBuffer[x][y]に、そのピクセルでの深度が記録される
foreach MeshComponent m in scene
    foreach Pixel p in m
        float depth = p.Depth()
        if zBuffer[p.x][p.y] < depth
```

```
            p.draw
        endif
    endfor
endfor
```

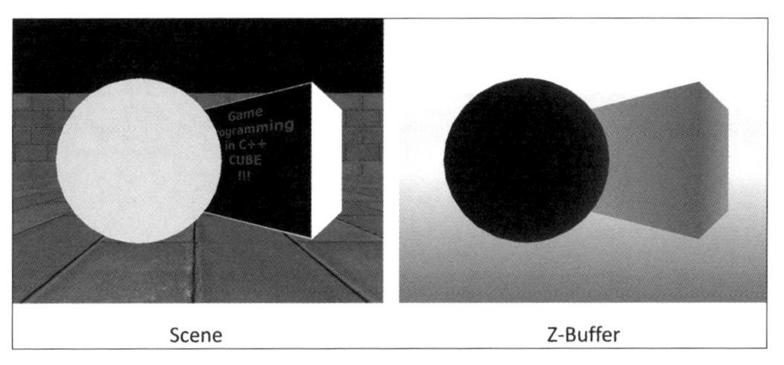

図6.6 サンプルシーン(左)と、対応するZバッファ(右)

Zバッファ法なら、どんな順序でシーンを描画しても正しい結果が得られる(半透明なオブジェクトが存在しなければ)。ただし、順序が問題にならないわけではない。例えばシーンを奥から手前の順に描画すれば、画家のアルゴリズムと同じ量の重ね塗りが発生する。逆にシーンを手前から奥へと描画すれば、重ね塗りは発生しない。とはいえ、Zバッファ法の長所は、どんな順序でも使えることだ。Zバッファ法の基準はピクセルであって、オブジェクトでも三角形でもないので、図6.5のような重複する三角形も正しく処理できる。

幸いなことに、グラフィックスプログラマーはZバッファ法を実装する必要がなく、ただその機能を有効にすればよい。OpenGLのサポートにより、最小限の努力で「デプスバッファ法」を使える(OpenGLでは、**z-buffer**の代わりに**depth buffer**という用語を使う)。OpenGLでデプスバッファ法を使うには、まずコンテクストを作成する前に、デプスバッファのビット数を設定する(24ビットが典型的なサイズだ)。

```
SDL_GL_SetAttribute(SDL_GL_DEPTH_SIZE, 24);
```

その後、次の命令を呼び出すことで、デプスバッファ法が有効になる。

```
glEnable(GL_DEPTH_TEST);
```

`glClear`関数でデプスバッファをクリアする。一度の呼び出しで、カラーバッファとデプスバッファを両方クリアできる。

```
glClear(GL_COLOR_BUFFER_BIT | GL_DEPTH_BUFFER_BIT);
```

Zバッファ法には、いくつかの問題がある。1つは、Zバッファ法では半透明なオブジェクトを上手く使えないことだ。半透明な水面があって、その下に岩があるとする。Zバッファ法では、水面を描く時にZバッファへの書き込みが行われ、それよりもデプスの大きな（奥にある）岩の描画は妨げられる。

このジレンマを解決するには、先に不透明なオブジェクトを（Zバッファ法を使って）レンダリングし、次に、Zバッファへの書き込みを無効にして、半透明なオブジェクトを奥から手前の順でレンダリングする。ただし、半透明なオブジェクトをレンダリングする際は、ピクセル単位のデプステストを行い、不透明なオブジェクトの裏になるピクセルは描画しない。この場合、半透明なオブジェクトは画家のアルゴリズムによってレンダリングされるが、半透明なオブジェクトの数は非常に少ないはずだ。

本書では半透明な3Dオブジェクトを使わないが、スプライトのレンダリングでは、アルファブレンディングによる、半透明なテクスチャが使えることを覚えておこう。これはZバッファ法との相性が悪く、3Dオブジェクトを描画する際はアルファブレンディングを無効にし、スプライトを描画する時に、また有効にする必要がある。また、スプライトをレンダリングする時は、Zバッファ法を無効にする必要がある。

すなわち、レンダリングを2段階で行う。まず、すべての3Dオブジェクトを、アルファブレンディングは無効、Zバッファ法は有効にしてレンダリングする。次に、すべてのスプライトを、アルファブレンディングは有効、Zバッファ法は無効にしてレンダリングする。こうすると、すべての2Dスプライトが3Dシーンの手前に描かれる。これで十分なのは、3Dゲームでは2Dスプライトを、HUD表示のUIにしか使わないからだ（これについては第11章で述べる）。

6.3.3 BasicMeshシェーダー

この章では、頂点レイアウトに頂点法線のサポートを追加するために、`Sprite.vert`シェーダーファイルを変更した。変更したスプライト頂点シェーダーと、第5章で作ったオリジナルの`Sprite.frag`シェーダーファイルのコードは、実は3Dモデルでも使える。ビュー射影行列のuniformには、3Dメッシュ用に別の値を設定するが、頂点シェーダーとフラグメントシェーダーのコードは、そのまま利用できる。だから現状において、`BasicMesh.vert`と`BasicMesh.frag`のシェーダーファイルは、`Sprite.vert`と`Sprite.frag`のシェーダーファイルをただコピーするだけだ。

次に、メッシュシェーダー用の`Shader*`型のメンバー変数を、`Renderer`に追加する。また、ビュー行列と射影行列のために、別々の`Matrix4`型変数を準備する。それから、`Renderer::InitShaders`で`BasicMesh`シェーダーをロードし（そのコードはスプライトシェーダーをロードするコードと同様だ）、ビューと射影行列を初期化する（ビュー行列はx軸に向けた注視行列、射影行列は透視行列として初期化する）。

```
mMeshShader->SetActive();
// ビューと射影の行列を設定
mView = Matrix4::CreateLookAt(
    Vector3::Zero,    // カメラの位置
    Vector3::UnitX,   // ターゲットの位置
    Vector3::UnitZ    // 上向き
);
mProjection = Matrix4::CreatePerspectiveFOV(
    Math::ToRadians(70.0f),   // 水平視野
    mScreenWidth,             // ビューの幅
    mScreenHeight,            // ビューの高さ
    25.0f,                    // 近接平面までの距離
    10000.0f                  // 遠方平面までの距離
);
mMeshShader->SetMatrixUniform("uViewProj", mView * mProjection);
```

話を単純にするため、すべてのメッシュに同じシェーダーを使うことにする（gpmeshファイルに格納されるシェーダープロパティは、ここでは無視する）。他のメッシュシェーダーは、「課題6.1」で追加しよう。

ともあれ、メッシュ用のシェーダーができたので、次は、3Dメッシュを描画するMeshComponentクラスの作成だ。

6.3.4 MeshComponentクラス

頂点座標をオブジェクト空間からクリップ空間に変換するコードは、すべて頂点シェーダーにあることを思い出そう。そしてフラグメントシェーダーには、個々のピクセルの色を決めるコードがある。つまり、MeshComponentクラスでは、ほとんど描画の処理をする必要がない。

リスト6.7が、MeshComponentの宣言である。SpriteComponentと違って、MeshComponentには、描画順序の変数がない。その理由は、3DメッシュはZバッファ法を使うので、順序が問題にならないからだ。メンバーデータは、割り当てられたメッシュへのポインタと、テクスチャインデックスだけである。gpmeshには複数のテクスチャを割り当てることができるので、MeshComponentを描画する時、どのテクスチャを使うのか、このインデックスで指示する。

リスト6.7 MeshComponentの宣言

```
class MeshComponent : public Component
{
public:
    MeshComponent(Actor* owner);
    ~MeshComponent();
    // このメッシュコンポーネントを指定のシェーダーで描画する
    virtual void Draw(Shader* shader);
    // メッシュコンポーネントが使う mesh/texture インデックスの設定
```

```
    virtual void SetMesh(Mesh* mesh);
    void SetTextureIndex(size_t index);
protected:
    class Mesh* mMesh;
    size_t mTextureIndex;
};
```

Rendererには、MeshComponentポインタの配列と、これらのコンポーネントを追加・削除する関数を持たせる。MeshComponentのコンストラクターとデストラクターは、これらの追加・削除関数を呼び出す。

リスト6.8のDraw関数は、まずワールド行列のuniformを設定する。MeshComponentは、所有アクターのワールド行列を直接使う。その理由は、SpriteComponentで使ったようなスケールを必要としないからだ。次に、メッシュに割り当てられているテクスチャと頂点配列をアクティブにする。最後に、glDrawElementsで三角形を描画する。ここでインデックスバッファのサイズを固定コーディングしないのは、メッシュによってインデックスの数が異なるからだ。

リスト6.8 MeshComponent::Drawの実装

```
void MeshComponent::Draw(Shader* shader)
{
    if (mMesh)
    {
        // ワールド座標変換の設定
        shader->SetMatrixUniform("uWorldTransform",
            mOwner->GetWorldTransform());
        // アクティブテクスチャの設定
        Texture* t = mMesh->GetTexture(mTextureIndex);
        if (t) { t->SetActive(); }
        // メッシュの頂点配列をアクティブにする
        VertexArray* va = mMesh->GetVertexArray();
        va->SetActive();
        // 描画する
        glDrawElements(GL_TRIANGLES, va->GetNumIndices(),
            GL_UNSIGNED_INT, nullptr);
    }
}
```

Rendererには、すべてのメッシュコンポーネントを描画するコードが必要だ。フレームバッファをクリアしたあと、Rendererは最初に、デプスバッファ法は有効、アルファブレンディングは無効にして、すべてのメッシュを描画する。次に、すべてのスプライトを、以前と同じ方法で描画する。すべてを描画し終わったら、Rendererはフロントバッファとバックバッファを交換する。リスト6.9に、メッシュをレンダリングするための新しいコードを示す。このコードではカメラの移動に応じて、フレームごとにビュー射影行列を再計算する。

リスト6.9 MeshComponentsの描画 （Renderer::Drawから）

```
// デプスバッファ法有効 / アルファブレンディング無効
glEnable(GL_DEPTH_TEST);
glDisable(GL_BLEND);
// 基本的なメッシュシェーダーをアクティブにする
mMeshShader->SetActive();
// ビュー射影行列を更新する
mMeshShader->SetMatrixUniform("uViewProj", mView * mProjection);
for (auto mc : mMeshComps)
{
    mc->Draw(mMeshShader);
}
```

MeshComponentも、他のコンポーネントと同じように、任意のアクターにアタッチして、そのアクターのメッシュを描画できる。図6.7が、MeshComponentを使った例である。ここでは球と立方体のメッシュを描画している。

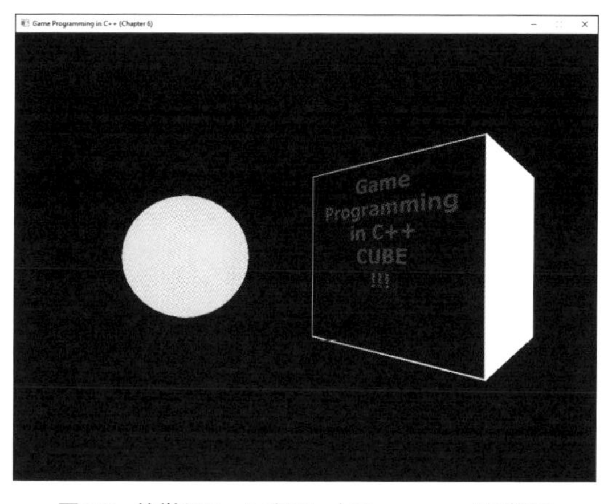

図6.7 簡単なシーンをMeshComponentで描画

6.4 ライティング（照明）

これまでのフラグメントシェーダーは、ピクセルの最終的な色にテクスチャの色を直接使ってきた。コントラストがまったくないので、シーンが単調に見える。太陽や電球などの概念を近似するためにも、シーンにバラエティを加えるためにも、**照明**（lighting）が必要だ。

6.4.1 頂点属性（再び）

メッシュをライティングするには、頂点の位置とUV（テクスチャ）座標以外の頂点属性として頂点の法線が必要だ。この頂点属性は、すでにこの章で追加したが、**頂点法線**（vertex normal）の概念について、もっと説明が必要だろう。そもそも法線とは、面に垂直なベクトルのことだ。頂点は面ではなく、1個の点ではないか。点の法線などというナンセンスなものが、いったいどうして存在するのだろうか？

頂点法線は、図6.8（a）のように、その頂点を含む三角形の法線の平均を取ることで計算される。この方法は滑らかなモデルに向き、鋭くとがった角や辺には不向きだ。例えば、立方体に平均による頂点法線を使うと、角が丸くなってしまう。これを解決するために、アーティストは立方体の角のために複数の頂点を作成し、角の頂点のそれぞれに、異なる法線を持たせる。図6.8（b）が、この方法で作った立方体である。

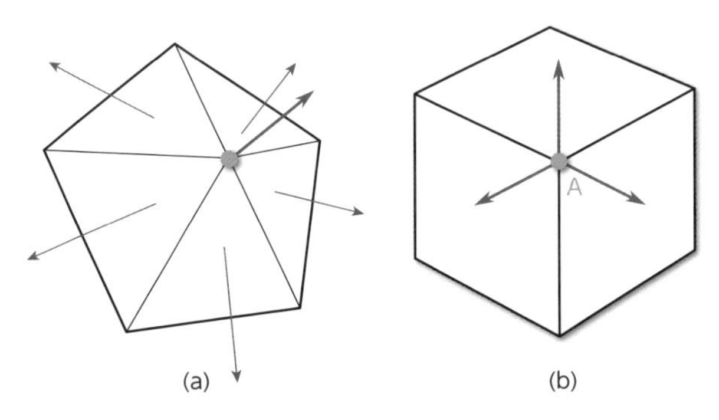

図6.8　(a) 平均化された頂点法線。(b) 立方体の頂点Aでは、方向によって、3つの法線のどれか1つを使う

すべての頂点属性は、フラグメントシェーダーに送られる際に、三角形全体に補間されることを思い出そう。したがって、三角形の表面のピクセルはどれも、その三角形の3つの頂点法線が補間された法線ベクトルを持つ。

6.4.2 光の種類

光にはさまざまな種類があるが、3Dゲームでよく使われる光は4種類ほどだ。ある種の光はシーン全体を照らすが、光源の周りにだけ影響を与えるローカルな光もある。

環境光

環境光（ambient light）は、シーンに存在するあらゆるオブジェクトを照らす均一な光だ。環境光の強さは、ゲームのレベルによって（例えば昼と夜の違いで）異なるかもしれない。昼間と設定されたレベルを照らす環境光は、明るい暖色光であり、夜間と設定されたレベルの環境光は、ずっと暗い冷色光になるだろう。

光量が均一なので、環境光はオブジェクトの各面の明るさに差を作らない。シーンのあらゆるオブジェクトのあらゆる面に、一定の光が均一に当たる。これは図6.9（a）に示すように、自然界における曇りの日の太陽光と性質が似ている。

(a)　　　　　　　　　　　　(b)

図6.9　自然界における環境光（a）と平行光源（b）

コードでは、最もシンプルな環境光は、色と光の強さの両方を表現するRGB値で表現される。例えば (0.2, 0.2, 0.2) は、(0.5, 0.5, 0.5) よりも暗い。

平行光源

平行光源（directional light）は、ある特定の方向から照らされる光だ。環境光と同じく、平行光源もシーン全体に影響を与える。平行光源は、ある方向からオブジェクトの面を照らし、光源が照らす方向の反対を向く面は暗いままにする。平行光源の例として、晴れた日の太陽がある。太陽光の向きは、時刻によって変化する。太陽に照らされている面は明るく、そうでない面は暗い。図6.9（b）は、ヨセミテ国立公園を照らす平行光だ（ただし、ゲームで影を作るのは平行光源の属性ではない。影には、別の計算を追加する必要がある）。

ゲームでは、レベル全体で太陽や月を表す平行光源を1個だけ持つことが多い。しかし、必ずしもそうとは限らない。例えば球場の夜間照明に似せるには、複数の光源を使う。

コードでは、平行光源には、RGBのカラー値と（これは環境光と同じ）、光の方向を表す単位ベクトルの両方が必要となる。

点光源

点光源（point light）は、ある位置からすべての方向に光を照射する。特定の点から光を発するので、点光源もオブジェクトの片面だけを照らす。点光源は、影響範囲を持つのが普通だ。例えば図6.10（a）のように、暗い室内に1個の電球があるとする。その光源の近くの光は強いが、遠ざかるにつれてだんだんと弱くなり、最後には影響されなくなる。点光源からの光は無限遠に届くわけではない。

コードでは、点光源には、RGBカラー、位置、**減衰半径**（falloff radius）を持たせる。減衰半径によって、光源からの距離に応じて光量がどれだけ減るのか決めるのだ。

(a)　　(b)

図6.10　電球による点光源(a)と、スポットライト(b)

スポットライト

スポットライト（spotlight）は、点光源とよく似ているが、光がすべての方向に進むのではなく、円錐形に広がる。スポットライトをシミュレートするには、点光源のすべてのパラメーターに加えて、円錐の軸と角度が必要だ。スポットライトの古典的な例は劇場の舞台を照らすスポットライトだが、暗闇で使う懐中電灯も、その例である。図6.10（b）がスポットライトである。

6.4.3 フォンの反射モデル

光をシミュレートするには、光に関連するデータだけでなく、シーンに置かれたオブジェクトに光がどう影響するかを計算する必要がある。明るさを近似する、実績のある優れた方法が、**双方向反射率分布関数**（Bidirectional Reflectance Distribution Function）、すなわち**BRDF**で、これは光の表面での反射を計算する関数だ。BRDFには多くの近似があるが、古典的なものに**フォンの反射モデル**（Phong reflection model）がある。

フォンのモデルは**局所照明モデル**（local lighting model）だ。それは、光の二次的な反射を計算しない。言い換えると、この反射モデルは、シーン内には、それぞれのオブジェクトしか存在しないかのように、照明計算を行うのだ。現実の世界では、赤い光で白い壁を照らせば、部屋の残りの部分も、全体に赤みを帯びるだろう。フォンのモデルでは、それが発生しない[訳注7]。

フォンのモデルは光の反射を「環境成分」（ambient）、「拡散反射」（diffuse）、「鏡面反射」（specular）という3つの成分に分割する。図6.11が、これらの成分である。3つの成分は、表面の色だけでなく、表面に影響を与える光の色も考慮に入れる。

訳注7　二次反射には自己反射も含まれるので、この言い換えはオブジェクトごとではなく、ポリゴンごとと考えるのが適当である。

環境成分（ambient component）とは、シーン全体の明かりによる色だ。環境成分は環境光と結び付けられる。環境光はシーン全体を均一に照らすので、環境成分は、他の光ともカメラとも独立している。

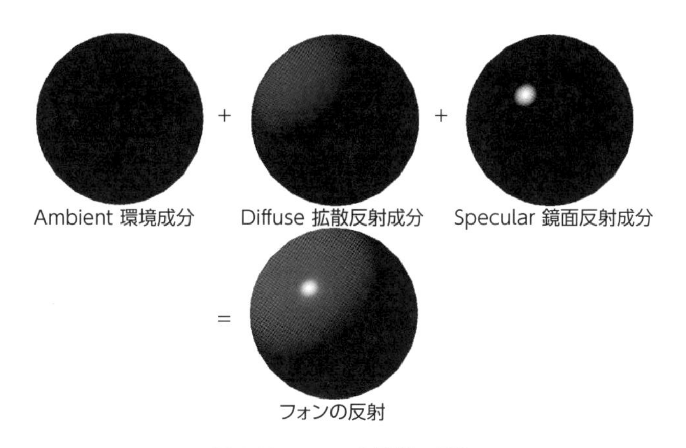

図6.11　フォンの反射モデル

拡散反射成分（diffuse component）は、表面からの等方的な一次反射である。平行光源、点光源、スポットライトは、オブジェクトに影響を与える光なので拡散反射成分に影響を与える。拡散反射成分は、表面の法線と、表面から光源に向かうベクトルの両方で計算をする。カメラの位置は、拡散反射成分に影響を与えない。

フォンのモデルの最後の成分は**鏡面反射成分**（specular component）で、これは表面の光沢を近似する。光沢度の高いオブジェクト（例えば磨かれた金属のオブジェクト）は、真っ黒に塗られたオブジェクトよりも強いハイライトを持つ。拡散反射成分と同じく、鏡面反射成分も光のベクトルと表面の法線の両方に依存する。しかし、鏡面反射成分は、カメラの位置にも依存する。なぜなら、光沢のある物体を別の角度から見ると、ハイライトの形状が変わるからだ。

図6.12は、フォンの反射を横から見た図である。フォンの反射には、次の変数を使う計算が必要だ。

- $\hat{n}$ ——正規化された面法線
- $\hat{l}$ ——正規化された、表面から光源へのベクトル
- $\hat{v}$ ——正規化された、表面からカメラ（目）の位置へのベクトル
- $\hat{r}$ ——正規化された、法線 $\hat{n}$ に関するベクトル $-\hat{l}$ の反射
- α ——鏡面反射指数（オブジェクトの光沢を決める）

さらに、光を反射させる際につく色が3つある。

- k_a ——環境色
- k_d ——拡散反射色
- k_s ——鏡面反射色

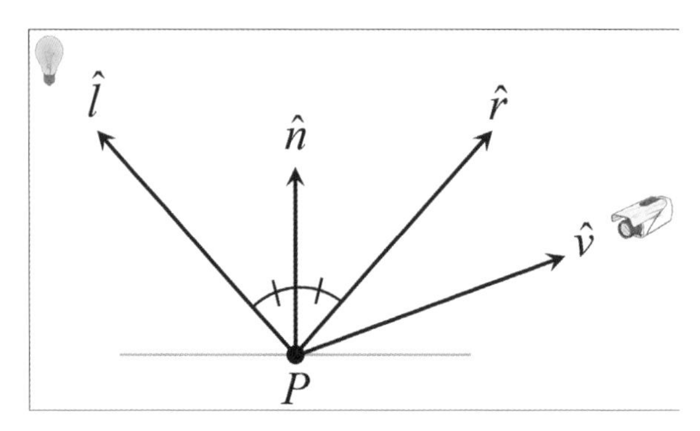

図6.12　フォンの反射計算（ベクトルは正規化されていない）

フォンの反射モデルでは、表面の光を次のように計算する。

$$Ambient = k_a$$

$$Diffuse = k_d \left(\hat{n} \cdot \hat{l}\right)$$
$$Specular = k_s \left(\hat{r} \cdot \hat{v}\right)^{\alpha}$$
$$Phong = Ambient + \sum\nolimits_{\forall lights} \begin{cases} Specular + Diffuse & \hat{n} \cdot \hat{l} > 0 \text{ の時} \\ 0 & \text{その他} \end{cases}$$

拡散反射成分と鏡面反射成分は、シーンにあるすべての光源からについて計算されるが、環境成分は1つしかない。$\hat{n} \cdot \hat{l}$ のテストによって、光のほうを向いている表面だけが、その光の影響を受ける。

いずれにせよ、このフォンの式で、シーンのすべての光から、ある色が導かれる。表面の最終的な色は、光の色に表面の色を掛けたものだ。光の色も表面の色もRGB値であり、成分ごとに乗算する。

高度な実装では、表面の色を、環境色、拡散反射色、鏡面反射色に分ける。この実装では最後に1回だけ乗算する処理を変更して、それぞれの色に各成分を掛ける。

あと1つの問題は、BRDF計算の頻度である。一般的な手法として、表面ごとに1回計算する**フラットシェーディング**（flat shading）、頂点ごとに1回計算する**グーローシェーディング**（**Gouraud shading**）、ピクセルごとに1回計算する**フォンシェーディング**（Phong shading）の

3つがある。ピクセルごとのライティング(照明計算)は高価だが、モダンなグラフィックスハードウェアなら容易にやってのける。芸術性を理由として、その他のシェーディングを選択するゲームもあるが、この章では、ピクセルごとにライティングする。

6.4.4 ライティングを実装する

この項ではゲームに環境光と平行光源を加えよう。実装には、頂点シェーダーとフラグメントシェーダーの両方に変更が必要となる。`BasicMesh.vert/.frag`シェーダーをもとにして、新しい`Phong.vert/.frag`シェーダーを作ろう(ただしC++ではない。シェーダーのコードはGLSLで書く)。それから、すべてのメッシュで新しいPhongシェーダーを使うように更新する。

Phong(フォン)のフラグメントシェーダーに、uniformを追加しよう。それらはカメラの位置、環境光の色、そして平行光源に必要な変数群だ(リスト6.10)。

リスト6.10 Phong.fragのライティング用uniform

```
// 平行光源用に構造体を作る
struct DirectionalLight
{
    // 光の方向
    vec3 mDirection;
    // 拡散反射色
    vec3 mDiffuseColor;
    // 鏡面反射色
    vec3 mSpecColor;
};

// ライティング用uniform
// カメラの位置(ワールド空間)
uniform vec3 uCameraPos;
// 環境光の強さ
uniform vec3 uAmbientLight;
// 表面の鏡面反射指数
uniform float uSpecPower;
// 平行光源(今は1つだけ)
uniform DirectionalLight uDirLight;
```

まずは`DirectionalLight`構造体の宣言に注目しよう[訳注8]。GLSLは、C/C++のそれによく似た構造体宣言をサポートしている。次に、これに対応する`DirectionalLight`構造体をC++のコードで宣言し、環境光と平行光源のためのメンバー変数を2つ、`Renderer`に追加する。

C++に戻ろう。`glUniform3fv`と`glUniform1f`で、3次元のベクトル型と`float`型のuniformを設定する。`Shader`クラスで、これらを呼び出すために、`SetVectorUniform`と

訳注8 拡散反射や鏡面反射は物体の属性であり、光源の種類ではないため、光源の構造体に反射色のデータを格納するのは簡易的な手法である。また、非金属では鏡面反射色にテクスチャの色を乗算しないことも多く、参考文献を読んで、理解を深めていく必要がある。

SetFloatUniform関数を作ろう。関数の実装は、第5章のSetMatrixUniform関数と同様だ。

Rendererの新しい関数、SetLightUniformsが、新しいuniform値を設定する。

```
void Renderer::SetLightUniforms(Shader* shader)
{
    // カメラの位置はビューを反転して求める
    Matrix4 invView = mView;
    invView.Invert();
    shader->SetVectorUniform("uCameraPos", invView.GetTranslation());
    // 環境光
    shader->SetVectorUniform("uAmbientLight", mAmbientLight);
    // 平行光源
    shader->SetVectorUniform("uDirLight.mDirection", mDirLight.mDirection);
    shader->SetVectorUniform("uDirLight.mDiffuseColor",
    mDirLight.mDiffuseColor);
    shader->SetVectorUniform("uDirLight.mSpecColor", mDirLight.mSpecColor);
}
```

この関数ではドット記法で、uDirLight構造体の特定のメンバーを参照している。

カメラの位置をビュー行列から抽出するために、ビュー行列の逆行列を求めている。ビュー行列の逆行列では、第4行の最初の3成分（メンバー関数GetTranslationから返されるもの）が、ワールド空間におけるカメラの位置に対応する。

次にgpmeshファイルフォーマットを拡張して、メッシュの「鏡面反射指数」(specular power）をspecularPowerプロパティで指定できるようにする。その後、Mesh::Loadで、このプロパティを読み込むように更新し、MeshComponent::Drawでメッシュを描画する直前に、uniformのuSpecPowerを設定する。

GLSLに戻って、Phong.vertの頂点シェーダーに、いくつか変更を加えよう。カメラの位置と平行光源の方向は、どちらもワールド空間で計算されている。けれども頂点シェーダーで計算されるgl_Positionはクリップ空間にある。物体表面からカメラへのベクトルを取得するには、画素のワールド空間での位置座標が必要だ。そればかりか、入力の頂点法線はオブジェクト空間にあるが、これもワールド空間に変換しなければならない。頂点シェーダーでは、ワールド空間の法線と、ワールド空間の位置座標を計算し、out変数を介して、それらをフラグメントシェーダーに送る。

```
// 法線（ワールド空間）
out vec3 fragNormal;
// 位置（ワールド空間）
out vec3 fragWorldPos;
```

同様に、フラグメントシェーダーではin変数として、fragNormalとfragWorldPosを宣言する。そして、リスト6.11に示す頂点シェーダーのmain関数で、fragNormalとfragWorldPosを計算する。.xyzというのはswizzle（スウィズル）と呼ばれる構文で、4Dベクトルからxとyとzの成分を抽出し、それらの値によって新しい3Dベクトルを作る。これで事実上、vec4からvec3への変換が行われる。

main関数ではワールド行列による乗算が正しく行えるように、法線を同次座標に変換する。ただし、w成分は1ではなく0である。その理由は、法線は位置ではないので、平行移動しても意味がないからだ。w成分を0にするのは、ワールド行列の平行移動成分が乗算で0にされるという意味である[訳注9]。

リスト6.11 Phong.vertのmain関数

```
void main()
{
    // 位置を同次座標系に変換する
    vec4 pos = vec4(inPosition, 1.0);
    // 位置をワールド空間に変換する
    pos = pos * uWorldTransform;
    // ワールド空間の位置を保存
    fragWorldPos = pos.xyz;
    // クリップ空間に変換する
    gl_Position = pos * uViewProj;

    // 法線をワールド空間に変換 (w = 0)
    fragNormal = (vec4(inNormal, 0.0f) * uWorldTransform).xyz;

    // テクスチャ座標をフラグメントシェーダーに渡す
    fragTexCoord = inTexCoord;
}
```

リスト6.12のフラグメントシェーダーで、フォンの反射モデルを計算する。ここでfragNormalを正規化する必要があることに注意しよう。それは、OpenGLが頂点法線を三角形の表面全体に線形補間するからだ。単位ベクトルを補間したものが単位ベクトルである保証はないので、再び正規化する必要がある。

平行光源は、ある方向から発する光なので、オブジェクト表面から光源へのベクトルは、光線の方向ベクトルを逆にしたものだ。フラグメントシェーダーで、いくつか新しいGLSL関数を使っている。dot関数はドット積を計算し、reflectは反射ベクトルを計算し、maxは2つの値から最大値を選択し、powはべき乗を計算する。clamp関数は、ベクトルの各成分を、指定された範囲内に制限する。この場合、有効な光の値は、0.0（光なし）から1.0（色の最大の値）である。最終的な色は、テクスチャの色にフォンの光を掛けた積である。

訳注9　ただし、法線ベクトルをワールド行列で変換できるのは、非一様スケーリングが掛からない場合だけである。

ここでエッジケースとなるのは、RとVのドット積が負の時だ。この場合、鏡面反射成分が負になってしまう(それでは、シーンから光を吸い取ることになる)。これはmax関数で防止できる。もしドット積が負ならば、maxは0を選ぶからだ。

リスト6.12 Phong.fragのmain関数

```
void main()
{
    // 表面法線N
    vec3 N = normalize(fragNormal);
    // 表面から光源へのベクトルL
    vec3 L = normalize(-uDirLight.mDirection);
    // 表面からカメラへのベクトルV
    vec3 V = normalize(uCameraPos - fragWorldPos);
    // Nに関する-Lの反射R
    vec3 R = normalize(reflect(-L, N));

    // フォンの反射を計算する
    vec3 Phong = uAmbientLight;
    float NdotL = dot(N, L);
    if (NdotL > 0)
    {
        vec3 Diffuse = uDirLight.mDiffuseColor * NdotL;
        vec3 Specular = uDirLight.mSpecColor *
            pow(max(0.0, dot(R, V)), uSpecPower);
        Phong += Diffuse + Specular;
    }
    // 最終的な色はテクスチャの色 x フォンの光 (alpha = 1)
    outColor = texture(uTexture, fragTexCoord) * vec4(Phong, 1.0f);
}
```

図6.13が、フォンシェーダーの働きである。これは図6.7の球と立方体だ。この画像では次の値を使っている。

- **環境光**——暗い灰色 $(0.2, 0.2, 0.2)$
- **平行光源の方向**——下向き+左向き $(0, -0.7, -0.7)$
- **平行光源の拡散反射色**——緑 $(0, 1, 0)$
- **平行光源の鏡面反射色**——明るい緑 $(0.5, 1, 0.5)$

図6.13では、球の鏡面反射指数は10.0f、立方体の鏡面反射指数は100.0fとして、球を立方体より滑らかで光沢があるものにしている。

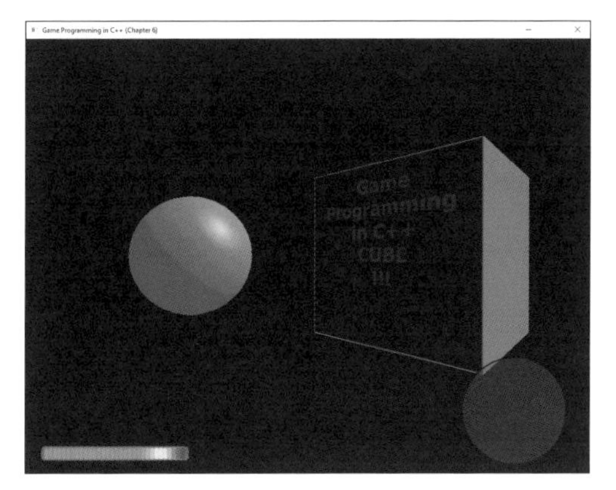

図6.13　フォンシェーダーの働き

6.A ゲームプロジェクト

この章のゲームプロジェクトは、メッシュの読み込み、MeshComponent、フォンシェーダーと、今までのトピックのほとんどを実装する。図6.14は、この章のゲームプロジェクトの最終バージョンだ。コードは本書のGitHubレジストリの、Chapter06ディレクトリにある。Windowsでは Chapter06-windows.sln、Macでは Chapter06-mac.xcodeproj を開こう。

Game クラスの LoadData 関数は、何種類かのアクターを実体化する。シンプルな CameraActor によって、カメラをワールド中で動かすことができる。前後に動かすには[W]キーと[S]キー、カメラを左右に振る「ヨー」回転には、[A]キーと[D]キーを使う（もっと複雑なカメラは、第9章で扱う。現在のカメラは一人称カメラの簡易版だ）。

画面上のスプライト要素（体力ゲージやレーダー）は、まだ何もしない。これらが画面にあるのは、スプライトのレンダリングが、まだ使えることを示すためだ。第11章「ユーザーインターフェイス」で、いくつかのUI機能を実装する。

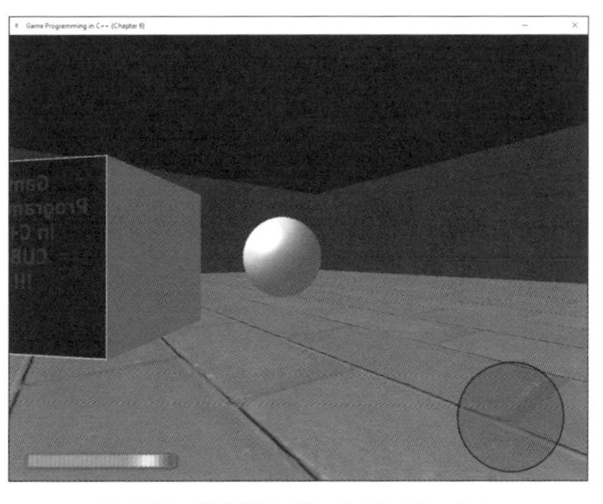

図6.14　第6章のゲームプロジェクト

6.B まとめ

この章では2Dゲームワールドから3Dゲームワールドに移行するプロセスを説明した。今ではアクターが3次元の座標変換や、任意の軸周りに回転するクォータニオンを持っている。

3次元シーンには、2次元より複雑なビュー射影行列も必要だ。ビュー行列を作るには注視行列を使うのが好ましい。射影行列には正射影と透視射影があるけれど、シーンに奥行きを感じさせるのは後者だ（透視投影ともいう）。3Dゲームでは、画家のアルゴリズムを使わず、代わりにZバッファ法を使って、可視のピクセルを決める。

簡単なgpmeshファイルフォーマットには、3Dモデルの頂点バッファとインデックスバッファを作成するのに十分な情報が入る（複雑なファイルフォーマットの外部データを取り込む必要はない）。`MeshComponent`クラスは、どのアクターにもアタッチされ、3Dメッシュのレンダリングを（シェーダーを通じて）提供する。

さまざまな種類の光がある。環境光と平行光源はシーン全体に影響を与える。点光源やスポットライトは、ある領域だけに影響を与える。光がシーンに与える影響は、フォンの反射モデルなどで近似できる。フォンのモデルには、環境成分、拡散反射成分、鏡面反射成分という3つの成分がある。

6.C 参考文献

レンダリングは、ゲームプログラミングのなかでも、高度に特殊化された領域であり、レンダリングで飛び抜けた能力を発揮するには、かなりの数学力が必要である。だが、優れたリソースがたくさんある。Thomas Akenine-Möllerの本は、レンダリングプログラマーに人気のあるリファレンスである。本書はOpenGLを使うが、他のグラフィックスAPIもある。PCやXboxでは、DirectX APIが支配的だ。Frank Lunaの本が、DirectX 11の使い方をカバーしている。最後に、Matt Pharrらの本は、「物理ベースレンダリング」という写実的なライティングテクニックの優れた概観である。

— Akenine-Möller, Thomas, Eric Haines, and Naty Hoffman. *Real-Time Rendering, 4th edition*. Natick: A K Peters, 2018.

— Luna, Frank. *Introduction to 3D Game Programming with DirectX 11*. Dulles: Mercury Learning and Information, 2012.

— Pharr, Matt, Wenzel Jakob, and Greg Humphreys. *Physically Based Rendering: From Theory to Implementation, 3rd edition*. Cambridge: Elsevier, 2016.

訳者より

この章を訳すのに役立った本を、いくつか挙げておきます。

他の章の参考文献でもある、ジェイソン・グレゴリーの『ゲームエンジン・アーキテクチャ第2版』には、3Dモデル、クォータニオン、頂点属性、ライティングなどの解説があります。

ほかに、Fletcher DunnとIan Parberryの『実例で学ぶゲーム3D数学』（松田 晃一 訳、オライリー・ジャパン、2008年）、Eric Lengyelの『ゲームプログラミングのための3Dグラフィックス数学』（狩野 智英 訳、ボーンデジタル、2002年）、新しいところでは、『3Dグラフィックスのための数学入門～クォータニオン・スプライン曲線の基礎～』（郡山 彬・原 正雄・峯崎 俊哉 著、森北出版、2015年）なども参考にしました。

6.D 練習問題

この章の課題は、ゲームプロジェクトを改善するものだ。第1の課題で、各種のメッシュへの対応を追加する（それぞれ異なるシェーダーでレンダリングする）。第2の課題で、点光源を追加する。これによってゲームのライティングが、とても柔軟になる。

課題 6.1

メッシュをレンダリングするコードを変更して、メッシュごとに別々のシェーダーで描画できるようにしよう。つまり、各種のメッシュシェーダーを連想配列に格納し、それぞれのシェーダーにuniformが正しく設定されるようにする。

ただし、ひっきりなしにシェーダーを切り替えるのは効率が悪い。これを解決するために、メッシュのコンポーネントをシェーダーごとにグループ化する。例えば、もしBasicMeshシェーダーで10個のメッシュを描画し、Phongシェーダーで5個のメッシュを描画するとしたら、コードは2つのシェーダーを繰り返し切り替えずに、まずBasicMeshを使うすべてのメッシュを描画し、それからPhongを使うすべてのメッシュを描画する。

これをテストするには、gpmeshファイルを書き換えて、一部はBasicMesh、他のメッシュはPhongで描画するようにする。gpmeshファイルはJSONなので、どんなテキストエディターでも編集できる。

課題 6.2

点光源は影響範囲が限定されるので、シーンに変化をつけられる。Phongシェーダーを書き換えて、シーンで最大4個の点光源を、配置できるようにしよう。平行光源用に作ったのと同様な構造体を、点光源のために作る。その構造体には、光源の位置、拡散反射色、鏡面反射色、鏡面反射指数、影響半径が必要だ。それから点光源の配列をuniformで作る(配列はC/C++と同じように、GLSLでも使える)。

同じPhongの式でも、今回の修正で、鏡面反射と拡散反射のすべての光を考慮に入れる必要がある。また、点光源の影響がピクセルに及ぶのは、影響半径内に限られる。これをテストするため、いくつもの点光源を、それぞれ異なる位置に、異なる色で作ろう。

Chapter

7

オーディオ

時々見過ごされるが、オーディオはゲームの重要な要素である。ゲームプレイの状況の手がかりを与え、全体的な雰囲気を盛り上げる。質のよい音がゲームに加える影響は大きい。
強力なFMOD APIを活用して、この章では単にサウンドファイルを再生するにとどまらず、その領域をはるかに超えたオーディオシステムを築き上げる。この章のトピックは、サウンドイベント、3Dポジショナルオーディオ、サウンドのミキシング、オーディオエフェクトなどを含む。

7.1 オーディオを立ち上げる

原始的なゲームオーディオシステムは、必要に応じて個別のサウンドファイル（例えばWAVやOGG）をロードして再生するだけだ。このアプローチは実用的だが（事実、シンプルな2Dゲームでは、まったく問題ないかもしれないが）限界がある。多くのゲームでは、ただ1つのサウンドファイルではアクションに対応できない。キャラクターが走り回るゲームを考えよう。キャラクターの足が地に着くたびに足音を再生したいが、1種類の音を繰り返し再生するだけでは、とても単調だ。

足音のサウンドファイルは1つではだめで、少なくとも10種類くらいのバリエーションが欲しい。プレイヤーが1歩進むたびに、10種類のサウンドファイルから1つをランダムに選ぼうか。いや、プレイヤーはさまざまな種類の地面を歩くだろうから、コンクリートでの足音と、芝生の足音とで、変化を付けるべきだ。そのためには、プレイヤーが歩いている地面の種類に基づいて足音を選択する手段が必要だ。

それに、同時に再生できるサウンドの数には限りがある。再生中のサウンド数を管理するには、サウンド**チャネル**を使うが、チャネル数にも制限がある。大勢の敵がいるゲームで、それぞれの敵が足音を鳴らしたら、プレイヤーの耳が耐えられないだけでなく、すべてのチャネルを使い果たしてしまう。ある種の音（プレイヤーが敵を攻撃する音とか）は、敵の足音より、はるかに重要だ。つまり、音に優先順位を付ける必要がある。

次は、暖炉のある3Dゲームを考えてみよう。プレイヤーが歩き回っていても、暖炉の薪の音が、同じ音量で再生される。暖炉の脇に立っていても、暖炉から30メートル離れても、まったく同じレベルで再生される。これでは、パチパチうるさいだけでなく、非現実的だ。プレイヤーと暖炉の間の距離に基づいてボリュームを設定すべきだ。

要するに、サウンドファイルがあれば音は再生できるが、正しく再生するには、追加情報も必要となる。理想的には、「正しい」サウンドを決める権限を、オーディオプログラマーに委ねるべきではない。3Dアーティストが専用のモデリングツールでモデルを作るように、サウンドデザイナーがスキルに合ったツールを使って、動的にサウンドを構築するのが理想的だ。

7.1.1 FMOD

Firelight TechnologiesによるFMOD（URL https://fmod.com）は、ビデオゲーム用のポピュラーなサウンドエンジンだ。FMODは、実質的にはすべてのゲームプラットフォームをサポートしている（Windows、Mac、Linux、iOS、Android、HTML5と、現在の各種コンソール）。今のFMODには、2つのコンポーネントがある。1つはFMOD Studioという、サウンドデザイナー用の外部オーサリングツール、もう1つのFMOD APIは、FMODを使うゲームに組み込むAPI（アプリケーションプログラミングインターフェイス）だ。

FMOD Studioは、サウンドデザイナーにさまざまな力を与えるツールで、これまで述べてきた多くの機能を実現できる。**サウンドイベント**（sound event）に複数のサウンドファイルを割り当て、イベントの**パラメーター**で、サウンドイベントの振る舞いを動的に変えられる。また、FMOD Studioを使うデザイナーは、サウンドのミキシングも制御できる。例えば、音楽とSE（Sound Effect: 音響効果）を別々のトラックに入れて、各トラックのボリュームを個別に調整できる。

FMOD Studio

この章ではFMOD Studioの使い方を説明しないが、素晴らしいリファレンスをFMODのオフィシャルWebサイト等で入手できる[訳注1]。興味のある読者のために、この章のオーディオコンテンツに使ったFMOD Studioプロジェクトファイルを、GitHubリポジトリの`FMODStudio/Chapter07`ディレクトリに入れておいた。

FMOD APIは2つに分かれており、下位のLow Level APIが、FMODの基盤だ。サウンドのロードと再生、チャネル管理、3D環境への対応、デジタルエフェクトなどの機能が含まれる。Low Level APIだけを使ってもいいが、それではFMOD Studioで作られたイベントを再生できない。FMOD Studioを活用するには、Low Level APIのより上位のFMOD Studio APIが必要だ。FMOD Studio APIを使うオーディオプログラマーでも、必要に応じてLow Level APIにアクセスできる。この章の大部分は、FMOD Studio APIを使う。

7.1.2 FMODをインストールする

FMODのライセンスにより、本書のGitHubのソースコードには、FMODのライブラリとヘッダーファイルを入れていない。幸いなことに、FMODは自由にダウンロードできるし、商用プロジェクトにも非常に好意的なライセンスだ（詳細はFMODのサイトを参照）。FMODライブラリをダウンロードするには、FMODサイト（URL https://fmod.com）に行って、アカウントを作ろう（[Sign In] → [Register]）。

FMODのサイトで、アカウントを作ったら、[Download] リンクをクリックする。次のページでFMOD Studio APIのダウンロードを探す。バージョンのドロップダウンメニューで1.09.09を選択しよう（Version 1.10.x以降だと、この章のコードが動かないかもしれない）。次に、Windowsで開発するのなら［Windows］、Macで開発するのなら［Mac］の［Download］を選択する。

訳注1 「FMOD resources」（URL https://www.fmod.com/resources/）の[Documentation]に、[FMOD API documentation」と、[FMOD Studio manual] へのリンクがある。また、インストールしたパッケージに、「FMOD Studio Programmers API」というHTML形式のドキュメントが入っている。

Windowsであれば、インストーラーを実行する。[Choose Install Location] でインストール先を選択できるが、デフォルトのままにしよう。他のディレクトリにしてしまうとそのままでは使えない。というのも、Visual Studioのプロジェクトファイルが、デフォルトのディレクトリを直接参照しているからだ。FMOD APIを他のディレクトリにインストールする場合は、プロジェクトファイルの修正で対処できる（つまり、インクルードディレクトリ、ライブラリディレクトリを変更し、ビルド後のDLLファイルを実行ディレクトリにコピーする処理も変更する）。

Macでは、DMGパッケージファイルのFMOD APIをダウンロードする。パッケージファイルを開き、その中身を、本書のソースコードにある`External/FMOD`ディレクトリの下に、まるごとコピーする。コピー後は、`External/FMOD/FMOD Programmers API`ディレクトリが、できているはずだ。

正しくインストールされたかを確認するには、PCでは`Chapter07/Chapter07-Windows.sln`ファイル、Macでは`Chapter07-mac.xcodeproj`を開き、コードをコンパイルして、実行しよう。

FMODは必ずインストールしよう

第8章「入力システム」を例外として、以降の章では、どれも本章のオーディオコードを使う。このため、FMODが正しくインストールされたことの確認はとても重要だ。正しくインストールできていなければ、今後の章のプロジェクトは、どれも実行できない。

7.1.3 オーディオシステムの作成

`Renderer`クラスを`Game`から切り分けたのと同様に、オーディオを扱う`AudioSystem`クラスを新しく作るのが賢明だ。そうすればFMOD APIコールがソースコード全体に散らばることもない。

リスト7.1が、`AudioSystem`の最初の宣言だ。今のところ、`Initialize`、`Shutdown`、`Update`は、ありがちな関数宣言だ。メンバー変数には、FMOD Studioシステムへのポインタの他に、Low Level APIシステムへのポインタもある。ほとんどの場合に前者の`mSystem`ポインタを使うが、`mLowLevelSystem`ポインタも入れてある。

リスト7.1 最初のAudioSystem宣言

```
class AudioSystem
{
public:
    AudioSystem(class Game* game);
    ~AudioSystem();

    bool Initialize();
```

```
    void Shutdown();
    void Update(float deltaTime);
private:
    class Game* mGame;
    // FMOD studio システム
    FMOD::Studio::System* mSystem;
    // FMOD Low-level システム ( 必要時のために )
    FMOD::System* mLowLevelSystem;
};
```

fmod_studio.hppヘッダーでFMOD Studio APIの型を定義している。しかし、このファイルのインクルードを避け、代わりにAudioSystem.hでFMOD型の前方宣言をした。あとは、FMODヘッダーをAudioSystem.cppにインクルードすればよい。

AudioSystem::InitializeでFMODを初期化するが、初期化の作業は何段階かある。最初に、エラーログの設定のために、Debug_Initializeを呼び出す。

```
FMOD::Debug_Initialize(
    FMOD_DEBUG_LEVEL_ERROR, // エラーだけログを取る
    FMOD_DEBUG_MODE_TTY     // stdout に出力
);
```

Debug_Initializeの最初の引数は、ログメッセージの饒舌さを制御する（デフォルトでは、極めて口数が多い）。第2の引数は、ログメッセージの出力先の指定だ。今の設定では、ログメッセージはstdoutに吐かれる。デバッグ出力をカスタマイズしたければ、FMODログメッセージ用に、独自のコールバック関数を宣言できる。

ログ

デバッグログの初期化は、FMODのログビルド版を使う時（この章では使う）にだけ関係する。なお、エラーログは、開発中は極めて便利だが、出荷版に入れるべきではない。

次に、FMOD Studioシステムのインスタンスを作る。

```
FMOD_RESULT result;
result = FMOD::Studio::System::create(&mSystem);
if (result != FMOD_OK)
{
    SDL_Log("FMOD システムの作成に失敗しました : %s",
        FMOD_ErrorString(result));
    return false;
}
```

関数の結果がFMOD_RESULT型であることに注意しよう。FMOD関数は、必ず結果を返して、成功したかどうかを知らせる。FMOD_ErrorString関数は、エラーコードを人間が読める形式に変換する。システムの作成に失敗したら、AudioSystem::Initializeはfalseを返す。

システムを作ったら、FMODシステムを初期化する。

```
result = mSystem->initialize(
    512,                       // 最大同時発音数
    FMOD_STUDIO_INIT_NORMAL, // デフォルトの設定
    FMOD_INIT_NORMAL,          // デフォルトの設定
    nullptr                    // 通常はnullptr
);
// resultがFMOD_OKか、チェック...
```

最初の引数は、チャネルの最大数を指定する。次の2つの引数で、FMOD Studio APIとFMOD Low Level APIの振る舞いを調整できる。今は、どちらもデフォルト値にしておこう。最後の引数は、追加のドライバデータを使いたい時に設定するが、普通は使わないので、この引数はnullptrだ。

命名規約について

FMODの命名規約では、メンバー関数の名前が小文字で始まる。これは、本書の、メンバー関数の最初に大文字を使う命名規約とは異なる。

最後に、Low Levelシステムポインタを取得して保存する。これで初期化完了だ。

```
mSystem->getLowLevelSystem(&mLowLevelSystem);
```

今は、AudioSystemのShutdown関数とUpdate関数で、それぞれ関数を1つだけ呼び出す。ShutdownはmSystem->releaseを、UpdateはmSystem->updateを、それぞれ呼び出す。FMODのupdate関数は、各フレームで1回呼び出す必要がある。この関数は、3Dオーディオの再計算などを処理する。

それから、Rendererと同様に、AudioSystemのポインタをGameのメンバー変数に追加する。

```
class AudioSystem* mAudioSystem;
```

Game::Initializeはオーディオシステムを作成してmAudioSystem->Initializeを呼び出し、UpdateGameはmAudioSystem->Update(deltaTime)を呼び出し、そしてShutdownはmAudioSystem->Shutdownを呼び出す。

使い勝手を考慮して、Game::GetAudioSystem関数でAudioSystemポインタを得られるようにする。

これらの関数で、FMODの初期化と更新が実行できるようになった。まだ音は鳴らない。

7.1.4 バンクとイベント

FMOD Studioでは、**イベント**（event）がゲームで鳴らすサウンドに対応する。1つのイベントに、複数のサウンドファイル、パラメーター、イベントのタイミング情報などが割り当てられる。サウンドファイルを直接再生する代わりに、ゲームはこれらのイベントを再生する。

バンク（bank）は、イベント、サンプルデータ、ストリーミングデータが入るコンテナで、**サンプルデータ**（sample data）とは、イベントが参照する生のオーディオデータのことで、それはサウンドデザイナーがFMOD Studioにインポートするサウンドファイル（WAVやOGGのファイル）の中身だ。実行時のサンプルデータは、事前に読み込んでおくか、必要に応じてロードする。サンプルデータがメモリに読み込まれるまで、そのイベントは鳴らせない。ゲーム内のSEのほとんどがサンプルデータを使う。**ストリーミングデータ**（streaming data）とは、小さく分けて少しずつメモリに読み込まれるサンプルデータのことだ。ストリーミングデータのイベントは、データを事前にロードしなくても再生を開始できる。音楽や会話のファイルにはストリーミングデータを使うのが一般的だ。

サウンドデザイナーは、FMOD Studioで複数のバンクを作る。ランタイムでそれらのバンクをロードし、バンクがロードされると、その中のイベントにアクセスできるようになる。

FMODのイベントには2種類のクラスが関係する。EventDescriptionには、（イベントに割り当てられているサンプルデータ、ボリューム設定、パラメーターなど）イベントに関する情報が含まれる。EventInstanceは、イベントのアクティブなインスタンスで、これがイベントを鳴らす。言い換えると、EventDescriptionはイベントの型のようなもので、EventInstanceは、その型のインスタンスだ。例えば、爆発音（Explosion）のイベントでは、イベントのEventDescriptionはグローバルに1つだが、EventInstanceは、アクティブな爆発音インスタンスの数だけ作られる。

ロードされたバンクとイベントを管理するため、AudioSystemのプライベート変数に2つの連想配列を追加する。

```
// ロードされたバンクの連想配列
std::unordered_map<std::string, FMOD::Studio::Bank*> mBanks;
// イベント名から EventDescription への連想配列
std::unordered_map<std::string, FMOD::Studio::EventDescription*> mEvents;
```

どちらの連想配列も文字列をキーとする。mBanksの文字列は、バンクのファイル名であり、mEventsの文字列は、FMODがイベントに割り当てた名前だ。FMODイベントの名前は、パスの形式となる（例えば、event:/Explosion2D）。

バンクのロードとアンロード

バンクをロードするのに必要最低限の処理は、mSystemオブジェクトのloadBank関数を呼び出すことだ。しかし、これではサンプルデータがロードされず、イベント記述子（EventDescription）へのアクセスも容易ではない。そこで、リスト7.2のような、最低限のloadBankよりも多くの処理をする新しいLoadBank関数を、AudioSystemに作ろう。バンクをロードしたら、そのバンクをmBanksに追加する。そして、バンクのサンプルデータをロードする。それから、getEventCountとgetEventListを使って、バンクにあるすべてのイベント記述子のリストを取得する。最後に、それらイベント記述子をmEventsに追加してアクセスを容易にする。

リスト7.2 AudioSystem::LoadBankの実装

```
void AudioSystem::LoadBank(const std::string& name)
{
    // 多重読み込みの防止
    if (mBanks.find(name) != mBanks.end())
    {
        return;
    }

    // バンクをロード
    FMOD::Studio::Bank* bank = nullptr;
    FMOD_RESULT result = mSystem->loadBankFile(
        name.c_str(), // ファイル名または空白
        FMOD_STUDIO_LOAD_BANK_NORMAL, // 通常の読み込み
        &bank // バンクへのポインタを保存
    );

    const int maxPathLength = 512;
    if (result == FMOD_OK)
    {
        // バンクを連想配列に追加
        mBanks.emplace(name, bank);
        // ストリーミング以外のサンプルデータをすべてロード
        bank->loadSampleData();
        // このバンクにあるイベントの数を取得
        int numEvents = 0;
        bank->getEventCount(&numEvents);
        if (numEvents > 0)
```

```
        {
            // バンクにあるイベント記述子のリストを取得
            std::vector<FMOD::Studio::EventDescription*> events(numEvents);
            bank->getEventList(events.data(), numEvents, &numEvents);
            char eventName[maxPathLength];
            for (int i = 0; i < numEvents; i++)
            {
                FMOD::Studio::EventDescription* e = events[i];
                // このイベントのパスを取得して（例： event:/Explosion2D)
                e->getPath(eventName, maxPathLength, nullptr);
                // イベント連想配列に追加
                mEvents.emplace(eventName, e);
            }
        }
    }
}
```

同じように、AudioSystem::UnloadBank関数も作る。この関数は、まずmEventsにあるバンクから、すべてのイベントを削除し、サンプルデータをアンロードし、バンクをアンロードして、最後にバンクをmBanksから削除する。

クリーンアップ処理を簡単にするため、AudioSystem::UnloadAllBanks関数も作る。この関数は、すべてのバンクをアンロードして、mEventsとmBanksをクリアする。

どのFMOD Studioプロジェクトにもデフォルトで、"Master Bank.bank"と"Master Bank.strings.bank"という2つのバンクファイルがある。FMOD Studioのランタイムは、この2つのマスターバンクファイルをロードしない限り、他のバンクあるいはイベントにアクセスできない。2つのマスターバンクは常に存在するので、AudioSystem::Initializeでロードしよう。

```
// マスターバンクをロードする（strings が先）
LoadBank("Assets/Master Bank.strings.bank");
LoadBank("Assets/Master Bank.bank");
```

マスター文字列バンクを先にロードしていることに注目しよう。このマスター文字列バンクは特殊なバンクで、FMOD Studioプロジェクトの、すべてのイベントと、その他のデータの情報が、人間が読める名前として入っている。このバンクをロードしなければ、名前でアクセスすることができない。名前が使えないと、すべてのFMOD Studioデータを、GUID（グローバルユニークID）でアクセスしなければならなくなる。マスター文字列バンクのロードは、厳密にはオプションということになるが、文字列をロードすることで、AudioSystemの実装が簡単になる。

イベントインスタンスの作成と再生

FMODのEventDescriptionがあれば、createInstanceメンバー関数で、そのイベントのFMOD用EventInstanceが作成される。EventInstanceができたら、start関数で、再生が始まる。AudioSystemにPlayEvent関数を作ると、まずは次のようになるだろう。

```
void AudioSystem::PlayEvent(const std::string& name)
{
    // イベントの存在を確認
    auto iter = mEvents.find(name);
    if (iter != mEvents.end())
    {
        // イベントのインスタンスを作成
        FMOD::Studio::EventInstance* event = nullptr;
        iter->second->createInstance(&event);
        if (event)
        {
            // イベントインスタンスの開始
            event->start();
            // release 呼び出しで、イベントのインスタンスは
            // 停止時に破棄されることになる
            // ( ループしないイベントは自動的に停止する )
            event->release();
        }
    }
}
```

このPlayEventは、使い方は簡単だが、FMODの機能が、あまり発揮されていない。例えば、ループするイベントの時に、そのイベントを止める方法がない。また、イベントパラメーターを設定する方法もなく、例えば、ボリュームを変更できない。

それなら、EventInstanceからEventInstanceのポインタを直接返すようにしたらどうか、と思うかもしれない。そうすれば、呼び出し側でどのFMODメンバー関数にもアクセスできるだろう。しかし、それではFMOD APIコールをオーディオシステムの外に公開することになる。そうなったら、単にサウンドを鳴らして止めるだけのことを行いたいプログラマーにも、ある程度のFMOD APIの知識が必要になる。

それに、生のポインタを公開するのは危険だ。それは、FMODのイベントインスタンスのメモリ解放に関係する。release関数の呼び出し後、FMODは、そのイベントが停止したあとに、関連するメモリを破棄する。もし呼び出し側でEventInstanceポインタへのアクセスが許されていたら、インスタンスが破棄されたあとにポインタを参照しようとして、メモリアクセス違反が発生しかねない。だからといってrelease呼び出しをスキップするのも、よい考えではない。そのうちメモリリークするだろう。だから、もっと堅牢なソリューションが必要だ。

7.1.5 SoundEventクラス

PlayEventからEventInstanceポインタを直接返すのではなく、整数のIDを使って個々のイベントインスタンスを管理しよう。そのためにSoundEventという新しいクラスを作る。整数のイベントIDを参照して、イベントを操作できるようにする。PlayEventでは、SoundEventのインスタンスを返すことにする。

イベントインスタンスの管理のためにAudioSystemに必要なのは、符号なし整数からイベントインスタンスへの新しい連想配列だ。

```
std::unordered_map<unsigned int,
    FMOD::Studio::EventInstance*> mEventInstances;
```

sNextIDという静的変数も追加して、0で初期化しておく。PlayEventで、イベントインスタンスを作成するたびにsNextIDをインクリメントし、その新しいIDでイベントインスタンスを連想配列に追加する。そして、リスト7.3のように、PlayEventがIDを割り当てたSoundEventを返す（SoundEventは、もう少しあとで宣言する）。

リスト7.3 AudioSystem::PlayEvent（イベントIDを使う実装）

```
SoundEvent AudioSystem::PlayEvent(const std::string& name)
{
    unsigned int retID = 0;
    auto iter = mEvents.find(name);
    if (iter != mEvents.end())
    {
        // イベントのインスタンスを作成
        FMOD::Studio::EventInstance* event = nullptr;
        iter->second->createInstance(&event);
        if (event)
        {
            // イベントインスタンスを開始
            event->start();
            // 次の ID を取得し、連想配列に追加
            sNextID++;
            retID = sNextID;
            mEventInstances.emplace(retID, event);
        }
    }
    return SoundEvent(this, retID);
}
```

sNextIDはunsigned intなので、PlayEventを43億回ほど呼び出すとIDの重複が発生する。問題になることはないだろうが、一応覚えておくべきだ。

PlayEventが、イベントインスタンスのreleaseを呼び出すことはなくなる。その代わり、

AudioSystem::Updateで、不要になったイベントインスタンスをクリーンアップする。Updateは、フレームごとに、getPlayBackStateを使って、イベントインスタンスのプレイバック状態をチェックする。ストップ状態にあるイベントインスタンスは、releaseしてから、連想配列から削除する。つまり、ストップしたイベントは解放してよい、ということを前提としている。イベントを消さないでおきたければ、ストップ（stop）ではなくポーズ（pause）の状態にしよう。リスト7.4が、Updateの実装である。

リスト7.4 AudioSystem::UpdateのイベントIDを使った実装

```
void AudioSystem::Update(float deltaTime)
{
    // ストップしたイベントインスタンスを探す
    std::vector<unsigned int> done;
    for (auto& iter : mEventInstances)
    {
        FMOD::Studio::EventInstance* e = iter.second;
        // イベントの状態を取得
        FMOD_STUDIO_PLAYBACK_STATE state;
        e->getPlaybackState(&state);
        if (state == FMOD_STUDIO_PLAYBACK_STOPPED)
        {
            // イベントを解放して id を終了リストに追加
            e->release();
            done.emplace_back(iter.first);
        }
    }
    // 終了したイベントインスタンスを連想配列から削除
    for (auto id : done)
    {
        mEventInstances.erase(id);
    }
    // FMOD 更新
    mSystem->update();
}
```

次に、IDを引数とするGetEventInstanceヘルパー関数をAudioSystemに追加する。GetEventInstanceは、IDが連想配列にあれば、対応するEventInstanceポインタを返す。なければnullptrを返す。イベントインスタンスにアクセスできるクラスを制限するために、GetEventInstanceはAudioSystemのprotectedセクションに入れよう。ただし、SoundEventは、この関数にアクセスする必要があるので、AudioSystemのfriendクラスとして宣言する。

リスト7.5が、SoundEventの宣言である。注目すべき点は、メンバーデータに、AudioSystemへのポインタとIDが含まれていることと、デフォルトのコンストラクターがpublicな一方で、引数を持つコンストラクターがprotectedなことである。AudioSystemはSoundEvent

のfriendなので、AudioSystemだけが、このコンストラクターにアクセスできる。これで、AudioSystemだけが、SoundEventにIDを割り当て可能になる。SoundEventの残りの関数は、サウンドイベントのポーズ、ボリュームの変更や、イベントパラメーターの設定などの、イベントインスタンスの機能のラッパーだ。

リスト7.5 SoundEventの宣言

```
class SoundEvent
{
public:
    SoundEvent();
    // 対応する FMOD イベントインスタンスが存在したら true を返す
    bool IsValid();
    // イベントをリスタートする
    void Restart();
    // イベントをストップする
    void Stop(bool allowFadeOut = true);
    // セッター関数
    void SetPaused(bool pause);
    void SetVolume(float value);
    void SetPitch(float value);
    void SetParameter(const std::string& name, float value);
    // ゲッター関数
    bool GetPaused() const;
    float GetVolume() const;
    float GetPitch() const;
    float GetParameter(const std::string& name);
protected:
    // コンストラクターが protected で、AudioSystem が friend なので
    // AudioSystem だけが、コンストラクターにアクセスできる
    friend class AudioSystem;
    SoundEvent(class AudioSystem* system, unsigned int id);
private:
    class AudioSystem* mSystem;
    unsigned int mID;
};
```

SoundEventのメンバー関数の実装は、ほとんどが共通の構文になっている。それらはGetEventInstanceを呼び出してEventInstanceポインタを取得し、それからEventInstanceの関数を呼び出す。例えばSoundEvent::SetPausedは、次のような実装だ。

```
void SoundEvent::SetPaused(bool pause)
{
    auto event = mSystem ?
        mSystem->GetEventInstance(mID) : nullptr;
    if (event)
```

```
    {
        event->setPaused(pause);
    }
}
```

このコードが、mSystemとイベントポインタの両方について、ヌルではないことをチェックしている点に注目しよう。たとえIDが連想配列になくても、関数はクラッシュしない。同様に、SoundEvent::IsValid関数がtrueを返すのは、mSystemがnullptrではなく、IDがAudioSystemのイベントインスタンスの連想配列に入っている時だけだ。

これらの関数により、再生開始後のイベントの制御が可能になる。例えば、次のコードは、"Music"というイベントの再生を開始し、そのSoundEventをmMusicEventに保存する。

```
mMusicEvent = mAudioSystem->PlayEvent("event:/Music");
```

他の場所で、ミュージックイベントのポーズ状態を切り替えられる。

```
mMusicEvent.SetPaused(!mMusicEvent.GetPaused());
```

これで、2Dオーディオ用のFMODは、ひととおり組み終わった。

7.2 3Dポジショナルオーディオ

3Dゲームでは、ほとんどのSEがポジション（位置）を持つ。この**ポジショナルオーディオ**（positional audio）では、ゲームワールドのオブジェクト（例えば暖炉）が、どこかで音を**発する**（emit）。ゲーム世界には**リスナー**（listener）がいて（あるいは仮想マイクロホンがあって）それが音を拾う。リスナーが暖炉を向いていたら、暖炉が正面にあるように聞こえる。もしリスナーが暖炉に背を向けていたら、暖炉が背面にあるように聞こえる。

また、ポジショナルオーディオでは、リスナーが音源から遠ざかれば、その音のボリュームが下がる—あるいは**弱まる**（attenuate）。リスナーが遠ざかるにつれて、音がどう弱まるかは、**減衰関数**（falloff function）で記述される。FMOD Studioでは、3Dサウンドイベントは、変更可能な減衰関数を持てる。

最も顕著な効果を持つポジショナルオーディオは**サラウンド音響**（surround sound）だ。3つ以上のスピーカーで音を鳴らす。例えば、一般的な5.1chのサラウンドでは（図7.1）、前（フロント）に、左と中央（センター）と右のスピーカーがあり、後ろ（バックあるいはリア）にも、左と右のスピーカーがある。さらに低周波用のサブウーファ（あるいはLFE）もある。暖炉の例でいえば、もしプレイヤーが画面上の暖炉に向き合えば、前にあるスピーカーから音が出るだろう。

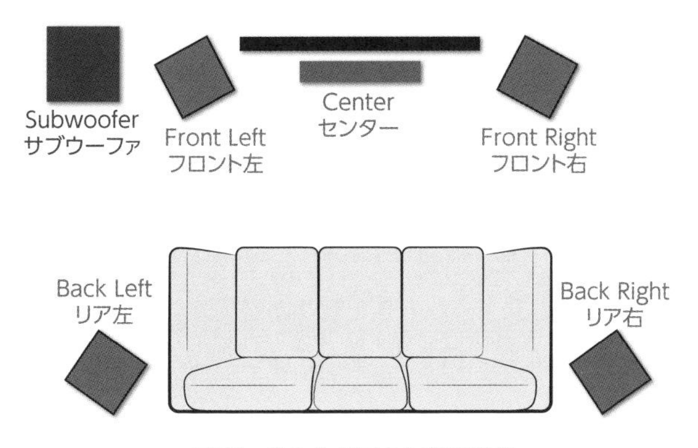

図7.1　5.1chサラウンドの構成

幸い、FMODにはポジショナルオーディオの機能がある。これを組み込むには、リスナーと、アクティブな3Dイベントインスタンスの両方に、位置と方向の情報を追加する必要がある。これは、3部構成で組み込もう。つまり、リスナー設定、`SoundEvent`に追加するポジション機能、アクターにサウンドイベントを割り当てる`AudioComponent`の作成である。

7.2.1 基礎的なリスナー設定

よくあるアプローチの1つは、カメラをリスナーに使う手法だ。リスナーの位置は、ワールド空間におけるカメラの位置となり、リスナーの方向は、カメラの方向である。このアプローチは、この章のゲームプロジェクトのような「一人称カメラ」のゲームに適している。だが、「三人称カメラ」では、後述する問題がある。

（FMODに限らず、）3Dポジショナルオーディオのライブラリで、気をつけなければいけないトラップがある。それは、ライブラリがゲームと別の座標系を使うかもしれないという罠だ。例えばFMODは $+z$ が前方、 $+x$ が右、 $+y$ が上の座標系（右手座標系）を使う。ところが、われわれのゲームの左手座標系は、 $+x$ が前方、 $+y$ が右、 $+z$ が上である。したがって、位置と方向をゲームからFMODに渡す時に座標を変換しなければならない。それには、`Vector3`と、FMODのベクトル型である`FMOD_VECTOR`との間の変換で、成分を入れ替えればよい。そのためのヘルパー関数、`VecToFMOD`を定義しよう。

```
FMOD_VECTOR VecToFMOD(const Vector3& in)
{
    // われわれの座標系（+xが前方、+yが右、+zが上）
    // から FMOD（+zが前方、+xが右、+yが上）に変換
    FMOD_VECTOR v;
    v.x = in.y;
    v.y = in.z;
    v.z = in.x;
```

```
    return v;
}
```

次に、SetListenerという関数をAudioSystemに追加する。この関数は、リスト7.6のように、ビュー行列を受け取って、リスナーの位置と、ビューからの前方ベクトルと上向きベクトルを設定する。つまり、描画で使う情報であるビュー行列を使って、SetListenerを呼び出せるようにする。このプロセスには、ちょっとした数学が必要だ。ビュー行列はワールド空間からビュー空間への変換を行うことを思い出そう。ところが、リスナーに必要なのは、ワールド空間のカメラの位置と方向である。

このデータはいくつかのステップでビュー行列から引き出せる。まずビュー行列の逆行列を計算する。逆ビュー行列の、第4行の最初の3成分（GetTranslationが返すベクトル）が、ワールド空間でのカメラの位置に対応する。そして、第3行の最初の3成分（GetZAxisが返すベクトル）が前方ベクトルに対応し、第2行の最初の3成分（GetYAxisが返すベクトル）が上向きベクトルに対応する。これら3つのベクトルを、VecToFMODを使ってFMOD座標系に変換する。

リスト7.6 AudioSystem::SetListenerの実装

```
void AudioSystem::SetListener(const Matrix4& viewMatrix)
{
    // ベクトルを得るためのビュー行列の逆行列を計算する
    Matrix4 invView = viewMatrix;
    invView.Invert();
    FMOD_3D_ATTRIBUTES listener;
    // 位置と方向をセットする ...
    listener.position = VecToFMOD(invView.GetTranslation());
    // 逆ビューでは、第 3 行が前方向
    listener.forward = VecToFMOD(invView.GetZAxis());
    // 逆ビューでは、第 2 行が上方向
    listener.up = VecToFMOD(invView.GetYAxis());
    // 速度はゼロにセットする（ドップラー効果を使う時は修正）
    listener.velocity = {0.0f, 0.0f, 0.0f};
    // FMOD に送る（0 は、リスナーが 1 人だけという意味）
    mSystem->setListenerAttributes(0, &listener);
}
```

今はSetListenerで、FMOD_3D_ATTRIBUTESのvelocityパラメーターのすべてに、ゼロを設定している。速度パラメーターが意味を持つのは、この章で後述するドップラー効果を有効にした時に限られる。

7.2.2 SoundEventにポジション機能を追加する

各EventInstanceが、そのワールド位置と方向の「3D属性」を持つので、これを既存のSoundEventクラスに統合し、Is3DとSet3DAttributesという2つの関数をイベントに持たせるのがよさそうだ（リスト7.7にそれらの両方を示す）。

FMOD Studioでサウンドイベントを作る時、そのイベントは2Dかも、3Dかもしれない。Is3D関数は、イベントが3Dならばtrueを返し、そうでなければfalseを返す。

Set3DAttributes関数は、ワールド行列を受け取って、FMODの3D属性に変換する。この引数により、イベントの位置と方向を更新するためにアクターのワールド変換を渡す処理が単純化される。この関数では、行列がワールド空間にあるので、逆行列にする必要がない。だが、ゲームとFMOD座標系の間の変換が必要である。

リスト7.7 SoundEventの関数、Is3DとSet3DAttributesの実装

```
bool SoundEvent::Is3D() const
{
    bool retVal = false;
    auto event = mSystem ? mSystem->GetEventInstance(mID) : nullptr;
    if (event)
    {
        // イベント記述子を取得
        FMOD::Studio::EventDescription* ed = nullptr;
        event->getDescription(&ed);
        if (ed)
        {
            ed->is3D(&retVal); // 3D か？
        }
    }
    return retVal;
}

void SoundEvent::Set3DAttributes(const Matrix4& worldTrans)
{
    auto event = mSystem ? mSystem->GetEventInstance(mID) : nullptr;
    if (event)
    {
        FMOD_3D_ATTRIBUTES attr;
        // 位置と方向をセットする ...
        attr.position = VecToFMOD(worldTrans.GetTranslation());
        // ワールド空間では、第1行が前方で
        attr.forward = VecToFMOD(worldTrans.GetXAxis());
        // 第3行が上向き
        attr.up = VecToFMOD(worldTrans.GetZAxis());
        // 速度はゼロにする（ドップラー効果を使う時は修正）
        attr.velocity = { 0.0f, 0.0f, 0.0f };
        event->set3DAttributes(&attr);
```

```
    }
}
```

7.2.3 ActorにSoundEventを割り当てるAudioComponent

AudioComponentクラスの役割は、サウンドイベントを特定のアクターに割り当てることだ。これで、アクターが移動する時に、サウンドイベントの3D属性を更新できる。もしアクターが死んだら、割り当てられているサウンドをストップすることができる。

リスト7.8が、AudioComponentの宣言である。2Dイベント用と3Dイベント用の2つのstd::vectorがあることに注目しよう。Componentから継承されてないメンバー関数は、PlayEventとStopAllEventsの2つだけだ。

リスト7.8 AudioComponentの宣言

```
class AudioComponent : public Component
{
    AudioComponent(Actor* owner, int updateOrder = 200);
    ~AudioComponent();

    void Update(float deltaTime) override;
    void OnUpdateWorldTransform() override;

    SoundEvent PlayEvent(const std::string& name);
    void StopAllEvents();
private:
    std::vector<SoundEvent> mEvents2D;
    std::vector<SoundEvent> mEvents3D;
};
```

AudioComponent::PlayEvent関数は、まずAudioSystemのPlayEventを呼び出す。それから、イベントが3Dかどうかを確認し、どちらかの配列にSoundEventを追加する。もしイベントが3Dなら、Set3DAttributesを呼び出す。

```
SoundEvent AudioComponent::PlayEvent(const std::string& name)
{
    SoundEvent e = mOwner->GetGame()->GetAudioSystem()->PlayEvent(name);
    // 2次元か3次元か
    if (e.Is3D())
    {
        mEvents3D.emplace_back(e);
        // 3D属性を初期化する
        e.Set3DAttributes(mOwner->GetWorldTransform());
    }
```

```
    else
    {
        mEvents2D.emplace_back(e);
    }
    return e;
}
```

AudioComponent::Update関数は（実際のコードは割愛するが）、mEvents2DとmEvents3Dの、無効になった（IsValidがfalseを返す）イベントを削除する。

次に、OnUpdateWorldTransformをオーバーライドする。所有アクターがワールド行列を計算するたびに、各コンポーネントのこの関数が呼び出されることを思い出そう（リスト5.10）。AudioComponentでは、ワールド行列が変わるたびに、mEvents3Dに存在する3Dイベントの3D属性を更新する。

```
void AudioComponent::OnUpdateWorldTransform()
{
    Matrix4 world = mOwner->GetWorldTransform();
    for (auto& event : mEvents3D)
    {
        if (event.IsValid())
        {
            event.Set3DAttributes(world);
        }
    }
}
```

最後に、AudioComponent::StopAllEventsは（これも割愛するが）、両方の配列にあるすべてのイベントのstopを呼び出す。AudioComponentのデストラクターが、この関数を呼び出すが、他にもアクターのサウンドイベントをすべて止めたい状況があるかもしれない。

これらを追加したら、AudioComponentをアクターにアタッチすると、オーディオコンポーネントでサウンドイベントを再生できる。AudioComponentは、アクターに割り当てられているイベントの3D属性を、必要に応じて自動的に更新する。

7.2.4 三人称ゲームのリスナー

リスナーがカメラの位置と方向を直接使う方法は、プレイヤー視点でカメラをまわす一人称ゲームには、非常に適している。けれども、カメラがプレイヤーのあとを追う三人称ゲームでは、それほど単純にはいかない。図7.2は、ある三人称ゲームを横から見た図である。「プレイヤー」キャラクターは位置 P にいて、カメラは位置 C にある。位置 A は、「プレイヤー」キャラクターの間近で鳴るSE、位置 B は、カメラに近い位置で鳴るSEだ。

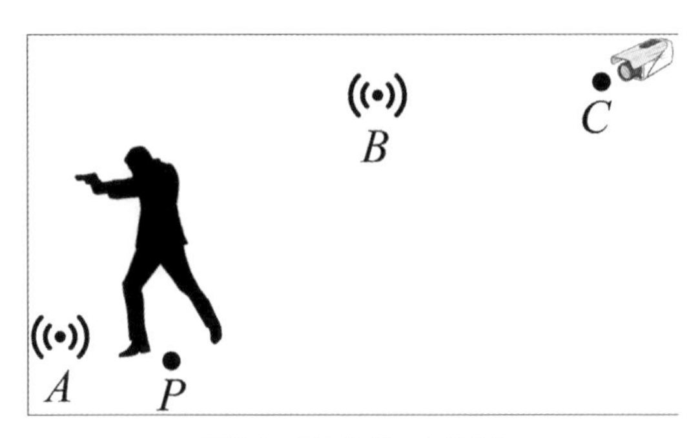

図7.2 三人称ゲームのSE

ここで、前の例と同様にカメラをリスナーにしたら、どうなるだろうか。その場合は、A の音も B の音も、前から聞こえるだろう。それでよいのは、どちらのSEも画面に見える場所で発生するため、プレイヤー自身が「前で鳴っている」と受け止められるからだ。ところが、サウンド B はサウンド A よりも近いように聞こえる。これは、おかしな気がする。なぜなら「プレイヤー」のすぐそばで鳴る音のほうが大きいはずだからだ。そして、たとえサウンド B が存在しなくても、「プレイヤー」の間近で（あるいは、その体で！）鳴る音には、常に（カメラからの距離に応じた）減衰がかかるので、サウンドデザイナーは、いらいらするだろう。

代わりに、リスナーに「プレイヤー」の位置と方向を使ったら、サウンド A はサウンド B より大きくなる。けれどもサウンド B は、後ろから聞こえる。「プレイヤー」の背後にあるからだ。これは、まるでおかしく感じられる。画面内の見える場所に位置する音は、当然前から聞こえるはずだから。

つまるところ、プレイヤーの位置をベースに音の減衰を計算し、カメラの位置をベースとして音の方向を計算するのが望ましい。Guy Sombergが、この問題に対する素晴らしいソリューションを書いており、その本を最後の「参考文献」で紹介する。必要なのは、ちょっとしたベクトル演算だけだ。プレイヤーの位置が P 、カメラの位置が C 、サウンドの位置が S だとして、まず2つのベクトルを計算する。1つはカメラからサウンドに向かう $CameraToSound$ 、もう1つはプレイヤーからサウンドに向かう $PlayerToSound$ だ。

$$PlayerToSound = S - P$$
$$CameraToSound = S - C$$

$PlayerToSound$ ベクトルの長さは、音の減衰に適した距離である。そして、正規化された $CameraToSound$ ベクトルが、正しい向きになる。正規化された $CameraToSound$ ベクトルに、$PlayerToSound$ の長さというスカラーを掛けると、サウンドの仮想ポジション $VirtualPos$ が得られる。

$$VirtualPos = \|PlayerToSound\| \frac{CameraToSound}{\|CameraToSound\|}$$

(図7.3の) 仮想ポジションがサウンドの正しい減衰と、正しい方向の両方を生み出す。リスナーは、今まで通りにカメラを使えばよい。

ただし、もしサウンド本来のワールド位置が、他の計算に (例えば、この章で後述するオクルージョンのために) 必要だとしたら、このアプローチは適切でないかもしれない。

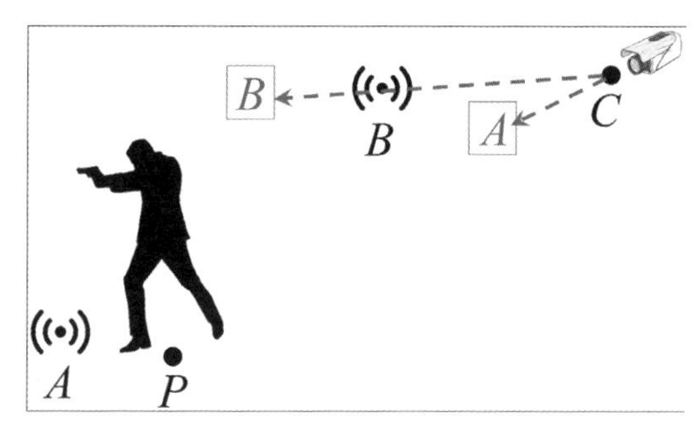

図7.3 仮想ポジションを使った、三人称ゲームのSE

7.2.5 ドップラー効果

街角に立っているところを想像してほしい。近づいてくるパトカーのサイレンの音は、ピッチが上がって高い音になる。逆に、パトカーが通り過ぎると、ピッチが下がって低い音になる。これがドップラー効果の実例だ (図7.4を参照)。

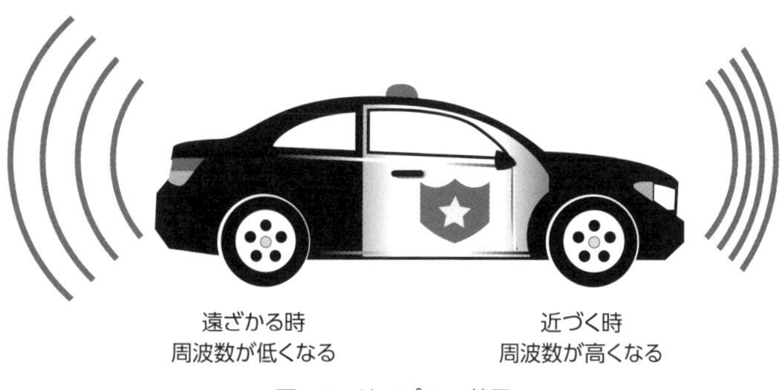

図7.4 ドップラー効果

ドップラー効果 (Doppler effect) は「ドップラーシフト」(Doppler shift) とも呼ばれ、音波が空気中を伝わるのに時間がかかるために起きる。パトカーが近づく時は、音の出る位置が近づくので、耳に届く音波の間隔が狭くなり、周波数が高くなってピッチが上がる。パトカーがリスナーの真横に来たら本来のピッチになるが、通過すると、今度は逆の効果となる。音の出る位置が遠ざかるため、届く音波の間隔が広がり、ピッチが下がるのだ。ドップラー効果は、あらゆる種類の波で起こるが、最も観測しやすいのが音波だ。

ゲームの乗り物にドップラー効果を使えば、より現実的なサウンドになる。FMODは、ドップラーのピッチシフトを自動的に計算できる。それには、`setListenerAttributes`と`set3DAttributes`に正しい速度を渡すだけでよい。逆にいえば、ゲームでは第3章「ベクトルと基礎の物理」で簡単に述べたような、正確な（物理学に基づいた）力による運動アプローチが必要になるだろう。

ドップラー効果としては、Low Level APIでアクセス可能な、より詳細なパラメーターもある。`set3DSettings`関数で、それらのパラメーターを設定できる。

```
mLowLevelSystem->set3DSettings(
    1.0f,  // ドップラースケール。1 = 標準。より大きいと効果が誇張される
    50.0f, // 1メートルはゲーム単位でいくつか。われわれのゲームは、約50単位。
    1.0f   // (ドップラー用ではないので、1のままとする)
);
```

7.3 ミキシングとエフェクト

デジタルサウンドの利点の1つは、再生中の操作が簡単にできることだ。すでにリスナーとの相対位置を考慮して、再生中の音量を操作した。**デジタル信号処理**（**DSP**: digital signal processing）は、信号をコンピューターで操作するという意味である。オーディオ信号のボリュームやピッチを調整するのも、一種のDSPだ。

ゲームで一般的なDSPエフェクトに、リバーブとイコライゼーションの2つがある[訳注2]。**リバーブ**（reverb）は、残響のあるエリアでの音波の跳ね返りをシミュレートする。例えば洞窟の中では、音波が壁に跳ね返るので、SEに残響を付加する。**イコライゼーション**（equalization: EQ）は、音声信号の周波数特性を変えて、音質を調整する。

FMOD Studioでは、DSPエフェクトの連鎖ができる。言い換えると、サウンドを出力する前に何段かのエフェクトで信号を変化させることが可能だ。個々のサウンドイベントに独自のDSPを持たせることも可能だが、より一般的なアプローチは、サウンドを型によってグループ分けし、グループごとに異なるエフェクトを加える方法だ。

7.3.1 バス

FMOD Studioの**バス**（bus）は、サウンドのグループを意味する。例えば、SEのバス、音楽のバス、会話のバスと分けるのだ。個々のバスに別のDSPエフェクトを割り当てて、実行時にバス間の調整ができる。例えば多くのゲームは、サウンドのカテゴリーごとにボリュームスライダーを提供しているが、バスを使えば単純明快に実装できる。

訳注2　他には、音量の大小を調整して一定範囲に正規化するNormalizeや、Compressorなどのエフェクトがある。

デフォルトでは、どのプロジェクトも1つのマスターバスを持つ（これはルートパス、bus:/で指定される）。しかし、サウンドデザイナーは、いくつもバスを追加できる。そして、イベント記述子をバンクにロードするのと同じように、バスも一度に複数個をロードできる。最初に、バスの連想配列をAudioSystemに追加しよう。

```
std::unordered_map<std::string, FMOD::Studio::Bus*> mBuses;
```

それから、バンクのローディングを行う時、そのバンクでgetBusCountとgetBusListを呼び出して、mBusesに追加するバスのリストを取得する（コードは、イベント記述子のロードとそっくりなので、この章ではリストを省略する）。

次に、バスを制御する関数をAudioSystemに追加する。

```
float GetBusVolume(const std::string& name) const;
bool GetBusPaused(const std::string& name) const;
void SetBusVolume(const std::string& name, float volume);
void SetBusPaused(const std::string& name, bool pause);
```

これらの関数の実装もそっくりで、なにも驚くべきことはない。例えばSetVolumeは、こうなる。

```
void AudioSystem::SetBusVolume(const std::string& name, float volume)
{
    auto iter = mBuses.find(name);
    if (iter != mBuses.end())
    {
        iter->second->setVolume(volume);
    }
}
```

この章のゲームプロジェクトには、全部で3つのバスがある。master、SFXと、musicだ。SEには、「足音」(footsteps)、暖炉のような「ファイアループ」(fire loop)、「爆発音」(explosion)があり、これらはSFXバスに入る。そしてバックグラウンドミュージックは、musicバスに入る。

7.3.2 スナップショット

FMODの**スナップショット**（snapshot）は、バスを制御する特殊なイベントだ。スナップショットはイベントなので、すでに存在するイベントインターフェイスと、既存のPlayEvent関数が使える。唯一の違いは、そのパスがevent:/ではなくsnapshot:/で始まることだ。

この章のゲームプロジェクトでは、スナップショットを使って、SFXバスのリバーブを有効にする（[R] キーによって、リバーブの有効・無効を切り替える）。

7.3.3 オクルージョン

こんな経験はないだろうか。あなたは小さなアパートに住んでいて、隣でパーティをやっている。パーティでかかっている音楽は大音量で、壁越しに聞こえてくる。その曲は聴いたことがあるのだが、壁を通して聴くと、音が違って聞こえる。低音は響くのだが、周波数の高いところは、こもって聞き取りにくい。これが、図7.5(a)に示す**サウンドオクルージョン**(sound occlusion)だ。

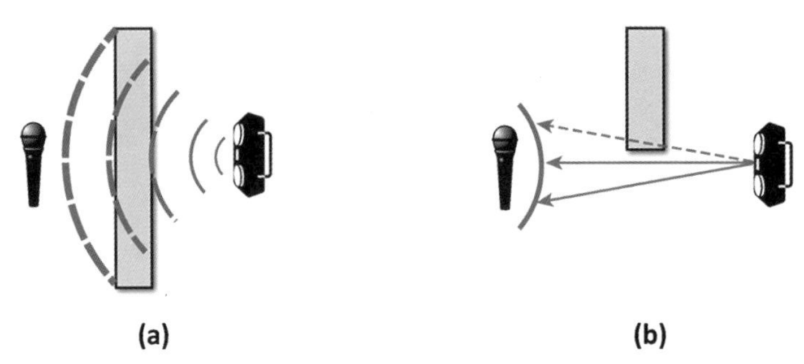

図7.5 サウンドオクルージョン(a)と、オクルージョンのテスト(b)

サウンドオクルージョンは、音を発する**エミッター**(emitter)からリスナーまでの直接的な経路がない時に起きる現象で、音がリスナーに届くまでに途中の物質を伝わざるをえない。サウンドオクルージョンの際だった効果は**ローパスフィルター**(low-pass filter)、すなわち高周波数帯域の音量低下として現れる。

オクルージョンの実装は、2つのタスクに分かれる。オクルージョンの検出と、経路をふさがれて「こもった」サウンドへの変更だ。検出を行うアプローチの1つは、図7.5(b)のように、エミッターとリスナーを囲む円弧とを結ぶ線分を引いてみることだ。もしすべての線分が、どのオブジェクトにも当たることなくリスナーに届くのなら、オクルージョンはない。もし一部の線分だけが届いたら、部分的なオクルージョン(障害物がある状態)、1つも届かなかったら、完全なオクルージョンとみなす。検出には、第10章「衝突検知」で述べる、コリジョンの計算が必要だ。

FMODで「こもった」音にするのは簡単だ。ただし、それにはLow Level APIの呼び出しが必要になる。FMODを初期化する時、ソフトウェアによるローパスフィルタリングを有効にしておく。

```
result = mSystem->initialize(
    512,                         // 最大同時発音数
    FMOD_STUDIO_INIT_NORMAL,     // デフォルトの設定
    FMOD_INIT_CHANNEL_LOWPASS, // ローパスフィルターを初期化する
    nullptr                      // 通常は nullptr
);
```

次に、オクルージョンの影響を受けるイベントインスタンスに、それぞれオクルージョンパラメーターを設定する。例えば次のコードは、イベントのオクルージョンを有効にする。

```
// チャネルグループ利用のためのフラッシュコマンド（コマンドを空にする）
mSystem->flushCommands();
// イベントからチャネルグループを取得
FMOD::ChannelGroup* cg = nullptr;
event->getChannelGroup(&cg);
// 遮蔽率 occFactor を設定する - 範囲は
// 0.0（なし）から 1.0（完全なオクルージョン）
cg->set3DOcclusion(occFactor, occFactor);
```

7.A ゲームプロジェクト

この章のゲームプロジェクトは、とりあげたオーディオ機能の大部分を使うデモだ。コードは本書のGitHubリポジトリにある。Chapter07ディレクトリで、WindowsではChapter07-windows.slnを、MacではChapter07-mac.xcodeprojを開こう。この章の内容に対応するFMOD Studioプロジェクトは、FMODStudio/Chapter07にある。

バックグラウンドでミュージックトラックが再生される。プレイヤーが動き回ると「足音」のイベントがトリガーされる。球はポジショナルな「ファイアループ」サウンドを発する。

プレイヤーの移動には、これまでと同じく、[W][A][S][D] キーを使う。次に挙げるキーが、新たに追加された挙動だ。

- [E] —「爆発音」(2D) を鳴らす
- [M] — ミュージックイベントのポーズ・ポーズ解除
- [R] — SFX バスのリバーブを（snapshot 経由で）有効・無効にする
- [1] —「足音」パラメーターをデフォルト値に設定
- [2] —「足音」パラメーターを「芝生」（grass）に設定
- [−] — マスターバスのボリュームを下げる
- [+] — マスターバスのボリュームを上げる

これらの挙動に対応する関数コールは、すべて`Game::HandleKeyPress`にある。

この章のサウンドファイルは、URL https://opengameart.org/ と URL http://freesound.org/ のものを使用している。どちらも、ゲーム用の高品質なサウンドが見つかる素晴らしいWebサイトだ。

7.B まとめ

ほとんどのゲームで、単純にサウンドファイルを再生する以上の高度なオーディオシステムが要求される。この章では、FMOD APIを使って、商用レベルのサウンドシステムをゲームに実装する方法を紹介した。オーディオシステムは、バンクをロードして、イベントを再生する。`SoundEvent`クラスは、発行されたイベントインスタンスを管理し、それらのインスタンスに対する操作を可能にする。

ポジショナルオーディオは、3D環境でのサウンドをシミュレートする。リスナーおよび個々の3Dイベントインスタンスにプロパティを設定することで、オーディオは現実の3D環境のような挙動をする。一人称ゲームではカメラの位置と方向を直接リスナーに使えるが、三人称ゲームは、もっと複雑だ。高速に移動するオブジェクトのドップラー効果は、そのサウンドのピッチを、近づいたり遠ざかったりする時にシフトさせる。

サウンドの全体的な環境は、ミキシングによって制御する。各種のサウンドを、バスを使って個別に制御可能なカテゴリーに分類する。スナップショットは、実行時にバスを動的に変更できる（例えばリバーブのようなDSPエフェクトを有効にできる）。最後に、オクルージョンは物体を通って伝わるサウンドをシミュレートする。

7.C 参考文献

つい最近までは、意識の高いゲームオーディオプログラマーが読む参考書を探すのは困難だった。しかし、Guy Sombergの名著には、経験を積んだ多くの開発者による記事が集められている。現在利用可能なゲームオーディオを、最も完全にカバーしているのが、この本だ[訳注3]。

— Somberg, Guy, Ed. *Game Audio Programming: Principles and Practices*. Boca Raton: CRC Press, 2016.

訳注3　他の本では、『ゲームエンジン・アーキテクチャ 第2版』の「第13章 オーディオ」の記述が詳しい。翻訳に際しては、上記のSomberg編集の本（ハードカバー、全312ページ）の他、David Gouvelaの『Getting Started with C++ Audio Programming for Game Development』(Packt Publishing; revised edition, 2013)も参考にした（Kindle版、全116ページ）。後者にはC++とFMODの用例があるが、FMODのバージョンが古いのが残念だ。

7.D 練習問題

この章の課題は、本章で実装したオーディオ機能の強化である。第1の課題では、ドップラー効果のサポートを追加し、第2の課題では三人称リスナー用の仮想ポジションを実装する。

課題 7.1

リスナーとイベントインスタンスの属性の処理を調整して、速度(velocity)パラメーターを設定しよう。次に、`Game::LoadData`で作る球(sphere)のアクターを素早く前後して、ドップラー効果をテストしよう。効果の強さは必要に応じて、`set3DSettings`で調整しよう。正しく動作していれば、「ファイアループ」サウンドで、ドップラー効果を聞き取れるはずだ。

課題 7.2

この章で挙げた三人称リスナーの式に従って、イベントインスタンスの仮想ポジションを実装しよう。それには、第7章のゲームプロジェクトにある`CameraActor`クラスを、GitHubリポジトリの`Exercise/7.2`にある`CameraActor`クラスで置き換える。このバージョンの`CameraActor`は、テスト用に基礎的な三人称カメラを実装している。

Chapter

8

入力システム

この章では、キーボード、マウス、コントローラーといった多彩なゲーム用入力デバイスを詳しく見ていく。これらのデバイスをまとまったシステムに統合して、すべてのアクターやコンポーネントが、入力に応じてシステムと連携するようにしよう。

8.1 入力デバイス

入力がなければ、ゲームは映画やテレビのような静的なエンターテインメントになってしまう。キーボード、マウス、コントローラー、その他の入力デバイスに応答することで、ゲームの対話的な性質が生じる。ゲームループの「入力処理」で入力デバイスの現在の状態を取得し、ゲームループの「ゲームワールド更新」で、ゲームワールドに影響を与えるのだ。

なかには、bool値のみが得られる入力デバイスがある。例えば、キーボードの状態は、キーが押されているかいないかで、trueまたはfalseのどちらかになる。キーの「半押し」は、入力デバイスで検出してくれなければ、見極めることができない。

他の入力デバイスでは、ある範囲内の値が得られる。ほとんどのジョイスティックでは、2つの軸について一定範囲の値が得られ、ユーザーが、ある向きにどれだけ傾けたかを判定できる。

ゲームで使われるデバイスの多くは**複合型**（composite）で、何種類かの入力デバイスをまとめたものになっている。多くのゲームコントローラーには、ある範囲の値を出力する2本のジョイスティックやトリガー（引き金）があり、ブール値のみの他のボタンもある。同様に、マウスやスクロールホイールの動きには範囲があるが、マウスボタンはbool型だろう。

8.1.1 ポーリング

本書の最初のほうの章では、キーボードの各キーの状態を取得するため、SDL_GetKeyboardState関数を使った。第3章「ベクトルと基礎の物理」で追加した機能では、キーボードの状態をアクターのProcessInput関数に渡し、アクターは、その状態を各コンポーネントのProcessInput関数に渡した。これらの関数では、キーの状態を見て、「[W] キーが押されていたらプレイヤーキャラクターを前進させる」などのアクションを決める。キーの値を、フレームごとに参照して判定するので、このアプローチは、キーの**ポーリング**（polling:定期的な問い合わせ）と考えることができる。

ポーリングを中心に設計された入力システムは、把握しやすい。このため、多くのゲーム開発者はポーリングのアプローチを好む。この手法は、特にキャラクターの移動などに適している。キャラクターの移動では、フレームごとに入力デバイスの状態を知る必要があり、取得した状態に応じてキャラクターの動きを更新するからだ。本書のほとんどのコードでは、この基本的な入力法を使い続けることになる。

8.1.2 ポジティブエッジとネガティブエッジ

スペースキーを押すとキャラクターがジャンプするゲームを考えてみよう。フレームごとにスペースキーの状態をチェックしており、最初の3フレームではスペースキーが押されず、フレーム4の前にプレイヤーがスペースキーを押したとしよう。プレイヤーは、引き続きスペースキーを押し続け、フレーム6の前に放す。これをグラフに描くと図8.1のようになる。ここで横軸はフレーム番号での時間経過を示し、縦軸は、そのフレームにおけるバイナリ値に対応する。スペースキーの状態は、フレーム4で0から1に変わり、フレーム6で1から0に戻る。入力が0から1に変化するフレームが**ポジティブエッジ**(positive edge)あるいは「立ち上がりエッジ」(rising edge)であり、入力が1から0に変化するフレームは**ネガティブエッジ**や「立ち下がりエッジ」(falling edge)と呼ばれる。

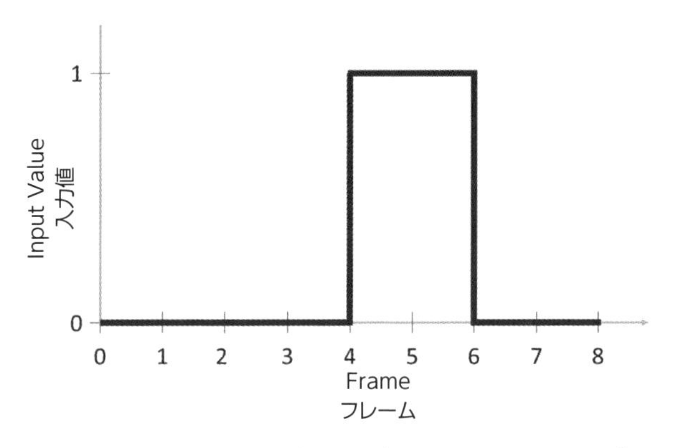

図8.1 9フレームにわたってポーリングされたスペースキーのグラフ

キャラクター入力の処理が次のような単純なロジックだったら、どうなるだろうか（これは疑似コードだ）。

```
if (spacekey == 1)
    character.jump()
```

図8.1の例だと、このコードは`character.jump`関数を2回（フレーム4で1回、フレーム5で1回）コールすることになるだろう。もしプレイヤーが2フレームではなく10フレームの間スペースキーを押し続けたら、`character.jump`を10回呼び出すこととなる。当然ながら、スペースキーの値が1のフレームで必ずキャラクターをジャンプさせたいはずはない。スペースキーのポジティブエッジが立つフレームでだけ、`character.jump`を呼び出すべきだ（図8.1の入力グラフで、ポジティブエッジはフレーム4にある）。そうすれば、スペースキーをどれほど長く押し続けるかにかかわらず、キャラクターは1回だけジャンプすることになる。つまり、この場合に望まれるのは、次のような疑似コードだ。

```
if (spacekey がポジティブエッジ )
    character.jump()
```

この疑似コードの「〜がポジティブエッジ」という項は、以前のフレームでキーが0であり、このフレームでキーが1であるという意味だ。では、SDL_GeyKeyboardStateを使って、キーボードの状態を毎フレーム取得する現在の方法で、ポジティブエッジをどのように実装するのだろうか。まず、spacekeyLastという変数を追加して、これを0で初期化しよう。この変数で、1つ前のフレームの値を残すのだ。そうすれば、ジャンプするのは、前のフレームの値が0で、このフレームの値が1の時だけ、という条件が書ける。

```
if (spacekey == 1 and spacekeyLast == 0)
    character.jump()

spacekeyLast = spacekey
```

これで、図8.1の例がどうなるかを考えてみよう。フレーム3で、spacekeyLastには、spacekeyの現在の値、つまり0が入る。次のフレーム4で、spacekeyは1だがspacekeyLastは0なので、character.jumpが呼ばれる。その後、spacekeyLastはspacekeyの現在の値（1）になる。そしてフレーム5では、spacekeyとspacekeyLastの両方が1なので、キャラクターはジャンプしない。

このパターンを、コードの至る所で使うこともできる。けれども、前のフレームの各キーの値を自動的に管理してくれるシステムを持つほうがよい。そうすれば、そのシステムから、キーのポジティブエッジやネガティブエッジが簡単に得られ、他のプログラマーの手間も減らせる。

このような、前のフレームでの入力値を保存して、現フレームと比較するアプローチを一般化すると、表8.1のような、合計4種類の状態となる。両方の値が0なら、ボタンの状態はNone（どれでもない）。同じく、両方の値が1なら、フレームをまたいでキーを押し続けているので、ボタンの状態はHeld（押したまま）。値に違いがあれば、ポジティブエッジかネガティブエッジのどちらかであり、その場合はボタン状態をPressed（押した）やReleased（放した）で表現できる。

表8.1　4種類の入力状態（前のフレームの値と現在のフレームの値による）

前のフレーム	現在のフレーム	ボタンの状態
0	0	None（どれでもない）
0	1	Pressed（押した）
1	0	Released（放した）
1	1	Held（押したまま）

攻撃力をチャージするために、あるキーを押し続けるゲームを考える。どうすれば、これを実現できるだろうか。キーのPressed状態を検出したフレームから、攻撃チャージを開始する。それに続くフレームで、そのキーの状態がHeldである間、チャージを続ける。キーの状態が

Releasedになったら、プレイヤーがキーから指を離したので、それまでにため込んだチャージレベルで攻撃する。

一方、「[W] キーが1なら前進」というような単純なアクションには、現在のフレームの入力値をチェックする従来のアプローチがよさそうだ。この章の入力システムでは、生の値と、入力状態の変化の、どちらの値も取得できるようにしよう。

8.1.3 イベント

第1章「ゲームプログラミングの概要」で見たように、SDLが生成するさまざまなイベントに、プログラマーは、応答したければ応答できる。これまでも、ウィンドウを閉じようとする時のSDL_Quitイベントに応答してきた。Game::ProcessInputで、毎フレーム、イベントがキューにあるのかチェックして、選択したイベントにだけ応答するようにしよう。

SDLは入力デバイスのイベントも生成する。例えば、キーボードのキーを押すたびに、SDLはSDL_KEYDOWNイベントを生成する（これはボタンのPressed状態に対応する）。逆に、キーを放すたびに、SDL_KEYUPイベントが生成する（ボタンのReleased状態に対応する）。もし、ポジティブエッジとネガティブエッジにだけ応答するなら、この2つのイベントを使ってコードを組むのが手っ取り早い。

しかし、[W] キーを押している間だけ前進する処理となると、現在 [W] キーが押されているか調べる余分なコードが必要となる。SDLイベントでは、ネガティブエッジとポジティブエッジしか得られないからだ。イベントだけで処理する入力システムの設計は理論的には可能だが、この章では、必要な時しかSDLイベントを使わない（例えばマウスホイールのスクロールなど）。

イベントとポーリング関数には、ちょっとした関係がある。SDL_GetKeyboardStateから取得されるキーボード状態が更新されるのは、メッセージポンプのループでSDL_PollEventsを呼び出したあとだ。つまり、いつSDL_PollEventsが呼び出されるのか知っているので、フレーム間の状態の変化を検出できる。このことは、前のフレームのデータを保存する入力システムを実装する時に役立つ。

8.1.4 基礎的なInputSystemのアーキテクチャ

さまざまな入力デバイスの詳細に踏み込む前に、入力システム全体の構造を検討しよう。今は、キーボードの状態を、ProcessInput経由でアクターやコンポーネントに知らせている。ProcessInputでは、SDL関数を直接呼び出さない限り、マウスやコントローラーにアクセスできない。単純なゲームなら、これでも問題ないが（事実、この章を除けば、たいがいそのアプローチだ）、アクターやコンポーネントを書くプログラマーに、SDL関数の専門知識を要求しないほうがよいはずだ。また、SDLの入力関数には、呼び出しの間の状態変化を返すものがあり、そのような関数を1フレームに何度も呼び出したら、最初の呼び出し以降の値はゼロになるだろう。

この問題を解決するため、InputSystemクラスでデータを記録しよう（データ自体はヘルパークラスInputStateの中に入れる）。そうすれば、このInputStateをconst参照として、アクター・コンポーネントに（ProcessInput関数を経由して）渡すことができる。また、InputStateにヘルパー関数を追加することで、アクター・コンポーネントが欲しい情報が簡単に得られるようになるだろう。

リスト8.1が、最初のバージョンの宣言だ。はじめに宣言するenum ButtonStateは、表8.1で示した4種類の状態に対応する。次に宣言するのはstruct InputStateだが、これはまだキーボード状態の他にメンバーを持っていない。InputSystemクラスでも、Gameクラス同様、InitializeとShutdownのメンバー関数を持つ。さらに、SDL_PollEventsの前に呼び出すPrepareForUpdate関数と、SDL_PollEventsのあとに呼び出すUpdate関数がある。GetState関数は、このクラスのメンバーデータであるInputStateへのconst参照を返す。

リスト8.1 基礎的なInputSystemの宣言

```
enum ButtonState
{
    ENone,
    EPressed,
    EReleased,
    EHeld
};

// 現在の入力状態を格納するラッパー
struct InputState
{
    KeyboardState Keyboard;
};

class InputSystem
{
public:
    bool Initialize();
    void Shutdown();

    // SDL_PollEvents ループの直前に呼ばれる
    void PrepareForUpdate();
    // SDL_PollEvents ループの直後に呼ばれる
    void Update();

    const InputState& GetState() const { return mState; }
private:
    InputState mState;
};
```

このコードをゲームに組み込むために、mInputSystemという名前のInputSystemへのポインタをGameに追加する。Game::InitializeでInputSystemを生成・初期化し、Game::Shutdownが、シャットダウンして削除する。

次に、ActorとComponentの両方で、ProcessInputの宣言を変更する。

```
void ProcessInput(const InputState& state);
```

ActorではProcessInputをオーバーライドできないことを思い出そう。その理由は、アタッチされたすべてのコンポーネントのProcessInputを呼び出すからだ。しかし、Actor自身の独自入力のために、オーバーライド可能なActorInput関数がある（3.2.2項）。ActorInputの宣言を同様に書き換え、InputStateのconst参照を受け取るようにする。

最後に、次のようにGame::ProcessInputの実装を変更する（前後の処理の概要をつけた）。

```
void Game::ProcessInput()
{
    mInputSystem->PrepareForUpdate();

    // SDL_PollEvent のループ ...

    mInputSystem->Update();
    const InputState& state = mInputSystem->GetState();

    // 必要に応じて、任意のキーを処理 ...

    // アクターのすべての ProcessInput に状態を送る ...
}
```

これで、InputSystemが入力デバイスをサポートするのに必要な基本部分ができあがった。あとは、デバイスごとに状態をカプセル化する新しいクラスを追加して、そのクラスのインスタンスをInputState構造体に追加する。

8.2 キーボード入力

SDL_GetKeyboardState関数がキーボードの状態のポインタを返すことを思い出そう。SDL_GetKeyboardStateの戻り値は、SDLの内部データなので、アプリケーションの動作中は変わらない。したがって、キーボードの現在の状態を管理するには、一度初期化するだけのポインタがあればいい。しかし、SDL_PollEventsの呼び出しで、SDLは現在のキーボードの状態を上書きするので、前のフレームの状態の保存には、別の配列が必要だ。

リスト8.2のように、KeyboardStateクラスにメンバー変数を追加するのが自然であろう。現在の状態を指すポインタと、1つ前の状態を保存する配列の追加だ。配列のサイズは、SDLがキーボードを管理するバッファサイズに対応する。それからKeyboardStateのメンバー関数に、キーの現在値をbool型で返すGetKeyValueと、前述した4種のボタン状態を返すGetKeyStateを用意する。また、InputSystemをKeyboardStateのfriendにする。これで、InputSystemがKeyboardStateのメンバーを操作しやすくなる。

リスト8.2 KeyboardStateの宣言

```
class KeyboardState
{
public:
    // InputSystemはfriendクラスなので容易に更新できる
    friend class InputSystem;

    // キーの真偽値のみを取得する
    bool GetKeyValue(SDL_Scancode keyCode) const;

    // 現在と、その1つ前のフレームから状態を取得
    ButtonState GetKeyState(SDL_Scancode keyCode) const;
private:
    // 現在の状態
    const Uint8* mCurrState;
    // 1つ前のフレームの状態
    Uint8 mPrevState[SDL_NUM_SCANCODES];
};
```

次に、KeyboardStateのインスタンスであるKeyboardを、InputStateのメンバーデータに追加する。

```
struct InputState
{
    KeyboardState Keyboard;
};
```

InputSystemクラスのInitializeとPrepareForUpdateの両方のコードを修正する必要がある。Initializeでは、まずmCurrStateポインタを設定し、それからmPrevStateのメモリをゼロクリアする必要がある（ゲームを始める時、キーには以前の状態がない）。このため、現在の状態ポインタをSDL_GetKeyboardStateから取得して、そのメモリをmemsetでクリアする。

```
// (InputSystem::Initialize内 ...)
// 現在の状態を示すポインタを保存
mState.Keyboard.mCurrState = SDL_GetKeyboardState(NULL);
```

```
// 前回の状態を示すメモリをクリア
memset(mState.Keyboard.mPrevState, 0,
    SDL_NUM_SCANCODES);
```

PrepareForUpdateでは、「現在の」データを、すべて「前回の」バッファにコピーする必要がある。なお、PrepareForUpdateが呼び出された時の「現在の」データは、1つ前のフレームのデータだ。なぜかというと、新しいフレームでPrepareForUpdateを呼び出すタイミングでは、まだSDL_PollEventsを呼び出していないからである。これが非常に重要なポイントだ。SDL内部のキーボードの状態は、SDL_PollEventsで更新されるのであり、mCurrStateは、その内部データへのポインタなのだ。そこで、SDLが現在の状態を上書きする前に、memcpyで現在のバッファから1つ前のバッファに状態データをコピーする。

```
// (InputSystem::PrepareForUpdate内...)
memcpy(mState.Keyboard.mPrevState,
    mState.Keyboard.mCurrState,
    SDL_NUM_SCANCODES);
```

次に、KeyboardStateのメンバー関数を実装しよう。GetKeyValueは簡単だ。この関数はmCurrStateバッファをインデックス参照して、値が1ならtrueを、値が0ならfalseを返すだけである。

リスト8.3のGetKeyState関数は、少し複雑だ。こちらは現在のフレームと前のフレームの、両方のキーの状態を使って、4種類のボタン状態のうち、どれを返すかを判定する。これは表8.1の項目をコードに落としただけだ。

リスト8.3 KeyboardState::GetKeyStateの実装

```
ButtonState KeyboardState::GetKeyState(SDL_Scancode keyCode) const
{
    if (mPrevState[keyCode] == 0)
    {
        if (mCurrState[keyCode] == 0)
        { return ENone; }
        else
        { return EPressed; }
    }
    else // mPrevState[keyCode]は1に違いない
    {
        if (mCurrState[keyCode] == 0)
        { return EReleased; }
        else
        { return EHeld; }
```

```
    }
}
```

KeyboardStateのコードがあっても、まだGetKeyValue関数でキーの値に直接アクセスできる。例えば、次のコードで、スペースキーの現在の値がtrueかどうかをチェックできる。

```
if (state.Keyboard.GetKeyValue(SDL_SCANCODE_SPACE))
```

ここでは、InputStateオブジェクトに、キーの「ボタン状態」を検知できるというさらなるメリットが追加された。例えばGame::ProcessInputの次のコードは、[Esc] キーの状態がEReleasedかどうかを判定し、その時に限りループから脱出する。

```
if (state.Keyboard.GetKeyState(SDL_SCANCODE_ESCAPE)
    == EReleased)
{
    mIsRunning = false;
}
```

つまり、単に [Esc] キーが押されたら即座に終了するのではなく、そのキーを放すことでゲームが終了される。

8.3 マウス入力

マウス入力で注目すべきものは、ボタン入力と、マウスの動きと、スクロールホイールの動きの3種類だ。ボタン入力のコードは、ボタンの数が少ないことを除けばキーボードと同じだ。動きの入力は少し複雑である。というのは、ポジション入力に絶対と相対の2つのモードがあるからだ。やろうと思えば、フレームごとの関数の呼び出しで、マウスの入力をポーリングできる。ただし、SDLは、スクロールホイールのデータをイベント経由でしか渡さない。ゆえに、InputSystemにSDLイベントを処理するコードも追加する必要がある。

デフォルトでは、SDLはシステムのマウスカーソルを（少なくともシステムマウスカーソルがあるプラットフォームでは）表示する。ただし、カーソル表示は、SDL_ShowCursorで、有効・無効を制御できる。有効にするにはSDL_TRUEを、無効にするにはSDL_FALSEを渡す。例えば、次のコードはカーソル表示を禁止する。

```
SDL_ShowCursor(SDL_FALSE);
```

8.3.1 ボタンと位置

SDL_GetMouseStateの1回の呼び出しで、マウスの位置とボタンの状態が、一度に得られる。この関数の戻り値は、ボタンの状態を示すビット列である。マウスの x / y 座標を得るには、2個のint型変数のアドレスを渡す。

```
int x = 0, y = 0;
Uint32 buttons = SDL_GetMouseState(&x, &y);
```

マウス位置の座標系とゲームの座標系

SDLがマウスの位置に使う座標系は「SDLの2次元座標系」である。つまり、左上隅は $(0, 0)$ で、正の x は右、正の y は下を意味する。これらの座標を、ゲームでの座標系に変換するのは簡単だ。

例えば、次の式で、第5章「OpenGL」で使った単純なビュー射影座標系に変換できる。

```
x = x - screenWidth/2;
y = screenHeight/2 - y;
```

SDL_GetMouseStateの戻り値はビット列なので、ビット値を示す正しいビットマスクとのANDを取ることで、ボタンがupかdownか（押されたか、押されていないか）を判定できる。例えば、SDL_GetMouseStateでbuttons変数が取得されている時、次の式は、左マウスボタンが押されていればtrueになる。

```
bool leftIsDown = (buttons & SDL_BUTTON(SDL_BUTTON_LEFT)) != 0;
```

SDL_BUTTONマクロは、ボタン定数に基づいて、1をビットシフトする[訳注1]。このマスクと論理AND演算を行うと、そのボタンの状態がdownならば結果はマスクと同じ0以外の値になり、状態がupならば、結果は0となる。表8.2は、SDLがサポートする5種類のマウスボタンに対応するボタン定数だ。

訳注1　SDL_BUTTON(SDL_BUTTON_LEFT)は、1 << ((1)-1))なので、シフトの結果は0x0001になる。SDL_BUTTON(SDL_BUTTON_MIDDLE)は1 << ((2)-1))なので、結果は0x0002になる。SDL_BUTTON(SDL_BUTTON_RIGHT)は1 << ((3)-1))なので、結果は0x0004になる（以下同様）。

表8.2　SDLのマウスボタン定数

ボタン	定数名
Left（左）	SDL_BUTTON_LEFT
Right（右）	SDL_BUTTON_RIGHT
Middle（真ん中）	SDL_BUTTON_MIDDLE
Mouse button 4（ボタン4）	SDL_BUTTON_X1
Mouse button 5（ボタン5）	SDL_BUTTON_X2

これで、MouseStateの宣言（リスト8.4）の最初のバージョンを書くのに十分な情報が得られた。32ビットの符号なし整数で1つ前と現在のボタン状態を示すビットデータを保存し、Vector2で現在のマウスポジションを保存する。ボタン関数の実装を省略しているのは、キーボードのキーを処理する関数と、ほとんど同じだからだ。唯一の違いは、これらの関数がビットデータを扱うという点である。

リスト8.4　最初のMouseState宣言

```
class MouseState
{
public:
    friend class InputSystem;

    // マウスポジション用
    const Vector2& GetPosition() const { return mMousePos; }

    // マウスボタン用
    bool GetButtonValue(int button) const;
    ButtonState GetButtonState(int button) const;
private:
    // マウスの位置を格納
    Vector2 mMousePos;
    // ボタンのデータを格納
    Uint32 mCurrButtons;
    Uint32 mPrevButtons;
};
```

次に、Mouseという名のMouseStateインスタンスを、InputStateに追加する。それからInputSystemのPrepareForUpdateに、次の処理を追加する。これで現在のボタン状態を、「1つ前」の状態変数にコピーする。

```
mState.Mouse.mPrevButtons = mState.Mouse.mCurrButtons;
```

Updateでは、SDL_GetMouseStateを呼び出して、MouseStateのすべてのメンバーを更新する。

```
int x = 0, y = 0;
mState.Mouse.mCurrButtons = SDL_GetMouseState(&x, &y);
mState.Mouse.mMousePos.x = static_cast<float>(x);
mState.Mouse.mMousePos.y = static_cast<float>(y);
```

これで、InputStateから基本的なマウス情報にアクセスできるようになった。例えば、左ボタンの状態がEPressedかどうかは、次のコードで判定できる。

```
if (state.Mouse.GetButtonState(SDL_BUTTON_LEFT) == EPressed)
```

8.3.2 相対移動

SDLはマウスの動きの検出に2種類のモードをサポートする。デフォルトのモードでは、SDLはマウスの現在の座標値を教えてくれる。しかし、フレーム間でマウスが動いた相対的な変化量を知りたい時がある。例えば、PCのFPSゲームには、マウスでカメラを回転させる「見回し」機能を持つものが多い。カメラの回転速度は、プレイヤーがマウスを動かす速さに依存する。この場合、マウスの正確な座標よりも、フレーム間の移動量が重要だ。

フレーム間の相対移動量は、前のフレームでのマウス位置を保存することでも得られる。しかし、SDLには、**相対**（relative）マウスモードがサポートされている。このモードのSDL_GetRelativeMouseStateは、この関数を2回呼び出す間に発生した移動量を知らせてくれる。相対マウスモードには、マウスポインタを隠し、ウィンドウ内にマウスをロックし、しかもフレームごとにマウスをセンタリングしてくれるという大きなメリットがある。これによってプレイヤーが、間違ってマウスカーソルをウィンドウの外に出してしまうことがなくなる。

次の呼び出しで、相対マウスモードが有効になる。

```
SDL_SetRelativeMouseMode(SDL_TRUE);
```

相対マウスモードを無効にするには、引数にSDL_FALSEを渡す。

相対マウスモードを有効にしたあとでは、SDL_GetMouseStateの代わりに、SDL_GetRelativeMouseStateを使う。

これをInputSystemに組み込むために、まずは相対マウスモードのon/offを切り替える関数を追加する。

```
void InputSystem::SetRelativeMouseMode(bool value)
{
    SDL_bool set = value ? SDL_TRUE : SDL_FALSE;
    SDL_SetRelativeMouseMode(set);
```

```
    mState.Mouse.mIsRelative = value;
}
```

相対マウスモードの状態mIsRelativeは、MouseStateのbool型変数として保存する（この変数はfalseで初期化する）。

次に、InputSystem::Updateを変更して、モードに対応したマウスの位置とボタンの取得関数を使うようにする。

```
int x = 0, y = 0;
if (mState.Mouse.mIsRelative)
{
    mState.Mouse.mCurrButtons = SDL_GetRelativeMouseState(&x, &y);
}
else
{
    mState.Mouse.mCurrButtons = SDL_GetMouseState(&x, &y);
}
mState.Mouse.mMousePos.x = static_cast<float>(x);
mState.Mouse.mMousePos.y = static_cast<float>(y);
```

これで、相対マウスモードを有効にして、MouseState経由で相対マウスポジションにアクセスできるようになる。

8.3.3 スクロールホイール

SDLは、スクロールホイールの状態をポーリングする関数を提供しない。代わりに、SDL_MOUSEWHEELイベントを呼び出す。入力システムがこれに対応するには、SDLイベントをInputSystemに渡すことが必要だ。これをProcessEvent経由で行うことにする。マウスホイールのイベントをGame::ProcessInputのイベントポーリング処理で入力システムに渡す。

```
SDL_Event event;
while (SDL_PollEvent(&event))
{
    switch (event.type)
    {
        case SDL_MOUSEWHEEL:
            mInputSystem->ProcessEvent(event);
            break;
        // 他のケースを省略 ...
    }
}
```

また、次のメンバー変数をMouseStateに追加する。

```
Vector2 mScrollWheel;
```

Vector2オブジェクトを使うのは、SDLがスクロールを垂直と水平の両方向で知らせてくるからだ。実際、多くのマウスホイールが、両方向のスクロールをサポートしている。

次に、InputSystemの変更が必要だ。まずProcessEventを、リスト8.5のように、event.wheel構造体からスクロールホイールの x / y 値を読み出すように修正する。

リスト8.5 InputSystem::ProcessEventの、スクロールホイール用の実装

```
void InputSystem::ProcessEvent(SDL_Event& event)
{
    switch (event.type)
    {
    case SDL_MOUSEWHEEL:
        mState.Mouse.mScrollWheel = Vector2(
            static_cast<float>(event.wheel.x),
            static_cast<float>(event.wheel.y));
        break;
    default:
        break;
    }
}
```

次に、マウスホイールイベントはスクロールホイールが動いたフレームだけでトリガーされるので、PrepareForUpdateでmScrollWheel変数を必ずクリアしておく。

```
mState.Mouse.mScrollWheel = Vector2::Zero;
```

こうしておけば、フレーム1でスクロールホイールが動いたのにフレーム2で動かない場合に、間違ってフレーム2で同じスクロール値を報告することがなくなる。

これらにより、次のコードでフレームごとのスクロールの状態にアクセスできる[訳注2]。

```
Vector2 scroll = state.Mouse.GetScrollWheel();
```

8.4 コントローラー入力

SDLのコントローラー入力は、キーボードやマウスより、いろいろと複雑だ。コントローラーにはキーボードやマウスよりも、ずっと多彩なセンサーがある。例えばMicrosoft Xbox

訳注2　サンプルのChapter08にあるInputSystem.hのMouseStateクラスに宣言がある。

コントローラーには、2本のアナログジョイスティック[訳注3]、1個の方向パッド（Dパッドと呼ばれるデジタル十字パッド）、正面に4個の標準ボタンと3個の特殊なボタン（BACK/HOME/START）、2個のショルダーボタン、2個のアナログトリガーがある。このように異なるさまざまなセンサーからデータが取り込まれる。

それだけでなく、キーボードやマウスは、PCやMacでは1つだけ使われるのが普通だが、コントローラーは複数個接続することがある。おまけに、コントローラーは**ホットスワップ**をサポートする。つまり、ゲーム中にもコントローラーの抜き差しが可能だ。これらの要素を考えると、コントローラー入力の扱いは、さらに複雑になる。

ドライバーのインストール

コントローラーとプラットフォームによっては、SDLが検出できるように、先にコントローラー用のドライバーをインストールする必要があるかもしれない。

コントローラーを使う前に、コントローラーを処理するSDLサブシステムを初期化する必要がある。これには、`Game::Initialize`の`SDL_Init`呼び出しに、`SDL_INIT_GAMECONTROLLER`フラグを追加するだけでよい。

```
SDL_Init(SDL_INIT_VIDEO | SDL_INIT_AUDIO | SDL_INIT_GAMECONTROLLER);
```

8.4.1 コントローラーを1つだけ使う

まずは、コントローラーを1つだけ使うとして、そのコントローラーがゲームの始動時に接続されているとしよう。そのコントローラーの初期化には、`SDL_GameControllerOpen`関数を使う。この関数は、初期化に成功したら`SDL_Controller`構造体へのポインタを返す（失敗したら`nullptr`を返す）。初期化が終わったら、`SDL_Controller*`変数を使って、コントローラーの状態が得られる。

まずは`mController`という`SDL_Controller*`ポインタを、`InputState`のメンバーに追加しよう。また、次の呼び出しでコントローラー0をオープンする。

```
mController = SDL_GameControllerOpen(0);
```

コントローラーを無効にするには。`SDL_GameControllerClose`を呼び出す。この関数は引数に`SDL_GameController`へのポインタを受け取る。

訳注3　2つのアナログスティックに付いている、押し込みボタンも忘れてはいけない。

SDLがサポートするコントローラー

SDLはデフォルトで、Microsoft Xboxコントローラーなど、数種類の一般的なコントローラーをサポートする[訳注4]。その他さまざまなコントローラーについては、ボタンレイアウトを指定するコントローラーマッピングで対応する。SDL_GameControllerAddMappingsFromFileという関数を使えば、ファイルからコントローラーマッピングの設定をロードできる。SDLコミュニティが管理するマッピングファイルは、GitHubで入手できる（URL https://github.com/gabomdq/SDL_GameControllerDB）。

プレイヤーがコントローラーを持っているとは限らない、コードにmControllerのヌルチェックを忘れないように注意しよう。

8.4.2 ボタン

SDLはゲームコントローラーの多彩なボタンをサポートする。SDLの命名規約は、Microsoft Xboxコントローラーのボタン名に従っている。例えば正面のボタンの名前は、A/B/X/Yだ。表8.3は、SDLが定義しているボタン定数のリストである。「*」というワイルドカードは、複数の異なる文字列が入るという意味だ。

表8.3 SDLのコントローラーボタン定数

ボタン	定数
A/B/X/Y	SDL_CONTROLLER_BUTTON_* (*は、AかBかXかY)
Back	SDL_CONTROLLER_BACK
Start	SDL_CONTROLLER_START
左・右スティック押下	SDL_CONTROLLER_BUTTON_*STICK (*は、LEFTかRIGHT)
左・右ショルダー	SDL_CONTROLLER_BUTTON_*SHOULDER (*は、LEFTかRIGHT)
方向パッド	SDL_CONTROLLER_BUTTON_DPAD_* (*はUPかDOWNかLEFTかRIGHT)

左右スティックのボタンは、ユーザーが左右のジョイスティックを押し込む時のためにある。一部のゲームでは、全力疾走の際に右スティックを押したりする。

SDLは、すべてのコントローラーボタンの状態を同時に知る機構を持たない。SDL_GameControllerGetButton関数で、それぞれのボタンを個別に問い合わせる必要がある。

ただし、コントローラーボタン名の列挙型では、コントローラーが持っているボタンの数を表すSDL_CONTROLLER_BUTTON_MAXを定義している。これを利用して、リスト8.6のControllerStateクラス（の最初のバージョン）では、現在と前回のボタン状態を保存する配

訳注4　訳者はWindows 7のPCに、Logicool F310ゲームパッドをUSB接続して、この章のゲームプロジェクトが動作することを（デフォルトのXInputモードで）確認した。

列を用意した。またbool型の変数で、コントローラーが接続されているかどうか、ゲーム側で判定できる。そして、このクラスでは、標準的なボタンでの値と状態のGet関数を宣言している。

リスト8.6 最初のControllerState宣言

```
class ControllerState
{
public:
    friend class InputSystem;

    // ボタン用
    bool GetButtonValue(SDL_GameControllerButton button) const;
    ButtonState GetButtonState(SDL_GameControllerButton button)
        const;

    bool GetIsConnected() const { return mIsConnected; }
private:
    // 今回 / 前回のボタン
    Uint8 mCurrButtons[SDL_CONTROLLER_BUTTON_MAX];
    Uint8 mPrevButtons[SDL_CONTROLLER_BUTTON_MAX];
    // このコントローラーは接続されているか？
    bool mIsConnected;
};
```

InputStateには、ControllerStateのインスタンスを追加する。

```
ControllerState Controller;
```

次に、再びInputSystem::Initializeに戻るが、コントローラー0をオープンしたあと、mIsConnected変数にmControllerポインタのnullptr判定に基づく真偽値をセットする。また、mCurrButtonsとmPrevButtonsの両方のメモリをクリアする。

```
mState.Controller.mIsConnected = (mController != nullptr);
memset(mState.Controller.mCurrButtons, 0,
    SDL_CONTROLLER_BUTTON_MAX);
memset(mState.Controller.mPrevButtons, 0,
    SDL_CONTROLLER_BUTTON_MAX);
```

キーボードの場合と同じく、PrepareForUpdateで、現在から1つ前へとボタンの状態をコピーする。

```
memcpy(mState.Controller.mPrevButtons,
    mState.Controller.mCurrButtons,
    SDL_CONTROLLER_BUTTON_MAX);
```

そして、Updateで、各ボタンの状態を問い合わせて、SDL_GameControllerGetButtonの呼び出し結果をmCurrButtons配列に記録する。

```
for (int i = 0; i < SDL_CONTROLLER_BUTTON_MAX; i++)
{
    mState.Controller.mCurrButtons[i] =
        SDL_GameControllerGetButton(mController,
            SDL_GameControllerButton(i));
}
```

以上により、キーボードやマウスボタンと同じパターンを使って、ゲームコントローラーのボタンの状態を取得できるようになった。例えば、コントローラーのAボタンのポジティブエッジは、次のコードでチェックする。

```
if (state.Controller.GetButtonState(SDL_CONTROLLER_BUTTON_A) == EPressed)
```

8.4.3 アナログスティックとトリガー

SDLは合計6つの軸をサポートする。2つのアナログスティックは、 x 方向と y 方向の2軸を持つ。さらに、1軸のトリガーが2つある。表8.4が、軸のリストである（ここでも、「*」はワイルドカードだ）。

表8.4 SDLのコントローラー軸定数

コントロール	定数
左アナログスティック	SDL_CONTROLLER_AXIS_LEFT* (*は、XかY)
右アナログスティック	SDL_CONTROLLER_AXIS_RIGHT* (*は、XかY)
左・右のトリガー	SDL_CONTROLLER_AXIS_TRIGGER* (*は、LEFTかRIGHT)

トリガーは値の範囲が0から32,767で、0ならトリガーに力がかかっていない。アナログスティックの各軸の値の範囲は-32,768から32,767で、0は中央を意味する。 y 軸の正の値はアナログスティックの下向きに対応し、 x 軸の正の値は、右向きに対応する。

ただし、これらの軸の入力では、APIで指定されている範囲が**理論上の**値にすぎないという問題がある。つまり、デバイスごとの「不正確さ」があるのだ。この振る舞いを観察するには、アナログスティックの1つを動かして放してみよう。スティックは中央に戻る。スティックが静止したら、スティックの x 軸と y 軸で報告される値は0になると期待するだろう。けれども、実際は、値はゼロの*付近*で止まり、**正確に**ゼロになることは、ほとんどない。逆に、スティックを右に強く振り切ってみると、 x 軸で報告される値は最大値に**近い**が、*正確に*最大値となることは、ほとんどない。

これが問題になる理由は2つある。1つは**ファントム入力**(phantom input)と呼ばれる現象で、入力軸を触っていないのに、何かが発生したとゲームが解釈することだ。例えば、コントローラーをテーブルに置いて手を離したとする。当然、プレイヤーは、自分のキャラクターがゲームで歩き回ったりしないと考える。ところが、この問題に対処していないと、ゲームは何らかの入力値を検出して、ひとりでにキャラクターを動かすのだ。

さらに、多くのゲームでは、アナログスティックを1方向に、どれだけ大きく振ったかに基づいてキャラクターの運動を計算する。したがって、スティックをわずかに動かせば、キャラクターはゆっくり歩き、スティックを1方向に思い切り振り切れば、キャラクターは全力疾走するはずだ。ところが、もし軸が最大値の時にだけキャラクターを全力疾走させれば、本当に全力疾走することは決してない。

この問題を解決するために、軸からの入力を処理するコードの値に**フィルター**（filter）をかけて遊びを入れるべきだ。具体的には、ゼロに近い値をゼロと解釈し、最小値や最小値に近い値を最小値あるいは最大値と解釈する。また、入力システムを使う側から見れば、整数の範囲を「正規化された浮動小数点数の範囲」に変換するのが便利だろう。これは、正と負の両方の値を出す軸では、-1.0から1.0の範囲を意味する。

図8.2が、1軸のフィルタリングの例である。線の上にある数字は、フィルタリング前の整数値であり、線の下にある数字は、フィルタリング後の浮動小数点値だ。0.0と解釈されるゼロに近い領域は、**デッドゾーン**（dead zone）と呼ばれる。

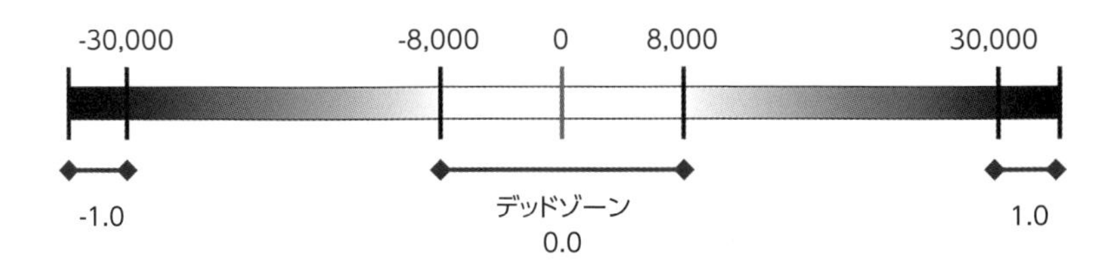

図8.2　ある軸に対するフィルターの例。上に入力値、下に出力値を示す

リスト8.7が、トリガーのような1次元の軸のフィルタリング関数`InputSystem::Filter1D`の実装である。まず、デッドゾーンと最大値のために、2つの定数値を宣言する。ここで`deadZone`の値は250で、図8.2の8,000よりも小さいが、その理由は、この値のほうがトリガーには適切だからだ（必要であれば、この定数をパラメーターまたはユーザー設定値にしてもよい）。

次に、3項演算子を使って入力の絶対値を得る。その値がデッドゾーン定数よりも小さければ、単純に`0.0f`を返し、そうでなければ、入力をデッドゾーンと最大値の間に位置する小数値に変換する。例えば`deadZone`と`maxValue`の中間に位置する入力は、`0.5f`になる。

次に、この小数値の符号を元の入力の符号と一致させる。最後に、値を`-1.0f`から`1.0f`までの範囲に丸める（clamp）。これは最大値の定数を超える入力に対処するためだ。Math::Clampの実装は、独自ヘッダーファイルMath.hに入っている。

リスト8.7 Filter1Dの実装

```
float InputSystem::Filter1D(int input)
{
    // デッドゾーン未満の値は 0% と解釈する
    const int deadZone = 250;
    // 最大値を超える値は 100% と解釈する
    const int maxValue = 30000;

    float retVal = 0.0f;

    // 入力の絶対値を取る
    int absValue = input > 0 ? input : -input;
    // デッドゾーン未満の値は無視する
    if (absValue > deadZone)
    {
        // デッドゾーンと最大値の間にある値の小数値を計算
        retVal = static_cast<float>(absValue - deadZone) /
            (maxValue - deadZone);

        // 符号を元の値に合わせる
        retVal = input > 0 ? retVal : -1.0f * retVal;

        // 値を -1.0f から 1.0f までの範囲に収める
        retVal = Math::Clamp(retVal, -1.0f, 1.0f);
    }
    return retVal;
}
```

Filter1D関数は、入力値が5000ならば0.0fを返し、入力値が-19000ならば-0.5fを返す。この関数は、例えばトリガーなど、1軸だけを必要とするケースで有効だ。けれどもアナログスティックでは、2つの軸を組み合わせるので、次の項で見るように2次元のフィルタリングが望ましいことが多い。

まずは左右それぞれのトリガーのために、2つのfloatをControllerStateに追加しよう。

```
float mLeftTrigger;
float mRightTrigger;
```

次に、InputSystem::Updateで、SDL_GameControllerGetAxis関数を使って、両方のトリガーから値を読み、Filter1D関数で値を0.0fから1.0fまでの範囲に変換する（トリガーの値は負にならない）。例えば次のコードは、mLeftTriggerメンバーを設定する。

```
mState.Controller.mLeftTrigger =
    Filter1D(SDL_GameControllerGetAxis(mController,
        SDL_CONTROLLER_AXIS_TRIGGERLEFT));
```

そして、これらにアクセスするGetLeftTrigger関数とGetRightTrigger関数を追加する。例えば次のコードで、左トリガーの値を取得する。

```
float left = state.Controller.GetLeftTrigger();
```

8.4.4 アナログスティックを２次元でフィルタリングする

アナログスティックによる制御では、スティックの向きにプレイヤーキャラクターが動く方向を対応させるのが一般的だ。例えばスティックが左上に向けて押されたら、画面上のキャラクターも、その方向に動く。これには、x 軸と y 軸を、まとめて解釈すべきである。

x 軸と y 軸に、それぞれFilter1Dを独立して適用すればよさそうに思えるかもしれないが、おかしな問題が生じる場合がある。プレイヤーがスティックを上に振り切った時、それを正規化されたベクトルとして解釈すれば、結果は $\langle 0.0, 1.0 \rangle$ になる。一方、プレイヤーがスティックを左上方向に振り切ったら、正規化されたベクトルは $\langle 1.0, 1.0 \rangle$ になる。この2つのベクトルは長さが違う。もし長さでキャラクターを動かすスピードを決めていると問題となる。斜めに動くほうが、まっすぐ動くよりも速くなってしまうのだ！

ベクトルの正規化で1よりも大きな長さを消すことは可能だが、その場合にも、個々の軸を独立して解釈していると、デッドゾーンと最大値が正方形として解釈されることになる。よりよいアプローチは、図 8.3のように、それらを同心円として解釈することだ。ここで正方形の境界は生の入力値、内側の円はデッドゾーン、外側の円は最大値を、表現している。

図8.3　2次元のフィルタリング

リスト8.8の`Filter2D`のコードで、アナログスティックの x 軸と y 軸を入力とした2次元のフィルタリングを行う。まずは2次元のベクトルを作り、そのベクトルの長さを計算する。デッドゾーンよりも長さが短ければ、結果を`Vector2::Zero`とする。デッドゾーンよりも長さが長い時は、デッドゾーンと最大値の間で小数値を求め、ベクトルの長さに、その小数値をセットする。

リスト8.8 InputSystem::Filter2Dの実装

```
Vector2 InputSystem::Filter2D(int inputX, int inputY)
{
    const float deadZone = 8000.0f;
    const float maxValue = 30000.0f;

    // 2次元のベクトルを作る
    Vector2 dir;
    dir.x = static_cast<float>(inputX);
    dir.y = static_cast<float>(inputY);

    float length = dir.Length();

    // もし length < deadZone なら、入力なしとみなす
    if (length < deadZone)
    {
        dir = Vector2::Zero;
    }
    else
    {
        // デッドゾーンと最大値の
        // 同心円間の小数を計算する
        float f = (length - deadZone) / (maxValue - deadZone);
        // f を 0.0f から 1.0f までの値に収める
        f = Math::Clamp(f, 0.0f, 1.0f);
        // ベクトルを正規化してから
        // 小数値にスケーリングする
        dir *= f / length;
    }

    return dir;
}
```

あとは、左右2つのスティックを表現する2つの`Vector2`を、`ControllerState`に追加する。`InputSystem::Update`に、スティックの2軸の値を取得して、`Filter2D`でアナログスティックの最終的な値を得るコードを追加する。例えば、次のコードで、左スティックをフィルタリングして、その結果をコントローラー状態に保存する。

```
x = SDL_GameControllerGetAxis(mController,
    SDL_CONTROLLER_AXIS_LEFTX);
y = -SDL_GameControllerGetAxis(mController,
    SDL_CONTROLLER_AXIS_LEFTY);
mState.Controller.mLeftStick = Filter2D(x, y);
```

y 軸の正負を逆転していることに注意しよう。なぜなら、SDLは y 軸の値を $+y$ を下方とする座標系で返すからだ。ゲームの座標系での値を得るには、この値を逆転する必要がある。

あとは、左スティックの値をInputState経由でアクセスできる。

```
Vector2 leftStick = state.Controller.GetLeftStick();
```

8.4.5 複数のコントローラーをサポートする

複数のローカルコントローラーをサポートするのは、1個だけサポートするより複雑だ。ここでは、サポートに必要なコードについて簡単に触れるが、完全に実装するわけではない。まず、起動時に接続されているすべてのコントローラーを初期化するために、コントローラー検出のコードを書き換えて、すべてのジョイスティックをループ処理し、どれがコントローラーかを調べ、個々のコントローラーをオープンする。これはざっと、次のようなコードになる。

```
for (int i = 0; i < SDL_NumJoysticks(); ++i)
{
    // このジョイスティックはコントローラーか？
    if (SDL_IsGameController(i))
    {
        // このコントローラーを使うためにオープン
        SDL_GameController* controller = SDL_GameControllerOpen(i);
        // SDL_GameController* ポインタの配列に追加
    }
}
```

次にInputStateを変更して、ただ1つではなく複数のControllerStateを持つようにする。また、それぞれが異なるコントローラーに対応するように、InputSystemのすべての関数を更新する。

ホットスワップ（ゲームの実行中に行われるコントローラーの抜き差し）をサポートするために、SDLは、コントローラーの追加と削除に対応するSDL_CONTROLLERDEVICEADDEDとSDL_CONTROLLERDEVICEREMOVEDの2種類のイベントを生成する。これらのイベントの詳細は、SDLのドキュメントを参照してほしい（URL https://wiki.libsdl.org/SDL_ControllerDeviceEvent）。

8.5 入力のマッピング

現在のInputStateを利用するコードは、特定の入力デバイスやキーが、アクションに直接対応することを前提としている。例えば、キャラクターを、スペースキーのポジティブエッジでジャンプさせたければ、次のコードをProcessInputに加えることになる。

```
bool shouldJump = state.Keyboard.GetKeyState(SDL_SCANCODE_SPACE)
                  == Pressed;
```

これでもよいが、できれば、もっと抽象的な「ジャンプ」アクションを定義したい。その場合は、「ジャンプ」がスペースキーの入力に対応することを指定する何らかの機構が必要になる。これには、抽象的なアクションと、そのアクションに対応する{デバイス,ボタン}ペアの連想配列が欲しくなる（課題8.2で、その実装を実際に行う）。

このシステムをさらに強化するなら、複数バインディングを同じ抽象アクションに許そう。つまり、スペースキーと、コントローラーAボタンの両方を「ジャンプ」に結び付けられるようにする。

抽象アクションを定義することの、もう1つの利点は、AIが制御するキャラクターがプレイヤーのキャラクターと同じアクションを実行するのが容易になることだ。AIのために別経路のコードを準備するのではなく、AIキャラクターの更新で、AIがジャンプしたい時に「ジャンプ」を出力する形式にできる。

さらに、このシステムは、軸に沿った動きを定義できるよう改善可能だ。例えば「軸に沿った前進」のアクションを、[W] キーと [S] キー、**または**コントローラーの軸の1つに対応させる。そうすれば、キャラクターの動きでアクションを指定できる。

最後に、こういった種類のマッピングでは、ファイルからマッピングを読み込む機構も追加したい。そうすれば、デザイナーまたはユーザーが、コードの書き換えなしに、マッピングを設定できるようになる。

8.A ゲームプロジェクト

本章のゲームプロジェクトは、第5章のゲームプロジェクトに、この章で学んだInputSystemの完全な実装を追加したものだ。キーボード、マウス、コントローラーのための、すべてのコードが含まれる。第5章のプロジェクトでは、2次元の動きを使っていた（だから、位置にVector2を使った）ことを思い出そう。コードは本書のGitHubリポジトリの、Chapter08ディレクトリにある。WindowsではChapter08-windows.slnを、MacではChapter08-mac.xcodeprojを開こう。

この章のプロジェクトでは、ゲームコントローラーで宇宙船を操作する。左のスティックで、宇宙船の進む方向を変え、右のスティックで、宇宙船の向きを変える。右のトリガーはレーザーの発射だ。これは「ツインスティックシューター」というジャンルのゲームで一般的な制御パターンだ。

入力デバイス自身が、左右のスティックの2次元の軸を返すので、ツインスティック形式の制御の実装に大量のコードは必要ない。まずはShip::ActorInputに、次のコードを追加して左右のスティックから値を取得し、それらをメンバー変数に保存する。

```
if (state.Controller.GetIsConnected())
{
    mVelocityDir = state.Controller.GetLeftStick();
    if (!Math::NearZero(state.Controller.GetRightStick().Length()))
    {
        mRotationDir = state.Controller.GetRightStick();
    }
}
```

右スティックにNearZeroチェックを加えるのは、プレイヤーが右スティックを完全に手放した時に、宇宙船が自動的にゼロの向きになってしまわないようにするためだ。

次に、Ship::UpdateActorに次のコードを追加して、速度の方向、スピードと、デルタタイムに基づいてアクターを動かすようにする。

```
Vector2 pos = GetPosition();
pos += mVelocityDir * mSpeed * deltaTime;
SetPosition(pos);
```

左スティックを動かす量次第で、減速することがある。その理由は、mVelocityDirが、1未満の長さになる場合があるからだ。

最後に、次のコードを（やはりUpdateActorに）加えて、mRotationDirに基づいて（atan2を使うアプローチで）アクターを回転させる。

```
float angle = Math::Atan2(mRotationDir.y, mRotationDir.x);
SetRotation(angle);
```

このコードがコンパイルを通るのは、この章のプロジェクトのActorクラスが、3次元で使ったクォータニオンによる回転ではなく、角度に1個のfloatを使う2次元のアクタークラスに戻っているからだ。

図8.4のゲーム画面では、宇宙船が動き回っている。

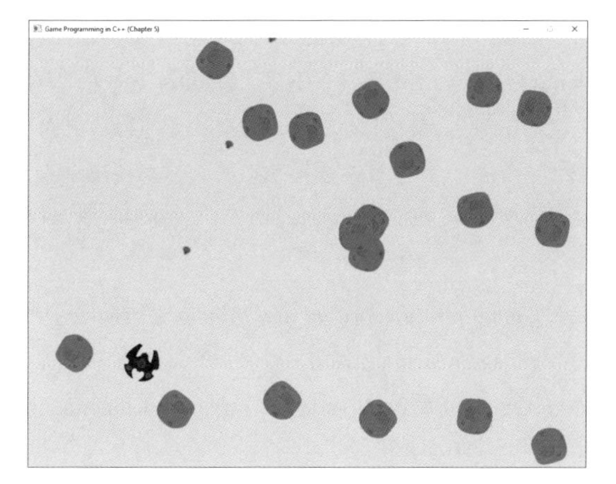

図8.4　第8章のゲームプロジェクトで、宇宙船が動き回っている

8.B まとめ

ゲームでは多様な入力デバイスが使われる。デバイスには、bool値の入力と、ある範囲の入力値のものがある。単純なon/off状態を報告するキー／ボタンでは、現在のフレームでの値と、前のフレームでの値を比較すれば、入力のポジティブエッジやネガティブエッジを検出できる。この2つは、「押した」(pressed）状態と「放した」(released）状態に、それぞれ対応する。

SDLは、キーボード、マウス、コントローラーを含む幅広いデバイスをサポートする。これらのデバイスについて、それぞれのInputState構造体にデータを追加し、それを各アクターのProcessInput関数に渡せば、アクターは、現在の入力値だけでなく、ネガティブエッジやポジティブエッジも検知することができる。

例えば、トリガーやアナログスティックのような、ある範囲の値を返すデバイスには、データのフィルタリングが必要となるのが普通だ。デバイスが放置されている時に、不要な信号（ノイズ）を出すことがある。この章で実装したフィルターは、ある一定のデッドゾーンに満たない入力を無視するとともに、入力がほぼ最大値であれば、それを最大値として検出できるようにする。

この章のゲームプロジェクトは、コントローラー入力機能を利用して、新たに「ツインスティックシューター」スタイルの動作をサポートした。

8.C 参考文献

Bruce Dawsonの記事[訳注5]は、入力を記録して再生する方法を扱っている。これはテストで非常に便利だ。Oculus SDKのドキュメントは、Oculus VRタッチコントローラーとのインターフェイスを記述している[訳注6]。最後に、Mick Westの記事は、入力ラグ（遅れ）の計測方法を論じている。これはゲームがコントローラーからの入力を検出するまでにかかる時間のことだ。入力ラグは普通はゲームコードのせいではないが、それでもWestの記事は興味深い。

— Dawson, Bruce. “*Game Input Recording and Playback.*” *Game Programming Gems 2*, edited by Mark DeLoura. Cengage Learning, 2001.

— *Oculus PC SDK*. Accessed May, 2018. URL https://developer.oculus.com/documentation/pcsdk/latest/

— West, Mick. “*Programming Responsiveness.*” Gamasutra. Accessed May, 2018. URL http://www.gamasutra.com/view/feature/1942/programming_responsiveness.php?print=1

8.D 練習問題

この章の課題は入力システムの改良だ。第1の課題では複数コントローラーのサポートを追加する。第2の課題では入力マッピングを追加する。

課題 8.1

複数のコントローラーをサポートするには、`InputState`構造体に複数の`ControllerState`インスタンスが必要だ（8.4.5項）。最大で4個のコントローラーを同時にサポートできるように修正しよう。初期化時に、接続されているコントローラーを検出して、それらを個別に有効にする。`Update`では、更新の対象とするコントローラーを、ただ1つではなく最大4個とするように変更する。

最後に、コントローラーを抜き差しする時にSDLが送るイベントを調べて、コントローラーの動的な追加と削除に対応しよう。

訳注5　邦訳は『Game Programming Gems 2 日本語版』（編者 Mark DeLoura、川西 裕幸 監訳、狩野 智英・鳥海 有紀 訳、ボーンデジタル、2002年）の「1.16 ゲーム入力の記録と再生」。

訳注6　VR開発を援助するOculusのWebページ（URL https://www.oculus.com/）は日本語をサポートしているが、翻訳の時点で「開発者」向きの内容は英語だった。なお、各種コントローラーの入力については、『ゲームエンジン・アーキテクチャ 第2版』の第8章「ヒューマンインターフェイスデバイス（HID）」が詳しい。

課題 8.2

アクションに入力を割り当てる、基本的なマッピングの機能を追加しよう。そのために、各アクションを、あるデバイスと、そのデバイスのボタン・キーにマップするためのテキストファイルフォーマットを定める。例えば、テキストファイルで、"Fire"アクションがコントローラーのAボタンに対応することを指定するエントリは、次のようになる。

```
Fire,Controller,A
```

このデータをInputSystemで解析し、その結果を連想配列に保存する。次はInputStateに汎用的なGetMappedButtonState関数を追加する。この関数はアクションの名前から、対応するデバイスのButtonStateを返す。この関数の構文は、次のようになる。

```
ButtonState GetMappedButtonState(const std::string& actionName);
```

Chapter

9

カメラ

3次元のゲームワールドでプレイヤーの視点を決めるのがカメラの役割だ。カメラには多くの種類がある。この章では、FPSカメラ、追従カメラ、軌道カメラ、そしてパスを追うスプラインカメラという、4種類のカメラの実装を紹介する。カメラがプレイヤーキャラクターの動きを決定付けることが多いので、カメラを動かす方法も学ぼう。

9.1 FPSカメラ

FPSカメラ（first-person camera）は、その世界にいるキャラクターの視点から映すようなカメラだ。FPSカメラは、「**オーバーウォッチ**」（**Overwatch**）のような一人称シューター（FPS）で一般的だが、「**スカイリム**」（**Skyrim**）のようなロールプレイングゲームにも、「**Gone Home**」のようなナラティブ（narrative）ベースのアドベンチャーゲームにも使われている。一人称タイプが最も没入感が高いカメラだという意見のゲームデザイナーも多い。

カメラを単なる視点と考えるのが一般的な印象だろうが、カメラには、プレイヤーに「プレイヤーキャラクターがどのように動き回っているか」を知らせる役割もある。つまり、カメラと行動システムは、影響しあっている。PCの一人称シューターでは、キーボードとマウスの両方を使う操作が一般的だ。[W]キーと[S]キーはそれぞれ前進と後退であり、[A]キーと[D]キーはそれぞれ**ストレイフ**（strafe: カニ歩き）で左右移動する[訳注1]。マウスを左右に動かすと、キャラクターは垂直軸周りに回転し、マウスを上下に動かすと、ビューがピッチングする（キャラクターではない）。

9.1.1 基本的な一人称の動き

ビューを動かすよりもキャラクターを動かすほうが易しいので、まずはこれに取り掛かろう。一人称シューターの動作を実装する新しい`FPSActor`を作る。前進と後退の動きは、`MoveComponent`で対応している（第6章「3Dグラフィックス」で2次元から3次元へ変更した）。左右に動くストレイフ運動のための修正が必要だ。まずは`Actor`に、右方(right)ベクトルを取得する`GetRight`関数を作る。`GetForward`と似ているが、x 軸ではなく y 軸を使う。

```
Vector3 Actor::GetRight() const
{
    // 右向きの軸をクォータニオンで回転
    return Vector3::Transform(Vector3::UnitY, mRotation);
}
```

次に、カニ歩きの速さを決めるために、`MoveComponent`にストレイフ速度の変数、`mStrafeSpeed`を追加する。`Update`では、「ストレイフ速度」をもとに「右向きベクトル」で位置を調整する。

```
if (!Math::NearZero(mForwardSpeed) || !Math::NearZero(mStrafeSpeed))
{
    Vector3 pos = mOwner->GetPosition();
    pos += mOwner->GetForward() * mForwardSpeed * deltaTime;
```

訳注1　FPSゲームでいうストレイフは、前向きで左右に移動する動きのこと。

```
    // 右向きベクトルとストレイフ速度によって位置を更新
    pos += mOwner->GetRight() * mStrafeSpeed * deltaTime;
    mOwner->SetPosition(pos);
}
```

次に、FPSActor::ActorInputで、［A］キーと［D］キーを見てストレイフ速度を調整する。これで、一人称シューターで標準的な［W］［A］［S］［D］のキーで動かせるようになった。

角速度による左右回転は、すでにMoveComponentに存在するので、マウスの左右の動きを角速度に変換するのが次の仕事だ。SDL_SetRelativeMouseModeでマウスの相対運動モードを有効にする。第8章「入力システム」のおさらいになるが、マウスの相対モードは、絶対座標の(x, y)ではなく、フレーム間の移動量を(x, y)で教えてくれる（この章では、第8章で作成した入力システムではなく、SDLの入力関数を直接使うことにする）。

相対的なxの動きを角速度に変換するには、リスト9.1のような、ちょっとした計算をするだけだ。まず、SDL_GetRelativeMouseStateで移動量(x, y)を取得する。maxMouseSpeed定数は、1フレームでの最大移動量を設定する（ユーザーが設定できるとよいかもしれない）。同様に、最大移動量での角速度maxAngularSpeedを定義しておき、これらを用いて動きを角速度に変換する。すなわち、入手した移動量のxをmaxMouseSpeedで割り、maxAngularSpeedを掛け、得られた角速度を、MoveComponentに送る。

リスト9.1　一人称シューターのマウスによる角速度の計算

```
// SDL から相対運動を取得
int x, y;
Uint32 buttons = SDL_GetRelativeMouseState(&x, &y);
// マウスの動きは、通常 -500 から +500 の範囲とみなす
const int maxMouseSpeed = 500;
// 最大移動量における角速度
const float maxAngularSpeed = Math::Pi * 8;
float angularSpeed = 0.0f;
if (x != 0)
{
    // およそ [-1.0, 1.0] の範囲に変換
    angularSpeed = static_cast<float>(x) / maxMouseSpeed;
    // 最大移動量での角速度を掛ける
    angularSpeed *= maxAngularSpeed;
}
mMoveComp->SetAngularSpeed(angularSpeed);
```

9.1.2 カメラ（ピッチなし）

カメラを実装する最初のステップは、CameraComponentという名前のComponent派生クラスを作ることだ。この章のカメラを、すべて、CameraComponentの派生クラスにするので、共通機能はこの新しいコンポーネントに入れておく。CameraComponentの宣言は、他のコンポーネント派生クラスの宣言と同様だ。

SetViewMatrixというprotected関数を、唯一の新しい関数として追加する。これは、ビュー行列をレンダラーとオーディオシステムに送るだけだ。

```
void CameraComponent::SetViewMatrix(const Matrix4& view)
{
    // ビュー行列をレンダラーとオーディオシステムに渡す
    Game* game = mOwner->GetGame();
    game->GetRenderer()->SetViewMatrix(view);
    game->GetAudioSystem()->SetListener(view);
}
```

FPSカメラ専用に、CameraComponent派生クラスのFPSCameraを作る。FPSCameraでは、リスト9.2のようにUpdate関数をオーバーライドする。Updateでは、ひとまず、第6章で紹介した基本的なカメラのアクターと同じロジックを使う。カメラの位置は、所有者であるアクターの位置にあり、ターゲットポイントは、所有アクターの前方に位置する任意の点であり、上方（up）ベクトルは z 軸である。最後に、Matrix4::CreateLookAtでビュー行列を作る。

リスト9.2 FPSCamera::Updateの実装（ピッチなし）

```
void FPSCamera::Update(float deltaTime)
{
    // カメラの位置は所有アクターの位置
    Vector3 cameraPos = mOwner->GetPosition();
    // ターゲットの位置は所有アクターの前方100単位
    Vector3 target = cameraPos + mOwner->GetForward() * 100.0f;
    // 上方ベクトルは、常にz軸の基本ベクトル
    Vector3 up = Vector3::UnitZ;
    // 注視行列を作って、ビューに設定する
    Matrix4 view = Matrix4::CreateLookAt(cameraPos, target, up);
    SetViewMatrix(view);
}
```

9.1.3 ピッチを加える

第6章で説明したとおり、ヨー（yaw）は垂直軸での回転、ピッチ（pitch）は横向き（この場合は右向き）の軸での回転だ。FPSカメラにピッチを組み込むには、修正が必要だ。今までど

おり、カメラは所有者の前方ベクトルの先を見るが、ピッチの回転が加わる。ピッチで回転した前方の向きで、ターゲットを計算するのだ。FPSCameraに新しいメンバー変数を3つ追加して、この機能を実装する。

```
// ピッチの角速度
float mPitchSpeed;
// 最大ピッチ角度
float mMaxPitch;
// 現在のピッチ
float mPitch;
```

mPitch変数は、現在の（絶対的な）ピッチを表す。mPitchSpeedは、ピッチの角速度だ。そして、mMaxPitch変数は、前方ベクトルを他の方向にどれだけピッチングできるのかを示す変数である。ほとんどの一人称ゲームで、上下にピッチできる量に制限を加えている。その理由は、仰向けになった時の制御がおかしくなりやすいからだ。今回はデフォルトの最大ピッチとして、60度（をラジアンに変換した値）を使おう。

次に、FPSCamera::Updateをリスト9.3のように書き換えて、ピッチに対応する。まず、現在のピッチの値を、ピッチのスピードとデルタタイムに基づいて更新する。次に、ピッチの量が+/-の最大ピッチを超えないようにClampで制限する。そして、第6章で学んだように、クォータニオンで任意の回転が表現できるので、ピッチを表現するクォータニオンを作る。この回転は、所有アクターの右向きの軸を中心とすることに注意しよう（これが単なる y 軸ではない理由は、ピッチの軸が所有者のヨーに依存して変化するからだ）。

そして、所有者の前方ベクトルをピッチのクォータニオンで変換して前方への視線を作る。この前方への視線で、カメラの「正面」にあるターゲットの位置を決める。また、上方ベクトルもピッチのクォータニオンで回転させる。これらのベクトルを使って注視行列を作成する。ただしカメラの位置は、所有者の位置のままだ。

リスト9.3 FPSCamera::Updateの実装（ピッチを加えたもの）

```
void FPSCamera::Update(float deltaTime)
{
    // 親クラスの Update を呼び出す（今は何もしない）
    CameraComponent::Update(deltaTime);
    // カメラの位置は所有アクターの位置
    Vector3 cameraPos = mOwner->GetPosition();

    // ピッチの角速度に基づいてピッチを更新
    mPitch += mPitchSpeed * deltaTime;
    // ピッチを [-max, +max] の範囲に収める
    mPitch = Math::Clamp(mPitch, -mMaxPitch, mMaxPitch);
    // ピッチ回転を表すクォータニオンを作る
```

1 2 3 4 5 6 7 8 9 10 11 12 13 14 付

カメラ

```
    // (オーナーの右向きベクトルを軸とする回転)
    Quaternion q(mOwner->GetRight(), mPitch);

    // ピッチのクォータニオンで、所有アクターの前方ベクトルを回転
    Vector3 viewForward = Vector3::Transform(
        mOwner->GetForward(), q);
    // ターゲットの位置は所有アクターの前方100単位
    Vector3 target = cameraPos + viewForward * 100.0f;
    // 上方ベクトルもピッチのクォータニオンで回転
    Vector3 up = Vector3::Transform(Vector3::UnitZ, q);

    // 注視行列を作って、ビューに設定する
    Matrix4 view = Matrix4::CreateLookAt(cameraPos, target, up);
    SetViewMatrix(view);
}
```

最後に、FPSActorで、マウスの相対的なy運動をもとにピッチ速度を更新する。必要なProcessInputのコードは、リスト9.1におけるx方向の角速度の更新と、ほとんど変わらない。これらが動き出せば、所有アクターのピッチングそのままにFPSカメラがピッチングするようになる。

9.1.4 一人称モデル

これは厳密にいえばカメラの一部ではないが、ほとんどの一人称シューターには「一人称モデル」(first-person model) が組み込まれている。モデルは、アニメーションするパーツ(腕や脚など)を持つかもしれない。武器を持っていたら、上向きのピッチングで、武器は上に狙いを定める。プレイヤーの姿勢が水平になっても、武器は上に向けたいだろう。

この実装には、一人称モデル用にFPSActorとは別のアクターを作り、フレームごとに位置と回転を更新する。一人称モデルの位置は、FPSActorの位置にオフセットを加えたものだ。シューターなら、オフセットでモデルをアクターのやや右に置く。モデルの回転は、FPSActorの回転にビューのピッチの回転を追加する。リスト9.4が、そのためのコードだ。

リスト9.4 一人称モデルの位置と回転を更新する

```
// FPSモデルは、アクターとの相対位置により更新
const Vector3 modelOffset(Vector3(10.0f, 10.0f, -10.0f));
Vector3 modelPos = GetPosition();
modelPos += GetForward() * modelOffset.x;
modelPos += GetRight() * modelOffset.y;
modelPos.z += modelOffset.z;
mFPSModel->SetPosition(modelPos);

// アクターの回転で初期化
```

```
Quaternion q = GetRotation();

// カメラのピッチによる回転
q = Quaternion::Concatenate(q,
    Quaternion(GetRight(), mCameraComp->GetPitch()));
mFPSModel->SetRotation(q);
```

図9.1が、一人称カメラと一人称モデルによるデモだ。照準レティクルは、SpriteComponentを画面の中心位置に置いただけだ。

図9.1　一人称カメラと一人称モデル

9.2 追従カメラ

追従カメラ（follow camera）は、ターゲットオブジェクトを後方から追いかけるカメラだ。この種類のカメラは人気があり、多くのゲームで使われる。カメラがレースカーを追いかけるレーシングゲームのほか、「Horizon Zero Dawn」のような三人称のアクション・アドベンチャーゲームにも使われている。さまざまな種類のゲームで多用されているため、多くの追従カメラの実装がある。ここでは、車を追いかける追従カメラに焦点を絞ろう。

FPSカメラと同様、幅広い運動パターンに対応させるために、新しいアクターFollowActorを作る。車は、[W] キーと [S] キーで前進・後退し、[A] キーと [D] キーで左右に曲がる。通常のMoveComponentは、この動きをサポートするので、ここでの修正はない。

9.2.1 基本的な追従カメラ

基本的な追従カメラは、所有アクターを上後方から常に決まった距離で追いかける。図9.2が、基本的な追従カメラの側面図だ。このカメラは、車の後方に水平距離で $HDist$ 、上方向に垂直距離で $VDist$ の位置に、固定される。

カメラの注視点は、車そのものではなく、車より $TargetDist$ 先の点である。こうすると、直接車を注視するのではなく、車よりも少しだけ前方のポイントを注視することになる。

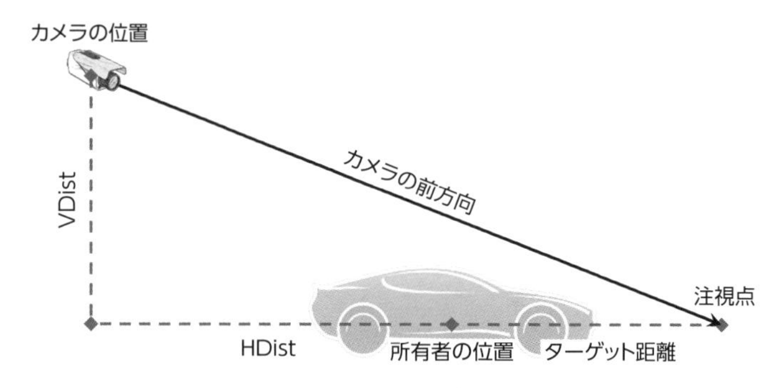

図9.2 基本的な追従カメラが車を追いかける

カメラの位置は、ベクトルの加算とスカラー乗算で計算する。カメラの位置（ $CameraPos$ ）は、所有アクターの位置（ $OwverPos$ ）よりも $HDist$ だけ後方、かつ $VDist$ だけ上方なので、次の式で求められる。

$$CameraPos = OwnerPos - OwnerForward \cdot HDist + OwnerUp \cdot VDist$$

この式の $OwnerForward$ と $OwnerUp$ は、所有アクターの前方ベクトルと上方ベクトルである。

同様に、注視点（ $TargetPos$ ）は、所有アクターの位置から $TargetDist$ だけ前方の座標だ。

$$TargetPos = OwnerPos + OwnerForward \cdot TargetDist$$

`CameraComponent`の新しい派生クラスとして、`FollowCamera`を宣言する。メンバー変数に、水平距離（`mHorzDist`）、垂直距離（`mVertDist`）、ターゲット距離（`mTargetDist`）を持たせる。まずはカメラの位置を（先ほどの式で）計算する関数を作ろう。

```
Vector3 FollowCamera::ComputeCameraPos() const
{
    // カメラの位置を、所有アクターの上後方にセット
    Vector3 cameraPos = mOwner->GetPosition();
    cameraPos -= mOwner->GetForward() * mHorzDist;
    cameraPos += Vector3::UnitZ * mVertDist;
    return cameraPos;
}
```

次にFollowCamera::Update関数で、カメラ位置と注視点を使ったビュー行列を作る。

```
void FollowCamera::Update(float deltaTime)
{
    CameraComponent::Update(deltaTime);
    // ターゲットは所有アクターから前方にはなれた座標
    Vector3 target = mOwner->GetPosition() +
        mOwner->GetForward() * mTargetDist;
    // (カメラは反転しないので、上方ベクトルはz軸の基本ベクトルのまま)
    Matrix4 view = Matrix4::CreateLookAt(GetCameraPos(), target,
        Vector3::UnitZ);
    SetViewMatrix(view);
}
```

このカメラは、忠実に車を追うので、がっちり固定された感じに見える。カメラは常に車から一定の距離に位置し、どうもスピード感が得られない。それに、車が曲がる時に、なんだか車ではなく世界が回っているように見える。この基本的な追従カメラは出発点として優れていても、洗練されていない。

簡単な修正でスピード感を出すのに、水平距離を所有アクターのスピードから決める方法がある。例えば、静止時の水平距離が350単位だとしたら、最高速度で動いている時は500単位まで伸ばすのだ。こうすれば車のスピードを感じやすくなるが、曲がる時の、がっちり固定された感じは残ってしまう。この硬直感を解決するには、カメラにばねを追加するとよい。

9.2.2 ばねを追加する

カメラ位置を式に従って即座に変更するのではなく、何フレームかが経過した時に、カメラがその位置にたどり着くようにしたい。これを実現するために、カメラの位置を「理想」のポジションと「実際」のポジションに分ける。理想のカメラポジションは、基本の追従カメラの式から導かれる位置であり、実際のカメラポジションは、ビュー行列に使われる位置だ。

理想のカメラと実際のカメラをばねで連結しよう。最初は、どちらのカメラも同じ場所にある。理想のカメラが動くと、ばねが伸びて、実際のカメラもやや遅れて動き始める。やがてばねが完全に伸びきると、実際のカメラも理想のカメラと同じ速さで動くようになる。そして、理想のカメラが停止すると、ばねが縮んで、最後は元の安定した状態に戻り、理想のカメラと実際のカメラが再び同じ位置になる[訳注2]。図9.3は、理想と実際のカメラをばねでつなぐというアイデアを視覚化したものだ。

訳注2 「ばね」と説明しているが、実装しているものは、安定させるために速度抵抗を持たせた「ダンパー」だ。

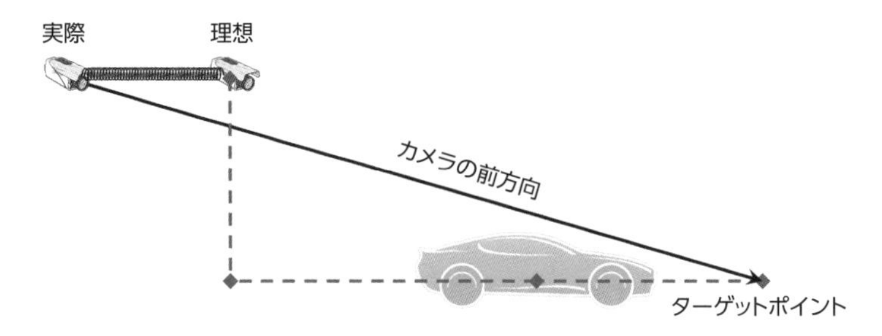

図9.3 ばねが理想と現実のカメラをつないでいる

ばね用に、いくつかのメンバー変数をFollowCameraに追加する。ばね定数（mSpringConstant）は、ばねの硬さを表現し、値が大きいほどばねが硬くなる。また、カメラの実際の位置（mActualPos）と速度（mVelocity）を毎フレーム使うので、これらのために、2つのベクトル型メンバー変数を追加する。

リスト9.5が、ばねが付いたFollowCamera::Updateのコードだ。まず、ばね定数をもとにばねの減衰（dampening）を計算する。理想の位置は、先に実装したComputeCameraPos関数で得られる位置だ。それから、実際の位置と理想の位置との差を計算し、この距離と前フレームの速度から、カメラの加速度を計算する。カメラの速度と実際の位置は、第3章「ベクトルと基礎の物理」で紹介したオイラー積分で求める。注視点の計算は元のままとし、CreateLookAt関数では、理想ではなく実際のカメラポジションを使う。

リスト9.5 FollowCamera::Updateの実装（ばね付き）

```
void FollowCamera::Update(float deltaTime)
{
    CameraComponent::Update(deltaTime);

    // ばね定数から減衰を計算
    float dampening = 2.0f * Math::Sqrt(mSpringConstant);

    // 理想の位置を計算
    Vector3 idealPos = ComputeCameraPos();

    // 実際と理想の差を計算
    Vector3 diff = mActualPos - idealPos;
    // ばねによる加速度を計算
    Vector3 acel = -mSpringConstant * diff -
        dampening * mVelocity;

    // 速度の更新
    mVelocity += acel * deltaTime;
    // 実際のカメラポジションを更新
    mActualPos += mVelocity * deltaTime;
```

```
    // ターゲットは所有アクターの前方にはなれた目標点
    Vector3 target = mOwner->GetPosition() +
        mOwner->GetForward() * mTargetDist;

    // ここでは理想ではなく実際のポジションを使う
    Matrix4 view = Matrix4::CreateLookAt(mActualPos, target,
        Vector3::UnitZ);
    SetViewMatrix(view);
}
```

ばね付きカメラを使うと、所有オブジェクトが曲がろうとする時に、そのターンにカメラが追いつくまでに少し時間がかかる。これには大きなメリットがあって、曲がる時に所有オブジェクトの側面が見えるのだ。これによって、曲がる時に、世界ではなく本当にオブジェクトが曲がっているように感じられる。図9.4が、ばね付き追従カメラの実行画面だ。

ここで使った赤いスポーツカーのモデルは、Willy Decarpentrieによる「Racing Car」で、「クリエイティブ・コモンズ 表示」のライセンスに基づいて、Sketchfab（URL https://sketchfab.com/）からダウンロードした。

最後に、カメラがゲームの開始時点で正しく動くように、FollowActorが初期化される時に呼び出されるSnapToIdeal関数を作る。

```
void FollowCamera::SnapToIdeal()
{
    // 実際の位置は理想の位置と同じ
    mActualPos = ComputeCameraPos();
    // 速度はゼロ
    mVelocity = Vector3::Zero;
    // 注視点とビューを計算
    Vector3 target = mOwner->GetPosition() +
        mOwner->GetForward() * mTargetDist;
    Matrix4 view = Matrix4::CreateLookAt(mActualPos, target,
        Vector3::UnitZ);
    SetViewMatrix(view);
}
```

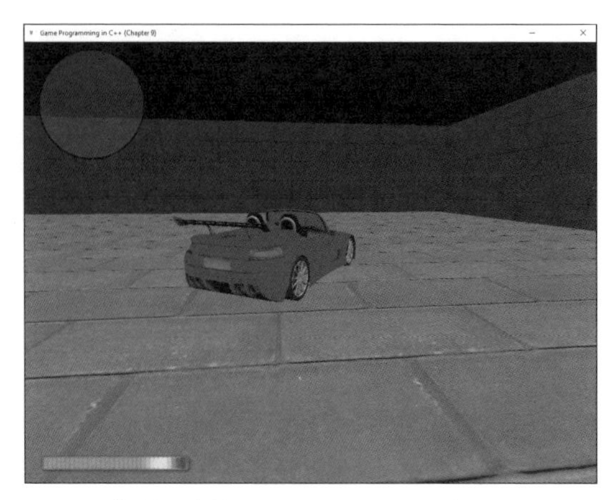

図9.4 ばね付き追従カメラで、ターンする車を追いかける

9.3 軌道カメラ

軌道カメラ（orbit camera）はターゲットを中心として、その周りを回るものだ。このタイプのカメラは、例えば（テーマパークを運営する）「**プラネットコースター**」(Planet Coaster) のような建築シミュレーションで使える。プレイヤーは、オブジェクトの周囲を簡単に見ることができる。最も単純な軌道カメラは、カメラの位置を、ワールド空間の絶対位置ではなく、ターゲットからのオフセットで保存する。回転が常に原点を中心とすることを活用するのだ。カメラの位置をターゲットオブジェクトからのオフセットにすれば、どのような回転も、ターゲットオブジェクトが中心となる。

この節では`OrbitCamera`と`OrbitActor`を作成する。軌道を回るヨーとピッチの両方をマウスで操作するのが典型的なパターンだ。相対的なマウスの動きを回転に変える処理は、一人称カメラの話に似ている。ただし、カメラは、プレイヤーが右マウスボタンを押している時だけ回転する（これが定番の操作だ）。`SDL_GetRelativeMouseState`関数が、ボタンの状態も返すことを思い出そう。次の条件文が、右マウスボタンを押したかどうかの判定だ。

```
if (buttons & SDL_BUTTON(SDL_BUTTON_RIGHT))
```

次のメンバー変数が`OrbitCamera`クラスに必要だ。

```
// ターゲットからのオフセット
Vector3 mOffset;
// カメラの上方ベクトル
Vector3 mUp;
// ピッチの角速度
```

```
float mPitchSpeed;
// ヨーの角速度
float mYawSpeed;
```

ピッチの角速度（mPitchSpeed）とヨーの角速度（mYawSpeed）には、各回転の現在の角速度を保存する。所有アクターが、マウスによる回転操作に応じて、これらの角速度を更新する。さらに、OrbitCameraは、カメラのオフセット値（mOffset）だけでなく、上方ベクトル（mUp）も管理する必要がある。上方ベクトルが必要なのは、ヨーとピッチの両方で完全な $360°$ の回転がありうるからだ。つまり、上下が逆になることもあるので、常に $(0, 0, 1)$ が上というわけにはいかない。カメラの回転に応じて、上方ベクトルを更新する必要がある。

OrbitCameraのコンストラクターは、mPitchSpeedとmYawSpeedをゼロで初期化する。mOffsetの初期値は任意の値でよいが、ここではオブジェクトの後方400単位、$(-400, 0, 0)$ で初期化する。mUpベクトルは、ワールド空間の上方である $(0, 0, 1)$ で初期化する。

リスト9.6が、OrbitCamera::Updateの実装だ。まず、ワールドの上方を軸とするヨーの回転クォータニオンを作る。このクォータニオンでカメラのオフセットと上方ベクトルを変換する。次に、新しいオフセットからカメラの前方ベクトルを計算する。カメラの上方と前方のクロス積で得られる、カメラ右方ベクトルを使ってピッチのクォータニオンを作成し、そのクォータニオンで、再びカメラのオフセットと上方ベクトルを変換する。

リスト9.6 OrbitCamera::Updateの実装

```
void OrbitCamera::Update(float deltaTime)
{
    CameraComponent::Update(deltaTime);
    // ワールド上方を軸とするヨーのクォータニオンを作成
    Quaternion yaw(Vector3::UnitZ, mYawSpeed * deltaTime);
    // カメラのオフセットと上方ベクトルをヨーで変換
    mOffset = Vector3::Transform(mOffset, yaw);
    mUp = Vector3::Transform(mUp, yaw);

    // カメラの前方 / 右方を計算する
    // 前方は owner.position - (owner.position + offset)
    // = -offset
    Vector3 forward = -1.0f * mOffset;
        forward.Normalize();
    Vector3 right = Vector3::Cross(mUp, forward);
        right.Normalize();

    // カメラ右方を軸とするピッチのクォータニオンを作成
    Quaternion pitch(right, mPitchSpeed * deltaTime);
    // カメラのオフセットと上方ベクトルをピッチで変換
    mOffset = Vector3::Transform(mOffset, pitch);
```

```
    mUp = Vector3::Transform(mUp, pitch);

    // 変換行列を計算する
    Vector3 target = mOwner->GetPosition();
    Vector3 cameraPos = target + mOffset;
    Matrix4 view = Matrix4::CreateLookAt(cameraPos, target, mUp);
    SetViewMatrix(view);
}
```

注視行列は単純で、カメラの注視点は所有アクターの位置、カメラポジションは注視点にオフセットを足したもの、上方はカメラの上方だ。これで最終的な軌道カメラができる。図9.5が、車をターゲットとする軌道カメラのデモだ。

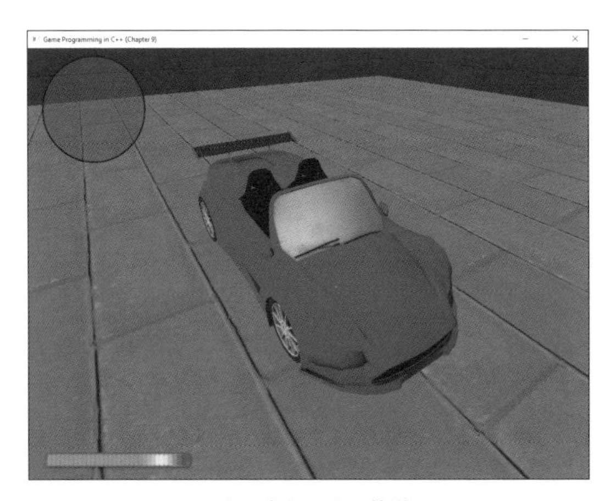

図9.5　車を中心とする軌道カメラ

9.4 スプラインカメラ

スプライン（spline）は曲線の数学的表現であり、その曲線上の点列で指定される。スプライン曲線に沿って、オブジェクトを時間の経過とともに滑らかに動かすことができ、ゲームでは人気がある。特に映画のようなカットシーンのカメラで非常に便利なのは、あらかじめ設定済みのスプライン経路に沿ってカメラを動かせるという点だ。また、このタイプのカメラは「**ゴッド・オブ・ウォー**」（**God of War**）のような三人称アクションアドベンチャーゲームでも使われることがある。プレイヤーがゲームワールドを進む時、その道筋をカメラが追従する。

Catmull-Rom（キャットマル-ロム）スプラインは、比較的計算が単純なスプライン曲線で、ゲームやコンピューターグラフィックスで頻繁に使われる。この曲線には、最小で4つの制御点が必要だ。それらを P_0 から P_3 までの名前で呼ぼう。実際に描かれる曲線は、P_1 から P_2 までであり、P_0 はカーブに入る前の制御点、P_3 はカーブから出たあとの制御点である。

最良の結果を得るには、曲線に沿って、だいたい均等に制御点を配置するのがよく、近似としてユークリッド距離が使われる。図9.6が、4個の制御点のCatmull-Romスプラインの例だ。

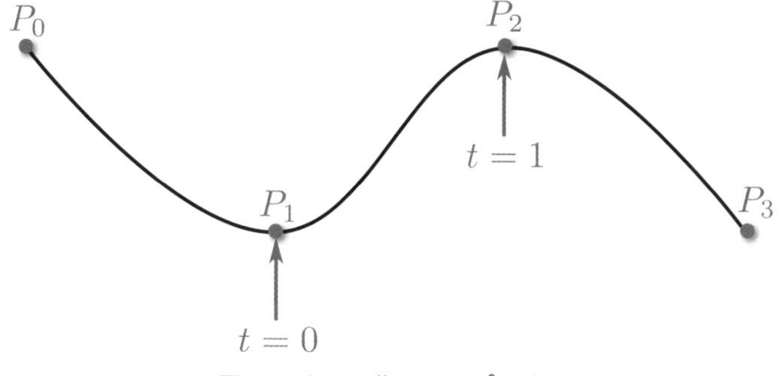

図9.6 Catmull-Romスプライン

4つの制御点がある時、 P_1 から P_2 までの位置を、次のパラメトリック方程式（parametric equation）で表現できる。ここで、 $t = 0$ の時は P_1 の位置、 $t = 1$ の時は P_2 の位置にある。

$$p(t) = 0.5 \cdot (2P_1 + (-P_0 + P_2)t + (2P_0 - 5P_1 + 4P_2 - P_3)t^2 + (-P_0 + 3P_1 - 3P_2 + P_3)t^3)$$

この方程式には制御点が4つしかないが、Catmull-Romスプラインは任意の数の制御点に拡張できる。任意の数の制御点で曲線を描くには、その数の連続した制御点を選び、それらをスプライン方程式に代入すればよい。ただし、経路の前に1つ、経路の後ろに1つの制御点が、やはり必要である。言い換えると、 n 個の点を通るカーブを表現するのに、 $n + 2$ 個の制御点が必要だ。

スプラインによる経路に追従するカメラを実装するには、まずスプラインを定義する構造体`Sprine`を作る。`Sprine`が必要とするメンバーデータは、制御点の配列だけだ。

```
struct Spline
{
    // スプラインのための制御点
    //（曲線に属する点がn個ならば
    // n + 2個の点が必要）
    std::vector<Vector3> mControlPoints;
    // startIdx=P1の区間で
    // tの値に基づいて位置を計算する
    Vector3 Compute(size_t startIdx, float t) const;
    size_t GetNumPoints() const { return mControlPoints.size(); }
};
```

リスト9.7の`Spline::Compute`が、スプライン方程式の関数だ。引数のインデックス（`startIdx`）は P_1 に対応し、t の値は $[0.0, 1.0]$ の範囲とする。`startIdx`が有効なインデックスであることを確認するため、境界チェックをしよう。

リスト9.7 Spline::Computeの実装

```
Vector3 Spline::Compute(size_t startIdx, float t) const
{
    // startIdx が境界外？
    if (startIdx >= mControlPoints.size())
    { return mControlPoints.back(); }
    else if (startIdx == 0)
    { return mControlPoints[startIdx]; }
    else if (startIdx + 2 >= mControlPoints.size())
    { return mControlPoints[startIdx]; }

    // p0 から p3 までの制御点を取得する
    Vector3 p0 = mControlPoints[startIdx - 1];
    Vector3 p1 = mControlPoints[startIdx];
    Vector3 p2 = mControlPoints[startIdx + 1];
    Vector3 p3 = mControlPoints[startIdx + 2];

    // Catmull-Rom の方程式によって位置を計算する
    Vector3 position = 0.5f * ((2.0f * p1) + (-1.0f * p0 + p2) * t +
        (2.0f * p0 - 5.0f * p1 + 4.0f * p2 - p3) * t * t +
        (-1.0f * p0 + 3.0f * p1 - 3.0f * p2 + p3) * t * t * t);
    return position;
}
```

`SplineCamera`クラスは、メンバーとして`Spline`を必要とし、P_1 に対応する現在のインデックス、現在の t の値、スピード、そしてカメラを経路に沿って動かすかどうかを管理する。

```
// カメラが追従するスプライン経路
Spline mPath;
// 現在の制御点のインデックスと t の値
size_t mIndex;
float mT;
// スピード = t の増分 / 秒
float mSpeed;
// カメラを経路に沿って動かすか
bool mPaused;
```

スプラインカメラの更新では、まず t の値を、スピードとデルタタイムの積だけ増やす。もし t の値が 1.0 以上なら、P_1 は経路の次の点に進む（まだ経路に十分な数の点があれば）。P_1 を進める時は、同時に t の値から 1.0 を引く。もし十分な数の点がなければ、スプラインカメラは停止する。

このカメラの位置は、スプライン曲線から計算された点に他ならない。注視点は、t をわずかに増やした時の、スプライン上の点となる。上方ベクトルは $(0,0,1)$ のままだが、これはスプラインの上下を逆にしたくないからだ。リスト9.8が、`SplineCamera::Update`のコードであり、図9.7がスプラインカメラの画面だ。

リスト9.8 SplineCamera::Updateの実装

```
void SplineCamera::Update(float deltaTime)
{
    CameraComponent::Update(deltaTime);
    // t の値を更新
    if (!mPaused)
    {
        mT += mSpeed * deltaTime;
        // 必要ならば次の制御点に進む。ただし、
        // スピードが速すぎて 1 フレームに複数の
        // 制御点を飛び越さないことが前提！
        if (mT >= 1.0f)
        {
            // まだ経路を進むのに十分な数の点があるか
            if (mIndex < mPath.GetNumPoints() - 3)
            {
                mIndex++;
                mT = mT - 1.0f;
            }
            else
            {
                // 経路をたどり終わったので停止する
                mPaused = true;
            }
        }
    }

    // カメラの位置を、現在のインデックスと t から求める
    Vector3 cameraPos = mPath.Compute(mIndex, mT);
    // 注視点はわずかなデルタだけ先の位置
    Vector3 target = mPath.Compute(mIndex, mT + 0.01f);
    // スプラインを上下逆にしないことを前提とする
    const Vector3 up = Vector3::UnitZ;
    Matrix4 view = Matrix4::CreateLookAt(cameraPos, target, up);
    SetViewMatrix(view);
}
```

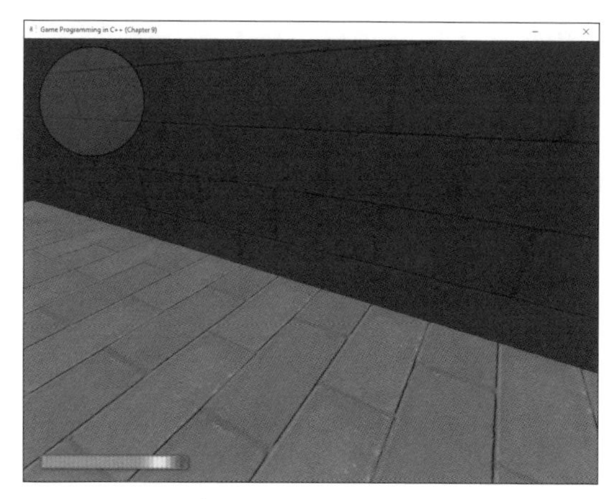

図9.7　ゲーム実行中のスプラインカメラ

9.5 逆射影

ワールド空間の1点をクリップ空間に変換するには、まずビュー行列、次いで射影行列を掛ける。例えば、一人称シューターで、照準レティクルのスクリーン上の位置に対して、弾丸か何かを発射したいとしよう。この場合、照準レティクルの位置はスクリーン空間の座標だが、狙いどおりに発射するにはワールド空間の座標が必要だ。スクリーン空間の座標からワールド空間の座標に変換する計算を、**逆射影**（unprojection）と呼ぶ。

第5章「OpenGL」で記述したスクリーン空間の座標系を前提とすれば、スクリーンの中心は $(0, 0)$ 、左上隅は $(-512, 384)$ 、右下隅は $(512, -384)$ である。

逆射影を計算する最初のステップは、スクリーン空間の座標の x と y の両方の成分を、$[-1, 1]$ の範囲に正規化されたデバイス座標（NDC）へと変換することだ。

ndcX = screenX / 512
ndcY = screenY / 384

ただし問題があって、どんな (x, y) 座標でも、 $[0, 1]$ の範囲に存在する任意のz座標の位置に対応させることができてしまう。ここで、 0 は（カメラのすぐ前にある）近接平面上の点であり、 1 は（カメラから見える最も遠い距離にある）遠方平面上の点である。つまり、逆射影を正しくするには、 z 成分の値も必要だ。これを同次座標で表現しよう。

ndc = (ndcX, ndcY, z, 1)

次に逆射影行列を作る。それはビュー射影行列の逆行列に他ならない。

$$Unprojection = ((View)(Projection))^{-1}$$

NDCの座標に逆射影行列を掛けると、w成分が変化する。だが、各成分を w で割ることで、w 成分は再び正規化（1に戻すことが）できる。まとめると、次の式で、NDCの点はワールド空間の点に変換される。

$$temp = (ndc)(Unprojection)$$
$$worldPos = \frac{temp}{temp_w}$$

逆射影の関数は`Renderer`クラスに追加する。なぜなら、`Renderer`が、ビュー行列と射影行列の両方にアクセスできる唯一のクラスだからだ。リスト9.9が、`Unproject`の実装だ。`TransformWithPerspDiv`関数は、w 成分を正規化する。

リスト9.9 Renderer::Unprojectの実装

```
Vector3 Renderer::Unproject(const Vector3& screenPoint) const
{
    // screenPoint を、-1 から +1 までのデバイス座標に変換する
    Vector3 deviceCoord = screenPoint;
    deviceCoord.x /= (mScreenWidth) * 0.5f;
    deviceCoord.y /= (mScreenHeight) * 0.5f;

    // 逆射影行列でベクトルを変換する
    Matrix4 unprojection = mView * mProjection;
    unprojection.Invert();
    return Vector3::TransformWithPerspDiv(deviceCoord, unprojection);
}
```

この`Unproject`は、1つの座標を計算するのに使える。だが、スクリーン空間のある点に向かうベクトルが得られたほうが便利な場合もある。他の便利な機能も実装できるからだ。例えば、3D空間のオブジェクトをクリックで選択する、**ピッキング**（picking）の操作だ。図9.8は、マウスカーソルによるピッキングの説明である。

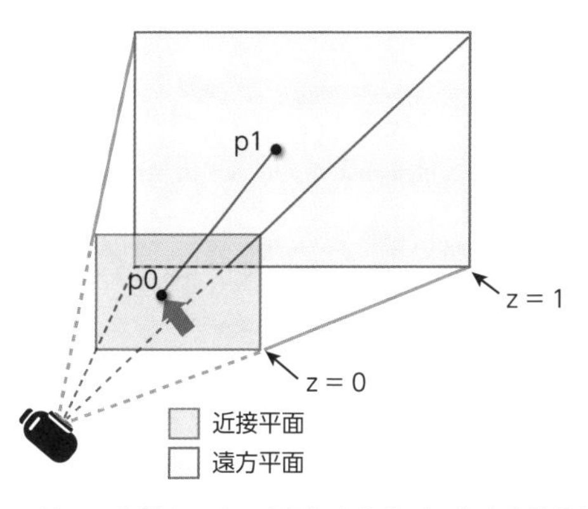

図9.8 スクリーン空間のマウス座標に向かうベクトルを使うピッキング

方向ベクトルを得るには、Unprojectで、始点と終点を変換する。次に、リスト9.10のRenderer::GetScreenDirectionのように、ベクトルの単純な引き算をしたあと、正規化する。この関数が、ワールド空間におけるベクトルの始点（outStart）と方向（outDir）を、どう計算するのかよく見てほしい。

リスト9.10 Renderer::GetScreenDirectionの実装例

```
void Renderer::GetScreenDirection(Vector3& outStart,
     Vector3& outDir) const
{
     // 始点を近接平面での画面の中心にする
     Vector3 screenPoint(0.0f, 0.0f, 0.0f);
     outStart = Unproject(screenPoint);

     // 終点を近接平面と遠方平面の間の画面の中心に定める
     screenPoint.z = 0.9f;
     Vector3 end = Unproject(screenPoint);

     // 方向ベクトルを求める
     outDir = end - outStart;
     outDir.Normalize();
}
```

9.A ゲームプロジェクト

この章のゲームプロジェクトは、今までのさまざまなカメラのすべて（と、逆射影）のデモだ。コードは本書のGitHubリポジトリにある。Chapter09ディレクトリで、WindowsではChapter09-windows.slnを、MacではChapter09-mac.xcodeprojを開こう。

カメラのデモは、まずFPSカメラで始まる。カメラの種類を変えるには、[1]から[4]までのキーを使う。

- [1]——FPSカメラのモードに入る
- [2]——追従カメラのモードに入る
- [3]——軌道カメラのモードに入る
- [4]——スプラインカメラモードの開始とスプライン経路の再スタート

カメラのモードに応じて、制御方法が異なる（以下は要約）。

- FPS——［W］・［S］で前進・後退、［A］・［D］で左右ストレイフ、マウスで回転
- 追従——［W］・［S］で前進・後退、［A］・［D］で（ヨー）回転
- 軌道——右ボタンを押しながらマウスを動かして回転
- スプライン——制御なし（自動的に動く）

どのカメラモードでも、左クリックで逆射影を計算できる。これによって2つの球が置かれる（1つはベクトルの始点に、もう1つは終点に）。

9.B まとめ

この章では、さまざまなカメラを実装する方法を示した。FPSカメラは、世界を、そこで移動するキャラクターの視点で提示する。典型的な一人称の操作パターンでは、［W］［A］［S］［D］キーで動きを、マウスで回転を制御する。マウスを左右に動かすことでキャラクターを回転させ、マウスを上下に動かすことでピッチングする。一人称視点のピッチングでは、一人称モデルの向きも変わる。

基本的な追従カメラは、オブジェクトを背後から厳密に追従する。だが、それでは洗練された回転が得られない。キャラクターと世界のどちらが回転しているか見分けるのが困難だ。改善案として、「理想」と「実際」のカメラポジションの間に、ばねを組み込む。これでカメラが円滑になる（特に曲がる時に顕著だ）。

軌道カメラはオブジェクトの周りを回るもので、マウスまたはジョイスティックで制御するのが一般的だ。ターゲットオブジェクトからのオフセットとしてカメラからの周回軌道を表現する。クォータニオンを使ってヨーとピッチの両方の回転を適用し、ベクトル演算により最終的なビューを得る。

スプライン曲線は、点の集合によって定義され、よくカットシーンのカメラに使われる。Catmull-Romスプラインは、$n+2$ 個の制御点で、n 個の点からなる曲線を表現する。Catmull-Romスプラインの式をつなげることで、カメラが追従するスプライン経路を作ることができる。

そして、逆射影には、オブジェクトをマウスで選択するピッキングのような、数々の用途を持つ。逆射影の計算には、まずスクリーン空間の点を正規化されたデバイス座標に変換し、逆射影行列を掛けるのだが、これはビュー射影行列の逆行列にすぎない。

9.C 参考文献

ゲームのカメラだけに話題を絞った専門書は少ない。けれども、「メトロイドプライム」用カメラシステムの主任プログラマーだったMark Haigh-Hutchinsonの本は、ゲームのカメラに関連するさまざまなテクニックを紹介している[訳注3]。

— Haigh-Hutchinson, Mark. *Real-Time Cameras*. Burlington: Morgan Kaufmann, 2009.

9.D 練習問題

この章の課題では、いくつかのカメラに機能を追加する。最初の課題では、追従カメラにマウスのサポートを追加し、第2の課題ではスプラインカメラの機能を拡張する。

課題 9.1

多くの追従カメラには、ユーザーの制御でカメラを回転させるサポートがある。この課題では、ユーザーがカメラを回転できるように、追従カメラの実装にコードを追加する。プレイヤーがマウスの右ボタンを押している時は、カメラにピッチとヨーの回転が追加されるようにしてみよう。プレイヤーがマウスの右ボタンを離したら、ピッチとヨーの回転はゼロに戻す。

この回転のためのコードは、軌道カメラの回転コードと同じだ。軌道カメラと同様に、追従カメラでも、もう単純に z 軸を上方とみなせなくなる。ばねがあるので、プレイヤーがマウスボタンを離しても、カメラは元の向きへ即座には戻らないだろう。その振る舞いは見ていて気持ちがよいので、変更する理由はないはずだ。

課題 9.2

現在のスプラインカメラは、経路を1方向にだけたどり、終点に達すると停止する。スプラインが経路の終点に達したら、逆戻りするように変更しよう。

訳注3 邦訳は、『ゲームデザイナーのためのリアルタイムカメラ』(Mark Haigh-Hutchinson著、加藤 諒 編集、中本 浩 訳、ボーンデジタル、2010年)。

Chapter

10

衝突検知

衝突検知は、ゲームワールド内のオブジェクトの交差を判定する。これまでの章でも、基本的な衝突判定に触れてきたが、ここでは、さらに深く衝突について触れる。この章では、まずゲームで一般的に使われる基本的な幾何学図形を紹介し、それらの図形の間で交差を計算する方法を説明する。最後に、ゲームに衝突検知を統合していく。

10.1 幾何学図形の種類

ゲームでは、衝突検知に幾何学や線形代数の概念を利用する。この節では、線分、平面、ボックス（箱）など、ゲームで使われることの多い基本的な幾何学図形をとりあげる。これらの図形は、この章のゲームプロジェクトに含まれているヘッダーファイル`Collision.h`で宣言されている。

10.1.1 線分

線分（line segment）は、始点と終点で構成される。

```
struct LineSegment
{
    Vector3 mStart;
    Vector3 mEnd;
};
```

線分上の任意の点は、次のパラメトリック方程式で計算できる。ここで、$Start$ は始点、End は終点、t はパラメーターである。

$$L(t) = Start + (End - Start)t \quad \text{ここで} \quad 0 \leq t \leq 1$$

あとで役立つように、t の値を入力として線分上の点を返すメンバー関数を、`LineSegment`クラスに追加しておこう。

```
Vector3 LineSegment::PointOnSegment(float t) const
{
    return mStart + (mEnd - mStart) * t;
}
```

線分のパラメトリックな表現は、半直線（ray）や直線（line）に容易に拡張できる。半直線は、上と同じ方程式だが、t の範囲が次のものとなる。

$$0 \leq t \leq \infty$$

直線の場合も同様だが、t に制限が付かない。

$$-\infty \leq t \leq \infty$$

線分と半直線は、さまざまな衝突検知で使える非常に応用範囲の広いプリミティブだ。例えば、線分は、弾丸を一直線に飛ばすのにも、着弾のテストにも使える。照準レティクル（第11

章「ユーザーインターフェイス」)、サウンドオクルージョンの判定（第7章「オーディオ」）や、マウスによるピッキング（第9章「カメラ」）にも使える。

もうひとつ、点と線分との間の最短距離を求める関数を用意しておくと便利だ。始点 A から終点 B までの線分があり、任意の点 C が与えられた時、線分と点 C を結ぶ最短距離を知りたい時には、図10.1に示す3つのケースを考慮しなければいけない。

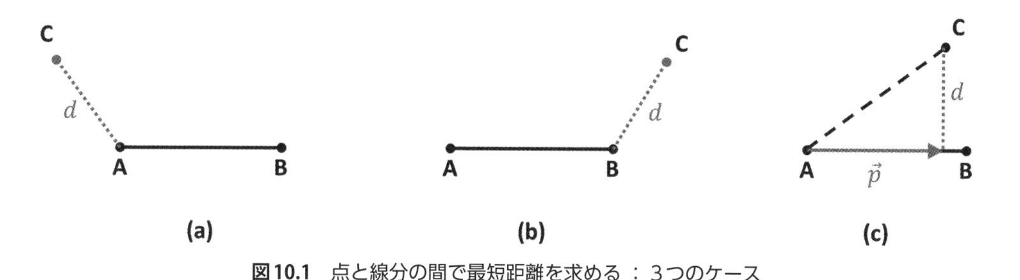

図10.1　点と線分の間で最短距離を求める：3つのケース

第1のケース、図10.1 (a) では、AB と AC の間の角度が 90° よりも大きい。これはドット積を使って判定できる。2つのベクトルのドット積が負であれば鈍角を成すからだ。この場合、C と線分との最短距離は、ベクトル AC の長さである。

第2のケース、図 10.1(b)では、AB と BC の間の角度が90°よりも大きい。これも第1のケースと同じく、ドット積で判定できる。この場合には、最短距離は BC の長さである。

最後のケース、図 10.1 (c) では、AB に垂直な線分を、AB から C まで引く。この線分の長さが、C と AB の間の最短距離だ。この線分を求めるには、まずベクトル $\vec{p}$ を計算する。

p の向きはわかっている。正規化された $\vec{AB}$ の向きだ。$\vec{p}$ の長さは、ドット積による**正射影**（scalar projection：スカラー射影）で計算する。単位ベクトルと非単位ベクトルがある時、単位ベクトルを引き伸ばして（あるいは縮めて）非単位ベクトルと直角三角形を作る。この場合のドット積の結果は、引き伸ばされた単位ベクトルの長さとなる。

この例では、$\vec{p}$ の長さは、$\vec{\mathrm{AC}}$ と正規化された $\vec{\mathrm{AB}}$ とのドット積である。

$$\|\vec{p}\| = \vec{\mathrm{AC}} \cdot \frac{\vec{\mathrm{AB}}}{\|\vec{\mathrm{AB}}\|}$$

ベクトル $\vec{p}$ は、$\vec{p}$ の長さと正規化された $\vec{AB}$ とのスカラー積である。

$$\vec{p} = \|\vec{p}\| \frac{\vec{\mathrm{AB}}}{\|\vec{\mathrm{AB}}\|}$$

代数的な操作により（ベクトルの長さの2乗が、それ自身とのドット積と同じだということを覚えていれば）、$\vec{p}$ は次のように単純化できる。

$$\vec{p} = \left(\vec{\mathrm{AC}} \cdot \frac{\vec{\mathrm{AB}}}{\|\vec{\mathrm{AB}}\|}\right) \frac{\vec{\mathrm{AB}}}{\|\vec{\mathrm{AB}}\|} = \frac{\vec{\mathrm{AC}} \cdot \vec{\mathrm{AB}}}{\|\vec{\mathrm{AB}}\|} \frac{\vec{\mathrm{AB}}}{\|\vec{\mathrm{AB}}\|} = \frac{\vec{\mathrm{AC}} \cdot \vec{\mathrm{AB}}}{\|\vec{\mathrm{AB}}\|^2} \vec{\mathrm{AB}}$$
$$= \frac{\vec{\mathrm{AC}} \cdot \vec{\mathrm{AB}}}{\vec{\mathrm{AB}} \cdot \vec{\mathrm{AB}}} \vec{\mathrm{AB}}$$

あとは、$\vec{p}$ から $\vec{AC}$ へのベクトルを作れば、そのベクトルの長さが AB から C への最短距離 d になる。

$$d = \|\vec{AC} - \vec{p}\|$$

ところで、距離 d は必ず正の値なので、等式の両辺を2乗すると、 AB から C への最短距離の2乗が得られる。

$$d^2 = \|\vec{AC} - \vec{p}\|^2$$

これにより、高価な平方根の演算を回避できる。この章では、ほとんどの場合に、距離の代わりに距離の2乗を使う。リスト10.1が、距離の2乗を計算する**MinDistSq**関数のコードだ。

リスト10.1 LineSegment::MinDistSqの実装

```
float LineSegment::MinDistSq(const Vector3& point) const
{
    // ベクトルを準備する
    Vector3 ab = mEnd - mStart;
    Vector3 ba = -1.0f * ab;
    Vector3 ac = point - mStart;
    Vector3 bc = point - mEnd;
    // ケース 1: C が A の前に突き出ている
    if (Vector3::Dot(ab, ac) < 0.0f)
    {
        return ac.LengthSq();
    }
    // ケース 2: C が B のあとに突き出ている
    else if (Vector3::Dot(ba, bc) < 0.0f)
    {
        return bc.LengthSq();
    }
    // ケース 3: C を線分に射影する
    else
    {
        // p を計算
        float scalar = Vector3::Dot(ac, ab)
                     / Vector3::Dot(ab, ab);
        Vector3 p = scalar * ab;
        // ac - p の長さの 2 乗を計算する
        return (ac - p).LengthSq();
    }
}
```

10.1.2 平面

平面（plane）とは、無限に伸びている2次元のオブジェクトだ（無限に伸びている1次元のオブジェクトが直線であるように）。ゲームでは、抽象化された地面や壁として平面が使われる。次が平面の方程式だ。

$$P \cdot \hat{n} + d = 0$$

ここで P は平面上の任意の位置座標（point）、n は平面の法線（normal）、d は平面と原点との符号付き（最短）距離（signed minimal distance）である。

点が平面上にあるか（平面の方程式を満たすか）という判定もよく使われる。このため、`Plane`構造体の定義に、法線と d を格納する。

```
struct Plane
{
    Vector3 mNormal;
    float mD;
};
```

そもそもの定義により、1つの三角形は1つの平面上にある。したがって、任意の三角形から、その平面の方程式を導ける。三角形への法線をクロス積によって計算すると、それが平面の法線に対応する。また、三角形の3つの頂点は同一平面上にあるので、平面上の点も判明している。この法線と点から、リスト10.2のように、距離 d を求めることができる。

リスト10.2 3つの点から平面を構築する

```
Plane::Plane(const Vector3& a, const Vector3& b, const Vector3& c)
{
    // ab と ac のベクトルを計算
    Vector3 ab = b - a;
    Vector3 ac = c - a;
    // クロス積と正規化で法線を得る
    mNormal = Vector3::Cross(ab, ac);
    mNormal.Normalize();
    // d は、-P dot n
    mD = -Vector3::Dot(a, mNormal);
}
```

任意の点 C と平面との最短距離を求めるには、やはり正射影を使うが、線分の場合よりも単純になる。図10.2は、平面の側面図としての計算の説明だ。

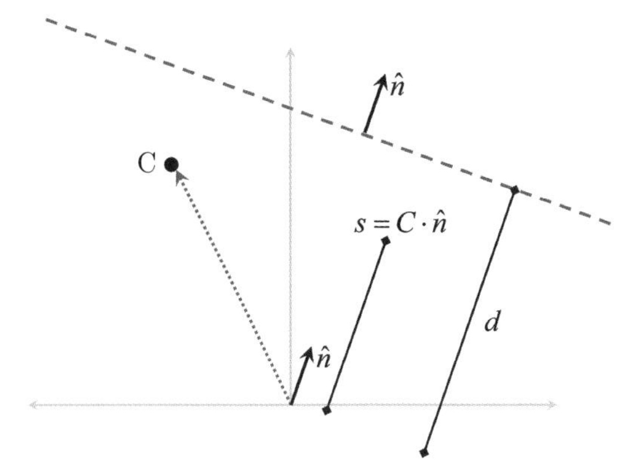

図10.2　点Cと平面との最短距離を求める計算

平面の法線 n と、原点と平面との間の最短距離 d は判明している。あと、計算しなくてはならないのは、法線 n に対する C の正射影だが、これは次のドット積で簡単に得られる。

$$s = C \cdot \hat{n}$$

d と、正射影 s の差が、 C と平面の符号付き最短距離 $SignedDist$ になる。

$$SignedDist = s - d = C \cdot \hat{n} - d$$

距離 $SignedDist$ が負の時、 C は平面よりも下にある（法線と反対の向きにある）。逆に、値が正の時、 C は平面よりも上にある。この符号付き距離は次のコードで計算する。

```
float Plane::SignedDist(const Vector3& point) const
{
    return Vector3::Dot(point, mNormal) - mD;
}
```

10.1.3 バウンディングボリューム

現代の3Dゲームのキャラクターやオブジェクトは、何千もの三角形で描画される。2つのオブジェクトの衝突判定で、オブジェクトを構成するすべての三角形をテストするのは効率が悪い。ゲームでは、ボックスや球など、単純な**バウンディングボリューム**（bounding volume：境界立体）を使う。

2つのオブジェクトの「交差」（intersect）を判定する時、単純化された物体での衝突という「コリジョン」（collision）を使う。これで、大いに効率が改善される。

球

3Dオブジェクトのバウンディングボリュームの最も単純な表現が球（sphere）である。球を定義するには、球の中心位置（center）と半径（radius）があればよい。

```
struct Sphere
{
    Vector3 mCenter;
    float mRadius;
};
```

図10.3のように、バウンディング（境界）球は、オブジェクトによって、緊密にフィットするものと、そうでないものがある。例えば、人型のキャラクターでは、バウンディング球に大量の隙間が生じる。このようにオブジェクトの境界がゆるいと、**偽陽性**（false positive）が増してしまう。偽陽性とは、「バウンディングボリュームは交差しているが、オブジェクトは交差していない」ケースだ。例えば、バウンディング球を人型の敵のバウンディングボリュームに使った一人称シューターでは、狙いが左右にかなり外れても、射撃がヒットするだろう。

一方、利点は、交差の計算が極度に効率的であることだ。さらに、球は回転の影響を受けないので、もとになった3Dオブジェクトの回転とは無関係にバウンディング球は利用できる。そのうえ、いくつかのオブジェクト（例えばボール）では、球でバウンディングボリュームを完全に表現できる。

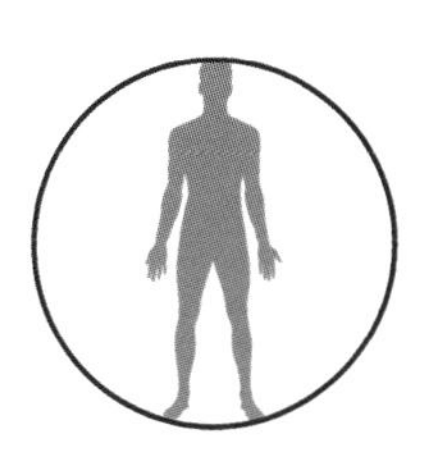
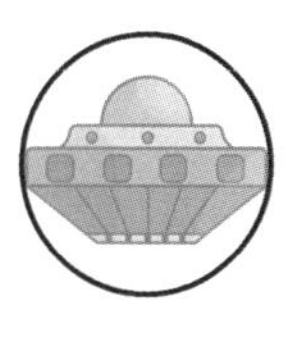

図10.3　さまざまなオブジェクトのバウンディング球

軸平行バウンディングボックス（AABB）

2次元における**軸平行バウンディング（境界）ボックス**（axis-aligned bounding box）、略して**AABB**は、どの辺も x 軸または y 軸に平行な矩形だ。3次元では、AABBは箱のような直方体で、すべての面の法線が基本ベクトルのどれかと平行している。

AABBは、最小（minimum）と最大（maximum）の2つの点で定義できる。2次元ならば、最小点は左下の点に対応し、最大点は右上の点に対応する。つまり、最小点は、AABBの中で最小の x と y の値を持ち、最大点は、最大の x と y の値を持つ。3次元にも、これがそのまま持ち越される。最小点は最小の x 、y 、z 値を持ち、最大点は最大の x 、y 、z 値を持つ。

これを次の構造体で表現する。

```
struct AABB
{
    Vector3 mMin;
    Vector3 mMax;
};
```

クラスAABBに、一連の点からAABBを構築する処理を用意しておくと便利だ。モデルをロードすると、その頂点列を使ってモデルのAABBを構築できる。そのための関数として`UpdateMinMax`を作る。点を1つ受け取ったら、値に応じて、最小点minと最大点maxを更新するものだ。

```
void AABB::UpdateMinMax(const Vector3& point)
{
    // 各成分を独立して更新する
    mMin.x = Math::Min(mMin.x, point.x);
    mMin.y = Math::Min(mMin.y, point.y);
    mMin.z = Math::Min(mMin.z, point.z);
    mMax.x = Math::Max(mMax.x, point.x);
    mMax.y = Math::Max(mMax.y, point.y);
    mMax.z = Math::Max(mMax.z, point.z);
}
```

新しい点と他の点との関係が不明なので、すべての成分を独立して判定して、minとmaxのどの成分を更新するのか判断する。

点の集まりを与えられた時は、まず、最初の点でAABBのminとmaxを初期化する。そして、残りの点について`UpdateMinMax`を呼び出していく。

```
// points は std::vector<Vector3> と想定
AABB box(points[0], points[0]);
for (size_t i = 1; i < points.size(); i++)
{
    box.UpdateMinMax(points[i]);
}
```

AABBの法線は、常に座標軸と平行なので、オブジェクトを回転させてもAABBは回転できない。代わりに、図10.4のようにAABBの寸法を変化させる。ただし、場合によっては回転後のAABBを計算しないで済む。例えば、ほとんどの場合、人型キャラクターは垂直軸周りの回転しかしない。そのようなキャラクターなら、AABBに十分な幅を持たせておけば、キャラクターが回転したところでAABBの寸法を変えるほどの変化は生じない（ただし、キャラクターを大きく動かすアニメーションには注意)。その他のオブジェクトでは、回転後のAABBを再計算する必要がある。

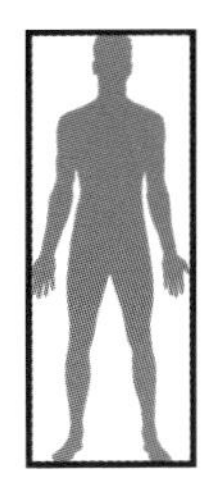
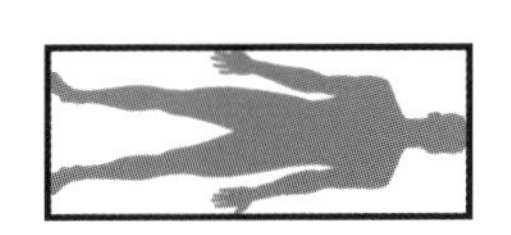

図10.4 キャラクターの向きに応じて変化するAABB

回転後のAABBを計算する方法の1つを紹介する。まずAABBの角となる8個の点を計算する。この8点は、x、y、z 各成分について、最小値と最大値のすべての可能な組み合わせをした点である。次に、それぞれの点を個別に回転させたあと、`UpdateMinMax`関数で回転後の点から新しいAABBを作る。リスト10.3がこの手法の実装だ。この処理では回転後のオブジェクトにおける最小のAABBを計算するわけではない。また、連続した回転によって起こる誤差の拡大を防ぐために、元のAABBを保存しよう。

リスト10.3 AABB::Rotateの実装

```
void AABB::Rotate(const Quaternion& q)
{
    // ボックスの角の 8 点を構築
    std::array<Vector3, 8> points;
    // 最小の点は、常に角にある
    points[0] = mMin;
    // 2 個の min と 1 個の max による順列組み合わせ
    points[1] = Vector3(mMax.x, mMin.y, mMin.z);
    points[2] = Vector3(mMin.x, mMax.y, mMin.z);
    points[3] = Vector3(mMin.x, mMin.y, mMax.z);
    // 2 個の max と 1 個の min による順列組み合わせ
    points[4] = Vector3(mMin.x, mMax.y, mMax.z);
    points[5] = Vector3(mMax.x, mMin.y, mMax.z);
    points[6] = Vector3(mMax.x, mMax.y, mMin.z);
    // 最大の点は、角にある
    points[7] = Vector3(mMax);

    // 最初の点を回転する
    Vector3 p = Vector3::Transform(points[0], q);
    // 回転した第 1 の点で、min/max をリセットする
    mMin = p;
    mMax = p;
    // 残りの（回転後の）点によって min/max を更新
```

```
    for (size_t i = 1; i < points.size(); i++)
    {
        p = Vector3::Transform(points[i], q);
        UpdateMinMax(p);
    }
}
```

有向バウンディングボックス（OBB）

有向バウンディング（境界）ボックス（oriented bounding box）、略して**OBB**は、AABBのような軸平行の制限を持たない。図10.5に示すように、元のオブジェクトが回転しても境界がゆるまない。OBBは、中心の位置（center）と、回転クォータニオン（rotation）と、ボックスの広がり（extent）——すなわち幅と高さと奥行き——を使って表現できる。

```
struct OBB
{
    Vector3 mCenter;
    Quaternion mRotation;
    Vector3 mExtents;
};
```

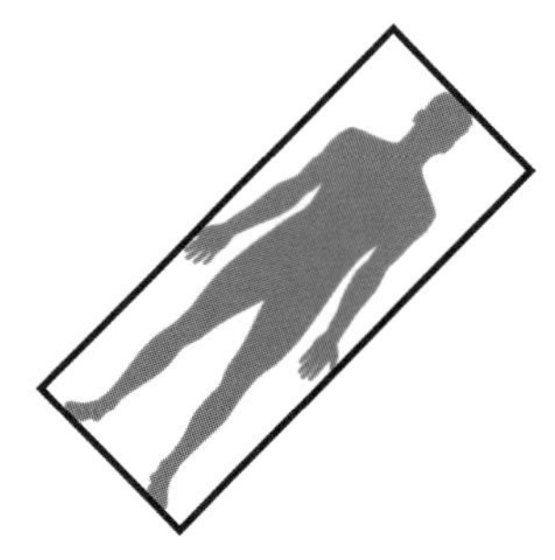

図10.5　回転した人型キャラクターと、その有向バウンディングボックス

OBBを使いたくなっただろう。だが、コリジョンの計算コストがAABBよりもはるかに高いという欠点があるのだ。

カプセル

カプセル（capsule）は、半径を持つ線分である。

```
struct Capsule
{
```

```
    LineSegment mSegment;
    float mRadius;
};
```

カプセルは、図10.6のように、人型キャラクターによく使われる。また、ある時間に移動する球の直線運動も表現できる。移動する球には動きの始点と終点があり、もちろん半径もあるからだ。

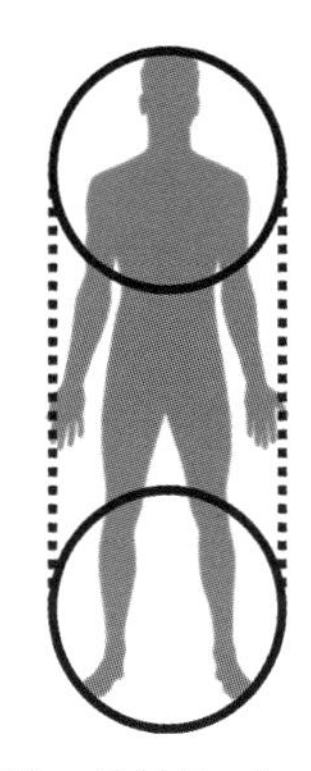

図10.6 人型キャラクターと、そのカプセル

凸ポリゴン

ゲームでは、基本的な形状ではなく正確なオブジェクトのコリジョンが必要な時がある。2Dゲームでは、オブジェクトのコリジョンが、「凸ポリゴン（多角形）」(convex polygon）で表現されるかもしれない。凸ポリゴンが**凸**（convex）なのは、その内角が、どれも180°未満の時である。

凸ポリゴンは、頂点の集合で表現できる。

```
struct ConvexPolygon
{
    // 頂点の順序は時計回り
    std::vector<Vector2> mVertices;
};
```

これらの頂点列には必ず順序を持たせよう。例えば、ポリゴンの辺に沿って、時計回りか、反時計回りの順番で統一する。順序がないと交差判定の計算が難しくなる。

この表現は、開発者が正しく使うことを想定していて、ポリゴンが凸なことや、頂点が時計回りに並んでいることをテストしていないことに注意しよう。

10.2 交差判定

オブジェクトを表現する幾何学的な形状がわかったら、次のステップは、これらの交差を判定することだ。この節では、使い勝手のよいテストを見ていく。最初に見るのは、コリジョンが点を含むかという判定だ。次に、さまざまなバウンディングボリューム間での交差を調べ、その次に、線分と他のオブジェクトとの交差を調べ、最後に「動くオブジェクト」の動的な扱い方を調べる。

10.2.1 点の包含判定

ある形状に、ある点が含まれるかという判定は、それだけでも有益だ。例えば、プレイヤーがゲームワールドの、ある領域の内側にいるのか調べるのに使える。さらに、形状によっては、コリジョンに最も近い点を見つけてから、その点がコリジョンの中にあるのか調べるのに使える。本章では、点が形状の表面にあっても、その形状に点が「含まれている」とみなす。

球の包含判定

球が点を含むか調べるには、まず球の中心と点の間の距離を求める。その距離が、球の半径以下であれば、球は点を含んでいる。

距離と半径は、どちらも正の値なので、不等号の両辺を2乗することで、この比較を最適化できる。ただ1回の乗算を増やすだけで高価な平方根の演算を避けられるのだから、ずっと効率がよい。

```
bool Sphere::Contains(const Vector3& point) const
{
    // 中心と点との距離の 2 乗を求める
    float distSq = (mCenter - point).LengthSq();
    return distSq <= (mRadius * mRadius);
}
```

AABBの包含判定

2次元のAABBでは、次に挙げる4つの判定のどれかが真であれば、点はボックスの外にある。

1. 点がボックスよりも左にある
2. 点がボックスよりも右にある
3. 点がボックスよりも上にある
4. 点がボックスよりも下にある

また、これらの**どれも真でない**のなら、ボックスは**必ず**点を含む。

これをチェックするには、点の成分を、ボックスの最小点、最大点と比較するだけでよい。例えば、点のx成分が**min.x**よりも小さければ、その点はボックスよりも左にある。

以上のコンセプトは、容易に3次元のAABBへと拡張できる。ただし2次元の場合は（ボックスの各辺につき1回で）4回のチェックでよいのに対して、3次元は6面あるので6回のチェックをする。

```
bool AABB::Contains(const Vector3& point) const
{
    bool outside = point.x < mMin.x ||
        point.y < mMin.y ||
        point.z < mMin.z ||
        point.x > mMax.x ||
        point.y > mMax.y ||
        point.z > mMax.z;
    // どれも真でなければ点はボックスの中にある
    return !outside;
}
```

カプセルの包含判定

点がカプセルに含まれるか判定するには、まず点と線分との最短距離の2乗を計算する。これには、LineSegment::MinDistSq関数を使えばよい。カプセルが点を含むのは、最短距離（の2乗）が、半径（の2乗）より小さいか、それと等しい時だ。

```
bool Capsule::Contains(const Vector3& point) const
{
    // 点と線分との最短距離の2乗を求める
    float distSq = mSegment.MinDistSq(point);
    return distSq <= (mRadius * mRadius);
}
```

凸ポリゴンの包含（2D）判定

2次元のポリゴンが点を含むか判定する方法は、たくさんある。最もシンプルな手法の1つでは、点から頂点に向かってベクトルを作っていく。隣接する頂点の一対のベクトルについて、ドット積とアークコサインを使って、2つのベクトルが成す角度を求める。すべての角度の総和がほぼ360°であれば、その点はポリゴンの内側にある。そうでなければ、点はポリゴンの外側にある。図10.7が、このアイデアのイメージだ。

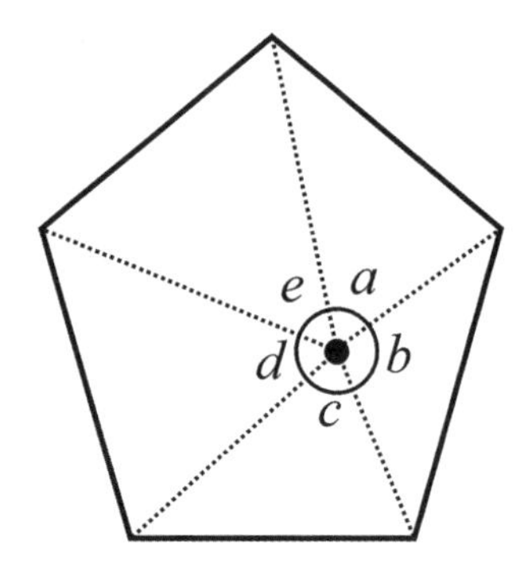

$$a + b + c + d + e = 360°$$

図10.7 ポリゴンが点を含むかを、角度の総和で判定する

リスト10.4のコードで、この判定を行う。隣接する2つの頂点が、凸ポリゴンの頂点配列においても隣接していることが前提条件である。

リスト10.4 ConvexPolygon::Containsの実装

```
bool ConvexPolygon::Contains(const Vector2& point) const
{
    float sum = 0.0f;
    Vector2 a, b;
    for (size_t i = 0; i < mVertices.size() - 1; i++)
    {
        // 点から第1の頂点へのベクトル
        a = mVertices[i] - point;
        a.Normalize();
        // 点から第2の頂点へのベクトル
        b = mVertices[i + 1] - point;
        b.Normalize();
        // 2つのベクトルが成す角度を合計に加算
        sum += Math::Acos(Vector2::Dot(a, b));
    }
    // 最後と最初の頂点の間で角度を計算
    a = mVertices.back() - point;
    a.Normalize();
    b = mVertices.front() - point;
    b.Normalize();
    sum += Math::Acos(Vector2::Dot(a, b));
    // 合計が、約2πであればtrueを返す
    return Math::NearZero(sum - Math::TwoPi);
}
```

残念ながら、このように角度を合計するアプローチは、効率が良くない。平方根とアークコサインを多用する必要があるからだ。もっと複雑に見えるが、より効率の高い方法がある。そ

の1つは、点を始点とする半直線（ray）を引いて、その半直線が辺と何回交差するのか数える方法だ。もし半直線と辺が奇数回交差したら、その点はポリゴンの内側にあり、そうでなければ外側にある。この半直線による「横断テスト」は、凸ポリゴンだけでなく、凹ポリゴン（concave polygon）にも使える。

10.2.2 バウンディングボリューム間の交差判定

さまざまなバウンディングボリューム間の交差判定は、ごく一般的に行われる。例えば、プレイヤーと壁で、AABBの衝突検知をする場合を考えてみよう。プレイヤーが前に進む際に、プレイヤーのバウンディングボリュームと壁のバウンディングボリュームの交差判定を行う。もし交差するなら、プレイヤーの位置を、交差しないように調整できるだろう（その方法は、この章で後ほど示す）。この項では、これまでに挙げたバウンディングボリュームの、あらゆる組み合わせの交差判定をカバーするわけではないが、重要なものに触れる。

● 球と球の判定

2つの球が交差するのは、双方の中心間の距離が、球の半径の和を越えない時だ。点の包含判定と同様に、不等号の両辺を2乗することで計算の効率を高めた判定ができる。

```
bool Intersect(const Sphere& a, const Sphere& b)
{
    float distSq = (a.mCenter - b.mCenter).LengthSq();
    float sumRadii = a.mRadius + b.mRadius;
    return distSq <= (sumRadii * sumRadii);
}
```

● AABBとAABBの判定

AABB間の交差判定のロジックは、AABBでの点の包含判定と似ている。つまり2つのボックスが交差**しない**ケースをテストするのだ。それらのテストが、どれも真でなければ、ボックスは必ず交差する。2次元のAABBにおいてボックスAとボックスBが交差しないのは、AがBよりも左にあるか、右にあるか、上にあるか、下にあるかの、どれかのケースである。これを、前と同じく最小点minと最大点maxを利用してテストする。例えばAがBよりも左にあるのは、Aの`max.x`がBの`min.x`よりも小さい時だ。図 10.8は、2次元のAABBで交差しないケースの例だ。

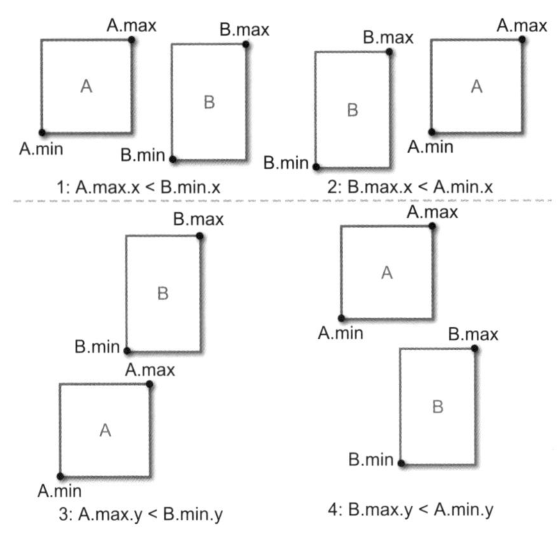

図10.8　2次元のAABBが交差しない4つのケース

2次元から3次元に切り替えるには、点の包含判定と同じように、条件を2つ追加して合計6回のテストを行う。

```
bool Intersect(const AABB& a, const AABB& b)
{
    bool no = a.mMax.x < b.mMin.x ||
        a.mMax.y < b.mMin.y ||
        a.mMax.z < b.mMin.z ||
        b.mMax.x < a.mMin.x ||
        b.mMax.y < a.mMin.y ||
        b.mMax.z < a.mMin.z;
    // これらのどれも真でなければ、交差するに違いない
    return !no;
}
```

このような交差判定は、**分離軸定理**（separating axis theorem）の応用である。分離軸定理によれば、2つの凸オブジェクトAとBが交差しないのであれば、AとBを分離する軸が必ず存在する。AABBでは、3つの座標軸をテストして、そのうちどれかがボックスを分離していないか調べる。もし2つのボックスを分離する座標軸があれば、それらは交差しない。このアプローチは、この章の課題10.3で扱うが、有向バウンディングボックス（OBB）に拡張できる。それどころか、あらゆる凸オブジェクトに使える。

球とAABBの判定

球とAABBの交差判定には、まず球の中心とボックスの間の最短距離の2乗を計算する。点とAABBの最短距離を求めるアルゴリズムは、各成分の最短距離を個別に場合分けして計算する。点の各成分は、minより小さいか、minとmaxの間にあるか、maxより大きいかの、どれかだ。中間のケースでは、点とボックスとの、その軸に関する距離はゼロである。他の2つのケースでは、その軸に関する距離は、最も近い辺（minまたはmax）までの距離である。図10.9に、2次元のAABBでの例を示す。

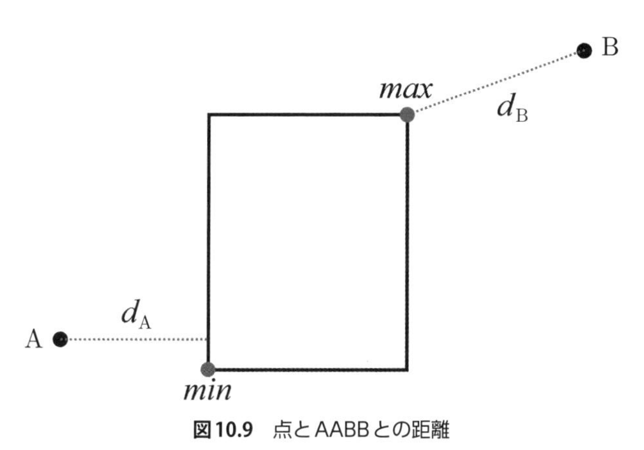

図10.9　点とAABBとの距離

以上は、複数の`Math::Max`関数呼び出しで計算できる。例えばx方向の距離`dx`は、次で求められる。

```
float dx = Math::Max(mMin.x - point.x, 0.0f);
dx = Math::Max(dx, point.x - mMax.x);
```

もし`point.x < min.x`ならば、`min.x - point.x`が3つの値の最大値となり、それがx軸の距離となる。そうでなければ、もし`min.x < point.x < max.x`であれば、ゼロが最大値となる。そして、もし`point.x > max.x`ならば、`point.x - max.x`が最大値となる。3つの軸のすべてで差を求めたら、公式を使って、点とAABBとの最終的な距離の2乗を計算する。

```
float AABB::MinDistSq(const Vector3& point) const
{
    // 各軸の差を計算する
    float dx = Math::Max(mMin.x - point.x, 0.0f);
    dx = Math::Max(dx, point.x - mMax.x);
    float dy = Math::Max(mMin.y - point.y, 0.0f);
    dy = Math::Max(dy, point.y - mMax.y);
```

```
    float dz = Math::Max(mMin.z - point.z, 0.0f);
    dz = Math::Max(dy, point.z - mMax.z);
    // 距離の2乗を求める公式
    return dx * dx + dy * dy + dz * dz;
}
```

MinDistSq関数によって、球とAABBとの交差テストを実装できる。球の中心とボックスとの間の最短距離の2乗を求め、それが半径の2乗を越えないのならば、球とボックスは交差する。

```
bool Intersect(const Sphere& s, const AABB& box)
{
    float distSq = box.MinDistSq(s.mCenter);
    return distSq <= (s.mRadius * s.mRadius);
}
```

● カプセルとカプセルの判定

カプセル間の交差は、概念としては単純だ。どちらも半径を持たせた線分なので、まずは2本の線分の間で最短距離（の2乗）を求める。もし距離（の2乗）が、半径の和（の2乗）以下であれば、2つのカプセルは交差する。

```
bool Intersect(const Capsule& a, const Capsule& b)
{
    float distSq = LineSegment::MinDistSq(a.mSegment,
        b.mSegment);
    float sumRadii = a.mRadius + b.mRadius;
    return distSq <= (sumRadii * sumRadii);
}
```

残念ながら、2本の線分の間の最短距離の計算は、いくつかのエッジケースのせいで複雑だ。この章では詳細に触れないが、2本の線分でのMinDistSqのコードで実装している。

10.2.3 線分の判定

前述したように、線分はさまざまな衝突検知に使える。この章のゲームプロジェクトでは、弾丸とオブジェクトの衝突テストに線分を使う。この項では、線分と他のオブジェクトとのテストを解説し、線分の交差判定だけでなく、最初に交差した点も求めていく。

線分の判定でも、すでに定義した線分のパラメトリック方程式が重要だ（ $Start$ は始点、 End は終点、 t はパラメーターである)。

$$L(t) = Start + (End - Start)t \quad ここで \quad 0 \leq t \leq 1$$

ほとんどの線分交差テストで、最初に無限の長さを持つ直線として線分を扱う。もし、無限に伸びる直線がコリジョンと交差しないなら、その線分が交差するはずがないからだ。直線と交差することがわかったら、t が $[0,1]$ の範囲に含まれるかを確認する。

線分と平面の判定

線分と平面の交点（point of intersection）を見つけるには、$L(t)$ が平面上の点となる t が存在するのか調べる。

$$L(t) \cdot \hat{n} + d = 0$$

これを解くには、ちょっとした代数を使う。まず、$L(t)$ を変形する。

$$(Start + (End - Start)t) \cdot \hat{n} + d = 0$$

ドット積の加算は分配可能なので、次のように書き直す。

$$Start \cdot \hat{n} + (End - Start) \cdot \hat{n}t + d = 0$$

そして、t について解く。

$$\begin{gathered} Start \cdot \hat{n} + (End - Start) \cdot \hat{n}t + d = 0 \\ (End - Start) \cdot \hat{n}t = -Start \cdot \hat{n} - d \\ t = \frac{-Start \cdot \hat{n} - d}{(End - Start) \cdot \hat{n}} \end{gathered}$$

もし分母（denominator）のドット積が 0 なら、ゼロ除算の可能性がある。これは、直線が平面の法線と直交する場合に限り発生する。つまり、直線が平面と平行な場合である。この場合、直線が平面上にある時に限り、直線と平面は交差する。

t の値を計算したら、次に、線分の範囲内にあるかを判定する（リスト10.5）。この`Intersect`関数は、参照を使って t の値を返す。呼び出し側では、その t の値を使って交点を求めることが可能だ。

リスト 10.5 線分と平面の交差

```
bool Intersect(const LineSegment& l, const Plane& p, float& outT)
{
    // 最初に、tの解が存在するのかテストする
    float denom = Vector3::Dot(l.mEnd - l.mStart,
                               p.mNormal);
    if (Math::NearZero(denom))
    {
```

```
        // 交差の可能性があるのは、唯一
        // start/end が平面上の点である時。
        // すなわち、(P dot N) == d の場合のみ
        if (Math::NearZero(Vector3::Dot(l.mStart, p.mNormal) - p.mD))
        {
            outT = 0.0f;
            return true;
        }
        else
        { return false; }
    }
    else
    {
        float numer = -Vector3::Dot(l.mStart, p.mNormal) - p.mD;
        outT = numer / denom;
        // t が線分の境界内にあるか？
        if (outT >= 0.0f && outT <= 1.0f)
        {
            return true;
        }
        else
        {
            return false;
        }
    }
}
```

線分と球の判定

線分と球の交点を見つけるには、直線から球の中心 C までの距離が、球の半径 r と等しくなるような t の値があるかを調べる。

$$
\begin{aligned}
\|L(t) - C\| &= r \\
\|Start + (End - Start)t - C\| &= r \\
\|Start - C + (End - Start)t\| &= r
\end{aligned}
$$

この等式を単純化するため、次の置き換えをする。

$$
\begin{aligned}
X &= Start - C \\
Y &= End - Start \\
\|X + Yt\| &= r
\end{aligned}
$$

t を解くには、何らかの方法で、絶対値の内側から外に出す必要がある。そのために、等式の両辺を2乗し、長さの2乗をドット積で置き換える。

$$\|X + Yt\|^2 = r^2$$
$$(X + Yt) \cdot (X + Yt) = r^2$$

ベクトル加算に対するドット積は分配可能なので、FOIL（First, Outside, Inside, Last）の分配法則[訳注1]を適用する。

$$(X + Yt) \cdot (X + Yt) = r^2$$
$$X \cdot X + 2X \cdot Yt + Y \cdot Yt^2 = r^2$$

次にこれを、二次形式で書き直す。

$$Y \cdot Yt^2 + 2X \cdot Yt + X \cdot X - r^2 = 0$$
$$a = Y \cdot Y$$
$$b = 2X \cdot Y$$
$$c = X \cdot X - r^2$$
$$at^2 + bt + c = 0$$

最後に、二次方程式を t について解く。

$$t = \frac{-b \pm \sqrt{b^2 - 4ac}}{2a}$$

二次方程式の**判別式**（discriminant）――ルートの中――を見ると、その方程式の解の個数と、虚実を判別できる。判別式の値が負であれば、2つの虚数解を持つ。ゲームの場合、どのオブジェクトも虚数の位置を持たない。したがって、判別式が負ならば、その直線は球と交差しない。判定式が負でなければ、二次方程式には1個または2個の解がある。判別式がゼロならば、解は1つである。それは直線が球に接する時だ。判別式がゼロより大きければ、2つの交点を持つ。図10.10が、これら3つの可能性である。

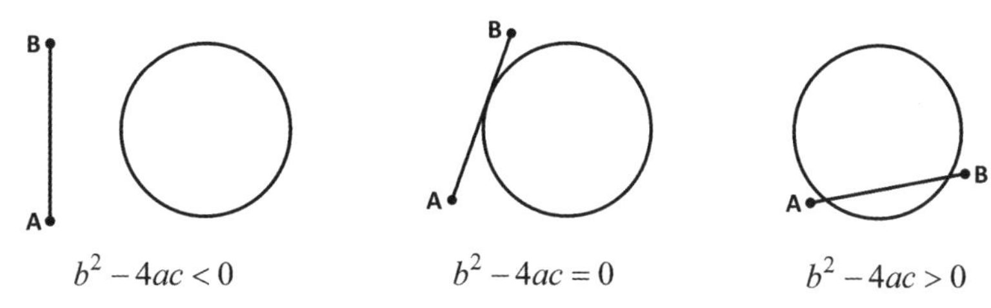

図10.10　直線と球の交差での、判別式の3種の値

訳注1　2項式の積 $(a+b)(c+d)$ を $ac+ad+bc+bd$ の順に計算する方法をFOILと呼ぶ。

t の解を得たら、t が範囲 $[0,1]$ の中にあるのか確認する。可能な2つの解のうち、より小さな t の値を優先する（これが始点に近い交差を表す）。ただし、線分が球の内部から始まって球から出る時は、大きいほうの t の値が交点を表す。リスト10.6が、線分と球の交差を判定するコードである。この関数は、球が線分全体を含む時は`false`を返すことに注意しよう。

リスト 10.6　線分と球の交差

```
bool Intersect(const LineSegment& l, const Sphere& s, float& outT)
{
    // 方程式の X, Y, a, b, c を計算
    Vector3 X = l.mStart - s.mCenter;
    Vector3 Y = l.mEnd - l.mStart;
    float a = Vector3::Dot(Y, Y);
    float b = 2.0f * Vector3::Dot(X, Y);
    float c = Vector3::Dot(X, X) - s.mRadius * s.mRadius;
    // 判別式を計算
    float disc = b * b - 4.0f * a * c;
    if (disc < 0.0f)
    {
        return false;
    }
    else
    {
        disc = Math::Sqrt(disc);
        // t の解（min と max）を求める
        float tMin = (-b - disc) / (2.0f * a);
        float tMax = (-b + disc) / (2.0f * a);
        // t が線分の領域にあるのかチェック
        if (tMin >= 0.0f && tMin <= 1.0f)
        {
            outT = tMin;
            return true;
        }
        else if (tMax >= 0.0f && tMax <= 1.0f)
        {
            outT = tMax;
            return true;
        }
        else
        {
            return false;
        }
    }
}
```

線分とAABBの判定

線分とAABBの交差を判定するアプローチの1つは、ボックスの各辺に平面を構築することだ。2次元では、4辺に4つの面ができる。ただし無限平面なので、側面と交差したからといって、線分とボックスが交差するとはいえない。図10.11（a）では、線分は上の面と点 P_1 で交差し、左の面と点 P_2 で交差している。しかし、どちらの点もボックスに含まれないので、これらの点は交点ではない。図10.11（b）では、線分が左の面と点 P_3 で交差している。ボックスは点 P_3 を含むので、これは交点である。

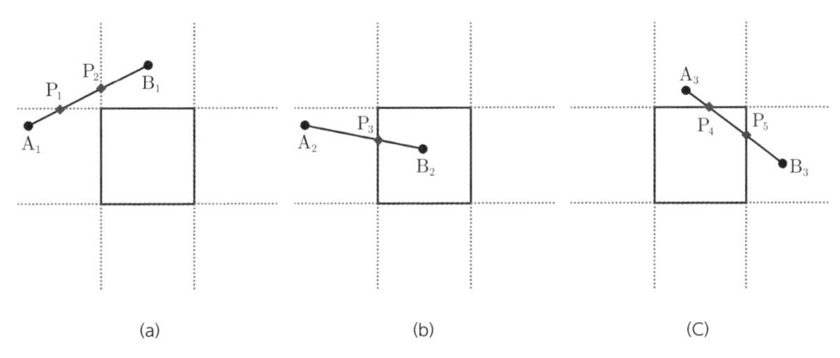

図10.11　側面と交差するがボックスとは交差しない(a)、ボックスと交差(b)、2点でボックスと交差(c)

線分は、図10.11（c）のように、複数の交点を持ちうる。点 P_4 も、点 P_5 も、ボックスと交差する。この場合、始点に近いほうの点、つまり、線分のパラメトリック方程式で最も小さい t の値を持つ点を、返すべきである。

線分と面との交差テストには、「線分と平面の判定」で使った次の等式を応用する。

$$t = \frac{-Start \cdot \hat{n} - d}{(End - Start) \cdot \hat{n}}$$

各面は座標軸と平行なので、この式は最適化できる。なにしろ各面の法線は、常に2つの成分が0で、残る成分は1なのだ。したがって、3つのドット積の成分のうち2つは、必ず0と評価される。

例えば、左側の面の法線は、左または右を指す。交差を判定するだけなら、向きはどちらでも関係ない。2次元では、これを次のように書ける。

$$\hat{n} = \langle 1, 0 \rangle$$

AABBの最小点minは、左側面上にあるので、d の値は、こうなる。

$$d = -P \cdot \hat{n} = -min \cdot \langle 1, 0 \rangle = -min_x$$

同様に、線分と平面との交差の式でのドット積も、それらの x 成分に単純化される。最終的に、左側面と交差する方程式は、次のようになる。

$$t=\frac{-Start\cdot\langle 1,0\rangle-d}{(End-Start)\cdot\langle 1,0\rangle}=\frac{-Start_x-(-min_x)}{End_x-Start_x}=\frac{-Start_x+min_x}{End_x-Start_x}$$

他の側面の式も、同様に展開できる。3次元では、テストすべき面が6面になる。リスト10.7は、側面をテストする機能をカプセル化したヘルパー関数だ。線分が交差する際に、 t の値を **std::vector** に追加する。交差判定の関数では、この **std::vector** を、すべての面での交点を t の順番でテストするのに使う。

リスト10.7 線分とAABBの交差判定に使うヘルパー関数

```
bool TestSidePlane(float start, float end, float negd,
    std::vector<float>& out)
{
    float denom = end - start;
    if (Math::NearZero(denom))
    {
        return false;
    }
    else
    {
        float numer = -start + negd;
        float t = numer / denom;
        // t が範囲内にあることをテスト
        if (t >= 0.0f && t <= 1.0f)
        {
            out.emplace_back(t);
            return true;
        }
        else
        {
            return false;
        }
    }
}
```

リスト10.8の **Intersect** 関数では、この **TestSidePlane** 関数を使って、ボックスの6つの側面と線分との交差をテストする。それぞれの面との交点の t の値が **tValues** 配列に格納される。この配列を小さい順にソートして、手前の交点から順にボックスに含まれているか調べる。ボックスに含まれる交点が1つもなければ、この関数は **false** を返す。

リスト10.8 線分とAABBの交差

```
bool Intersect(const LineSegment& l, const AABB& b, float& outT)
{
    // 可能性のある t の値をすべて保存する配列
    std::vector<float> tValues;
    // x 平面をテスト
    TestSidePlane(l.mStart.x, l.mEnd.x, b.mMin.x, tValues);
    TestSidePlane(l.mStart.x, l.mEnd.x, b.mMax.x, tValues);
    // y 平面をテスト
    TestSidePlane(l.mStart.y, l.mEnd.y, b.mMin.y, tValues);
    TestSidePlane(l.mStart.y, l.mEnd.y, b.mMax.y, tValues);
    // z 平面をテスト
    TestSidePlane(l.mStart.z, l.mEnd.z, b.mMin.z, tValues);
    TestSidePlane(l.mStart.z, l.mEnd.z, b.mMax.z, tValues);
    // t の値を小さい順にソート
    std::sort(tValues.begin(), tValues.end());
    // ボックスに、交点が含まれるのかテスト
    Vector3 point;
    for (float t : tValues)
    {
        point = l.PointOnSegment(t);
        if (b.Contains(point))
        {
            outT = t;
            return true;
        }
    }

    // ボックスの内部に交点が 1 つもない
    return false;
}
```

ボックスの各側面を独立テストすれば、線分と交差した面を返すように書き変えることができる。これは、オブジェクトがボックスから跳ね返る時に便利だ（例えば、この章のゲームプロジェクトでは弾丸が跳ね返る）。リストは示さないが、それには`TestSidePlane`の引数に、ボックスの側面を割り当てる必要がある。そして、その面（あるいは側面の法線）を、`Intersect`が書き込める参照引数として渡す。

線分とAABBの交差は、**スラブ**（slab）を使って最適化することも可能だ。スラブとは、2つの平行な無限平面に挟まれた領域だ。このアプローチを理解するには、さらに数学的な知識が必要になる。スラブは、この章の「参考文献」に挙げるChrister Ericsonの本の豊富なテーマの1つだ。

10.2.4 動的オブジェクト

これまでの交差テストは、**瞬間的な**（instantaneous）テストだ。つまり2つのオブジェクトが、あるフレームで交差するかの判定である。単純なゲームなら、これでも十分と思うかもしれないが、実は問題がある。

キャラクターが紙に向けて弾を撃つ場合を考えよう。弾丸にはバウンディング球を使い、紙にはAABBを使うとする。あるフレームで、弾丸が紙と交差するかテストすればよいだろうか。弾丸は高速で飛ぶので、弾丸が紙と交差する瞬間を捉えるフレームは、まずありえない。瞬間的なテストでは、図10.12のように、交差を見逃してしまうだろう。

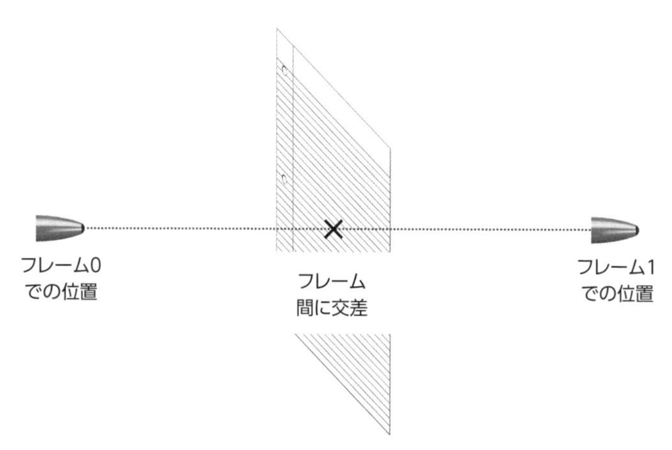

図10.12 フレーム0とフレーム1の瞬間的なテストは、弾丸と紙の衝突を捉えられない

この例ならば、飛んでいる弾丸を線分で表現することで解決できるかもしれない。線分の始点を1つ前のフレームにおける弾丸の位置、終点を現在のフレームでの位置にする。これで、フレーム間での弾丸と紙との交差を検出できる。ただし、この手法が使えるのは弾丸が非常に小さいからで、もっと大きなオブジェクトは線分では表現できない。

2つの球など、動いているオブジェクトの種類によっては、交差した時間を直接求められる。しかし、回転するボックス間では使えない。一般的な動くオブジェクトについては、フレーム間の複数の時刻で交差判定するサンプリングする手法もある。**連続衝突検知**（continuous collision detection）、略して**CCD**という用語は、交差時間を直接求める手法と、サンプリングする手法の、両方に使われる。

交差時間を直接求める処理の例として、動いている2つの球を考えてみよう。**球スイープの交差**（swept-sphere intersection）と呼ばれる、この問題は、そういえばゲーム会社の面接の質問に、よく出てくるぞ。

それぞれの球について、1つ前と現フレームでの中心位置を、線分の場合と同じパラメトリック方程式を使って表現できる。1つ前のフレームでの位置を $t=0$ とし、このフレームでの位

置を $t=1$ とする。球 P について、 P_0 は1つ前のフレームでの位置、 P_1 は、このフレームでの位置だ。同様に、球 Q には Q_0 と Q_1 の位置がある。次は、球 P および球 Q の位置のパラメトリック方程式だ。

$$P(t) = P_0 + (P_1 - P_0)t$$
$$Q(t) = Q_0 + (Q_1 - Q_0)t$$

球の間の距離が、2つの球の半径の合計と等しくなるような、 t の値を解きたい。

$$\|P(t) - Q(t)\| = r_p + r_q$$

この先は、線分と球との交差判定と同じ要領で進める。両辺を2乗して、長さの2乗をドット積に変形する。

$$\|P(t) - Q(t)\|^2 = (r_p + r_q)^2$$
$$(P(t) - Q(t)) \cdot (P(t) - Q(t)) = (r_p + r_q)^2$$
$$(P_0 + (P_1 - P_0)t - Q_0 - (Q_1 - Q_0)t) \cdot (P_0 + (P_1 - P_0)t - Q_0 - (Q_1 - Q_0)t) = (r_p + r_q)^2$$

次に、因数分解して変数の置換を行う。

$$(P_0 - Q_0 + ((P_1 - P_0) - (Q_1 - Q_0))t) \cdot (P_0 - Q_0 + ((P_1 - P_0) - (Q_1 - Q_0))t) = (r_p + r_q)^2$$
$$X = P_0 - Q_0$$
$$Y = (P_1 - P_0) - (Q_1 - Q_0)$$
$$(X + Yt) \cdot (X + Yt) = (r_p + r_q)^2$$

最後に加算のドット積を分配し、二次形式に書き直して、その二次方程式を解く。

$$(X + Yt) \cdot (X + Yt) = (r_p + r_q)^2$$
$$a = Y \cdot Y$$
$$b = 2X \cdot Y$$
$$c = X \cdot X - (r_p + r_q)^2$$
$$at^2 + bt + c = 0$$
$$t = \frac{-b \pm \sqrt{b^2 - 4ac}}{2a}$$

線分と球のテストと同じく、判別式を使って実数解があるのか判定する。しかし、球スイープの交差では、最初の交点だけが重要で、2つの t の値のうち小さなほうが解である。そして前と同様に、 t が $[0, 1]$ の範囲内にあることを確認する必要がある。リスト10.9が、球スイープの交差をテストする`SweptSphere`だ。この関数は参照を使って t を返すので、呼び出し側は、この t から、交差が発生した時の球の位置を導出できる。

リスト 10.9　球スイープの交差

```
bool SweptSphere(const Sphere& P0, const Sphere& P1,
    const Sphere& Q0, const Sphere& Q1, float& outT)
{
    // 式の X, Y, a, b, c を計算
    Vector3 X = P0.mCenter - Q0.mCenter;
    Vector3 Y = P1.mCenter - P0.mCenter -
        (Q1.mCenter - Q0.mCenter);
    float a = Vector3::Dot(Y, Y);
    float b = 2.0f * Vector3::Dot(X, Y);
    float sumRadii = P0.mRadius + Q0.mRadius;
    float c = Vector3::Dot(X, X) - sumRadii * sumRadii;
    // 判別式を解く
    float disc = b * b - 4.0f * a * c;
    if (disc < 0.0f)
    {
        return false;
    }
    else
    {
        disc = Math::Sqrt(disc);
        // 小さいほうの解だけが重要
        outT = (-b - disc) / (2.0f * a);
        if (outT >= 0.0f && outT <= 0.0f)
        {
            return true;
        }
        else
        {
            return false;
        }
    }
}
```

10.3 コードに衝突検知を追加する

これまでの節では、衝突検知に使われる幾何学的形状を紹介し、そうしたオブジェクトの間で交差を検出する方法を学んだ。この節では、これらのテクニックをゲームのコードに組み込む方法を探る。新しい`BoxComponent`クラスは、アクターにAABBを追加する。`PhysWorld`クラスは、AABBを追跡し、必要な時に交差を検出する。キャラクターの動きと、新しい砲弾射撃（projectile firing）のコードで、衝突検知機能を検証しよう。

10.3.1 BoxComponent クラス

BoxComponentのクラス宣言は、他のコンポーネントの宣言と似ている。ただし、Update関数ではなくOnUpdateWorldTransform関数をオーバーライドする。所有アクターがワールド変換を再計算する時に、OnUpdateWorldTransformを必ず呼び出すことを思い出そう。

BoxComponentは、2つのAABB構造体のインスタンスをメンバー変数に持つ。1つはオブジェクト空間のAABB、もう1つはワールド空間のAABBだ。オブジェクト空間のバウンディングボックスは、BoxComponentを初期化したら変化しないが、ワールド空間のバウンディングボックスは、所有アクターのワールド変換に追従して変化する。あとは、ワールドの回転に従って回転すべきか示すbool値も持たせた。これによって、アクターが回転する時、そのアクターのBoxComponentも回転させるか、それとも回転させないかを選択できる。リスト10.10が、BoxComponentの宣言だ。

リスト10.10 BoxComponentの宣言

```
class BoxComponent : public Component
{
public:
    BoxComponent(class Actor* owner);
    ~BoxComponent();
    void OnUpdateWorldTransform() override;
    void SetObjectBox(const AABB& model) { mObjectBox = model; }
    const AABB& GetWorldBox() const { return mWorldBox; }
    void SetShouldRotate(bool value) { mShouldRotate = value; }
private:
    AABB mObjectBox;
    AABB mWorldBox;
    bool mShouldRotate;
};
```

オブジェクト空間のAABBをメッシュファイルから取得するため、Meshクラスにもメンバー変数としてAABBを追加する。Meshクラスは、gpmeshファイルを読み込む時、個々の頂点でAABB::UpdateMinMaxを呼び出すことで、オブジェクト空間のAABBを作成する。アクターは、メッシュのオブジェクト空間のAABBを受け取り、BoxComponentに設定する。

```
Mesh* mesh = GetGame()->GetRenderer()->GetMesh("Assets/Plane.gpmesh");
// コリジョンボックスを追加
BoxComponent* bc = new BoxComponent(this);
bc->SetObjectBox(mesh->GetBox());
```

オブジェクト境界をワールド空間に変換するには、スケーリングと回転と平行移動を適用する必要がある。ワールド行列の作成と同じく、この順序が重要だ（回転は原点を中心とする）。

リスト10.11が、OnUpdateWorldTransformのコードだ。スケーリングするには、minとmaxに所有アクターのスケールを掛ける。回転するには、前に述べたAABB::Rotate関数を使い、これに所有アクターのクォータニオンを渡す。この回転を行うのは、mShouldRotateがtrueの時だけだ（それがデフォルトの値だ）。平行移動は、minとmaxの両方に所有アクターの位置を加算する。

リスト10.11 BoxComponent::OnUpdateWorldTransformの実装

```
void BoxComponent::OnUpdateWorldTransform()
{
    // オブジェクト空間のボックスでリセット
    mWorldBox = mObjectBox;
    // スケーリング
    mWorldBox.mMin *= mOwner->GetScale();
    mWorldBox.mMax *= mOwner->GetScale();
    // 回転
    if (mShouldRotate)
    {
        mWorldBox.Rotate(mOwner->GetRotation());
    }
    // 平行移動
    mWorldBox.mMin += mOwner->GetPosition();
    mWorldBox.mMax += mOwner->GetPosition();
}
```

10.3.2 PhysWorldクラス

RendererクラスとAudioSystemクラスを別に作ったのと同じ理由で、物理の世界は、PhysWorldクラスにまとめよう。PhysWorldポインタをGameに追加し、Game::Initializeで初期化する。

PhysWorldはBoxComponentポインタの配列を持ち、public関数のAddBoxとRemoveBoxで管理する。リスト10.12は、宣言の骨子だ。BoxComponentのコンストラクターとデストラクターは、それぞれAddBoxとRemoveBoxを呼び出す。こうすることで、PhysWorldは、すべてのボックスコンポーネントの配列を持つ。これは、Rendererが、すべてのスプライトコンポーネントの配列を持つのと同様だ。

リスト10.12 PhysWorldの宣言

```
class PhysWorld
{
public:
    PhysWorld(class Game* game);
```

```
    // ワールドにボックスコンポーネントを追加／削除
    void AddBox(class BoxComponent* box);
    void RemoveBox(class BoxComponent* box);
    // 他に必要な関数を追加する
    // ...
private:
    class Game* mGame;
    std::vector<class BoxComponent*> mBoxes;
};
```

これでPhysWorldは、ワールドに存在するすべてのボックスコンポーネントを把握できる。次に、これらボックスへの衝突検知を追加する。次の線分キャスト関数は、線分を受け取り、線分がボックスと交差するなら**true**を返し、最初に交差したコリジョンの情報を参照で返す。

```
bool SegmentCast(const LineSegment& l, CollisionInfo& outColl);
```

CollisionInfo構造体には、衝突した位置と、衝突点の法線と、交差したBoxComponentとActorの両方へのポインタが含まれる。

```
struct CollisionInfo
{
    // 衝突した点
    Vector3 mPoint;
    // 衝突した点の法線
    Vector3 mNormal;
    // 交差したコンポーネント
    class BoxComponent* mBox;
    // コンポーネントを所有するアクター
    class Actor* mActor;
};
```

線分は複数のボックスと交差しうるが、SegmentCast関数では、最も近い交差を最重要と想定する。ボックスコンポーネントの配列（**std::vector**）はソートされないので、SegmentCastは最初の交差を見つけても即座にリターンできない。すべてのボックスをテストして、最も小さい t の値を持つ交差の結果を返す（リスト10.13）。それは、最も t の値が小さい交差が、線分の始点に最も近い交差だからだ。線分キャストは、前に述べた「線分とAABBの交差」関数を使うが、この関数でも、線分と交差するボックスの法線も返すように変更する。

リスト10.13 PhysWorld::SegmentCastの実装

```
bool PhysWorld::SegmentCast(const LineSegment& l, CollisionInfo& outColl)
{
```

```
    bool collided = false;
    // closestTは、無限大で初期化する
    // (最初の交差で必ず更新される)
    float closestT = Math::Infinity;
    Vector3 norm;

    // すべてのボックスをテストする
    for (auto box : mBoxes)
    {
        float t;
        // 線分はボックスと交差するか？
        if (Intersect(l, box->GetWorldBox(), t, norm))
        {
            // 前の交差よりも近いか？
            if (t < closestT)
            {
                outColl.mPoint = l.PointOnSegment(t);
                outColl.mNormal = norm;
                outColl.mBox = box;
                outColl.mActor = box->GetOwner();
                collided = true;
            }
        }
    }
    return collided;
}
```

10.3.3 ボールの衝突を線分キャストで判定する

この章のゲームプロジェクトでは、SegmentCastを使って、プレイヤーが撃つ銃弾（ball projectile）が何かに当たるか判定し、当たったら、弾が表面の法線に従って跳ね返るようにする。つまり、いったん弾が表面に当たったら、その前方ベクトルを、跳弾の方向に回転させなければならない。

まずActorに、ヘルパー関数を追加する。これはドット積とクロス積とクォータニオンで、アクターの進行方向を新しい方向へと回転させる。リスト10.14が、このヘルパー関数RotateToNewForwardの実装だ。

リスト10.14 Actor::RotateToNewForwardの実装

```
void Actor::RotateToNewForward(const Vector3& forward)
{
    // 元の方向（単位X）と新しい方向の差を求める
    float dot = Vector3::Dot(Vector3::UnitX, forward);
    float angle = Math::Acos(dot);
```

```
    // 方向は X か？
    if (dot > 0.9999f)
    { SetRotation(Quaternion::Identity); }
    // 方向は -X か？
    else if (dot < -0.9999f)
    { SetRotation(Quaternion(Vector3::UnitZ, Math::Pi)); }
    else
    {
        // クロス積で得た軸周りに回転
        Vector3 axis = Vector3::Cross(Vector3::UnitX, forward);
        axis.Normalize();
        SetRotation(Quaternion(axis, angle));
    }
```

次にBallActorというクラスを作り、そのクラスにMoveComponentの新しい派生クラスであるBallMoveを持たせ、それによってBallActorに固有な動きを実装する。リスト10.15のBallMove::Update関数は、まずボールが飛んで行く方向に線分を構築する。その線分が、ワールドに置かれたコリジョンと交差したら、その表面でボールが跳ね返るようにしたい。表面で向きを反転させるのにVector3::Reflect関数を使い、それからRoateToNewForwardを使って、ボールに対して「この新しい方向に回転せよ」と伝える。

リスト10.15 ボールの動きでSegmentCastを使う

```
void BallMove::Update(float deltaTime)
{
    // 進行方向の線分を構築
    const float segmentLength = 30.0f;
    Vector3 start = mOwner->GetPosition();
    Vector3 dir = mOwner->GetForward();
    Vector3 end = start + dir * segmentLength;
    LineSegment ls(start, end);

    // 線分とワールドの衝突を判定
    PhysWorld* phys = mOwner->GetGame()->GetPhysWorld();
    PhysWorld::CollisionInfo info;
    if (phys->SegmentCast(ls, info))
    {
        // 衝突したら法線の向きで方向を反射させる
        dir = Vector3::Reflect(dir, info.mNormal);
        mOwner->RotateToNewForward(dir);
    }

    // 前進速度を基準として基底クラスで動きを更新する
    MoveComponent::Update(deltaTime);
}
```

1つ注意すべきことは、この章で後ほど行うのだが、BoxComponentをプレイヤーに追加した時何が起きるかである。ボールを発射するプレイヤーに弾を衝突させたくはないだろう！　幸い、SegmentCastからのCollisionInfo構造体には、そのボックスコンポーネントを所有するアクターへのポインタが含まれている。この「プレイヤーへのポインタ」をどこかに保存しておけば、跳弾がプレイヤーに衝突するのを防止できる。

10.3.4 PhysWorldでのボックス衝突判定

この章のゲームプロジェクトでは使っていないが、ゲームの物理ワールドにあるすべてのボックスに関して衝突をテストする必要が生じるかもしれない。素直に実装すると、ワールドにあるすべてのボックス、あらゆるペアの組み合わせで交差テストをすることになりそうだ。このアプローチがリスト10.16だが、あらゆるボックスについて、他のあらゆるボックスとテストするので、これは $O(n^2)$ のアルゴリズムだ。このTestPairwise関数は、ユーザーが提供する関数 f を受け取り、ボックス間の交差をテストするたびに、 f を呼び出す。

リスト10.16 PhysWorld::TestPairwiseの実装

```
void PhysWorld::TestPairwise(std::function<void(Actor*, Actor*)> f)
{
    // 素直な実装 O(n^2)
    for (size_t i = 0; i < mBoxes.size(); i++)
    {
        // 自分自身と、すでにテストしたiの値とは、テストしない
        for (size_t j = i + 1; j < mBoxes.size(); j++)
        {
            BoxComponent* a = mBoxes[i];
            BoxComponent* b = mBoxes[j];
            if (Intersect(a->GetWorldBox(), b->GetWorldBox()))
            {
                // 提供された関数を呼び出して交差を判定させる
                f(a->GetOwner(), b->GetOwner());
            }
        }
    }
}
```

このTestPairwiseの考え方は単純だが、不要なIntersect関数呼び出しを大量に行うことになる。物理ワールドの両端に位置する2つのボックスも、隣り合うボックスと同等に扱うのだ。この章のゲームプロジェクトでは、ボックスは144個ある。TestPairwiseでは、それら144個のボックスについて、Intersect関数を1万回以上呼び出すことになる。

2次元のAABBが2つある場合、それらは x 、 y 両方の座標軸が重なる時だけ交差する。これを考慮して、アルゴリズムを最適化しよう。2つのボックスが交差するのは、片方のボック

スの［ min.x ， max.x ］区間が、もう片方の［ min.x ， max.x ］区間と重なる時に限られる。（見回して刈り込むという意味の）**スイープ＆プルーン**（sweep-and-prune）手法は、この事実を利用して、交差テストの回数を減らす。スイープ＆プルーンでは、特定の軸に沿って区間が重なるボックスだけテストする。

図10.13は、4つのAABBと、それらのX軸に沿う区間を示している。ボックス A とボックス B は重なっているので、この2つは交差する可能性がある。同様に、ボックス B とボックス C も重なっているので、この2つにも交差の可能性がある。けれども、ボックス A とボックス C は、x 軸では区間が重複しないので、この2つは交差しない。同様に、ボックス D は、他のどのボックスの区間とも重複しないので、どれとも交差しない。この場合、スイープ＆プルーンのアルゴリズムは、組み合わせ可能な6通りのすべてではなく、(A, B) と (B, C) という2つのペアについてのみIntersectを呼び出す。

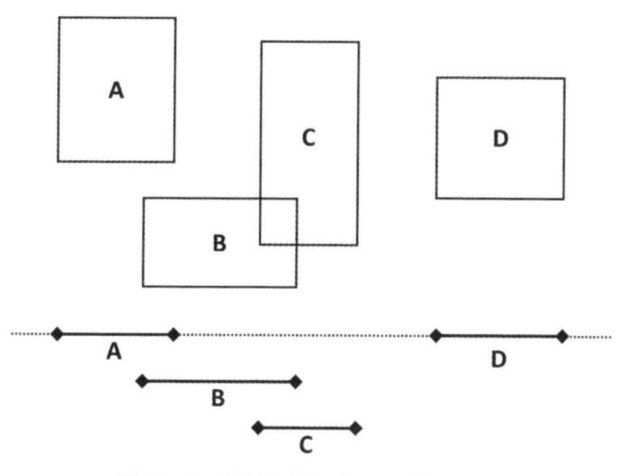

図10.13　X軸に沿ったAABBの区間

リスト10.17が、x 軸に沿ったスイープ＆プルーンのコードだ。最初に、ボックスの配列を x の最小値の昇順でソートする。次に、すべてのボックスについて x の最大値を取り出し、それをmaxに保存する。内側のループでは、min.xがmaxよりも小さいボックスだけを判定する。内側のループで、maxよりもmin.xが大きい最初のボックスに遭遇したら、外側ループのボックスとx軸が重なるボックスは、もう他に存在しない。つまり、外側ループのボックスと交差する可能性のあるボックスは、もう出尽くしたので、breakして外側ループの次の繰り返しに進む。

リスト10.17　PhysWorld::TestSweepAndPruneの実装]

```
void PhysWorld::TestSweepAndPrune(std::function<void(Actor*, Actor*)> f)
{
    // min.xによってソートする
    std::sort(mBoxes.begin(), mBoxes.end(),
        [](BoxComponent* a, BoxComponent* b) {
            return a->GetWorldBox().mMin.x <
                b->GetWorldBox().mMin.x;
```

```
    });
    for (size_t i = 0; i < mBoxes.size(); i++)
    {
        // box[i] の max.x を取得
        BoxComponent* a = mBoxes[i];
        float max = a->GetWorldBox().mMax.x;
        for (size_t j = i + 1; j < mBoxes.size(); j++)
        {
            BoxComponent* b = mBoxes[j];
            // もし box[j] の min.x が、box[i] の max.x 境界を越えていたら
            // box[i] と交差する可能性があるボックスは、他に存在しない
            if (b->GetWorldBox().mMin.x > max)
            {
                break;
            }
            else if (Intersect(a->GetWorldBox(), b->GetWorldBox()))
            {
                f(a->GetOwner(), b->GetOwner());
            }
        }
    }
}
```

この章のゲームプロジェクトでは、TestSweepAndPruneはIntersect呼び出しの回数を、TestPairwiseと比べておよそ半分に減らせた。アルゴリズムの計算時間は、平均して$O(n \log n)$である。スイープ&プルーンにはソートが必要だが、それを含めても愚直なTestPairwiseよりは（ボックスの数が非常に少ない場合を除いて）効率が高い。スイープ&プルーンのアルゴリズムには、この章の課題10.2のように、3軸すべてについて刈り込む手法もある。これには複数のソートされた配列を管理する必要がある。3軸すべてをテストする手法の利点は、3軸すべてのプルーニングを行って残されたボックスは、必ず交差するということだ。

スイープ&プルーンは、**ブロードフェーズ**（broadphase）というカテゴリーに属する技法の1つだ。ブロードフェーズは、**ナローフェーズ**（narrowphase）に入る前に、可能な限り多くのコリジョンを除外する。ナローフェーズでは、コリジョンの個々のペアをテストする。他に、グリッドやセルやツリーを使う技法もある。

10.3.5 プレイヤーと壁との衝突

MoveComponentがキャラクターを前進または後退させるのに、mForwardSpeedという変数を使うことを思い出そう（リスト3.2）。現在の実装は、プレイヤーが壁を突き抜けるのを許している。これを修正するには、プレイヤーにBoxComponentを追加するだけでなく、PlaneActorでカプセル化した個々の壁にもBoxComponentを追加する方法がある。テストしたいのは、プレイヤーと、個々のPlaneActorだけなので、TestSweepAndPruneは不要だ。代わりに、Game

の中にPlaneActorポインタの配列を作り、その配列をプレイヤーのコードからアクセスしよう。

基本的なアイデアは、フレームごとにプレイヤーと個々のPlaneActorとの衝突検知をすることだ。もしAABBが交差すれば、壁と接触しないようにプレイヤーの位置を調整する。この問題は、2次元の図にすると理解しやすい。

図10.14では、立っているプレイヤーのAABBと、その下にある台のAABBとが衝突している。軸ごとに2つの差を計算しよう。 $dx1$ は、プレイヤーの`max.x`と台の`min.x`との差である。逆に $dx2$ は、プレイヤーの`min.x`と台の`max.x`との差である。全部で4つの差のうち、最も絶対値が小さいものが、2つのAABBの**最小の重なり**（minimum overlap）である。図10.14で最小の重なりは $dy1$ だ。 $dy1$ をプレイヤーの位置に加算すれば、プレイヤーは正確に台の上に立つことになる。このように、衝突検知を正しく修正するには、最小の重なりがある軸で位置を調整する。

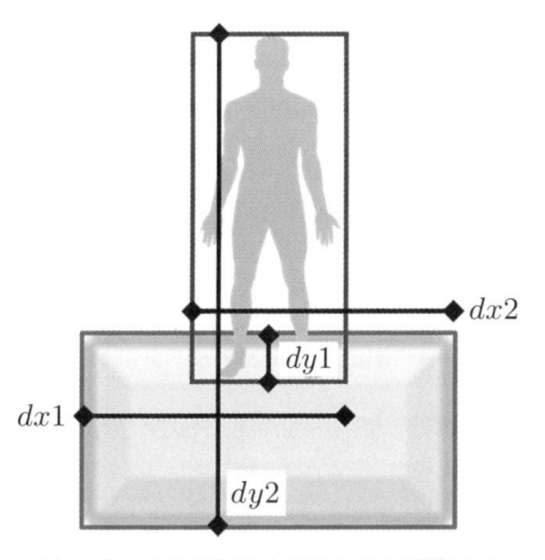

図10.14　2次元で最小の重なりを計算する

3次元でも原則は同じだが、軸が3個なので差の数は6個に増える。リスト10.18の`FPSActor::FixCollisions`関数は、この「最小の重なり」テストを実装している。重要なポイントとして、プレイヤーの位置を変更するとプレイヤーの`BoxComponent`も変わるので、毎回の交差テストで`BoxComponent`のワールド境界を再計算する必要がある。なお、`FPSActor::FixCollisions`関数は、`UpdateActor`で`MoveComponent`でプレイヤーの位置をフレームごとに更新したあとで、呼び出す。

リスト10.18　FPSActor::FixCollisionsの実装

```
void FPSActor::FixCollisions()
{
```

```
// ワールド空間のボックスを更新するために、
// 自分のワールド変換を再計算する必要がある
ComputeWorldTransform();

const AABB& playerBox = mBoxComp->GetWorldBox();
Vector3 pos = GetPosition();

auto& planes = GetGame()->GetPlanes();
for (auto pa : planes)
{
    // このPlaneActorと衝突するか？
    const AABB& planeBox = pa->GetBox()->GetWorldBox();
    if (Intersect(playerBox, planeBox))
    {
        // すべての差を計算する
        float dx1 = planeBox.mMin.x - playerBox.mMax.x;
        float dx2 = planeBox.mMax.x - playerBox.mMin.x;
        float dy1 = planeBox.mMin.y - playerBox.mMax.y;
        float dy2 = planeBox.mMax.y - playerBox.mMin.y;
        float dz1 = planeBox.mMin.z - playerBox.mMax.z;
        float dz2 = planeBox.mMax.z - playerBox.mMin.z;

        // dxには、dx1/dx2のうち絶対値が小さいほうをセットする
        float dx = (Math::Abs(dx1) < Math::Abs(dx2)) ? dx1 : dx2;
        // dyも同様
        float dy = (Math::Abs(dy1) < Math::Abs(dy2)) ? dy1 : dy2;
        // dzも同様
        float dz = (Math::Abs(dz1) < Math::Abs(dz2)) ? dz1 : dz2;

        // x/y/zのうち最も差が小さい軸で位置を調整
        if (Math::Abs(dx) <= Math::Abs(dy) &&
            Math::Abs(dx) <= Math::Abs(dz))
        {
            pos.x += dx;
        }
        else if (Math::Abs(dy) <= Math::Abs(dx) &&
                 Math::Abs(dy) <= Math::Abs(dz))
        {
            pos.y += dy;
        }
        else
        {
            pos.z += dz;
        }

        // 位置を設定しボックスの成分を更新する必要がある
        SetPosition(pos);
        mBoxComp->OnUpdateWorldTransform();
    }
}
```

```
}
```

プレイヤーの立つ台にもPlaneActorのインスタンスを使うので、このコードを（修正して）利用すれば、プレイヤーが台に乗ったのかテストすることもできる。課題10.1では、プレイヤーにジャンプを追加しよう。

10.A ゲームプロジェクト

この章のゲームプロジェクトは、この章の各種の交差テストをすべて実装し、BoxComponentとPhysWorldの実装も含んでいる。SegmentCastは弾丸に使うほか、プレイヤーが壁に衝突するのを防ぐのにも使っている。その結果は、図10.15のような、一人称シューター（FPS）の射撃練習所だ。コードは本書のGitHubリポジトリにある。chapter10ディレクトリで、WindowsではChapter10-windows.sln、MacではChapter10-mac.xcodeprojを開こう。

このゲームプロジェクトでは、第9章で実装したFPSスタイルの制御パターンを使う。[W]キーと[S]キーで前進・後退を、[A]キーと[D]キーでストレイフを、マウスでキャラクターの回転を行う。それだけでなく、左マウスボタンをクリックすると、（これも第9章で述べた）逆射影で得られるベクトルの方向に、弾丸を発射する。この弾丸はSegmentCastを使って、壁または標的との交差をテストする。どちらと衝突しても、弾丸は表面の法線を基準として前進方向を反転し、跳ね返る。もし弾丸が標的に当たったら、チャイムが鳴る。

図10.15 第10章のゲームプロジェクト

10.B まとめ

この章では、ゲームにおける衝突検知の技法を詳解した。ゲームでは衝突の検出にさまざまな幾何学的形状を使う。線分には始点と終点がある。平面は、法線と原点への最短距離で表現される。球は境界が単純だが、形の異なるキャラクターに使うと偽陽性の判定をしやすい。軸平行バウンディングボックス（AABB）は側面が軸と平行だが、有向バウンディングボックス（OOB）には、そのような制約がない。

さまざまな種類の交差テストを検討した。点の包含テストは、ある形状に点が含まれているか判定する。また、2つの境界ボックス（例えば2つのAABB）間の交差もテストした。線分と、平面や球（あるいはボックス）などの交差判定もカバーした。動きの速いオブジェクトでは、フレームの隙間で発生する衝突を見逃すことがないように、連続衝突検知を使う必要があるかもしれない。

最後に、衝突検知を統合する方法を説明した。`BoxComponent`クラスは、メッシュから得るオブジェクト空間のAABBと、所有アクターに基づいて更新されるワールド空間のAABBの両方を持つ。`PhysWorld`は、ワールドに存在するすべてのボックスコンポーネントを管理する。`SegmentCast`は、線分とすべてのボックスとのテストをする。ボックスとボックスのペアでは、ブロードフェーズでスイープ＆プルーンのアルゴリズムを使うと効率を上げられる。スイープ＆プルーンは、「2つのボックスは、1つの座標軸で区間が重なり合わなければ、交差しない」という事実を利用する。この章では線分キャストとボックスコンポーネントとの衝突検知を使って、物体に当たって跳ね返る弾丸や、壁に衝突するプレイヤーの処理など、ゲームに固有な機能を実装する方法も紹介した。

10.C 参考文献

Christer Ericsonの本は、極めて詳細に衝突検知のテーマを扱い、アルゴリズムの数学的な基礎も、使える実装もカバーしている[訳注2]。Ian Millingtonの本は、衝突検知のアルゴリズムは、それほど多くカバーしていないが、物理エンジンの動きのコンテクストに衝突検知を組み込む方法を説明していて、これは本章で詳しく論じなかったものである[訳注3]。

— Ericson, Christer. *Real-time Collision Detection*. San Francisco: Morgan Kaufmann, 2005.

— Millington, Ian. *Game Physics Engine Development, 2nd edition*. Boca Raton: CRC Press, 2010.

訳注2　邦訳は『ゲームプログラミングのためのリアルタイム衝突判定』（Christer Ericson 著、中村 達也 訳、ボーンデジタル、2005年）。

訳注3　残念ながら、この本の邦訳は出ていないようだが、ゲーム・3Dグラフィックス・数学・物理の解説本は数多く出版されている。日本語での良書として『ゲーム制作者のための物理シミュレーション 剛体編』（原田 隆宏、松生 裕史 著、西川 善司　監修、インプレス、2012年）がある。「分離軸定理」については、『ゲームエンジン・アーキテクチャ 第2版』の12.3.5.3に説明がある。

10.D 練習問題

最初の課題は、この章のゲームプロジェクトにジャンプを追加するものだ。第2の課題では、この章で扱ったスイープ&プルーンを強化する。最後の課題では、有向境界ボックス（OBB）同士の交差判定を実装する。

課題 10.1

プレイヤーキャラクターにジャンプを加えよう。地面（ground）オブジェクトには、すでに対応する軸平行境界ボックス（AABB）がある。ジャンプを実装するには、まずキーを1つ選ぶ（例えばスペースバー）。プレイヤーがジャンプキーを押した時、正の z 方向に、追加する速度を設定する。同様に、ジャンプの速度を遅くする重力加速度を負の z 方向に加える。プレイヤーはジャンプの頂点に達したら落ち始める。プレイヤーが落下している時は、FixCollisionsによって、プレイヤーがPlaneActorの上に着地したかどうかを検出できる（高さの差は $dz2$ である）。プレイヤーが地上にいる時は、重力を無効にして z 速度をゼロに戻す。

コードのモジュール化を促進するため、キャラクターの状態を簡単なステートマシンで表現するのがよい。状態は、「地上」「ジャンプ」「落下」だ。追加機能として、「地上」から「落下」への遷移を実験してみよう。「地上」にある時も、下向きのSegmentCastの作成を続けて、プレイヤーが台を踏み外したのか調べる。もし台を踏み外したら、「地上」から「落下」へと切り替えるのだ。

課題 10.2

SweepAndPrune関数を書き換えて、3つの座標軸すべてでスイープ&プルーンを行う。PhysWorldには、ボックスの配列を3つ管理させて、AddBoxとRemoveBoxで、3つの配列をすべて更新するように変更する。そして、それぞれの配列を対応する軸でソートする。

新しいスイープ&プルーンのコードでは、各軸を独立してテストし、それぞれの軸で重なり合うボックスのペアの、連想配列を作る。3つの軸で、それが完了したら、重なり合うボックスの配列を比較する。すべての軸で重なり合うボックスだけが、交差するボックスだ。

課題 10.3

OBBとOBBの交差判定を、新しいIntersect関数で実装する。AABBの場合と同様に、「分離軸」のアプローチを使おう（論理的に交差するはずがないと判断できたら結果の候補から外す）。ただし、AABBではテストする軸が3本だが、OBBでは合計15本の軸をテストする必要がある。

この実装には、まず両方のOBBについて、それぞれ8個の角（頂点）を計算する。個々のOBBには、ボックスの側面に対応する3本のローカル軸がある。その計算には、頂点の間の減算と正規化を使う。それぞれのボックスが3本のローカル軸を持つので、分離軸の候補のうち、それらが最初の6本になる。残りの9本のベクトルは、2つのOBBの3本のローカル軸の間で可能なクロス積の組み合わせである。例えばOBB Aの上向きベクトルについて、OBB Bの上向き、右向き、前向きのベクトルとのクロス積を取る。

ある軸について、ボックスの区間を判定するには、そのボックスの頂点と軸の単位ベクトルとのドット積を計算する。ドット積で最小の結果を出すのが区間の最小値であり、ドット積で最大の結果を出すのが最大値である。また、両方のボックスの［ `min` , `max` ］区間が、その軸で分離されるのか判定する。もし15本の軸のうち、どれかで分離できたら、その2つのボックスは交差していない。そうでなければ、必ず交差している。

Chapter

11

ユーザーインターフェイス

メニューシステムや、HUD（heads-up display）などのUIは、ほとんどのゲームに実装されている。プレイヤーは、ゲームのスタートやポーズ（一時停止）などのアクションを、メニューシステムで実行する。照準レティクルやレーダーなどは、HUDに表示される情報だ。この章では、ユーザーインターフェイスの実装に必要なコアシステムを見ていく。フォントを指定して行うテキストのレンダリング、UI画面用のシステムや各言語へのローカライゼーションを扱うほか、HUDに入れる要素の実装方法も学ぼう。

11.1 フォントレンダリング

TrueTypeフォントのフォーマットでは、個々の文字（あるいは**グリフ**（glyph））のアウトラインを直線とベジェ曲線で表現する。SDLのTTFライブラリは、TrueTypeフォントの読み込みとレンダリングをサポートする。このライブラリを使う時は、初期化したあとに、指定したサイズのフォントをあらかじめロードしておく。SDL TTFは、文字列を受け取ったら、そのフォントのグリフ情報を使って、テクスチャに文字列をレンダリングする。すでに存在する文字列テクスチャは、他の2Dスプライトと同じ方法でレンダリングできる。

他のシステムと同じように、SDLのTTFは、GameクラスのGame::Initializeで初期化する。それに使うTTF_Init関数は、初期化に成功すれば0を返し、エラーが発生したら-1を返す。同様に、Game::ShutdownはTTF_Quitを呼び出して、このライブラリを終了させる。

フォント固有の機能をカプセル化するために、リスト11.1のFontクラスを宣言する。Load関数で、ファイルからフォントをロードし、Unloadで、すべてのデータを解放する。RenderText関数に、文字列と色とポイントサイズを渡すと、そのテキストを含むテクスチャが作成される。

リスト11.1 Fontの宣言

```
class Font
{
public:
    Font();
    ~Font();
    // ファイルのロード / アンロード
    bool Load(const std::string& fileName);
    void Unload();
    // 文字列をテクスチャに描画
    class Texture* RenderText(const std::string& text,
                    const Vector3& color = Color::White,
                    int pointSize = 30);
private:
    // ポイントサイズとフォントデータの連想配列
    std::unordered_map<int, TTF_Font*> mFontData;
};
```

TTF_OpenFont関数は、.ttfファイルをロードし、指定したポイントサイズのTTF_Fontデータのポインタを返す。つまり、異なるポイントサイズのテキストを表示するには、何度もTTF_OpenFontを呼び出す必要がある。リスト11.2のFont::Load関数は、必要なポイントサイズの配列を作成し、配列をループ処理してサイズごとのTTF_OpenFontを呼び出し、それぞれのTTF_FontをmFontDataに追加する。

リスト11.2 Font::Loadの実装

```
bool Font::Load(const std::string& fileName)
{
    // サポートするフォントサイズ
    std::vector<int> fontSizes = {
        8, 9, 10, 11, 12, 14, 16, 18, 20, 22, 24, 26, 28,
        30, 32, 34, 36, 38, 40, 42, 44, 46, 48, 52, 56,
        60, 64, 68, 72
    };
    // サイズごとにTTF_OpenFontを1回ずつ呼び出す
    for (auto& size : fontSizes)
    {
        TTF_Font* font = TTF_OpenFont(fileName.c_str(), size);
        if (font == nullptr)
        {
            SDL_Log("フォント %s サイズ %d のロードに失敗しました",
            fileName.c_str(), size);
            return false;
        }
        mFontData.emplace(size, font);
    }
    return true;
}
```

他のリソースと同じくフォントも一元管理したい。そこでGameクラスに連想配列（マップ）を追加する（キーがフォントファイル名で、値がFontポインタだ）。このマップに対応するGetFont関数は、GetTextureと同じように、最初にマップ内でデータを探し、見つからなければ、フォントをファイルからロードして、この連想配列に追加する。

リスト11.3のFont::RenderText関数は、文字列を受け取り、適切なサイズのフォントを使ってテクスチャを作成する。最初に、色のVector3型を、各成分の範囲が0から255までのSDL_Color型に変換する。そして、要求されたポイントサイズのTTF_FontをmFontDataから探す。

次に呼び出すTTF_RenderText_Blended関数では、引数にTTF_Font*ポインタと、レンダリングしたい文字列、色を渡す。関数名の末尾にBlendedがあるのは、グリフの輪郭に設定されている不透明度に応じてアルファブレンディングで描画するという意味だ。ただし、TTF_RenderText_BlendedはSDL_Surfaceへのポインタを返すが、OpenGLは、直接SDL_Surfaceを描画できない。

第5章「OpenGL」では、ロードしたテクスチャをカプセル化するために、Textureクラスを作り、SDL_SurfaceをTextureに変換するTexture::CreateFromSurface関数を追加した（この章の記述ではCreateFromSurfaceの実装の説明は省くので、ゲームプロジェクトのソースファイルを見てほしい）。SDL_SurfaceをTextureオブジェクトに変換したら、SDL_Surfaceは解放できる。

リスト 11.3 Font::RenderTextの実装

```
Texture* Font::RenderText(const std::string& text,
    const Vector3& color, int pointSize)
{
    Texture* texture = nullptr;
    // 色を SDL_Color に変換する
    SDL_Color sdlColor;
    sdlColor.r = static_cast<Uint8>(color.x * 255);
    sdlColor.g = static_cast<Uint8>(color.y * 255);
    sdlColor.b = static_cast<Uint8>(color.z * 255);
    sdlColor.a = 255;
    // 指定サイズのフォントデータを探す
    auto iter = mFontData.find(pointSize);
    if (iter != mFontData.end())
    {
        TTF_Font* font = iter->second;
        // SDL_Surface に描画（アルファブレンディングする）
        SDL_Surface* surf = TTF_RenderText_Blended(font, text.c_str(),
                                                   sdlColor);
        if (surf != nullptr)
        {
            // SDL_Surface からテクスチャに変換する
            texture = new Texture();
            texture->CreateFromSurface(surf);
            SDL_FreeSurface(surf);
        }
    }
    else
    {
        SDL_Log(" ポイントサイズ %d が未対応です ", pointSize);
    }
    return texture;
}
```

テクスチャ作成は、かなりコストが高いので、UIのコードから毎フレーム**RenderText**を呼び出すことはしない。文字列が変わる時にだけ**RenderText**を呼び出し、結果のテクスチャを保存しておく。フレームごとに実行される側のUIコードは、レンダリングされた文字列のテクスチャを描画する。効率を最大限に高めるのであれば、アルファベットの各文字をテクスチャにレンダリングしておくことで、文字テクスチャをつなぎ合わせて単語を作ることもできる。

11.2 UI画面

UIシステムは、HUDやメニューなど、さまざまな目的に使われる。重要なのは、柔軟性を持たせることだ。Adobe Flashのようなツールを利用するデータ駆動のシステムもあるが、この章ではコード駆動の実装に焦点を絞る。ただし、多くのアイデアは、データ駆動寄りのシステムにも応用できる。

UIに複数の層（layers）を持たせると便利だ。例えば**ヘッドアップディスプレイ**（heads-up display）、略して**HUD**は、ゲームプレイ中にプレイヤーに関係する情報、例えば体力やスコアを表示する。ポーズすると、メニューが表示されて、さまざまなオプションが選択できるようになる。ポーズメニュー表示している時にも、HUDの要素は（ポーズメニューの下に）見えるようにしたい。

また、ポーズメニューのオプションの1つに、ゲーム終了の項目があるとする。そのオプションを選択すると、「本当に終了しますか」と尋ねる確認ダイアログを出したい。この時は、HUDとポーズメニューの一部を（ダイアログボックスの下に）見せたくなる。

メニューが重なる時のプレイヤーは、最上層のUIとしかやりとりできないのが普通だ。ここから、UIのさまざまな層をスタックで表現するというアイデアが自然に出てくる。UI画面の層というアイデアは、`UIScreen`クラスを導入すれば実現できる。UI画面には、ポーズ画面やHUDなど、さまざまな種類があるだろう。それらの画面は、`UIScreen`の派生クラスとして表現する。ゲームワールドを描画したあと、スタックに入っているUI画面を下から上へと順番に描画する。ただし、どの時点でも、入力イベントを受けられるのはUIスタックの一番上にある`UIScreen`だけだ。

リスト11.4が、基底クラス`UIScreen`の初期バージョンだ。派生クラスがオーバーライドできる仮想関数が、いくつかある。`Update`はUI画面の状態を更新する関数、`Draw`は画面を描画する関数、さらに、異なる種類の入力を処理する入力関数が2つある。また、UI画面の状態の管理を行うためには、画面にアクティブとクロージング（Closing:閉じている）という2つの状態だけを持たせる。

UI画面にタイトルを付けるため、メンバー変数に、`Font`へのポインタ、タイトルがレンダリングされた`Texture`へのポインタ、タイトルの画面での位置が含まれている。派生クラスでは、`SetTitle`の呼び出しで、`Font::RenderText`を使った`mTitle`メンバーの設定ができる。

最後に、`UIScreen`は`Actor`ではないので、どんなコンポーネントも持たせられない。つまり、`UIScreen`クラスは`SpriteComponent`の描画機能を使えない。代わりに、新しい`DrawTexture`ヘルパー関数で、テクスチャを指定した位置に描画する。どのUI画面も、必要に応じて`DrawTexture`を呼び出せる。

リスト11.4 最初のUIScreen宣言

```
class UIScreen
{
public:
    UIScreen(class Game* game);
    virtual ~UIScreen();
```

```
    // UIScreenの派生クラスは以下をオーバーライドできる
    virtual void Update(float deltaTime);
    virtual void Draw(class Shader* shader);
    virtual void ProcessInput(const uint8_t* keys);
    virtual void HandleKeyPress(int key);

    // 状態がアクティブかクロージングかを管理
    enum UIState { EActive, EClosing };
    // 状態をクロージングにする
    void Close();
    // 状態を取得
    UIState GetState() const { return mState; }
    // タイトルの文字列を変更
    void SetTitle(const std::string& text,
                  const Vector3& color = Color::White,
                  int pointSize = 40);
protected:
    // テクスチャを描画するヘルパー関数
    void DrawTexture(class Shader* shader, class Texture* texture,
                     const Vector2& offset = Vector2::Zero,
                     float scale = 1.0f);
    class Game* mGame;
    // UI画面のタイトル文字列用
    class Font* mFont;
    class Texture* mTitle;
    Vector2 mTitlePos;
    // 状態
    UIState mState;
};
```

11.2.1 UI画面のスタック

UI画面をスタックに追加するのに、いくつかのクラスをつなぐ必要がある。まず、UIスタックのために、GameクラスにUIScreenポインタの配列（std::vector）を追加する。ここでは単純にstd::stackを使うことはできない。なぜなら、std::stackでは、UIスタック全体を巡回処理することが不可能だからだ。また、スタックに新しいUIScreenをプッシュするPushUI関数と、スタック全体を参照として取得するGetUIStack関数も追加する。

```
// ゲーム用のUIスタック
std::vector<class UIScreen*> mUIStack;
// スタック全体を参照で返す
const std::vector<class UIScreen*>& GetUIStack();
// 指定のUIScreenをスタックにプッシュする
void PushUI(class UIScreen* screen);
```

UIScreenのコンストラクターでは、PushUIを呼び出し、引数の画面としてthisポインタを渡す。つまり、UIScreen（あるいは、UIScreenの派生クラス）を動的に割り当てるだけで、そのUIScreenは自動的にスタックへ追加されていく。

スタックのUI画面は、UpdateGame関数により、ワールドにあるすべてのアクターを更新したあとに更新される。UpdateGame関数では、UI画面の全スタックをループ処理し、アクティブな画面のUpdateを呼び出していく。

```
for (auto ui : mUIStack)
{
    if (ui->GetState() == UIScreen::EActive)
    {
        ui->Update(deltaTime);
    }
}
```

UI画面の更新をすべて終えたら、EClosing状態の画面を削除する。

UI画面は、Rendererで描画する。前に述べたように、Renderer::Drawは、まずメッシュシェーダーですべての3Dメッシュコンポーネントを描画し、次にスプライトシェーダーですべてのスプライトコンポーネントを描画する。UIは、いくつかのテクスチャで構成されるので、スプライトと同じシェーダーで描画するのが自然だ。そこで、すべてのスプライトコンポーネントを描画したあと、Rendererは、GameオブジェクトからUIスタックを取得し、それぞれのUIScreenのDrawを呼び出す。

```
for (auto ui : mGame->GetUIStack())
{
    ui->Draw(mSpriteShader);
}
```

試しにHUDという名前のUIScreen派生クラスを作ろう。Game::LoadDataのなかでHUDのインスタンスを作り、それをmHUDメンバー変数に保存する。

```
mHUD = new HUD(this);
```

HUDのコンストラクターがUIScreenのコンストラクターを呼び出すので、このオブジェクトは自動的にUIスタックに追加される。今のところ、HUDは画面に何も描画しないし、UIScreenの他の振る舞いをオーバーライドすることもない（HUDのさまざまな機能は、この章の後半で学ぶ）。

UIスタックの入力処理は、ややトリッキーだ。ほとんどの場合、マウスクリックのような特定の入力アクションは、ゲームかUIのどちらかに影響を与え、両方同時にというわけではない。したがって、入力をゲームに送るか、UIに送るのかを決める方法が、まず必要だ。

これを実装するため、Gameに変数mGameStateを追加する。これは「ゲームプレイ」(gameplay)、「ポーズ」(paused)、「終了」(quit) という3つの状態を取る。「ゲームプレイ」状態では、すべての入力アクションがゲームワールドに流される。つまり、入力は、個々のアクターに渡される。一方、「ポーズ」状態では、すべての入力アクションが、UIスタックのトップにあるUI画面に送られる。つまりGame::ProcessInputは、状態に応じて、個々のアクターまたはUI画面のProcessInputを呼び出していく。

```
if (mGameState == EGameplay)
{
    for (auto actor : mActors)
    {
        if (actor->GetState() == Actor::EActive)
        {
            actor->ProcessInput(state);
        }
    }
}
else if (!mUIStack.empty())
{
    mUIStack.back()->ProcessInput(state);
}
```

この振る舞いを拡張して、スタックのトップにあるUI画面の判断で、入力を処理するかしないかを決めることもできる。トップのUI画面が入力を処理したくなければ、スタックで2番目のUIに、入力を回すこともできるだろう。

同様に、SDL_KEYDOWNとSDL_MOUSEBUTTONのイベントに応答する時は、HandleKeyPress関数を経由して、ゲームワールドか、スタックのトップにあるUI画面のどちらかにイベントを送る。

ゲームの状態の管理にmGameStateを追加したことで、ゲームループにも変更が必要になった。ゲームループの継続条件を、ゲームの状態がEQuitではない時に限りループを続けるように変更する。さらに、ワールドにあるすべてのアクターのUpdateを呼び出す処理を、ゲームの状態がEGamePlayである時に限定する。こうすれば、「ポーズ」状態の時にゲームワールドのオブジェクトを更新し続けることはなくなる。

11.2.2 ポーズメニュー

「ポーズ」(paused) 状態をサポートしたので、ポーズメニューを追加しよう。まずはUIScreenの派生クラスとしてPauseMenuを宣言する。PauseMenuのコンストラクターは、ゲームの状態を「ポーズ」に設定し、UI画面のタイトルテキストを設定する。

```
PauseMenu::PauseMenu(Game* game)
    :UIScreen(game)
{
    mGame->SetState(Game::EPaused);
    SetTitle("PAUSED");
}
```

デストラクターは、ゲームの状態を「ゲームプレイ」に戻す。

```
PauseMenu::~PauseMenu()
{
    mGame->SetState(Game::EGameplay);
}
```

最後に、HandleKeyPress関数で、[Esc] キーに応答してポーズメニューを閉じる。

```
void PauseMenu::HandleKeyPress(int key)
{
    UIScreen::HandleKeyPress(key);
    if (key == SDLK_ESCAPE)
    {
        Close();
    }
}
```

PauseMenuのインスタンスを削除すると、PauseMenuのデストラクターが呼び出されて、ゲームは「ゲームプレイ」の状態に戻る。

ポーズメニューを出すには、新しいPauseMenuオブジェクトを作成する。PauseMenuは、UIScreenのコンストラクターによって自動的にスタックに追加される。ポーズメニューは、Escキーを押した時に現れるように、Game::HandleKeyPressから呼び出して作成する。

全体の流れとしては、「ゲームプレイ」状態で [Esc] キーを押すと、ポーズメニューが現れる。ポーズメニューのオブジェクトを構築すると、ゲームは「ポーズ」状態に入り、アクターが更新されなくなる。ポーズメニューが出ている時にEscキーを押したら、ポーズメニューは削除されて「ゲームプレイ」状態に戻る。図11.1は、簡単なポーズメニューを表示して、ゲームが一時停止しているところだ（この画面にはボタンがないので、まだメニューと呼べるしろものではない）。

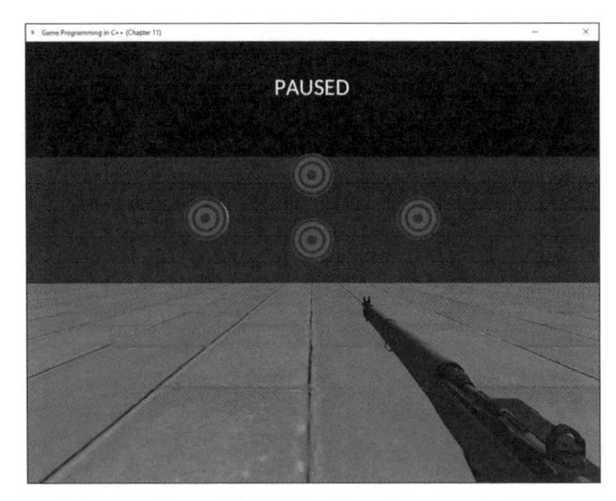

図11.1 ゲームが基本的なポーズメニューを表示中

11.2.3 ボタン

ほとんどのメニューには、クリックできるボタンがある。例えば、ポーズメニューなら、ゲームの再開、ゲームの終了、オプションの設定などのボタンがありそうだ。他のUI画面でもボタンを使うだろうから、ボタンの機能は`UIScreen`基底クラスに追加するのが合理的だ。

ボタンのカプセル化のために、リスト11.5の`Button`クラスを宣言する。どのボタンにもテキスト表示がありそうなので、テキストをレンダリングする`Font`へのポインタも必要だ。さらに、ボタンには画面上の位置と、寸法（幅と高さ）の属性もある。また、ボタンがクリックされたら、何らかのアクションが発生するはずだ。

ボタンのアクションを変更可能にするため、`Button`では、`std::function`クラスを使ってコールバック関数をカプセル化する。この関数は、独立した関数でもいいが、ラムダ式でもよい。`Botton`の宣言にあるコンストラクターで、その関数を受け取る。そして、ボタンがクリックされたら、その関数が呼び出される。こうすることで、任意のメニューの任意のボタンから、任意の関数を呼び出すことができる。

リスト11.5 Buttonの宣言

```
class Button
{
public:
    // コンストラクターは、ボタン名称と、フォントと、コールバック関数と、
    // ボタンの位置および寸法を受け取る
    Button(const std::string& name, class Font* font,
        std::function<void()> onClick,
        const Vector2& pos, const Vector2& dims);
    ~Button();
    // 表示テキストを設定し、テクスチャを生成する
```

```
    void SetName(const std::string& name);

    // 座標がボタンの範囲内ならtrueを返す
    bool ContainsPoint(const Vector2& pt) const;
    // ボタンが押された時に呼び出される
    void OnClick();
    // ゲッターとセッター
    // ...
private:
    std::function<void()> mOnClick;
    std::string mName;
    class Texture* mNameTex;
    class Font* mFont;
    Vector2 mPosition;
    Vector2 mDimensions;
    bool mHighlighted;
};
```

ButtonのContainsPoint関数は、座標が2次元のボタンの範囲内にあればtrueを返す。この関数は第10章「衝突検知」と同じ手法を使う。つまり、座標が境界の外にある4つのケースについて判定を行い、その4つのどれも真でなければ、座標はボタンに含まれている。

```
bool Button::ContainsPoint(const Vector2& pt) const
{
    bool no = pt.x < (mPosition.x - mDimensions.x / 2.0f) ||
              pt.x > (mPosition.x + mDimensions.x / 2.0f) ||
              pt.y < (mPosition.y - mDimensions.y / 2.0f) ||
              pt.y > (mPosition.y + mDimensions.y / 2.0f);
    return !no;
}
```

Button::SetName関数は、前に述べたRenderText関数を使って、ボタンのテキスト表示に使うテクスチャを作り、mNameTexに保存する。OnClick関数は、mOnClickハンドラがあれば、それを呼び出すだけだ。

```
void Button::OnClick()
{
    if (mOnClick)
    {
        mOnClick();
    }
}
```

次に、UIScreenに、ボタンをサポートするためのメンバー変数を追加しよう。Buttonポインタ群の配列と、ボタンのための2種類のテクスチャだ。片方のテクスチャは選択されていないボタンを、もう片方は選択されているボタンを表現する。テクスチャを変えることで、選択したボタンと選択していないボタンを、容易に区別できる。

それから、整列したボタンを簡単に追加するヘルパー関数を追加する。

```
void UIScreen::AddButton(const std::string& name,
    std::function<void()> onClick)
{
    Vector2 dims(static_cast<float>(mButtonOn->GetWidth()),
                 static_cast<float>(mButtonOn->GetHeight()));
    Button* b = new Button(name, mFont, onClick, mNextButtonPos, dims);
    mButtons.emplace_back(b);
    // 次のボタンの位置を更新
    // ボタンの高さ＋余白の分だけ位置を下げる
    mNextButtonPos.y -= mButtonOff->GetHeight() + 20.0f;
}
```

mNextButtonPos変数で、UIScreenはボタンを描画する場所を制御できる。このコードは、ただボタンの垂直リストを得る単純な方法を示しているだけなので、もっとカスタマイズできるように、引数を追加してもよい。

次に、ボタンを描画するコードをUIScreen::DrawScreenに追加する。それぞれのボタンで、まずボタンのテクスチャを描画する（ボタンが選択された状態ならばmButtonOn、そうでなければmButtonOff）。それから、ボタンのテキストを描画する。

```
for (auto b : mButtons)
{
    // ボタンの背景を描画
    Texture* tex = b->GetHighlighted() ? mButtonOn : mButtonOff;
    DrawTexture(shader, tex, b->GetPosition());
    // ボタンのテキストを描画
    DrawTexture(shader, b->GetNameTex(), b->GetPosition());
}
```

さらに、マウスで選択したボタンをクリックできるようにしたい。以前、マウスを動かしてカメラを回転するのに、相対マウスモードを使ったことを思い出そう。ボタンを強調してクリックできるようにするには、この相対マウスモードを無効にする必要がある。この処理はPauseMenuクラスに委ねよう。コンストラクターで、PauseMenuクラスが相対マウスモードを無効にし、デストラクターで有効に戻す。こうすれば、ゲームプレイに戻った時に、再びマウスでカメラを回転できるようになる。

マウスでボタンを強調する処理は、リスト11.6のUIScreen::ProcessInput関数で行う。まずマウスの位置を取得して、画面の中央を (0.0) とする単純な画面空間の座標に変換する。画面の幅と高さはレンダラーから取得する。それから、mButtons配列のすべてのボタンをループして、マウスのカーソルが、ボタンの範囲内にあるかをContainsPoint関数を使って判定する。ボタンがマウスカーソルを含んでいたら、そのボタンを強調する。

リスト11.6 UIScreen::ProcessInputの実装

```
void UIScreen::ProcessInput(const uint8_t* keys)
{
    // ボタンがあるか？
    if (!mButtons.empty())
    {
        // マウスの位置を取得
        int x, y;
        SDL_GetMouseState(&x, &y);
        // (0,0) を中心とする座標に変換 (1024x768 を想定 )
        Vector2 mousePos(static_cast<float>(x), static_cast<float>(y));
        mousePos.x -= mGame->GetRenderer()->GetScreenWidth() * 0.5f;
        mousePos.y = mGame->GetRenderer()->GetScreenHeight() * 0.5f
                  - mousePos.y;

        // ボタンの強調
        for (auto b : mButtons)
        {
            if (b->ContainsPoint(mousePos))
            {
                b->SetHighlighted(true);
            }
            else
            {
                b->SetHighlighted(false);
            }
        }
    }
}
```

マウスクリックは、UIScreen::HandleKeyPressで制御される。マウスで強調されるボタンは、すでにProcessInputで判定しているので、HandleKeyPressでは、強調されたボタンのOnClick関数を呼び出すだけだ。

これらすべてのコードを利用して、ボタンをPauseMenuに追加しよう。今は、ゲームを再開する［Resume］と、ゲームを終了する［Quit］の、2つのボタンだけを追加する。

```
AddButton("Resume", [this]() {
    Close();
});
```

```
AddButton("Quit", [this]() {
    mGame->SetState(Game::EQuit);
});
```

AddButtonに渡すラムダ式で、ボタンをクリックした時の処理を定義する。プレイヤーが［Resume］をクリックすると、ポーズメニューはクローズされる。プレイヤーが［Quit］をクリックすると、ゲームは終了する。どちらのラムダ式もthisポインタをキャプチャするので、PauseMenuのメンバーにアクセスできる。図11.2が、これらのボタンを持つポーズメニューだ。

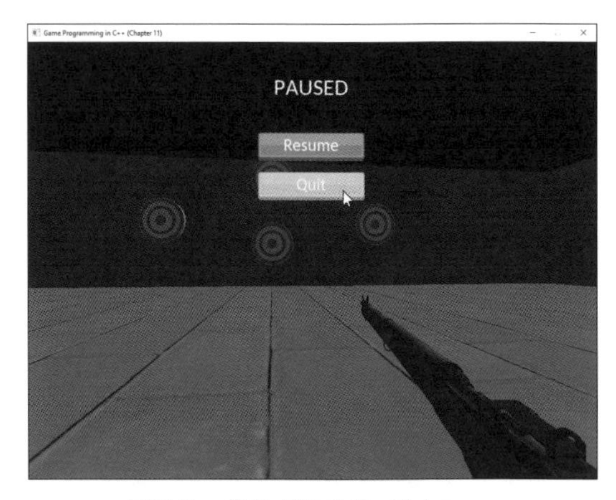

図11.2　ボタンがあるポーズメニュー

11.2.4 ダイアログボックス

一部のメニュー項目（例えばゲームの終了）では、確認のダイアログボックスを出すのが好ましい。そうすれば、間違って終了ボタンをクリックしたとしても、間違いを取り消すことができる。スタックのUI画面では、（例えばポーズメニューのような）UI画面からダイアログボックスへと制御を移すのは簡単だ。そして、ダイアログボックスの実装には、既存のUIScreenのすべての機能が利用できる。このようなダイアログボックスを実現するため、UIScreenの派生クラスとして新規にDialogBoxクラスを作成する。

DialogBoxのコンストラクターは、表示するテキストの文字列と、ユーザーが［OK］をクリックした時に実行する関数を受け取る。

```
DialogBox::DialogBox(Game* game, const std::string& text,
    std::function<void()> onOK)
    :UIScreen(game)
{
    // ダイアログボックス用に位置を調節
    mBGPos = Vector2(0.0f, 0.0f);
```

```
    mTitlePos = Vector2(0.0f, 100.0f);
    mNextButtonPos = Vector2(0.0f, 0.0f);
    // 背景のテクスチャを設定
    mBackground = mGame->GetRenderer()->GetTexture("Assets/DialogBG.png");
    SetTitle(text, Vector3::Zero, 30);
    // ボタンの設定
    AddButton("OK", [onOK]() {
        onOK();
    });
    AddButton("Cancel", [this]() {
        Close();
    });
}
```

コンストラクターでは、まずタイトルとボタンの位置を決めるメンバー変数を初期化する。次に、UIScreenの新しいメンバーのmBackgroundを設定するが、これはUIScreenの背後に置くバックグラウンド用のテクスチャだ。UIScreen::Drawでは、何かを描画する前に（もしあれば）その背景を描画する。

最後に、DialogBoxに、［OK］と［Cancel］の両方のボタンを設定する。DialogBoxに、もっとパラメーターを追加すれば、ボタンのテキストや両方のボタンのコールバックを呼び出し側で指定することも可能だ。けれども、今は"OK"と"Cancel"というテキストを使い、［Cancel］ボタンでは単にダイアログを閉じるだけにしよう。

DialogBoxもUIScreenの一種なので、DialogBoxのインスタンスの動的割り当てによって、これも自動的にUIスタックに追加される。ポーズメニューならば、次のように［Quit］ボタンを変更すれば、本当に終了するか確認するダイアログボックスが作られる。

```
AddButton("Quit", [this]() {
    new DialogBox(mGame, "Do you want to quit?",// 本当に終了しますか？
        [this]() {
            mGame->SetState(Game::EQuit);
    });
});
```

図11.3が、ゲーム終了用のダイアログボックスだ。

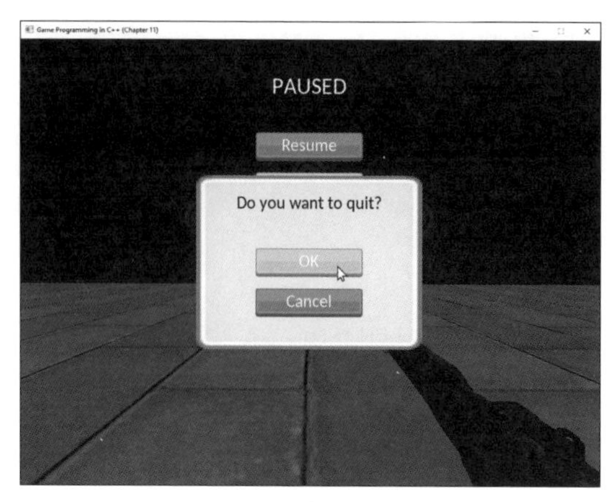

図11.3 ［Quit］ダイアログボックス

メインメニュー画面

ここまでに説明したUIシステムで**メイン**メニュー画面を作ることもできるだろう。それにはGameクラスに状態を追加する必要がある。だが、新たな状態を導入すると、今までのようにゲームワールドのすべてのオブジェクトを即座に作ることはできず、プレイヤーがメインメニューの先へ進むのを待たなければならなくなる。

11.3 HUD要素

HUDで表示する要素は、ゲームの内容にもよるが、ヒットポイント（HP）、残弾数、スコア、次のターゲットへの矢印などが含まれる。ここでは、一人称シューターでよく使われる、十字線（照準レティクル）と、ターゲットの位置を示すレーダーの、2つの要素を見る。

11.3.1 照準レティクルを追加する

ほとんどの一人称ゲームでは、何らかの照準レティクル（例えば十字線）が、画面の中央に表示される。照準の対象に応じて、レティクルの見た目を（別のテクスチャを使って）変える場合もある。例えば、オブジェクトをつかめるのであれば、レティクルを手の形に変えるかもしれない。また、射撃できる対象が限られているのなら、対象を捉えた時にレティクルの色を変えたい。色の変更もテクスチャの変更によって実装するのであれば、この2つに違いはない。

ここでは、プレイヤーがターゲット（敵）に狙いを定めたら、色が赤く変わるレティクルを実装しよう。HUDクラスに、さまざまなテクスチャのメンバー変数を追加するほか、プレイヤーが敵を捉えていることを示すbool形変数の追加も必要だ。

```
// 十字線のためのテクスチャ
class Texture* mCrosshair;
class Texture* mCrosshairEnemy;
// 十字線が敵を捉えているか
bool mTargetEnemy;
```

ターゲットを把握するために、TargetComponentという新しいコンポーネントを作ろう。そしてTargetComponentのポインタ配列を、メンバー変数としてHUDに追加する。

```
std::vector<class TargetComponent*> mTargetComps;
```

それから、TargetComponentをmTargetCompsに追加するAddTargetと、削除するRemoveTargetを追加する。これらの関数は、それぞれTargetComponentのコンストラクターとデストラクターで呼び出す。

次に、リスト11.7のUpdateCrosshair関数を作る。この関数はHUD::Updateから呼び出される。最初にmTargetEnemyをfalseに戻す。次に、GetScreenDirection関数を使うが、これは第9章「カメラ」で最初に紹介したもので、カメラの向きを示すワールド空間での正規化ベクトルを返す。このベクトルと、線分の長さの定数を使い、第10章「衝突検知」で紹介したSegmentCast関数によって、線分と交差する最初のアクターを特定する。

アクターと線分が交差したら、アクターがTargetComponentを持っているかチェックする。現時点では、mTargetCompsに含まれるTargetComponentの所有者のどれかが、衝突判定すべきアクターに対応するかを調べる方法でチェックを行う。この処理は、アクターが持っているコンポーネントを調べるメソッドを実装することで最適化できる。これは第14章「レベルファイルとバイナリデータ」で行う。

リスト11.7 HUD::UpdateCrosshairの実装

```
void HUD::UpdateCrosshair(float deltaTime)
{
    // 通常のカーソルに戻す
    mTargetEnemy = false;
    // 線分の作成
    const float cAimDist = 5000.0f;
    Vector3 start, dir;
    mGame->GetRenderer()->GetScreenDirection(start, dir);
    LineSegment l(start, start + dir * cAimDist);
    // 線分キャスト
    PhysWorld::CollisionInfo info;
    if (mGame->GetPhysWorld()->SegmentCast(l, info))
    {
        // アクターは TargetComponent を持っているか？
```

```
        for (auto tc : mTargetComps)
        {
            if (tc->GetOwner() == info.mActor)
            {
                mTargetEnemy = true;
                break;
            }
        }
    }
}
```

十字線のテクスチャの描画は簡単だ。HUD::DrawでmTargetEnemyをチェックし、対象に対応するテクスチャを画面の中央に描画するだけだ。この時テクスチャのスケールに2.0fを指定した。

```
Texture* cross = mTargetEnemy ? mCrosshairEnemy : mCrosshair;
DrawTexture(shader, cross, Vector2::Zero, 2.0f);
```

照準レティクルを動かしてオブジェクトを標的にすると、レティクルが変化して、図11.4のように十字線のテクスチャが赤くなる。

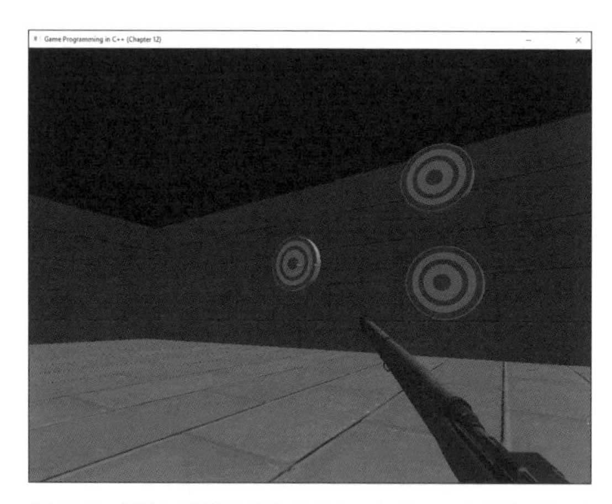

図11.4　標的に照準を合わせると、レティクルが赤くなる

11.3.2 レーダーを追加する

レーダーはプレイヤーに近い（一定の範囲にある）敵やオブジェクトを表示するのに使える。敵は、レーダーのなかで、**輝点**（blip）と呼ばれる点または円として表現する。輝点によってプレイヤーは敵の場所を知覚できる。常に敵を表示するレーダー以外に、ある特定の条件で（例えば敵が最近発砲した場合にだけ）表示するレーダーもある。しかし、これらはすべての敵を表示する基本的なアプローチの延長にすぎない。

レーダーを追加するには、実装すべき機能が2つある。まず、レーダーに現れる可能性があるアクターを把握する必要がある。そして、フレームごとに、プレイヤーとアクターの相対位置によって、レーダーの輝点を更新する必要がある。最も基本的な表示方法は、輝点をレーダーの中心からのVector2オフセットで表現することだが、使うテクスチャを変えるなどして、何らかのプロパティを輝点に追加することもできる。

ここでは、今までのコードを利用して、TargetComponentを持つすべてのアクターをレーダーに表示しよう。

この基本的なレーダーでは、次のメンバー変数をHUDに追加する。

```
// レーダー中心から輝点への2D相対オフセット
std::vector<Vector2> mBlips;
// レーダーの範囲と半径
float mRadarRange;
float mRadarRadius;
```

配列mBlipsで、輝点の位置をレーダーの中心からの2次元オフセットで管理する。レーダーを更新する時はmBlipsを更新する。この方法ならば、レーダーの描画は、背景を描画したあとに、2D相対オフセットで輝点のテクスチャを描画するだけでよい。

最後の変数mRadarRangeとmRadarRadiusは、レーダーの範囲と半径を決めるパラメーターだ。範囲は、レーダーが世界を検知できる距離を定める。例えば範囲が2000ならば、そのレーダーはワールド空間で2000単位の範囲を持つ。プレイヤーからmRadarRangeまでの距離にあるターゲットは、どれもレーダーに輝点として映る。半径の変数は、2D描画するレーダーの画面での半径だ。

範囲が50単位のレーダーがあるとする。そして、プレイヤーの前方25単位の位置にオブジェクトがあるとしよう。オブジェクトの位置は3次元なので、プレイヤーとオブジェクトの両方の位置を、画面のレーダーの2次元座標系に変換する必要がある。「z が上」の世界では、レーダーは、プレイヤーとオブジェクトを x - y 平面に射影する役割を果たす。つまり、レーダーは、プレイヤーの z 成分も、オブジェクトの z 成分も、無視することになる。

ワールド空間の前方が、レーダーでは上方に投影されるのが普通だ。しかも、この世界では $+x$ が前方なので、ただ z 成分を無視するだけでは足りない。プレイヤーとアクターをレーダーに載せるには、それらの (x, y, z) 座標を、レーダーのオフセットである2次元ベクトル (y, x) に変換する必要がある。

プレイヤーとオブジェクトの位置を2Dレーダー座標に変換したら、プレイヤーからオブジェクトへのベクトルを構築する。これを $\vec{a}$ と呼ぼう。$\vec{a}$ の長さによって、オブジェクトがレーダーの範囲内か判定できる。先ほどの例では、範囲が50単位で、オブジェクトが前方25単位だから、$\vec{a}$ の長さは範囲の最大値よりも短い。このオブジェクトはレーダーに映り、その位置はレーダーの中心と最外周との中間になるはずだ。$\vec{a}$ を、レーダーの半径との相対スケールに変換するには、まずレーダーの範囲の最大値で割り、それからレーダーの半径を掛けて、その結果を新しいベクトル $\vec{r}$ に保存する。

$$\vec{r} = RadarRadius(\vec{a}/RadarRange)$$

たいていのレーダーでは、レーダーの上方が常にゲームワールドにおける前方に対応するように、プレイヤーと一緒に回転する。つまり、$\vec{r}$ は、そのままレーダー上の輝点のオフセットには使えない。プレイヤー前方ベクトルの x - y 射影と、ワールドの前方（基本的には x ）ベクトルがなす角を計算する必要がある。x - y 平面における角度 θ を atan2 関数で求めたら、θ による2D回転行列を構築する。行ベクトルでの2D回転は、（第5章で学んだ）次の行列だ。

$$Rotation2D(\theta) = \begin{bmatrix} \cos\theta & \sin\theta \\ -\sin\theta & \cos\theta \end{bmatrix}$$

回転行列ができたら、最終的な輝点のオフセットを求めるのは簡単で、$\vec{r}$ を、この行列で回転するだけでよい。

$$BlipOffset = \vec{r}Rotation2D(\theta)$$

リスト11.8が、輝点の位置を計算するコードだ。ターゲットコンポーネントをすべてループして、所有アクターがレーダーの範囲内かを判定する。範囲内なら、その輝点オフセットを、上記の式で計算する。

リスト11.8 HUD::UpdateRadarの実装

```
void HUD::UpdateRadar(float deltaTime)
{
    // 1つ前のフレームの輝点位置をクリア
    mBlips.clear();

    // プレイヤーの位置をレーダー座標に変換（x が前方、z が上方）
    Vector3 playerPos = mGame->GetPlayer()->GetPosition();
    Vector2 playerPos2D(playerPos.y, playerPos.x);
    // 同様にプレイヤーの前方ベクトルを変換
    Vector3 playerForward = mGame->GetPlayer()->GetForward();
    Vector2 playerForward2D(playerForward.x, playerForward.y);

    // atan2 を使ってレーダーの回転を求める
    float angle = Math::Atan2(playerForward2D.y, playerForward2D.x);
    // 2 次元の回転行列を得る
    Matrix3 rotMat = Matrix3::CreateRotation(angle);
```

```
    // 輝点の位置を取得する
    for (auto tc : mTargetComps)
    {
        Vector3 targetPos = tc->GetOwner()->GetPosition();
        Vector2 actorPos2D(targetPos.y, targetPos.x);

        // プレイヤーからターゲットへのベクトルを計算
        Vector2 playerToTarget = actorPos2D - playerPos2D;

        // 範囲内にあるか？
        if (playerToTarget.LengthSq() <= (mRadarRange * mRadarRange))
        {
            // playerToTarget を、画面上のレーダーの
            // 中心からのオフセットに変換する
            Vector2 blipPos = playerToTarget;
            blipPos *= mRadarRadius/mRadarRange;

            // blipPos を回転する
            blipPos = Vector2::Transform(blipPos, rotMat);
            mBlips.emplace_back(blipPos);
        }
    }
}
```

レーダーの描画は簡単で、まず背景を描画してから、ループ処理で、それぞれの輝点をレーダーの中心からのオフセットとして描画するだけだ。

```
const Vector2 cRadarPos(-390.0f, 275.0f);
DrawTexture(shader, mRadar, cRadarPos, 1.0f);
// 輝点（Blips）
for (const Vector2& blip : mBlips)
{
    DrawTexture(shader, mBlipTex, cRadarPos + blip, 1.0f);
}
```

図11.5の左上がレーダーだ。レーダーに映っているドットは、それぞれゲームワールド内のターゲットアクターに対応する。レーダーの中心にある矢は、プレイヤーの位置を示すテクスチャで、常にレーダーの中心に置かれる。

図11.5　ゲームでのレーダー

このレーダーに対して、ゲームワールドでの敵の高さがプレイヤーより上か下かで輝点のスタイルを変える拡張もできるだろう。このようなスタイルでは、プレイヤーとオブジェクトの z 座標を考慮することになる。

11.4 ローカライゼーション

ローカライゼーション（localization）は、ゲームを別の国や地域あるいは**ロケール**（locale）に移植するプロセスだ。ローカライズされる最も一般的な要素は、画面に表示されるテキスト、音声によるナレーションや会話だ。例えば、英語で開発したゲームを中国で売りたければ、中国語にローカライズするだろう。ローカライゼーションで、最もコストがかかるのはコンテンツである。すべてのテキストや会話を、誰かが翻訳しなければならず、会話ではさらに外国語を話す声優が必要だ。

プログラマーは、ローカライゼーションの実行責任の一翼を担う。ゲームのUIでは、さまざまなロケールのテキストを画面に表示しやすくするシステムが必要だ。つまり、"終了しますか？"などの文字列を、あちこちハードコーディングするわけにはいかない。少なくとも、`"QuitText"`というようなキーと、実際に画面に出すテキストとの変換が必要になる。

11.4.1 Unicodeを使う

テキストをローカライズする時に問題になるのは、ASCII文字には7ビットの情報しかないということだ。内部的には1バイトとして保存されるが、情報が7ビットしかない。これは、合計で128個のキャラクタしかない、ということだ。そのうち52個は大文字と小文字のアルファベットであり、その他は数字や記号である。他の言語のグリフは、ASCIIに含まれていない。

この問題に対処するため、1980年代に業界の大規模なコンソーシアムによってUnicode標準が導入された。本書執筆時点でのUnicodeのバージョンは、優に10万を超えるグリフをサポートしていて、実にさまざまな言語とともに、絵文字まで含まれている。

1バイトでは256種類の値しか表現できないので、Unicodeは、それとは別のバイトエンコーディングを使わなければならない。バイトエンコーディングには、1文字に2バイトを使うもの、4バイトを使うものなど、さまざまな種類がある。おそらく最も一般的なエンコーディングは**UTF-8**だ。このスキームでは、1つの文字列に含まれる文字が、1バイトから4バイトまでの可変長で表現される。つまり1つの文字列のなかで、ある文字は1バイト、他の文字は2バイト、また別の文字は3バイト、さらに別の文字は4バイトを占める可能性がある。

固定バイト数の文字を使うのと比べて、ずいぶん扱いが複雑になるが、UTF-8の美しいところは、ASCIIとの完全後方互換性が保たれていることだ。つまりASCIIの文字シーケンスは、UTF-8でも同じバイトシーケンスに対応する。UTF-8の文字列において、個々の文字が1バイトの特別なケースがASCIIだと考えることができる。おそらく、この後方互換性ゆえに、UTF-8はWorld Wide Webでも、JSONなどのファイルフォーマットでも、デフォルトのエンコーディングたり得ているのだろう。

残念ながら、C++はUnicodeのサポートが十分ではない。例えば`std::string`クラスは、ASCIIキャラクターを対象として作られている。`std::string`クラスにUTF-8文字列を格納することは可能だ。しかし、UTF-8でエンコードされている文字列では、メンバー関数の`length`は、文字列に含まれるグリフ（あるいは文字）の数を示すとは限らないことに注意しよう。`length`は、その`string`オブジェクトに格納されているバイト数でしかなくなる。

幸い、RapidJSONライブラリも、SDL TTFも、UTF-8エンコーディングをサポートする。これらのライブラリと、`std::string`にUTF-8文字列を格納する組み合わせで、大量のコーディングを新規にすることなく、UTF-8文字列に対応することができる。

11.4.2 テキストマップを追加する

`Game`に`mTextMap`というメンバー変数を追加する。これは、`std::string`型のキーと値を持つ`std::unordered_map`だ。この連想配列で、`"QuitText"`のようなキーを、"終了しますか？"などの表示テキストに変換する。

この連想配列は、リスト11.9のような、単純なJSONファイル形式で定義できる。サポートする言語のすべてで、このJSONファイルを作れば、言語を簡単に切り替えられる。

リスト 11.9 English.gptext テキストマップファイル（英語版）

```
{
    "TextMap":{
        "PauseTitle": "PAUSED",
        "ResumeButton": "Resume",
        "QuitButton": "Quit",
        "QuitText": "Do you want to quit?",
        "OKButton": "OK",
        "CancelButton": "Cancel"
    }
}
```

次に、GameにLoadText関数を追加して、gptextファイルを解析し、mTextMapに登録する（この関数は、ファイルの解析でさまざまなRapidJSON関数を呼び出すが、長くなるので、ここでは紹介しない）。また、GameにGetText関数を実装する。これは与えられたキーに割り当てられているテキストを返す。その処理は、mTextMapを参照するだけだ。

それから、Font::RenderTextに2つの変更を加える。まず、引数として受け取ったテキスト文字列を、そのままレンダリングするのではなく、テキスト文字列でテキストマップを参照する。

```
const std::string& actualText = mGame->GetText(textKey);
```

次に、TTF_RenderText_Blendedを呼び出す代わりに、TTF_RenderUTF8_Blendedを呼び出す（構文は同じだが、ASCII文字列ではなくUTF-8でエンコードされた文字列を受け取る）。

```
SDL_Surface* surf = TTF_RenderUTF8_Blended(font,
    actualText.c_str(), sdlColor);
```

最後に、これまでテキスト文字列をハードコーディングしていた箇所を、テキストキーを使うように直す。例えば、ポーズメニューのタイトルテキストは、"PAUSED"ではなく、"PauseTitle"にする。これで、RenderTextを呼び出した時に、最終的に正しいテキストが連想配列からロードされる。

ローカライズの危険なハック

もしコードに最終的な英語のテキストが残っているのなら、手早いハックとして、その最終的な英語のテキストをテキストキーにする方法もある。これで、ローカライズされていない文字列を使っている箇所を洗い出す手間が省けるだろう。だが、これは危険なハックだ。いつか誰かが、こうすれば表示テキストが変わるだろうと思って、コード中の英語のテキストを編集するかもしれない！

このコードの機能を示すために、リスト11.9の文字列をロシア語に翻訳して、`Russian.gptext`というファイルを作った。図11.6は、"終了しますか？"というダイアログボックスを表示したロシア語版ポーズメニューだ。

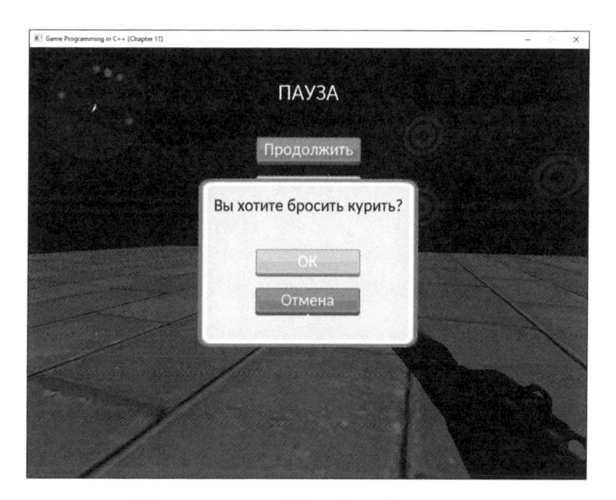

図11.6　ロシア語のポーズメニュー

11.4.3 その他の注意事項

この章で示したコードが正しく動作するのは、TrueTypeフォントファイルが、必要なすべてのグリフを持っている場合に限られる。実際には、フォントファイルにグリフの一部分しか含まれていないケースが多い。一部の言語（例えば中国語）では、その言語専用のフォントファイルがあるのが一般的だ。この問題を解決するには、`gptext`ファイルにフォントファイルのエントリを追加し、`mTextMap`を解析する時に、正しいフォントのロードも行う。そして、それ以外のUIコードでも、必ず正しいフォントを使うように気を付ける。

ローカライゼーションには、自明でない問題点や注意事項もある。例えば、ドイツ語のテキストは、同等な英語のテキストよりもおおよそ20%長くなる。つまり、UI要素の英語のテキストを、ぎりぎりでしか収めていなければ、ドイツ語のテキストは収まりそうもない。これは普通はコンテンツの問題だが、もしUIコードに、余白やテキストサイズについて何らかの想定をしていたら、それも問題になる。この問題の対策としては、フォントでレンダリングしたテクスチャのサイズを常に問い合わせ、それが要求される大きさに収まっていなければ、テキストのサイズを小さくする方法がある。

最後に、場合によってはテキストや会話以外のコンテンツをローカライズする必要がある。例えば、ドイツでは、ナチスのマークを含む製品の販売は違法である。第二次世界大戦を舞台とするゲームで、英語版でスワスティカ（鉤十字）などのマークを表示していても、ドイツ版では、それらのマークを別のもの（例えば鉄十字）に置き換えなければいけない。もう1つの例では、中国での表現に規制（例えば大量の血）があるかもしれない。こういった問題は、あまりプログラマーの手を借りることなく解決できるだろう。そういう地域向けに代わりのコンテンツを作成するのはアーティストの仕事になる。

11.5 複数解像度のサポート

PCやモバイル機器で、画面の解像度が異なるのは、よくあることだ。PCの一般的なモニター解像度には、1080p（1920 × 1080）、1440p（2560 × 1440）、4K（3840 × 2160）などがある。モバイルプラットフォームでは、驚くほど多くの種類の解像度がある。現在の`Renderer`クラスは、さまざまな解像度のウィンドウを作成できるが、この章のUIコードは固定解像度を前提としてきた。

複数の解像度に対応する方法の1つは、ピクセルによる位置指定、つまり絶対座標を使わないことだ。絶対座標を使うというのは、UI要素を正確に (1900, 1000) の座標に置き、それが右下隅に対応するのを前提とするようなことだ。

絶対座標の代わりに、**相対座標**（relative coordinates）を使おう。座標は**アンカー**（anchor）と呼ばれる画面上の特定の場所からの相対値になる。例えば、相対座標で画面の右下隅から (−100, −100) の相対位置に要素を置くと、その要素は1080pの画面なら (1820, 980) の位置、1680 × 1050の画面では (1580, 950) の位置に表示される（図11.7）。座標の表現に、画面のアンカーあるいはキーポイント（通常は画面の隅や中心）からの相対座標だけでなく、他のUI要素との相対座標も使うことができる。この実装には、UI要素の位置を、アンカーポイントと相対座標によって指定でき、実行時には絶対座標を計算できるようにすることが必要である。

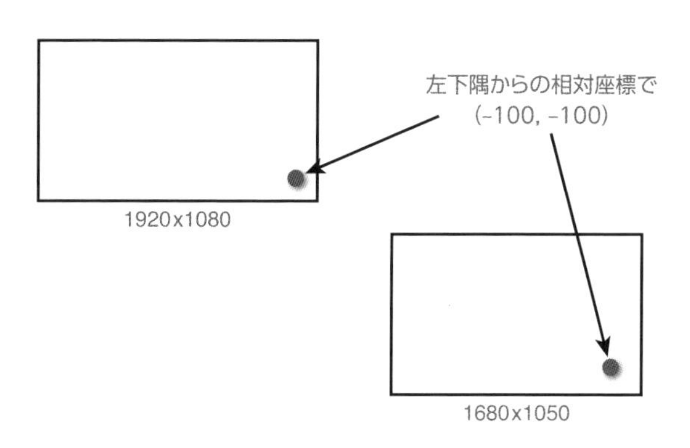

図11.7　画面の右下隅からの相対値で位置を指定されたUI要素

もう1つの改良は、UI要素のサイズを解像度に従ってスケーリングすることだ。これが便利なのは、非常に高い解像度の画面で、UIが小さくなりすぎて使えなくなるのを防ぐことができる。より高い解像度でUI要素のサイズをスケーリングしたり、UIのスケールをプレイヤーがオプションで設定できるようにすることも可能だろう。

11.A ゲームプロジェクト

この章のゲームプロジェクトでは、（複数解像度のサポートを除いて）この章で論じたすべての機能をデモする。`Game`クラスは、UIスタック、`UIScreen`クラス、`PauseMenu`クラス、`DialogBox`クラスを持つ。HUDとして、照準レティクルとレーダーの実例を示す。また、テキストのローカライゼーションも実装している。コードは本書のGitHubリポジトリに入っている。`Chapter11`ディレクトリで、Windowsでは`Chapter11-windows.sln`を、Macでは`Chapter11-mac.xcodeproj`を開こう。

このゲームでは、標準的な一人称のコントロール（[W]［A]［S]［D］キー＋マウス）を使って世界を動き回る。[Esc］キーでポーズメニューに入り、マウスでメニューのボタンを選択し、クリックする。ゲームプレイ中に、[1］と［2］のキーで、英語（1）とロシア語（2）のテキストを切り替えられる。これらのキーをポーズメニューの表示中に押しても、何も起こらないのは、UI画面がゲームの入力を乗っ取るからだ。

11.B まとめ

この章では、ユーザーインターフェイスの実装で対処すべき上位レベルの概要を示した。SDL TTFライブラリは、フォントのレンダリングを行う便利な方法だ。TrueTypeフォントをロードしてから、テキストをテクスチャにレンダリングする。UIスタックのシステムでは、個々のユニークなUI画面を、UIスタックの構成要素として表現する。どの時点でも、スタックの一番上のUI画面がプレイヤーからの入力を受け取る。このシステムを拡張して、ボタンやダイアログボックスに対応できる。

HUDには、ゲームごとのさまざまな要素がある。標的を捉えると変化する照準レティクルには、衝突検知を用いてプレイヤーの狙いを判定する必要がある。プレイヤーが標的オブジェクトを狙う時に、HUDを別のテクスチャで描画した。レーダーでは、プレイヤーと、その周囲の敵オブジェクトを x - y 平面に射影する。変換した座標を使って、輝点を描画する位置を決める。

最後に、UIにはさまざまなロケールのためのテキストを扱うコードが必要だ。簡単な連想配列で、テキストによるキーを、表示用のテキストに変換できる。テキストをUTF-8でエンコードすれば、比較的楽に多言語化できる。RapidJSONライブラリはUTF-8でエンコードされたJSONファイルをロードできるし、SDL TTFはUTF-8文字列のレンダリングをサポートしている。

11.C 参考文献

Desi Quintansの短い記事は、デザイン的な視点で、よいゲームUIと悪いゲームUIの例を挙げている。Luis Sempéは、「**デウスエクス**」（**Deus Ex: Human Revolution**）などを手掛けたUIプログラマーで、ゲームUIのプログラミングに特化した唯一の本を書いている（実は、著者は何年も前に一緒に仕事をしたことがある）。最後に、Joel Spolskyの本は、UIデザイン全般に関するものだが、どうすれば効果的なUIを作れるのかについての洞察を与えてくれる。

— Quintans, Desi. *Game UI by Example: A Crash Course in the Good and the Bad.* Accessed May, 2018. URL https://gamedevelopment.tutsplus.com/tutorials/game-ui-by-example-a-crash-course-in-the-good-andthe-bad--gamedev-3943

— Sempé, Luis. *User Interface Programming for Games*. Self-published, 2014.

— Spolsky, Joel. *User Interface Design for Programmers*. Berkeley: Apress, 2001.

11.D 練習問題

この章の課題では、メインメニューの追加や、HUDの拡張をする。

課題 11.1

メインメニューを作ろう。このために、Gameクラスに EMainMenu という新しい状態を追加する。ゲームは、この状態から始まり、メニューオプションとして［Start］と［Quit］を持つUIを表示する。もしプレイヤーが［Start］をクリックしたら、ゲームプレイの状態にする。もしプレイヤーが［Quit］をクリックしたら、このメニューからダイアログボックスを表示して、プレイヤーが本当に終了したいのか確認する。

さらに拡張するには、メインメニューから最初にゲームプレイ状態に入る時だけ、アクターを生み出すようにしよう。また、［Quit］オプションを押した時にゲームを終了するのではなく、すべてのアクターを削除してメインメニューに戻るようにポーズメニューを変更しよう。

課題 11.2

レーダーを変更して、アクターがプレイヤーよりも上にいるか、下にいるかに応じて、輝点のテクスチャを変えよう。状態の違いを示すには、提供している BlipUp.png と BlipDown.png のテクスチャが使える。この機能のテストには、高さをはっきり区別できるように、一部のターゲットアクターの位置を変更しなくてはならないかもしれない。

課題 11.3

あるアクターを画面上で指し示す2次元の矢印を実装しよう。ArrowTarget という新しい種類のアクターを作成して、それをゲームワールドのどこかに置く。HUDでは、プレイヤーから ArrowTarget に向かうベクトルを計算する。そのベクトルと、プレイヤーの x - y 平面での前方ベクトルとの角度から、画面上の2D矢印の回転角度を決める。そして、UIScreen::DrawTexture に、テクスチャを（回転行列で）回転させる処理を追加する。

Chapter

12

スケルタルアニメーション

3Dゲームのキャラクターアニメーションは、2Dゲームで行うアニメーションとまったく異なる。この章では、3Dゲームで最も一般的に使われている**スケルタルアニメーション**（skeletal animation：骨格によるアニメーション）を学ぶ。このアプローチの数学的な基礎を学んでから、実装の詳細に入っていこう。

12.1 スケルタルアニメーションの基礎

第2章「ゲームオブジェクトと2Dグラフィックス」で見たように、2Dのアニメーションは一連の画像ファイルを使ってキャラクターが動く錯覚を与える。3Dキャラクターのアニメーションにも、同様なソリューションが使えるだろうか。連続的な3Dモデルを用意し、それら異なるモデルを素早く次々と差し替えていくという、このわかりやすいアイデアは、原理的には可能だが、非現実的だ。

キャラクターのモデルが15,000個の三角形で構成されているとする。これは現在のゲームでは少なめな量だ。頂点ごとに10バイトしか使わないとしても、この1体のモデルで、50Kから100KB程度のメモリを消費する。2秒間のアニメーションを毎秒30フレームで動かすなら、60個の別々のモデルが必要になる。つまり、このアニメーション1つで、3MBから6MBのメモリが必要だ。何種類ものアニメーションを使い、複数のキャラクターを表示するとしたら、どうなるだろうか。アニメーションモデルのメモリ消費量は、すぐに巨大なものとなる。

また、20種類のキャラクターがあるといっても、人間だけであれば、それらのアニメーション（例えば走り方）は、共通する可能性が高い。ところが、先ほどの素朴なアイデアでは、20種類のキャラクターの全アニメーションに、それぞれ異なるモデルが必要になる。アーティストは、それら大量の異なるモデルと、その動きを、1つずつ作り込まなくてはならないのだ。

このような問題があるので、ほとんどの3Dゲームは、解剖学の知見を利用した手法を採用している。ヒトのような脊椎動物は、骨格を持っている。骨には筋肉、皮膚などの組織が付いている。骨はほぼ剛体で変形しないが、他の組織は変形する。骨の位置を決めると、骨に付いている組織の位置を推測できる。

スケルタルアニメーションでは、本物の人間と同様に、キャラクターは内部に剛体のスケルトン（骨格）を持つ。アニメーターは、このスケルトンを動かす。3Dモデルの頂点は、スケルトンを構成する1つ以上のボーン（骨）と関係を持っている。アニメーションによってボーンが動くと、関係を持つ頂点が変形する（われわれの皮膚が体の動きによって伸び縮みするのと同じだ）。この方法で、アニメーションで利用する数に関係なく、ただ1つの3Dモデルだけでキャラクターアニメーションが実現できる。

スキンアニメーション

スケルタルアニメーションは、ボーンと、それに従って変形する頂点とで構成される。それゆえ、この手法を**スキンアニメーション**（skinned animation）と呼ぶ人もいる（モデルの頂点群が「スキン」になる）。

ボーン（骨）とジョイント（関節）は、解剖学の文脈では意味が違うけれども、スケルタルアニメーションでは、ほぼ同じ用語だ[訳注1]。

スケルタルアニメーションの利点は、異なるキャラクターに同じスケルトンを流用できることだ。例えば、よくある例として、人間のキャラクター全員で同じスケルトンを共有できる。アニメーターが1つのスケルトンに対してアニメーションを作ると、すべてのキャラクターを、そのアニメーションで動かすことができる。

また、Autodesk MayaやBlenderなど、多くの主要な3Dモデルオーサリングツールが、スケルタルアニメーションをサポートしている。アーティストは、これらのツールでキャラクターのスケルトンとアニメーションを作成できる。そして、3Dモデルと同じく、エクスポータープラグインを書けば、ゲームで使うフォーマットでエクスポートすることができる。本書では、3Dモデルと同じくJSONベースのファイルフォーマットを使う（前に述べたように、本書GitHubリポジトリの`Exporter`ディレクトリにUnreal Engine向けエクスポーターを入れてある[訳注2]）。

この節の残りで、スケルタルアニメーションを動かす上位の概念と数学を見ていく。そして、次の節でスケルタルアニメーションの実装の詳細に入る。

12.1.1 スケルトンとポーズ

スケルトン（skeleton）は、ボーンの階層構造（またはツリー）で表現するのが普通だ。**ルートボーン**（root bone）は、階層構造の起点であり、親ボーンを持たない。その他のボーンは、どれも親ボーンを1つ持つ。人型キャラクターの簡単なスケルトン階層構造が、図12.1だ。背骨（spine）はルートボーンの子であり、左右のヒップ（hip）は、背骨ボーンの子である。

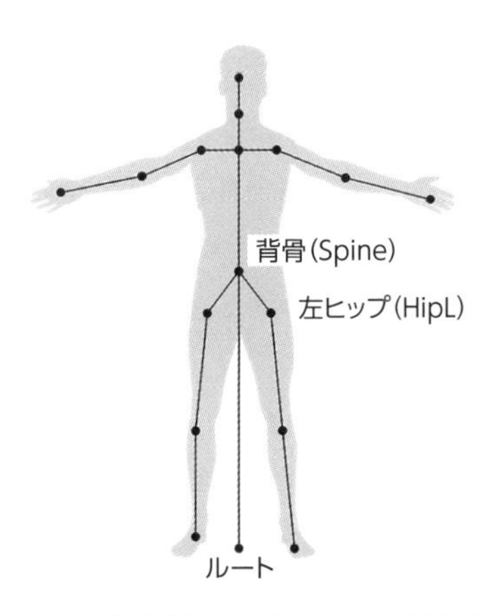

図12.1 キャラクターの基本的なスケルトン。一部のボーンでラベルを示す

訳注1 参考文献にあるJason Gregoryの本では、「スキンアニメーション」および「関節」が使われている（同書の第11章）。

訳注2 203ページの訳注でも述べたが、Unreal Engine 向けエクスポーターはまだ提供されていない。今後、Exporterフォルダーにポストされるものと予想される（2018 年10月現在）。

このボーン階層構造で、人体の構造を表現する。例えば、ヒトが自分の肩を回転させると、腕の残りの部分は、その回転に従う。スケルトンで、これを表現するには、肩ボーンは肘ボーンの親、肘ボーンは手首ボーンの親、手首ボーンは複数の指ボーンの親にすればよい。

スケルトンの**ポーズ**（pose）は、スケルトンの姿勢の1つを表現する。例えば、キャラクターが手を振って挨拶するなら、アニメーションデータは、キャラクターが手のボーンを上げるポーズを持つ。アニメーションは、スケルトンが遷移するポーズの列に他ならない。

バインドポーズ（bind pose）は、アニメーションを適用する前の、スケルトンのデフォルトのポーズだ。バインドポーズは**Tポーズ**とも呼ばれる。それは、キャラクターの体を図12.1のようなTの字形にするバインドポーズがよく使われるからだ。キャラクターは、このバインドポーズの姿勢でモデリングされる。

バインドポーズがTの字である理由は、この章で後述するように、それがボーンと頂点を結び付けやすい姿勢だからだ。

スケルトンでは、ボーンの親子関係だけでなく、各ボーンの位置と向きも指定する必要がある。3Dモデルでは、モデルのオブジェクト空間の原点からの相対位置で、各頂点の座標位置を表す。また、多くの人型キャラクターで、オブジェクト空間の原点は、バインドポーズのキャラクターの両足の間に置かれる。オブジェクト空間の原点は、スケルトンのルートボーンが置かれる位置である。

ボーンの位置と方向を記述するには2つの表現がある。**グローバルポーズ**（global pose）は、オブジェクト空間の原点からの相対表現で、親ボーンからの相対表現が**ローカルポーズ**（local pose）だ。ルートボーンは親がないので、ローカルポーズとグローバルポーズが等しい。言い換えると、ルートボーンの位置と方向は、常にオブジェクト空間原点からの相対となる。

ボーンのローカルポーズのデータはどのように扱えばいいだろうか。位置と方向の表現には、変換行列を使える。ボーンのローカルポーズ行列が、そのボーンのローカル座標を、親のボーンのローカル座標に変換する。

それぞれのボーンのローカルポーズ行列と、階層構造の親子関係がわかれば、ボーンのグローバルポーズ行列を計算できる。例えば、背骨（spine）の親がルートボーンならば、背骨のローカルポーズ行列は、ルートボーンからの位置と方向である。そして、ルートボーンのローカルポーズ行列は、グローバルポーズ行列と同じだ。ゆえに、背骨のローカルポーズ行列（ $[SpineLocal]$ ）に、ルートボーンのグローバルポーズ行列（ $[RootGlobal]$ ）を掛ければ、背骨のグローバルポーズ行列（ $[SpineGlobal]$ ）が得られる。

$$[SpineGlobal] = [SpineLocal][RootGlobal]$$

背骨のグローバルポーズ行列があれば、背骨のローカル座標の点を、オブジェクト空間に変換できる。

同様に、背骨を親とする左の大腿骨すなわち左ヒップ（HipL）のグローバルポーズ行列

（$[HipLGlobal]$）は、次のように計算できる。

$$[HipLGlobal] = [HipLLocal][SpineLocal][RootGlobal]$$

$$[HipLGlobal] = [HipLLocal][SpineGlobal]$$

ローカルポーズがあれば、いつでもグローバルポーズに変換できるので、ローカルポーズだけ保存すれば十分だと思うかもしれない。だが、グローバル形式で保存することで、毎フレームの計算量を減らすことができる。

ボーンのポーズを保存するには行列が使えるが、ボーンの位置と方向を、アクターと同じように、平行移動ベクトルと回転クォータニオンに分けよう。なぜなら、クォータニオンを使ってボーンを回転すれば、より正確に補間できるからだ。なお、スケーリングは省略できる。ボーンの拡大や縮小は、マンガのような誇張されたアニメーションでないと見かけないからだ。

ボーンの位置と方向は、次のBoneTransform構造体に、まとめて格納する。

```
struct BoneTransform
{
    Quaternion mRotation;
    Vector3 mTranslation;
    // 行列に変換
    Matrix4 ToMatrix() const;
};
```

ToMatrix関数は、行列への変換をする。メンバー変数から回転と平行移動の行列を作り、それらを掛け合わせる。この関数が必要な理由は、途中の計算でクォータニオンとベクトルを使うにしても、最終的なグラフィックスのコードとシェーダーでは行列が必要だからだ。

スケルトン全体の定義には、すべてのボーンについて、名前と親ボーンと「ボーン変換」（bone transform）が必要だ。ボーン変換として保持するのは、バインドポーズにおけるローカルポーズ（各ボーンの親からの変換）である。

これらを格納する方法の1つがC/C++の配列だ。インデックス0が、ルートボーンに対応し、それに続くボーンでは、それぞれの親をインデックス番号で指定する。図12.2の例では、インデックス1に格納される背骨は、ルートボーンが親なので、親インデックスは0になっている。同様に、インデックス2と3に格納される左右ヒップの親インデックスは、どちらも1である。

インデックス	0	1	2	3	4
ボーン	名前：ルート 親：-1 ローカルポーズ	名前：背骨 親：0 ローカルポーズ	名前：左ヒップ 親：1 ローカルポーズ	名前：右ヒップ 親：1 ローカルポーズ	…

図12.2　ボーンの配列として表現されたスケルトン

以上の情報から、次のBone構造体が定義される。この構造体にはローカルポーズのボーン変換と、ボーンの名前と、親インデックスが含まれる。

```
struct Bone
{
    BoneTransform mLocalBindPose;
    std::string mName;
    int mParent;
};
```

次に、ボーンの集合をstd::vectorで定義する。ボーンはスケルトンの並びの順に追加する。つまり、ルートボーンの親インデックスは-1にセットするが、他のボーンでは配列のインデックスで親を取得できる。後の計算を容易にするため、親は子よりも、必ず先に追加しよう（親のインデックスは子のインデックスよりも小さくなる）。例えば、左ヒップは背骨の子なので、左ヒップのインデックスは背骨のインデックスよりも必ず大きい。

スケルトンデータを保存するJSONベースのファイルフォーマットには、この表現が直接反映される。リスト12.1のスケルトンファイル（の一部）では、最初の2つのボーンは、"root"と"pelvis"（骨盤）だ。

リスト12.1 スケルトンデータファイルの先頭

```
{
    "version":1,
    "bonecount":68,
    "bones":[
        {
            "name":"root",
            "parent":-1,
            "bindpose":{
                "rot":[0.000000,0.000000,0.000000,1.000000],
                "trans":[0.000000,0.000000,0.000000]
            }
        },
        {
            "name":"pelvis",
            "parent":0,
            "bindpose":{
                "rot":[0.001285,0.707106,-0.001285,-0.707106],
                "trans":[0.000000,-1.056153,96.750603]
            }
        },
        // ...
    ]
}
```

12.1.2 逆バインドポーズ行列

ローカルなバインドポーズの情報を確保したので、各ボーンのグローバルポーズ行列は、すでに紹介した行列の掛け算で簡単に計算できる。ボーンのローカル座標系の位置座標は、グローバルポーズ行列を掛けるとオブジェクト空間に変換される。ただし、スケルトンがバインドポーズをとっていることが前提である。

ボーンの**逆バインドポーズ行列**（inverse bind pose matrix）は、グローバルバインドポーズ行列の逆行列である。オブジェクト空間の位置座標に、逆バインドポーズ行列を掛けると、その座標は、ボーンのローカル座標系に変換される。これが便利なのは、モデルの頂点はオブジェクト空間でバインドポーズを構成するからだ。すなわち、逆バインドポーズ行列を使えば、表示するモデルの頂点を、そのボーンの（バインドポーズでの）ローカル座標系へと変換できる。

例えば、背骨（spine）のグローバルなバインドポーズ行列は、次のように計算できる。

$$[SpineBind] = [SpineLocalBind][RootBind]$$

逆バインドポーズ行列は、次の式で計算できる。

$$[SpineInvBind] = [SpineBind]^{-1} = ([SpineLocalBind][RootBind])^{-1}$$

逆バインドポーズ行列は、2段階で計算するのが簡単だ。まず、前項で述べた乗算の手順で、各ボーンのグローバルバインドポーズ行列を計算する。次に、それぞれの行列の逆行列を計算すると、逆バインドポーズ行列が得られる。

逆バインドポーズ行列は、決して変化しないので、スケルトンをロードする時だけ計算すればよい。

12.1.3 アニメーションデータ

バインドポーズを各ボーンのローカルポーズで記述する方法で、どんなポーズでも記述できる。「現在のポーズ」は、各ボーンのローカルポーズの集合である。そして、**アニメーション**（animation）とは、時間の経過に応じて演じられるポーズの連なりである。バインドポーズと同じく、これらのボーンのローカルポーズは、必要に応じてグローバルポーズに変換できる。

アニメーションのデータは、ボーン変換の2次元配列として保存できる。行がボーンに対応し、列がアニメーションのフレームに対応する。

このように、フレームを基準としてアニメーションを保存する場合、アニメーションのフレームレートがゲームのフレームレートに必ずしも対応しないという問題がある。例えばゲームの更新が60FPSでも、アニメーションの更新は30FPSかもしれない。アニメーションの実行コードでアニメーションの継続時間をフレームごとのデルタタイムで管理するなら、更新時刻が来た時にアニメーションを切り替えればよい。2つのフレームを補間するアニメーションの実装が必要になったら、次のように補間する静的関数をBoneTransformに追加しよう。

```
BoneTransform BoneTransform::Interpolate(const BoneTransform& a,
    const BoneTransform& b, float f)
{
    BoneTransform retVal;
    retVal.mRotation = Quaternion::Slerp(a.mRotation, b.mRotation, f);
    retVal.mTranslation = Vector3::Lerp(a.mTranslation,
    b.mTranslation, f);
    return retVal;
}
```

2つのフレームの間の状態を表示する場合は、それぞれのボーン変換をこの関数で補間することで、毎回のローカルポーズが得られる。

12.1.4 スキニング

アニメーションの**スキニング**（skinning）は、3Dモデルの頂点（スキン）を、スケルトンでその頂点に対応する1つ以上のボーンに割り当てて表示する方法だ（皮膚を貼り付けるように）。頂点に割り当てられているボーンの位置と方向が、頂点の表示位置に影響を及ぼす。ボーンの割り当ては変更されないので、スキニング情報は各頂点に持たせる属性の1つである。

スキニングのよくある実装では、それぞれの頂点が最大4個のボーンと関連を持つことができる。これらの関連に、それぞれ「重み」（weight）を持たせて、各頂点に対してそれぞれのボーンが及ぼす影響を分配する。重みの合計は1でなければならない。例えば、キャラクターの胴体の左下にある頂点に、背骨と左ヒップが影響を及ぼすとしよう。その頂点が背骨に近ければ、背骨ボーンの重みを0.7、ヒップの重みを0.3という具合にする。もし頂点に影響を与えるボーンが（よくあることだが）1つだけなら、そのボーンの重みは1.0になる。

ボーンとスキニングの重みを頂点属性に追加する方法は、まだ気にしなくていい。まずは、各頂点にただ1つのボーンが影響を与える場合を考えよう。頂点バッファに格納される頂点はオブジェクト空間の位置座標を持つ。これはバインドポーズの座標だ。このモデルを現在のポーズ P で描画するには、それぞれの頂点を、オブジェクト空間のバインドポーズから、オブジェクト空間の現在のポーズ P に変換しなくてはならない。

具体的な例として、頂点 v に影響を与えるボーンが背骨だけだとする。この背骨の逆バインドポーズ行列は、すでに計算済みである。さらに、現在のポーズ P での背骨のグローバルポーズ行列も、アニメーションデータから計算できる。v をオブジェクト空間の現在のポーズに変換するには、まずそれを、バインドポーズの背骨が持つローカル空間に変換する。それから、その座標を現在のポーズのオブジェクト空間に変換する。数式で書くと次のようになる。

$$v_{InCurrentPose} = v\left([SpineBind]^{-1}[SpineCurrentPose]\right)$$

次に、v に影響を与えるボーンが2つ存在する場合を考えよう。背骨は0.75の重みを持ち、左ヒップは0.25の重みを持つとしよう。現在のポーズの v を計算するには、現在のポーズで各ボーンの頂点位置を別々に計算してから、重みを掛けて合成する。

$$v_0 = v\left([SpineBind]^{-1}[SpineCurrentPose]\right)$$
$$v_1 = v\left([HipLBind]^{-1}[HipLCurrentPose]\right)$$
$$v_{InCurrentPose} = 0.75 \cdot v_0 + 0.25 \cdot v_1$$

4つのボーンが影響を与える頂点にも、この計算を応用できるだろう。

背骨のようなボーンは、キャラクターモデルの数百の頂点に影響を与える。背骨の逆バインドポーズ行列と、現在のポーズの行列との乗算を、これらのすべての頂点で行うのは冗長だ。なぜなら、1つのフレームの中で、この乗算の結果は決して変化しないからだ。解決策として、**行列パレット**（matrix palette）と呼ばれる「行列の配列」を作る。この配列の、それぞれの要素には、そのインデックスに対応するボーンの、逆バインドポーズ行列と現在のポーズの行列との積が格納される。

例えば、ボーン配列のインデックス1が背骨なら、行列パレットのインデックス1には、次の行列が格納される。

$$MatrixPalette[1] = [SpineBind]^{-1}[SpineCurrentPose]$$

こうすれば、背骨の影響を受ける頂点は、どれも、あらかじめ計算された行列を、このパレットから取り出して使い回せる。背骨だけから影響を受ける頂点の場合、その位置は次のように変換される。

$$v_{InCurrentPose} = v(MatrixPalette[1])$$

行列パレットを使うことで、毎フレームで何千もの余分な行列乗算を節約できる。

12.2 スケルタルアニメーションの実装

これで数学的な基礎ができた。次は、ゲームにスケルタルアニメーションを追加しよう。まずは、スキンを持つモデルに必要な、新しい頂点属性（ボーンの影響と重み）を追加してから、そのモデルをバインドポーズで描画する。次に、スケルトンをロードして、それぞれのボーンの逆バインドポーズ行列を計算していく。それから、アニメーションの現在のポーズの行列を計算し、行列パレットに保存する。これで、アニメーションの最初のフレームにおけるモデルを描画することが可能になる。そして最後に、デルタタイムによって更新されるアニメーションを実現しよう。

12.2.1 スキニング頂点属性での描画

モデルごとに頂点属性を変えて描画するのは、簡単そうに思えるが、第6章「3Dグラフィックス」のコードでは、ただ1つの頂点レイアウトを前提としていた。これまでの3Dモデルでは、位置と法線とテクスチャ座標の頂点レイアウトを使っていた。スキニングのサポートをするためにこれらに頂点属性を追加するには、かなり多くの変更が必要になる。

まず、`Skinned.vert`という新しい頂点シェーダーを作成する（シェーダーはC++ではなくGLSLで書く）。新しいフラグメントシェーダーは必要ない。なぜなら、ライティングの計算に、第6章のPhongフラグメントシェーダーがそのまま使えるからだ。`Skinned.vert`の作成は、`Phong.vert`のコピーから始める。今回の頂点シェーダーでは、入力される頂点に期待される頂点レイアウトを指定しなければならないので、`Skinned.vert`の頂点レイアウト宣言を、次のように変更する。

```
layout(location = 0) in vec3 inPosition;
layout(location = 1) in vec3 inNormal;
layout(location = 2) in uvec4 inSkinBones;
layout(location = 3) in vec4 inSkinWeights;
layout(location = 4) in vec2 inTexCoord;
```

この宣言は、頂点レイアウトに3個の`float`による位置、3個の`float`による法線、この頂点に影響を与えるボーンを表す4個の符号なし整数、それらのボーンによる影響を配分する重みを表す4個の`float`、そして2個の`float`によるテクスチャ座標があることを表している。

これまでの頂点レイアウトでは、すべての値（位置と法線とテクスチャ座標）に、各4バイトの単精度の`float`を使ってきた（図 6.2）。したがって、古い頂点レイアウトのサイズは32バイトだった。スキニングの重みに単精度の`float`を使い、スキニングにかかわるボーンに32ビットの整数を使うと、さらに32バイト増えるので、新しい頂点レイアウトでは各頂点で使うメモリのサイズが2倍になる。

そこで、モデルのボーンの数を256個までに制限する。そうすれば、影響を受けるボーンの整数表現は0から255までとなり、1バイトに収まる。これで、`inSkinBones`のサイズは16バイトから4バイトに減る。さらに、スキニングの重みも0から255までの整数で表現しよう。そして、OpenGLの自動正規化処理で、0から255までの範囲を、0.0から1.0までの浮動小数点数に変換させる。これで`inSkinWeights`のサイズも4バイトに減る。以上で、頂点データのサイズは、元の32バイトに、スキニングのボーンと重みの8バイトを加えたものになる。図12.3が、そのレイアウトだ。

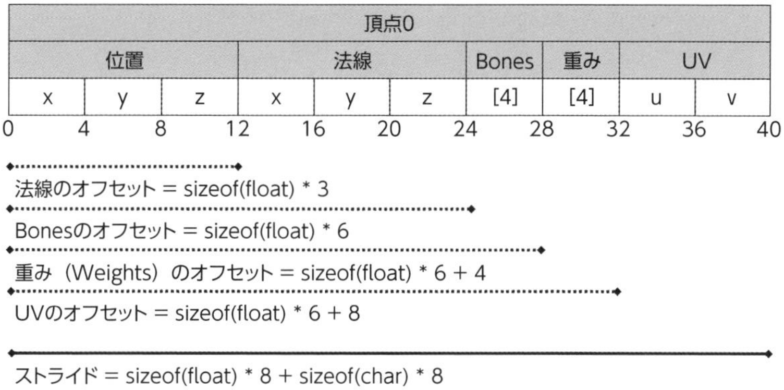

頂点0									
位置			法線			Bones	重み	UV	
x	y	z	x	y	z	[4]	[4]	u	v

0 4 8 12 16 20 24 28 32 36 40

法線のオフセット = sizeof(float) * 3

Bonesのオフセット = sizeof(float) * 6

重み（Weights）のオフセット = sizeof(float) * 6 + 4

UVのオフセット = sizeof(float) * 6 + 8

ストライド = sizeof(float) * 8 + sizeof(char) * 8

図12.3　ボーンの影響と重みを加えた頂点レイアウト

`inSkinBones`と`inSkinWeights`でメモリ消費を削減しても、シェーダーのコードにこれ以上の変更は要らない。C++のコードで頂点配列の属性を定義する時に、属性に対応するサイズを指定する必要があるだけだ。第5章「OpenGL」で学んだように、頂点配列属性は、`VertexArray`コンストラクターで定義される。複数の頂点レイアウトをサポートするために、`VertexArray.h`で宣言している`VertexArray`クラスに、新しい列挙型を追加しよう。

```
enum Layout
{
    PosNormTex,
    PosNormSkinTex
};
```

さらに、`VertexArray`のコンストラクターを修正して、引数で`Layout`を受け取るようにする。そして、コンストラクターのコードの中でレイアウトをチェックして、どのように頂点配列属性を定義すべきかを決める。レイアウトが`PosNormTex`の場合は、以前の頂点属性を使う。レイアウトが`PosNormSkinTex`ならば、リスト12.2のレイアウトを使う。

リスト12.2　VertexArrayコンストラクターで行う頂点属性の定義

```
if (layout == PosNormTex)
{ /* 第6章から ... */ }
else if (layout == PosNormSkinTex)
{
    // 位置：3個の float
    glEnableVertexAttribArray(0);
    glVertexAttribPointer(0, 3, GL_FLOAT, GL_FALSE, vertexSize, 0);
    // 法線：3個の float
    glEnableVertexAttribArray(1);
    glVertexAttribPointer(1, 3, GL_FLOAT, GL_FALSE, vertexSize,
```

```
        reinterpret_cast<void*>(sizeof(float) * 3));

    // スキニングのボーン（整数のまま）
    glEnableVertexAttribArray(2);
    glVertexAttribIPointer(2, 4, GL_UNSIGNED_BYTE, vertexSize,
        reinterpret_cast<void*>(sizeof(float) * 6));
    // スキニングの重み（floatに変換）
    glEnableVertexAttribArray(3);
    glVertexAttribPointer(3, 4, GL_UNSIGNED_BYTE, GL_TRUE, vertexSize,
        reinterpret_cast<void*>(sizeof(float) * 6 + 4));

    // テクスチャ座標
    glEnableVertexAttribArray(4);
    glVertexAttribPointer(4, 2, GL_FLOAT, GL_FALSE, vertexSize,
        reinterpret_cast<void*>(sizeof(float) * 6 + 8));
}
```

最初の2つの属性（位置と法線）は、第6章のままである。glVertexAttribPointerの引数は、属性の番号、要素数、（メモリでの）型、OpenGLが値を正規化すべきかのフラグ、頂点属性のサイズ（ストライド）、そして、頂点の先頭からこの属性までのバイトオフセットだ。位置と法線は、どちらも3個のfloat値である。

次に、スキニングに使うボーンと重みの属性を定義する。ボーンのためのglVertexAttribIPointerは、シェーダーの整数値を扱う関数だ。inSkinBonesの定義で4個の符号なし整数を使うが、通常の"Attrib"バージョンではなく、"AttribI"の関数を使う必要がある。GL_UNSIGNED_BYTEは、個々の整数が（0から255までの）符号なしバイトであることを指定する。重みについては、それぞれがメモリに符号なしバイトで格納されているが、これらを符号なしバイト値から、0.0から1.0までの正規化された浮動小数点値に変換すべきことを指定する。

最後のテクスチャ座標の宣言は第6章のものと同じだが、頂点レイアウトでの位置が後方にずれたので、オフセットが変わっている。

頂点属性の定義を終えたら、次はスキニングの頂点属性を持つgpmeshファイルを読み込めるように、Meshのコードを更新する（長くなるので、ファイルをロードするコードは省く。完全なソースコードは、この章のゲームプロジェクトに入っている）。

そして、SkeletalMeshComponentクラスを、リスト12.3のように宣言する。今のところ、基底クラスのMeshComponentから継承するどの振る舞いもオーバーライドしていない。したがって、現在のDraw関数は、単にMeshComponent::Drawを呼び出すだけだが、アニメーションの再生を始める際に修正しよう。

リスト12.3 SkeletalMeshComponentの宣言

```
class SkeletalMeshComponent : public MeshComponent
{
public:
    SkeletalMeshComponent(class Actor* owner);
    // メッシュコンポーネントを描画
    void Draw(class Shader* shader) override;
};
```

また、Rendererクラスで、通常のメッシュとスケルタルメッシュの扱いを分ける必要がある。具体的には、SkeletalMeshComponentのポインタを入れるstd::vectorを、別に作る。そして、AddMesh、RemoveMesh関数も書き換える。Renderer::AddMeshでは、与えられたメッシュを、通常のMeshComponent*配列か、SkeletalMeshComponent*配列の、どちらかに追加する（この機能のために、メッシュがスケルタルかどうかを示すmIsSkeletalメンバー変数を、MeshComponentに追加しよう）。

次に、Renderer::LoadShaderでスキニング頂点シェーダーとPhongフラグメントシェーダーをロードし、それらのシェーダープログラムをmSkinnedShaderメンバー変数に保存する。

最後に、Renderer::Drawでは、通常のメッシュを描画したあと、すべてのスケルタルメッシュを描画する。このコードは第6章で見た通常のメッシュを描画するコードとほとんど同じだが、次のように、スケルタルメッシュ用のシェーダーを使う点が異なる。

```
// スキンメッシュがあれば、ここで描画する
mSkinnedShader->SetActive();
// ビュー射影行列を更新
mSkinnedShader->SetMatrixUniform("uViewProj", mView * mProjection);
// ライティングのuniformを更新
SetLightUniforms(mSkinnedShader);
for (auto sk : mSkeletalMeshes)
{
    if (sk->GetVisible())
    {
        sk->Draw(mSkinnedShader);
    }
}
```

これらすべてのコードを書けば、図12.4のように、スキニング頂点属性を持つモデルを描画できる。この章で使っているキャラクターモデルは、Pior Oberson氏が作ったFeline Swordsman（トラの剣士）モデルだ。このモデルのファイルは、この章のゲームプロジェクトのAssetsディレクトリにある、CatWarrior.gpmeshである。

このキャラクターが右を向いているのは、モデルのバインドポーズが $+y$ 軸を向いているのに対して、この本のゲームは $+x$ を前方としているからだ。だが、アニメーションはすべて、

このモデルを $+x$ に向けて回転させているため、アニメーションを再生すれば、モデルは正しい方向を向く。

図12.4 バインドポーズの「トラの剣士」モデルを描画

12.2.2 スケルトンをロードする

スキニングしたモデルを描画できるようになったので、次のステップはスケルトンのロードだ。スケルトンの`gpskel`ファイルのフォーマットは、(リスト12.1に示したように)バインドポーズにおけるすべてのボーンについて、ボーンと、その親と、ローカルポーズ変換を定義したものだ。スケルトンデータをカプセル化するため、リスト12.4に示す`Skeleton`クラスを宣言する。

リスト12.4 Skeletonの宣言

```
class Skeleton
{
public:
    // スケルトンにある個々のボーンの定義
    struct Bone
    {
        BoneTransform mLocalBindPose;
        std::string mName;
        int mParent;
    };

    // ファイルから読み込む
    bool Load(const std::string& fileName);

    // ゲッター
    size_t GetNumBones() const { return mBones.size(); }
    const Bone& GetBone(size_t idx) const { return mBones[idx]; }
    const std::vector<Bone>& GetBones() const { return mBones; }
```

```
    const std::vector<Matrix4>& GetGlobalInvBindPoses() const
        { return mGlobalInvBindPoses; }
protected:
    // すべてのボーンの、グローバルな
    // 逆バインドポーズ行列を計算する
    //（スケルトンのロード時に呼び出される）
    void ComputeGlobalInvBindPose();
private:
    // スケルトンのボーン配列
    std::vector<Bone> mBones;
    // ボーンのグローバルな逆バインドポーズ行列
    std::vector<Matrix4> mGlobalInvBindPoses;
};
```

Skeletonのメンバー変数に、すべてのボーンのstd::vectorと、グローバルな逆バインドポーズ行列std::vectorの、両方を格納する。Load関数には、あまり特筆すべきことはない。これは、gpskelファイルを解析して、上記のフォーマットのボーン配列に変換するだけだ（他のJSONファイルをロードするコードと同様、コードを略しているが、本書のGitHubリポジトリには、プロジェクトのコードに入っている）。

スケルトンファイルをロードしたら、Load関数はComputeGlobalInvBindPose関数を呼び出す。この関数では、行列計算をして逆バインドポーズ行列を計算する。この計算には、この章ですでに説明した2段階のアプローチを使う。まずは、各ボーンのグローバルバインドポーズ行列を計算し、次にそれらの行列の逆行列をとることで、各ボーンの逆バインドポーズ行列を得る。リスト12.5が、ComputeGlobalInvBindPoseの実装だ。

リスト12.5 ComputeGlobalInvBindPoseの実装

```
void Skeleton::ComputeGlobalInvBindPose()
{
    // ボーンの数で配列の要素数を変更する。自動的に ID が記入される
    mGlobalInvBindPoses.resize(GetNumBones());

    // ステップ 1: 各ボーンの
    // グローバルバインドポーズを計算する。
    // ルートのグローバルバインドポーズだけは
    // ローカルバインドポーズと同じ
    mGlobalInvBindPoses[0] = mBones[0].mLocalBindPose.ToMatrix();

    // 残りのボーンのグローバルバインドポーズは、
    // ローカルポーズに親のグローバルポーズを掛けたもの
    for (size_t i = 1; i < mGlobalInvBindPoses.size(); i++)
    {
        Matrix4 localMat = mBones[i].mLocalBindPose.ToMatrix();
        mGlobalInvBindPoses[i] = localMat *
```

```
            mGlobalInvBindPoses[mBones[i].mParent];
    }

    // ステップ 2: 各行列の逆行列を求める
    for (size_t i = 0; i < mGlobalInvBindPoses.size(); i++)
    {
        mGlobalInvBindPoses[i].Invert();
    }
}
```

Gameクラスでは、データファイルを読み込むコードに共通するパターンを使って、Skeltonポインタのstd::unordered_mapを追加し、その連想配列にスケルトンをロードするコードと、スケルトンを連想配列から取り出すコードを追加する。

最後に、それぞれのSkeletalMeshComponentも、自分が割り当てられるスケルトンを知る必要があるので、そのメンバーデータにSkeletonポインタを追加する。そして、SkeletalMeshComponentオブジェクトを作成する時、その変数にスケルトンを代入する。

残念ながら、Skeletonのコードを追加しただけでは、ただキャラクターのモデルをバインドポーズで描画するのと、外見上の違いはない。違いを出すには、まだ処理を追加する必要がある。

12.2.3 アニメーションデータをロードする

本書のアニメーションファイルのフォーマットは、やはりJSONだ。先頭には基本的な情報として、アニメーションのフレーム数、期間（秒数）、スケルトンのボーン数が入る。ファイルの残りの部分は、ボーンを動かすローカルポーズの情報である。このファイルはデータを**トラック**（track）で組織する。トラックには、それぞれボーンのフレームごとのポーズ情報が含まれる（トラックという言葉はビデオやサウンドなどの、タイムラインベースのエディターに由来する）。スケルトンに10個のボーンがあり、アニメーションが50フレームの長さなら、合計10本のトラックのそれぞれに、それぞれのボーンのための50個のポーズがある。リスト12.6は、gpanimデータフォーマットの基本的なレイアウトだ。

リスト12.6 アニメーションデータファイルの先頭部分

```
{
    "version":1,
    "sequence":{
        "frames":19,
        "duration":0.600000,
        "bonecount":68,
        "tracks":[
            {
                "bone":0,
                "transforms":[
```

```
                {
                    "rot":[-0.500199,0.499801,-0.499801,0.500199],
                    "trans":[0.000000,0.000000,0.000000]
                },
                {
                    "rot":[-0.500199,0.499801,-0.499801,0.500199],
                    "trans":[0.000000,0.000000,0.000000]
                },
                // フレーム数だけ変換データがある
                // ...
            ],
            // それぞれのボーンのトラックがある
            // ...
        }
    ]
  }
}
```

どのボーンにも必ずトラックがあるとは限らない。それぞれのトラックがボーンインデックスから始まるのは、そのためだ。例えば、指のアニメーションがなければ、指のボーンは、トラックを持たない。ただし、もしボーンがトラックを持つなら、すべてのフレームにローカルポーズが必要だ。

また、各トラックの最後に最初のフレームと同じアニメーションデータを入れた。このため、上記の例は19フレームで、長さが0.6秒とあるが、最後のフレームは実際には最初のフレームのコピーである。だから実際には18フレームのアニメーションで、フレームレートは、ぴったり30FPSとなる。重複するフレームを持たせているのは、ループの実装を少しだけ簡単にするためだ。

スケルトンと同様、ロードしたアニメーションデータを格納するために、新たにAnimationクラスを宣言する。リスト 12.7が、Animationクラスの宣言だ。メンバー変数には、アニメーションのボーン数、フレーム数、秒での長さ、そして各ボーンのポーズ情報を格納したトラックがある。JSONベースの他のファイルフォーマットと同じく、データをロードするコードを省いているが、Animationクラスに格納されるデータは、gpanimファイルのデータを、そのまま反映している。

リスト 12.7 Animationの宣言

```
class Animation
{
public:
    bool Load(const std::string& fileName);

    size_t GetNumBones() const { return mNumBones; }
```

```
    size_t GetNumFrames() const { return mNumFrames; }
    float GetDuration() const { return mDuration; }
    float GetFrameDuration() const { return mFrameDuration; }

    // 渡された配列にグローバルポーズ行列を記入する。
    // 指定された時刻における、各ボーンの現在の
    // グローバルポーズの行列である
    void GetGlobalPoseAtTime(std::vector<Matrix4>& outPoses,
        const class Skeleton* inSkeleton, float inTime) const;
private:
    // アニメーションのボーン数
    size_t mNumBones;
    // アニメーションのフレーム数
    size_t mNumFrames;
    // アニメーションの長さ（秒数）
    float mDuration;
    // アニメーションの各フレームの長さ
    float mFrameDuration;
    // 各フレームの変換情報をトラックに格納：
    // 外側の配列のインデックスはボーン、
    // 内側の配列のインデックスはフレーム
    std::vector<std::vector<BoneTransform>> mTracks;
};
```

GetGlobalPoseAtTime関数の仕事は、指定された時刻inTimeでのスケルトンの各ボーンのグローバルポーズ行列を計算することだ。グローバルポーズ行列は、outPosesで指定されたグローバル行列のstd::vectorに書き出される。ひとまず、inTimeパラメーターを無視して、フレーム0に固定してGetGlobalPoseAtTime関数をハードコーディングしてみよう。これができれば、アニメーションの最初のフレームが正しく描画される。この章の最後の「アニメーションを更新する」セクションで、再びGetGlobalPoseAtTimeに戻り、正しく実装していこう。

各ボーンのグローバルポーズの計算には、以前と同じアプローチを使う。最初にルートボーンのグローバルポーズを設定する。それに続くボーンのグローバルポーズは、それ自身のローカルポーズに、その親のグローバルポーズを掛けたものである。mTracksの第1インデックスはボーンのインデックスに対応し、第2インデックスはアニメーションのフレームに対応する。現状の最初のバージョンのGetGlobalPoseAtTimeでは、リスト12.8に示すように、第2インデックスを0に固定する（アニメーションの最初のフレームだ）。

リスト12.8 GetGlobalPoseAtTimeの最初のバージョン

```
void Animation::GetGlobalPoseAtTime(std::vector<Matrix4>& outPoses,
    const Skeleton* inSkeleton, float inTime) const
{
    // 必要ならば outPoses 配列の要素数を再設定する
    if (outPoses.size() != mNumBones)
```

```
    {
        outPoses.resize(mNumBones);
    }

    // 今は、どのボーンのポーズもフレーム 0 で計算するだけ
    const int frame = 0;
    // ルートのポーズを設定する
    // ルートはトラックを持っているか？
    if (mTracks[0].size() > 0)
    {
        // ルートのグローバルポーズはローカルポーズと同じ
        outPoses[0] = mTracks[0][frame].ToMatrix();
    }
    else
    {
        outPoses[0] = Matrix4::Identity;
    }

    const std::vector<Skeleton::Bone>& bones = inSkeleton->GetBones();
    // 他のすべてのボーンのグローバルポーズ行列を計算する
    for (size_t bone = 1; bone < mNumBones; bone++)
    {
        Matrix4 localMat; // デフォルトで単位行列になる
        if (mTracks[bone].size() > 0)
        {
            localMat = mTracks[bone][frame].ToMatrix();
        }

        outPoses[bone] = localMat * outPoses[bones[bone].mParent];
    }
}
```

すべてのボーンがトラックを持つとは限らないので、GetGlobalPoseAtTimeは、そのボーンにトラックがあるのか最初にチェックする。トラックがなければ、そのボーンのローカルポーズ行列は単位行列のままになる。

次に、今まで使ってきたパターンに従って、データの連想配列と、データを連想配列にキャッシュするゲット関数を作ろう。ここで連想配列に保存されるのはAnimationポインタで、連想配列はGameに追加する。

同時に、SkeletalMeshComponentクラスに機能を追加する。すでに説明したように、行列パレットには、逆バインドポーズ行列に現在のポーズ行列を掛けた行列を格納する。そのパレットは、スキニングでの頂点位置の計算で使われる。SkeletalMeshComponentクラスは、アニメーションの再生を管理し、しかもスケルトンにアクセスできるので、このクラスに行列パレットを持たせるのがふさわしい。次のような、シンプルなMatrixPalette構造体として宣言しよう。

```
const size_t MAX_SKELETON_BONES = 96;
struct MatrixPalette
{
    Matrix4 mEntry[MAX_SKELETON_BONES];
};
```

ここではボーンの最大数に96という値を使ったが、ボーンのインデックスは0から255までの範囲なので、256まで設定できる。

次に、下記のメンバー変数をSkeletalMeshComponentに加える。現在のアニメーションを管理し、アニメーションの再生レート、現在の時刻、現在の行列パレットを保存する。

```
// 行列パレット
MatrixPalette mPalette;
// 今再生しているアニメーション
class Animation* mAnimation;
// アニメーションの再生レート（1.0が正常のスピード）
float mAnimPlayRate;
// アニメーションの現在の時刻
float mAnimTime;
```

それからリスト12.9のComputeMatrixPalette関数を作る。これは、ボーンのグローバルな逆バインドポーズ行列と、現在のグローバルポーズ行列を取得し、その2つを掛け合わせた結果を行列パレットに記入する。

リスト12.9 ComputeMatrixPaletteの実装

```
void SkeletalMeshComponent::ComputeMatrixPalette()
{
    const std::vector<Matrix4>& globalInvBindPoses =
        mSkeleton->GetGlobalInvBindPoses();
    std::vector<Matrix4> currentPoses;
    mAnimation->GetGlobalPoseAtTime(currentPoses, mSkeleton,
        mAnimTime);

    // 各ボーンのパレットを設定する
    for (size_t i = 0; i < mSkeleton->GetNumBones(); i++)
    {
        // グローバルな逆バインドポーズ行列と現在のポーズ行列の積
        mPalette.mEntry[i] = globalInvBindPoses[i] * currentPoses[i];
    }
}
```

最後に、Animationポインタと、アニメーションの再生レートを受け取るPlayAnimation関数を作る。この関数は、新しいメンバー変数を設定し、ComputeMatrixPaletteを呼び出したあと、アニメーションの長さを返す。

```
float SkeletalMeshComponent::PlayAnimation(const Animation* anim,
                                           float playRate)
{
    mAnimation = anim;
    mAnimTime = 0.0f;
    mAnimPlayRate = playRate;

    if (!mAnimation) { return 0.0f; }
        ComputeMatrixPalette();

    return mAnimation->GetDuration();
}
```

これで、アニメーションをロードし、そのアニメーションのフレーム0のポーズ行列を計算し、行列パレットを計算できるようになった。だが、読み込んだポーズは、まだ画面に出ない。それには、頂点シェーダーの修正が必要だ。

12.2.4 スキニング頂点シェーダー

第5章で学んだように、頂点シェーダープログラムには、頂点をオブジェクト空間からクリップ空間に変換する役割がある。スケルタルアニメーションの頂点シェーダーでは、ボーンの影響と現在のポーズも考慮して計算をする必要がある。まず、行列パレットのための新しいuniform宣言を、Skinned.vertに追加しよう。

```
uniform mat4 uMatrixPalette[96];
```

頂点シェーダーに行列パレットを持たせたら、スキニングの計算ができる。それぞれの頂点は、最大4つのボーンから影響を受けるので、4種類の位置を計算してから、それぞれのボーンの重みでブレンディングする必要がある。その後、座標をワールド空間に変換する。なぜなら、スキニングを行った頂点は、(バインドポーズではなくなるけれど) まだオブジェクト空間にあるからだ。

リスト12.10が、スキニング頂点シェーダープログラムのmain関数だ。inSkinBonesとinSkinWeightsは、4つのボーンのインデックスと、4つのボーンの重みである。x、yなどは、単純に第1のボーン、第2のボーンなどへアクセスする。スキニング後の頂点の位置座標をブレンディングしたら、その点をワールド空間に変換し、さらに射影してクリップ空間へと変換する。

リスト12.10 Skinned.vertのメイン関数

```
void main()
{
    // 位置を同次座標に変換
    vec4 pos = vec4(inPosition, 1.0);

    // 位置のスキニング
    vec4 skinnedPos =
                (pos * uMatrixPalette[inSkinBones.x]) * inSkinWeights.x;
    skinnedPos += (pos * uMatrixPalette[inSkinBones.y]) * inSkinWeights.y;
    skinnedPos += (pos * uMatrixPalette[inSkinBones.z]) * inSkinWeights.z;
    skinnedPos += (pos * uMatrixPalette[inSkinBones.w]) * inSkinWeights.w;

    // 位置をワールド空間に変換
    skinnedPos = skinnedPos * uWorldTransform;
    // ワールドポジションを保存
    fragWorldPos = skinnedPos.xyz;
    // クリップ空間に変換
    gl_Position = skinnedPos * uViewProj;

    // 頂点法線のスキニング
    vec4 skinnedNormal = vec4(inNormal, 0.0f);
    skinnedNormal =
          (skinnedNormal * uMatrixPalette[inSkinBones.x]) * inSkinWeights.x
        + (skinnedNormal * uMatrixPalette[inSkinBones.y]) * inSkinWeights.y
        + (skinnedNormal * uMatrixPalette[inSkinBones.z]) * inSkinWeights.z
        + (skinnedNormal * uMatrixPalette[inSkinBones.w]) * inSkinWeights.w;
    // 法線をワールド空間に変換 (w = 0)
    fragNormal = (skinnedNormal * uWorldTransform).xyz;
    // テクスチャ座標をフラグメントシェーダーに渡す
    fragTexCoord = inTexCoord;
}
```

頂点法線も同様にスキニングする必要がある。さもないと、キャラクターが動いた時のライティングがおかしくなる。

次に、C++コードの`SkeletalMeshComponent::Draw`に戻り、次のコードのように、`SkeletalMeshComponent`に行列パレットのデータを、GPUへ転送させる。

```
shader->SetMatrixUniforms("uMatrixPalette", &mPalette.mEntry[0],
      MAX_SKELETON_BONES);
```

`SetMatrixUniforms`関数は、uniformの名前と、`Matrix4`へのポインタと、アップロードすべき行列の数を受け取る。

これで、アニメーションの最初のフレームを描画するためのすべての準備が整った。図12.5が、`CatActionIdle.gpanim`アニメーションの最初のフレームである。これを含めて、この章のアニメーションは、どれもPior Obersonの作品である。

図12.5 「アイドリング」アニメーションの最初のフレームのキャラクター

12.2.5 アニメーションを更新する

スケルタルアニメーションシステムを完成させる最後のステップは、デルタタイムに応じてフレームごとにアニメーションを更新することだ。それには`Animation`クラスを変更して、アニメーションの経過時間に応じて適切なポーズをとらせるほか、`SkeletalMeshComponent`に`Update`関数を追加する必要もある。

`GetGlobalPoseAtTime`関数では、リスト12.11のように、アニメーションのフレーム0だけを使うハードコーディングをやめる。代わりに、各フレームの長さと経過時間（現在までの時間）をもとに、直前のフレーム（`frame`）と、次のフレーム（`nextFrame`）を算出する。それから、現在がその2つのフレームの間のどこに対応するのか表す、0.0から1.0までの値（`pct`）を計算する。これによって、アニメーションとゲームのフレームレートの違いに対応できる。この小数値が得られたら、グローバルポーズの計算は、ほとんど前と同じように計算できる。ただし、フレームに対応する`BoneTransform`を直接使うのではなく、`frame`と`nextFrame`の2つのボーン変換を補間して、適切な中間的ポーズを使う。

リスト12.11 GetGlobalPoseAtTimeの最終バージョン

```
void Animation::GetGlobalPoseAtTime(std::vector<Matrix4>& outPoses,
    const Skeleton* inSkeleton, float inTime) const
{
    if (outPoses.size() != mNumBones)
    {
        outPoses.resize(mNumBones);
    }
```

```
    // 現在と次のフレームインデックスを求める
    // (inTime の範囲を [0, AnimDuration] と想定)
    size_t frame = static_cast<size_t>(inTime / mFrameDuration);
    size_t nextFrame = frame + 1;
    // frame と nextFrame の間の小数値を計算
    float pct = inTime / mFrameDuration - frame;

    // ルートのポーズ設定
    if (mTracks[0].size() > 0)
    {
        // 現在のフレームのポーズと次のフレームとの間で補間をする
        BoneTransform interp = BoneTransform::Interpolate(mTracks[0][frame],
            mTracks[0][nextFrame], pct);
        outPoses[0] = interp.ToMatrix();
    }
    else
    {
        outPoses[0] = Matrix4::Identity;
    }

    const std::vector<Skeleton::Bone>& bones = inSkeleton->GetBones();
    // 残りのポーズを設定する
    for (size_t bone = 1; bone < mNumBones; bone++)
    {
        Matrix4 localMat; // (デフォルトでは単位行列)
        if (mTracks[bone].size() > 0)
        {
            BoneTransform interp =
            BoneTransform::Interpolate(mTracks[bone][frame],
                mTracks[bone][nextFrame], pct);
            localMat = interp.ToMatrix();
        }
        outPoses[bone] = localMat * outPoses[bones[bone].mParent];
    }
}
```

また、SkeletalMeshComponentにUpdate関数を追加する。

```
void SkeletalMeshComponent::Update(float deltaTime)
{
    if (mAnimation && mSkeleton)
    {
        mAnimTime += deltaTime * mAnimPlayRate;
        // 長さを超えたら巻き戻す
        while (mAnimTime > mAnimation->GetDuration())
        { mAnimTime -= mAnimation->GetDuration(); }

        // 行列パレットを再計算する
        ComputeMatrixPalette();
    }
}
```

ここでの処理は、デルタタイムとアニメーションの再生レートに従って、mAnimTimeを更新するだけだ。ただし、アニメーションのループ時に、mAnimTimeをラップアラウンド（巻き戻し）する。前に述べたように、アニメーションデータではトラックの最後に最初のフレームをコピーしてあるので、最後のフレームから最初のフレームへの遷移も正しく行われる。

最後に、UpdateでComputeMatrixPaletteを呼び出す。この関数はGetGlobalPoseAtTimeを使って、行列パレットを新しく計算する。

SkeletalMeshComponentもコンポーネントの一種なので、その所有者であるアクターが、フレームごとにUpdateを呼び出す。そしてゲームループの「出力生成」段階では、SkeletalMeshComponentが、その新しい行列パレットを使って描画する。ついに、アニメーションが画面で動き始める！

12.A ゲームプロジェクト

この章のゲームプロジェクトでは、スケルタルアニメーションを実装している。これにはSkeletalMeshComponentクラス、Animationクラス、Skeletonクラスのほか、スキニング頂点シェーダーも入っている。コードは本書のGitHubリポジトリにある。Chapter12ディレクトリで、WindowsではChapter12-windows.slnを、MacではChapter12-mac.xcodeprojを開こう。

この章のゲームプロジェクトは、キャラクターを見せるために、第9章「カメラ」の追跡カメラを使っている。FollowActorクラスがSkeletalMeshComponentを持っており、このクラスがアニメーションのコードを使う。[W] / [A] / [S] / [D] キーを使ってキャラクターを動かせる。キャラクターが静止している時も、アイドリングのアニメーションが再生される。プレイヤーがキャラクターを動かすと、走る姿のアニメーションが再生される（図12.6）。今のところ、この2つのアニメーションの間の遷移は、スムーズではないが、これは課題12.2で直そう。

図12.6　ゲームワールドを走るキャラクター

12.B まとめ

この章ではスケルタルアニメーションの概要を広範囲にカバーした。スケルタルアニメーションでは、キャラクターが剛体のスケルトン（骨格）を持っていて、アニメーションで、スケルトンを動かす。その動きに従って、頂点がスキン（皮膚）のように形を変える。スケルトンにはボーン（関節のある骨）の階層構造があり、ルート以外のすべてのボーンは、親のボーンを1つ持っている。

バインドポーズは、スケルトンの初期ポーズであり、アニメーションを行う前の姿勢である。バインドポーズの各ボーンのローカルな変換式を保存して、そのボーンの親に対する相対的な位置と方向を表現する（ローカルポーズ）。一方、グローバルポーズは、オブジェクト空間に対するボーンの位置と方向を表現する。ローカルポーズをグローバルポーズに変換するには、ローカルポーズに、その親のグローバルポーズを掛け合わせる。ルートボーンではローカルポーズとグローバルポーズが同じだ。

逆バインドポーズ行列は、それぞれのボーンのグローバルなバインドポーズ行列の、逆行列である。この行列は、バインドポーズのオブジェクト空間の座標を、そのボーンのバインドポーズにおけるローカル座標に変換する。

アニメーションは、時間の経過とともにポーズを変えて再生する。バインドポーズと同様に、アニメーションしたポーズの各ボーンのグローバルポーズ行列を計算できる。現在のポーズの行列を使うことによって、バインドポーズにあるボーンのローカル座標にある点を、現在のポーズにあるオブジェクト空間の点に変換できる。

行列パレットには、逆バインドポーズ行列と、現在のポーズの行列を掛け合わせた行列を格納する。オブジェクト空間におけるスキニングされた頂点の位置座標を計算するには、その頂点に影響を及ぼすボーンの行列パレットの値を使う。

12.C 参考文献

Jason Gregoryの本は、アニメーションシステムのより高度な話題である、アニメーションブレンディング、アニメーションデータの圧縮、逆運動学（inverse kinematics）などを説明している[訳注3]。

— Gregory, Jason. *Game Engine Architecture, 2nd edition*. Boca Raton: CRC Press, 2014.

12.D 練習問題

この章の課題では、アニメーションシステムに機能を追加する。課題12.1は、現在のポーズでのボーンの位置を取得する機能を追加する。課題12.2は、2つのアニメーションの間の遷移にブレンディングを追加する。

課題 12.1

アニメーション再生時にボーンの位置を取得できると便利だ。もしキャラクターが別のオブジェクトを手に持っていたら、アニメーションした時の手の位置が知りたいだろう。手の位置がわからなければ、そのアイテムを正しく持っていられないのだから！

アニメーションの進捗を知っているのは`SkeletalMeshComponent`なので、そのシステムは、`SkeletalMeshComponent`クラスに入れる必要がある。まず、メンバー変数に、現在のポーズ行列を格納する`std::vector`を追加する。そして、コードが`GetGlobalPoseAtTime`を呼び出す時に、現在のポーズ行列を、そのメンバー変数に保存する。

次に、`GetBonePosition`という関数を追加する。これは、ボーンの名前を受け取って、そのボーンの現在のポーズでのオブジェクト空間の位置を返す。これは、それほど難しくない。ゼロベクトルに、ボーンの現在のポーズ行列を掛ければ、そのボーンの現在のポーズにおけるオブジェクト空間の位置が得られる。これが上手くいくのは、ここでのゼロベクトルが、ボーンのローカル空間における原点の位置であり、現在のポーズ行列によって、オブジェクト空間に変換されるからだ。

課題 12.2

現在の`SkeletalMeshComponent::PlayAnimation`は、新しいアニメーションへと即座に切り替えているので、動きが洗練されていない。ブレンディングを追加することで、この問題に

訳注3　邦訳は『ゲームエンジン・アーキテクチャ 第2版』ジェイソン・グレゴリー 著、大貫 宏美、田中 幸 訳、今給黎 隆、湊 和久 監修（SBクリエイティブ、2015年）。「11.6 アニメーションブレンディング」などに詳しい記述がある。

対応できる。まずPlayAnimationのオプションとして、ブレンドの時間を表現する「ブレンドタイム」パラメーターを追加する。複数のアニメーションをブレンドするには、それぞれのアニメーションとアニメーションの*時間*を、別々に管理する必要がある。もしブレンドを2つのアニメーションに限定するのなら、それらのメンバー変数を別々にするだけでよい。

2つのアニメーションをブレンドするには、GetGlobalPoseAtTimeを呼び出す時に、両方のアニメーションのポーズを計算する必要がある。それぞれのアニメーションで、すべてのボーンのボーン変換を取得し、それらのボーン変換を補間して最終的な変換を得てから、それをポーズ行列に変換すれば、ブレンド後の現在のポーズが得られる。

Chapter

13

中級グラフィックス

ゲームで使われるグラフィックスのテクニックは多岐にわたる。それゆえ、この話題だけを扱った本や書籍シリーズが存在する。この章では、中級クラスのグラフィックスの概念を見ていこう。テクスチャの品質を高める方法、テクスチャへのレンダリング、そしてシーンのライティングに「遅延シェーディング」を使う方法だ。

13.1 テクスチャの品質を高める

第5章「OpenGL」で述べたように、テクスチャを拡大する時の画質の劣化はバイリニアフィルタリングで改善できる。例えば、テクスチャを貼った壁にプレイヤーが接近すると、テクスチャは画面に大きく表示される。そのままではテクスチャはブロック化していくが、バイリニアフィルターを使うことで（少しぼやけるが）スムーズに表示される。

また、これも第5章で扱ったが、画像は2次元の「ピクセルのグリッド」にすぎない。「テクスチャのピクセル」はテクセルと呼ばれている。拡大について別の見方をすると、壁のテクスチャが画面上で大きくなるということは、各テクセルが画面に映るサイズが大きくなるということだ。いわば、テクスチャのテクセルと画面のピクセルの比率が変わる。

例えば、1テクセルが画面上の2×2ピクセルに対応するなら、比率は1：2である。**テクセル密度**（texel density）が、テクセルとピクセルの比率だが、その比率はできるだけ1:1に近づけたい。テクセル密度が下がると画質は劣化し、最終的に、（最近傍フィルターを使っていれば）ブロック化が激しくなるか、（バイリニアフィルターを使っていれば）ぼやけてしまう。

逆に、テクセル密度が高くなると、1つのピクセルが複数のテクセルに対応する。例えば、テクセル密度が10:1というのは、ピクセルの1つが、10×10のテクセルに対応するということだ。ピクセルには、結局、ある1色が選ばれる。つまり、テクスチャの一部のテクセルが欠けてしまう。これは**サンプリングアーティファクト**（sampling artifact）と呼ばれる現象だ。グラフィックス用語における**アーティファクト**（artifact）は、グラフィックスアルゴリズムによって生じる表示の乱れ（グリッチ）のことだ。

図13.1に、テクセル密度が原因のアーティファクトを示す。図13.1（a）は、テクセル密度が約1：1の時の星形である。1：1では、元の画像ファイルとまったく同じ比率で正常に表示される。図13.1（b）は、テクセル密度が1:5の時の星形の一部で、輪郭がぼやけて見える。図13.1（c）はテクセル密度が5：1の時で、星形の辺の一部が消えている。この図では、画像を見やすくするために拡大している。

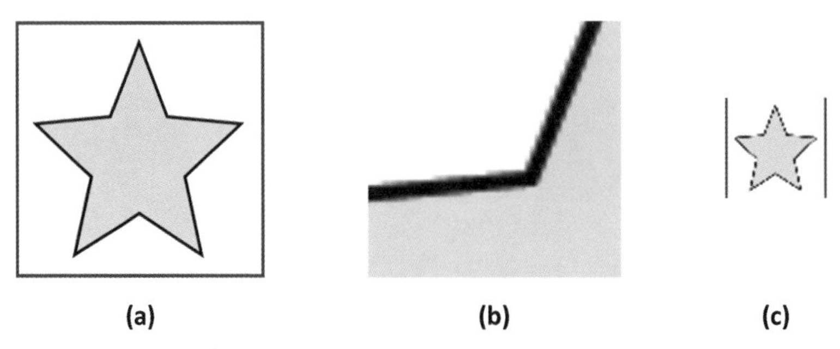

図13.1 星形のテクスチャにバイリニアフィルターを掛けた効果。テクセル密度は(a)1:1、(b)1:5、(c)5:1

13.1.1 テクスチャサンプリング（再び）

テクセル密度が高くなるとテクセルの一部が見えなくなる理由を理解するために、テクスチャサンプリングの仕組みを詳しく知っておこう。テクスチャのUV座標（テクスチャ座標）の範囲は、左上隅の(0.0)から、右下隅の(1,1)までだ。4×4テクセルの正方形テクスチャの場合、左上テクセルの中心に当たるUV座標は、(0.125,0.125)だ。同様に、このテクスチャの中心のUV座標は、(0.5,0.5)に当たる。これを図13.2（a）に示す。

次に、テクセル密度が1：2で、テクスチャの(0,0)から(0.5,0.5)までの領域を描画する。この場合、テクスチャの左上1/4の部分が、2倍のサイズで画面に表示される。フラグメントシェーダーで、それぞれのフラグメント（ピクセル）は、ピクセルの中心のUV座標に対応する。例えば、図13.2（b）の左上のピクセルは、UV座標が(0.0625,0.0625)のテクスチャをサンプリングする。だが、元の画像には、「テクセルの中心」がフラグメントのUV座標に直接対応するようなテクセルは存在しない。そこで、フィルタリングアルゴリズムの出番だ。こういう中間的なUV座標で、取得すべき色を決めるのが、フィルタリングアルゴリズムの役割である。

最近傍フィルタリング（nearest-neighbor filtering）では、そのUV座標に最も近い中心位置を持つテクセルが選択される。この場合、左上の座標(0.0625,0.0625)に最も近いのは、(0.125,0.125)の白いテクセルなので、最近傍フィルタリングは、このピクセルを白と選択する。その結果、テクセル密度に比例してすべてのテクセルがリサイズされ、図13.2（b）になる。要するに最近傍フィルタリングでは、テクスチャのサイズを画面で拡大すると、それぞれのテクセルの見た目のサイズが大きくなって、ブロック化した画像が見えるのだ。

バイリニアフィルタリング（bilinear filtering）では、UV座標に最も近い中心を持つテクセルを4つ見つける。サンプリングされる色は、それら4つの最近傍テクセルの、加重平均（weighted average）である。平均を取るので、拡大しても滑らかに遷移するのだが、拡大しすぎると、ぼやけて見える。図13.2（c）が、バイリニアフィルタリングの結果だ。同じ色を持つピクセルが並ぶのではなく、色がブレンドされているのがわかる。

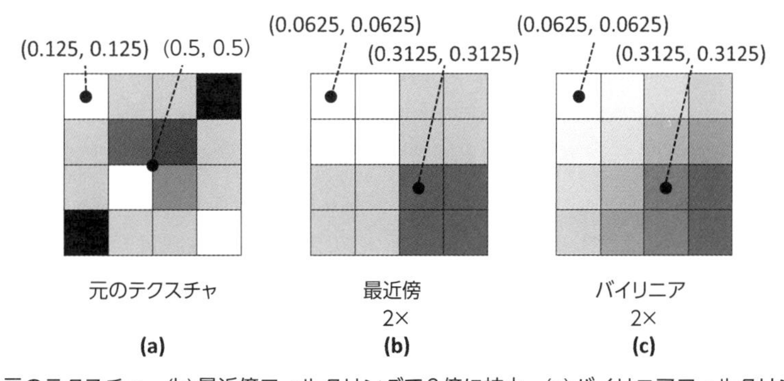

図13.2 (a)元のテクスチャ、(b)最近傍フィルタリングで2倍に拡大、(c)バイリニアフィルタリングで2倍に拡大

バイリニアフィルタリングで行う加重平均計算を理解するには、色は3次元の値として扱うことができ、色の補間には3次元ベクトルと同じ方法が使えることを思い出そう。バイリニアフィルタリングは、2つの別々の軸に分割できる。図13.3のように、点 P の最近傍テクセルを、 A 、 B 、C 、D とする。まずは u 方向(横方向)について、A と B の2つの色を補間する。同様に、 C と D を u 方向に補間する。これで、図13.3の2つの点、 R と S が得られる。同じく、 v 方向 (縦方向) についても R と S の色を補間して、 P の最終的な色を得る。

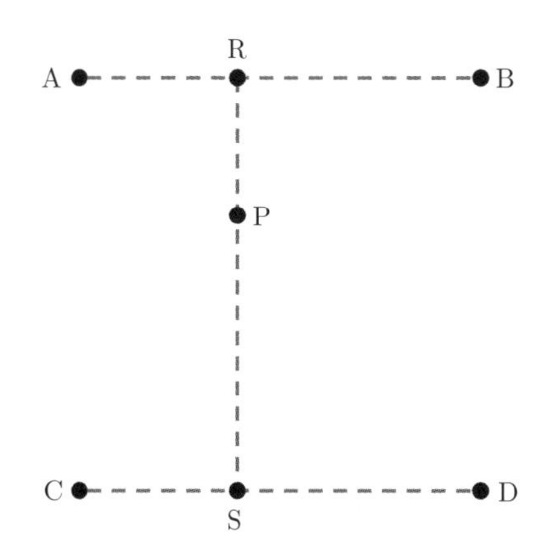

図13.3 テクセル A 、 B 、 C 、 D による P のバイリニア補間

A 、 B 、 C 、 D および、 P のテクスチャ座標に対して、下記の式でバイリニア補間ができる。

$$uFactor = 1 - \frac{\mathrm{P}.u - \mathrm{A}.u}{\mathrm{B}.u - \mathrm{A}.u}$$

$$R_{color} = uFactor * A_{color} + (1 - uFactor) * B_{color}$$

$$S_{color} = uFactor * C_{color} + (1 - uFactor) * D_{color}$$

$$vFactor = 1 - \frac{\mathrm{P}.u - \mathrm{A}.u}{\mathrm{C}.u - \mathrm{A}.u}$$

$$P_{color} = vFactor * R_{color} + (1 - vFactor) * S_{color}$$

ここで、$uFactor$ は u 成分の方向の重みであり、$vFactor$ は v 成分の方向の重みである。この重みで、まず R と S の色を計算し、それから P の色を計算する。

この計算は、グラフィックスカードのテクスチャ読み込み設定でバイリニアフィルタリングを有効にしておけば、自動的に処理される。すべてのフラグメントのテクスチャサンプリングとなると膨大な計算だと思うかもしれないが、現代の高速なグラフィックスハードウェアは、このような処理を1秒間に何百万回も計算できる。

これまで見たように、テクスチャを大きく拡大すると、使用するフィルタリング技法に応じて画像がブロック化したり、ぼやけてしまう。一方、テクスチャを縮小する時の問題は、テクスチャに格納されているすべての情報を保持できるほど大きなテクスチャサンプルがないことだ。先ほどの例に戻ると、画像を1/2に縮小にしたら、図13.4（b）のように、フィルタリングでテクスチャの詳細は失われ、元の画像にあった境界線は見えなくなる。この例が特に顕著なのは、サイズを縮小したあとに、わずか4ピクセルしか残されてないからだ。

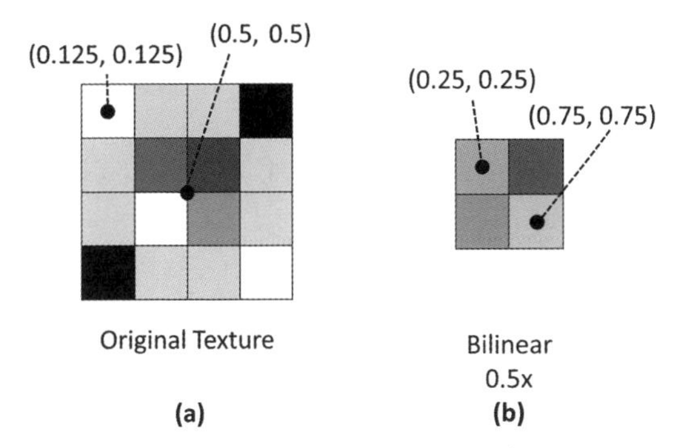

図13.4 (a) 元のテクスチャと、(b) バイリニアフィルタリングで半分に縮小されたテクスチャ

13.1.2 ミップマッピング

ミップマッピングは、1枚のテクスチャだけを読み込むのではなく、オリジナルのテクスチャよりも低い解像度の一連の**ミップマップ**（mipmap）テクスチャをサンプリングしていく。例えば、元のテクスチャの解像度が256×256ならば、128×128、64×64、32×32のミップマップを作る。グラフィックスハードウェアは、1：1に最も近いテクセル密度が得られるミップマップテクスチャを選択してテクスチャを描画する。ミップマッピングでは、元のサイズよりも高い解像度に拡大する時の画質は改善できないが、テクスチャの縮小は顕著に改善できる。

画質を改善できる主な理由は、元のテクスチャをロードした時にだけミップマップを生成することにある。つまり、ミップマップの生成時に、（例えばボックスフィルターなど）より高価なアルゴリズムを使って品質を高められるのだ。高品質なミップマップを1:1に近いテクセル密度でサンプリングすることで、元の（4：1というような高いテクセル密度を持つ）テクスチャをサンプリングするのと比べて、ずっと良好な結果が得られる。

図13.5は、星形のテクスチャでのミップマップの例だ。最も解像度の高いテクスチャは、オリジナルの256×256であり、残りのテクスチャは自動的に生成されたミップマップだ。最も小さなミップマップでもテクスチャの境界線は維持されている。これは、オリジナルの256×256のテクスチャを直接サンプリングした時には失われた情報だ。

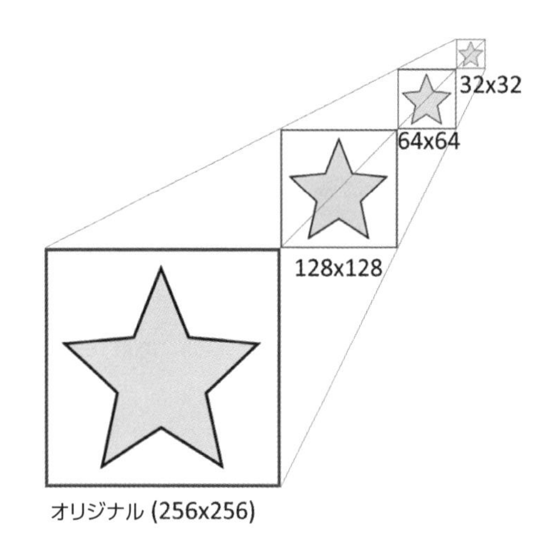

図13.5 星形のテクスチャと、3つのミップマップテクスチャ

テクスチャのサンプリングに、最近傍フィルタリングとバイリニアフィルタリングがあるように、ミップマップにも2種類のアプローチがある。**最近傍ミップマッピング**(nearest-neighbor mipmapping) では、テクセル密度が最も 1：1 に近いミップマップを単純に選択する。これでも多くのケースで良好な結果が得られるが、(例えば床のテクスチャなどで) ミップマップのテクスチャあるいは**ミップレベル** (mip level) が変化する境界では、縞模様 (banding) が生じる場合がある。一方**トライリニアフィルタリング** (trilinear filtering) では、1:1のテクセル密度に最も近い2つのミップレベルを (バイリニアフィルタリングで) 別々にサンプリングし、その2つのサンプルから最終的な色を計算する。これが「トライリニア」(三重線形) と呼ばれるのは、UV座標にミップレベルが加わって、3次元の線形補間が行われるからだ。

OpenGLでテクスチャのミップマッピングを有効にするのは簡単だ。第5章のようにテクスチャをロードしたあと、次の`glGenerateMipmap`呼び出しを追加すればよい。

```
glGenerateMipmap(GL_TEXTURE_2D);
```

これで、高品質なフィルタリングに適切なミップマップが自動的に生成される。

テクスチャパラメーターの設定では、(テクスチャが画面上で小さく表示される時の) 縮小フィルターと、(テクスチャが画面上で大きく表示される時の) 拡大フィルターの両方を設定できる。パラメーター`GL_TEXTURE_MIN_FILTER`と`GL_TEXTURE_MAG_FILTER`がそれだ。

ミップマップを生成したら、テクスチャパラメーターを、ミップマッピング用に変更しよう。トライリニアフィルタリングを行うには、次のテクスチャパラメーターを使う。

```
glTexParameteri(GL_TEXTURE_2D, GL_TEXTURE_MIN_FILTER,
    GL_LINEAR_MIPMAP_LINEAR);
glTexParameteri(GL_TEXTURE_2D, GL_TEXTURE_MAG_FILTER,
    GL_LINEAR);
```

拡大用のフィルタリング機能にまだGL_LINEARを使う理由は、ミップマップが拡大する時に有効ではないからだ。縮小フィルタに最近傍ミップマッピングを使いたいなら、GL_TEXTURE_MIN_FILTERに、最後の引数でGL_LINEAR_MIPMAP_NEARESTを渡す。

ミップマッピングには、テクスチャキャッシュによるレンダリング性能の向上という利点もある。CPUと同じように、GPUにもメモリのキャッシュがある。小さなミップレベルは、キャッシュとの相性が非常によいので、レンダリング性能が向上する。

13.1.3 異方性フィルタリング

ミップマッピングを使うとサンプリングのアーティファクトを減らせるが、斜めにテクスチャを見る場合、かなりぼやける。特に図13.6のような床で明らかだ。**異方性フィルタリング**(anisotropic filtering)はテクスチャを斜めに映す場合、サンプリング点を追加することで、ぼやけるのを緩和する。例えば16×の異方性フィルタリングというのは、テクセルの色を決めるのに、16個の異なるサンプルを使うという意味だ。

異方性は、グラフィックスハードウェアが数学的アルゴリズムを駆使して計算する。本書では、詳細を扱わないが、この章の「参考文献」に挙げるOpenGL Extensionsのレジストリを見てほしい。

OpenGLの最新仕様には、異方性フィルタリングがデフォルトとして含まれているが、OpenGL 3.3では、異方性フィルタリングはエクステンションである。つまり、この機能を使うなら、グラフィックスハードウェアが異方性をサポートするのか確認したほうがよいということだ。もっとも、大部分のハードウェアでは深刻に考える必要はない。というのは、この10年間のグラフィックスカードなら、どれも異方性フィルタリングをサポートしているからだ。ただし一般的にOpenGLのエクステンションは、それが利用できるのか確認して使うのがよい。

異方性フィルタリングを有効にするには、テクスチャのフィルタリングを設定したあとで、次のコードを追加する。

```
if (GLEW_EXT_texture_filter_anisotropic)
{
    // 最大の異方性を示す値を取得して
    GLfloat largest;
    glGetFloatv(GL_MAX_TEXTURE_MAX_ANISOTROPY_EXT, &largest);
    // 有効にする
    glTexParameterf(GL_TEXTURE_2D, GL_TEXTURE_MAX_ANISOTROPY_EXT,
```

```
            largest);
}
```

このコードは、異方性フィルタリングが使えるかを判定して、もし可能なら、最大の異方性の値を使って異方性フィルタリングするようにOpenGLのテクスチャパラメーターを設定する。

図13.6は、この章のゲームプロジェクトの床の見え方だ。図13.6(a)の床面は、バイリニアフィルタリングだけを使っている。レンガの端に、サンプリングアーティファクトが顕著に出ている。図13.6(b)は、トライリニアフィルタリングを使う設定で、改善されているが、遠くの床面がぼやけている。最後の図13.6(c)は、トライリニアフィルタリングと異方性フィルタリングの両方を有効にしており、3つの中では最もよい画質になっている。

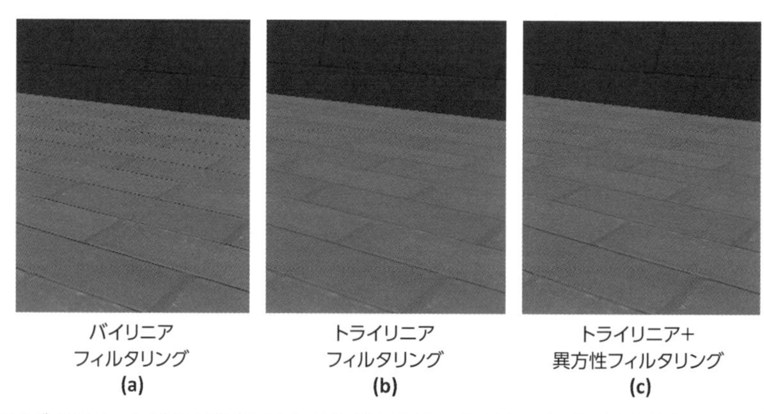

図13.6 さまざまなフィルタリングでの床。(a)バイリニアフィルタリング、(b)トライリニアフィルタリング、(c) トライリニア＋異方性フィルタリング

13.2 テクスチャへのレンダリング

これまでは、ポリゴンを直接カラーバッファに描画してきた。だが、カラーバッファは特殊な存在ではなく、色データを書き込むように設定された普通の2D画像にすぎない。実は、任意のテクスチャにシーンを描画できる。これは**テクスチャレンダリング**（render-to-texture：レンダートゥーテクスチャ）と呼ばれる技法で、意外に思うかもしれないが、多くの使い道がある。

例えば、レーシングゲームでバックミラーを使いたいとしよう。リアルなバックミラーを作るには、まず、ミラーから見た景色をテクスチャにレンダリングし、そのテクスチャを、ゲーム画面中のバックミラーにはめ込む方法がよさそうだ。また、ある種のグラフィックス技法は、一時的な絵の置き場としてテクスチャを使う。

この節では、テクスチャにレンダリングしてから、そのテクスチャを画面に表示する方法を学ぶ。従来のレンダリングでは、直接カラーバッファに描くのが前提だったので、コードを修正する必要がある。また、さまざまなカメラから見たシーンをレンダリングするための機能を追加する。

反射マップ

大きな鏡など、広くて正確な反射が必要な時は、その鏡面から見たシーンをレンダリングすればよいが、小さかったり、まがっていたりして正確な反射が求められない「低品質な反射面」が数多くあれば、それらを個別にレンダリングするのは高コストすぎる。代わりにシーン全体を写す**反射マップ**（reflection map）を1つ生成し、低品質の反射面のそれぞれで反射マップをサンプリングすれば、鏡面のような錯覚が与えられる。もちろん、正確に鏡面から見たシーンをレンダリングするのと比べたら品質は落ちるが、低品質な反射でよければ、これで十分だ。

本書では、反射マップの実装方法を説明しないが、詳しくは、この章の「参考文献」を見てほしい。

13.2.1 テクスチャの作成

テクスチャへレンダリングする準備として、まずテクスチャを用意する。レンダリング対象のテクスチャを作成する機能を、Textureクラスに追加しよう。リスト13.1がテクスチャを作るコードで、第5章でテクスチャを作ったコードと似ている。ただし、ここではRGBAフォーマットと決め打ちせず（その場合は各成分が8ビットで、ピクセルごとに32ビットとなるが）、フォーマットをパラメーターで指定する。また、初期データはないので、glTexImage2Dに渡す最後の引数はnullptrとなる。こうすると第2引数と、後ろから2つ目の引数は無視される。また、テクスチャにミップマッピングもバイリニアフィルタリングも指定しない。それは、サンプリングするデータと実際の出力を正確に一致させたいからだ。

リスト13.1 レンダリング用のテクスチャを作成する

```
void Texture::CreateForRendering(int width, int height,
                                  unsigned int format)
{
    mWidth = width;
    mHeight = height;

    // テクスチャ ID の作成
    glGenTextures(1, &mTextureID);
    glBindTexture(GL_TEXTURE_2D, mTextureID);
    // 画像の幅と高さを設定（初期データはなし）
    glTexImage2D(GL_TEXTURE_2D, 0, format, mWidth, mHeight, 0, GL_RGB,
        GL_FLOAT, nullptr);
```

```
    // レンダリング先のテクスチャには最近傍フィルタリングのみを使う
    glTexParameteri(GL_TEXTURE_2D, GL_TEXTURE_MIN_FILTER, GL_NEAREST);
    glTexParameteri(GL_TEXTURE_2D, GL_TEXTURE_MAG_FILTER, GL_NEAREST);
}
```

13.2.2 フレームバッファオブジェクトの作成

OpenGLでは、頂点バッファ、頂点フォーマット、インデックスバッファといった、頂点に関する情報を記録するのに頂点配列オブジェクトを使うのと同様に、1つのフレームバッファに関するすべての情報を**フレームバッファオブジェクト**（framebuffer object）、略称**FBO**に格納する。フレームバッファに割り当てられたテクスチャも深度バッファも、FBOに含まれる。関連するパラメーターも含まれる。これでレンダリングするフレームバッファを容易に切り替えられるのだ。OpenGLは、デフォルトのフレームバッファオブジェクトを0のID値で提供する。今まで描画したのは、このフレームバッファだが、別のフレームバッファ（カスタムフレームバッファオブジェクト）を作り、必要に応じて切り替えることが可能だ。

カスタムフレームバッファオブジェクトを使って、HUDにバックミラーを表示してみよう。まず、`Renderer`クラスに2つのメンバー変数を新たに追加する。

```
// バックミラー用のフレームバッファオブジェクト
unsigned int mMirrorBuffer;
// バックミラーのテクスチャ
class Texture* mMirrorTexture;
```

作成するフレームバッファオブジェクトのIDを`mMirrorBuffer`に格納し、フレームバッファに割り当てるテクスチャオブジェクトを、`mMirrorTexture`に入れる。

次に、バックミラーのフレームバッファオブジェクトを作成し、設定する関数を追加する。リスト13.2に示すように、これにはいくつものステップがある。まず`glGenFrameBuffers`でフレームバッファオブジェクトを作り、そのIDを`mMirrorBuffer`に格納する。そして、`glBindFrameBuffer`で、フレームバッファをアクティブにするだけでなく、深度バッファを作ってフレームバッファにアタッチする。バックミラーをレンダリングする時、遠いオブジェクトが近いオブジェクトよりも後ろに表示されることを、この深度バッファが保証する。

次に、幅と高さを画面サイズの4分の1にしたバックミラーテクスチャを作成する。全画面サイズにしないのは、バックミラーが画面の一部しか占めることがないからだ。また、テクスチャに`GL_RGB`フォーマットを指定する理由は、バックミラーの視点からシーンを見た色を、そこに出力するからだ。

次に、`glFramebufferTexture`で、ミラーのテクスチャをフレームバッファオブジェクトに割り当てる。第2引数にGL_COLOR_ATTACHMENT0を指定しているのは、そのミラーテクスチャが、フラグメントシェーダーの最初の色出力に対応するという意味である。今はフラグメントシェーダーの出力が1つだけだが、あとで見るように複数のテクスチャにも出力できる。

glDrawBuffersの呼び出しは、このフレームバッファオブジェクトで、GL_COLOR_ATTACHMENT0スロットのテクスチャ（ミラーのテクスチャ）に描画するよ、という意味だ。最後にglCheckFrameBufferで状態をチェックし、すべてが上手くいったかを確認する。何か問題があったら、フレームバッファオブジェクトとテクスチャを削除して、falseを返す。

リスト13.2 バックミラーのフレームバッファを作成する

```
bool Renderer::CreateMirrorTarget()
{
    int width = static_cast<int>(mScreenWidth) / 4;
    int height = static_cast<int>(mScreenHeight) / 4;

    // バックミラーテクスチャ用のフレームバッファを生成
    glGenFramebuffers(1, &mMirrorBuffer);
    glBindFramebuffer(GL_FRAMEBUFFER, mMirrorBuffer);

    // レンダリングに使うテクスチャを作成
    mMirrorTexture = new Texture();
    mMirrorTexture->CreateForRendering(width, height, GL_RGB);

    // このターゲットに深度バッファを追加する
    GLuint depthBuffer;
    glGenRenderbuffers(1, &depthBuffer);
    glBindRenderbuffer(GL_RENDERBUFFER, depthBuffer);
    glRenderbufferStorage(GL_RENDERBUFFER, GL_DEPTH_COMPONENT, width,
        height);
    glFramebufferRenderbuffer(GL_FRAMEBUFFER, GL_DEPTH_ATTACHMENT,
                              GL_RENDERBUFFER, depthBuffer);

    // バックミラーテクスチャを出力先として
    // フレームバッファにアタッチする
    glFramebufferTexture(GL_FRAMEBUFFER, GL_COLOR_ATTACHMENT0,
        mMirrorTexture->GetTextureID(), 0);

    // フレームバッファの描画先のリストを設定
    GLenum drawBuffers[] = { GL_COLOR_ATTACHMENT0 };
    glDrawBuffers(1, drawBuffers);

    // すべて順調なのか確認する
    if (glCheckFramebufferStatus(GL_FRAMEBUFFER) != GL_FRAMEBUFFER_COMPLETE)
    {
        // もし問題があれば、フレームバッファを削除し、
        // テクスチャを解放・削除して、false を返す
        glDeleteFramebuffers(1, &mMirrorBuffer);
```

```
        mMirrorTexture->Unload();
        delete mMirrorTexture;
        mMirrorTexture = nullptr;
        return false;
    }
    return true;
}
```

Renderer::Initializeに、CreateMirrorTargetの呼び出しを追加し、この関数の成功を確認する。Renderer::Shutdownでは、バックミラーのフレームバッファとテクスチャを削除する（glCheckFrameBufferの呼び出しで、フレームバッファの作成が失敗したケースで実行するのと同じコードを追加する）。

13.2.3 フレームバッファオブジェクトへのレンダリング

バックミラーを組み込むには、3Dシーンを2回レンダリングする必要がある。1回はバックミラーからの視点、もう1回は通常のカメラから見た視点でのレンダリングだ。シーンの1回のレンダリングを、**レンダーパス**（render pass）と呼ぶ。3Dシーンを複数回レンダリングするために、Draw3DScene関数を追加する（リスト13.3は、その骨組みだ）。

Draw3DScene関数が受け取るのは、フレームバッファのID、ビュー行列、射影行列と、ビューポートのスケールだ。ビューポートスケールパラメーターにより、OpenGLはフレームバッファターゲットの実際のサイズを知る。通常のフレームバッファには全画面の幅と高さをそのまま使えばよいが、バックミラーのサイズを全画面の1/4にするので、ビューポートをスケーリングさせるパラメーターが必要だ。画面の幅と高さとスケールに基づく引数をglViewportに渡して、期待するサイズのビューポートを設定する。

メッシュを描画するコードは、第6章「3Dグラフィックス」のコードと同じであり、スキニングされたメッシュを描画するコードは、第12章「スケルタルアニメーション」のコードと同じだ。ビューポート設定のコード以外で、唯一それらと違うのは、関数の最初でglBindFramebufferを呼び出して、引数のフレームバッファをこれから使うアクティブなフレームバッファに設定することだ。

リスト 13.3 Renderer::Draw3DSceneヘルパー関数

```
void Renderer::Draw3DScene(unsigned int framebuffer,
    const Matrix4& view, const Matrix4& proj,
    float viewportScale)
{
    // これから書き込むフレームバッファに設定
    glBindFramebuffer(GL_FRAMEBUFFER, framebuffer);

    // スケールに基づいてビューポートサイズを設定
    glViewport(0, 0,
        static_cast<int>(mScreenWidth * viewPortScale),
        static_cast<int>(mScreenHeight * viewPortScale)
    );

    // カラーバッファ / 深度バッファをクリア
    glClearColor(0.0f, 0.0f, 0.0f, 1.0f);
    glClear(GL_COLOR_BUFFER_BIT | GL_DEPTH_BUFFER_BIT);

    // メッシュコンポーネントを描画
    // (第 6 章のコードと同じ)
    // ...

    // スキニングされたメッシュがあれば、描画
    // (第 12 章のコードと同じ)
    // ...
}
```

次に、Renderer::DrawでDraw3DSceneを2回呼び出すように変更する（リスト13.4）。1回目は、バックミラーのビューを使い、バックミラーのフレームバッファにレンダリングする。2回目は、通常のカメラのビューでデフォルトのフレームバッファにレンダリングする。最後に、第6章と第12章のコードを使って、スプライトとUI画面を描画する。

リスト 13.4 Renderer::Draw（バックミラーとデフォルトの2つのパスをレンダリングするように更新

```
void Renderer::Draw()
{
    // 先にバックミラーテクスチャへ描画 (ビューポートスケールは 0.25)
    Draw3DScene(mMirrorBuffer, mMirrorView, mProjection, 0.25f);
    // 次に通常の 3D シーンをデフォルトのフレームバッファに描画
    Draw3DScene(0, mView, mProjection);

    // すべてのスプライトコンポーネントを描画
    // (第 6 章のコードと同じ)
    // ...

    // UI 画面があれば、ここで描画
    // (第 12 章のコードと同じ)
```

```
    // ...

    // バッファを入れ替え
    SDL_GL_SwapWindow(mWindow);
}
```

ここでmMirrorViewは、バックミラー専用のビュー行列だ。このミラービューは、特に新しいものではない。第9章「カメラ」で学んだ基本的な追跡カメラでMirrorCameraクラスを作成する。ただし、バックミラーのカメラはキャラクターの正面に、反対側を向けて置く。MirrorCameraを、プレイヤーアクターにアタッチして、mMirrorViewを更新する。

13.2.4 HUDにバックミラーテクスチャを描画する

バックミラーテクスチャに書き込んだものを画面に描画しよう。バックミラーはHUD要素の1つなので、すでにあるUIScreenクラスのDrawTexture関数を利用できる。

ただし、今までのコードでバックミラーを描画すると、期待した結果と違ってy方向に反転してしまう。それは、OpenGLがUVの原点を画像の左下隅に置くからだ（普通は左上に置くことが多い）。修正は簡単だ。テクスチャの描画に、すでにスケール行列を導入してある。このスケール行列の y 軸を反転させれば、テクスチャは y 方向に反転する。この機能を使うために、UIScreen::DrawTextureのオプションパラメーターに、bool型のflipYを新たに追加する（リスト13.5）。既存のUIテクスチャでは、y 軸を反転しないので、flipYのデフォルトはfalseにする。

リスト13.5 UIScreen::DrawTextureに、flipYオプションを追加

```
void UIScreen::DrawTexture(class Shader* shader, class Texture* texture,
    const Vector2& offset, float scale, bool flipY)
{
    // テクスチャの幅と高さで矩形をスケーリングする
    // (必要ならばyを反転させる)
    float yScale = static_cast<float>(texture->GetHeight()) * scale;
    if (flipY) { yScale *= -1.0f; }

    Matrix4 scaleMat = Matrix4::CreateScale(
        static_cast<float>(texture->GetWidth()) * scale,
        yScale,    1.0f);

    // 画面上を平行移動する
    Matrix4 transMat = Matrix4::CreateTranslation(
        Vector3(offset.x, offset.y, 0.0f));

    // ワールド変換を設定
    Matrix4 world = scaleMat * transMat;
    shader->SetMatrixUniform("uWorldTransform", world);
    // これから使うテクスチャを設定
```

```
    texture->SetActive();
    // 矩形を描画
    glDrawElements(GL_TRIANGLES, 6, GL_UNSIGNED_INT, nullptr);
}
```

最後に、HUD::Drawに2行追加して、バックミラーテクスチャを画面の左下隅に表示する。次のように、スケールは1.0、flipYはtrueとする。

```
Texture* mirror = mGame->GetRenderer()->GetMirrorTexture();
DrawTexture(shader, mirror, Vector2(-350.0f, -250.0f), 1.0f, true);
```

図13.7の実行画面にはバックミラーが置かれている。メインビューは通常の視点で、カメラはトラの剣士のモデルと同じ向きだが、左下のバックミラーは、シーンを反対方向からレンダリングしている。

図13.7 左下にバックミラーがあるゲームの画面

13.3 遅延シェーディング

第6章のPhong（フォン）シェーディングでは、個々のフラグメントのライティングを、メッシュを描画する際に計算する。このタイプの照明計算は、次の疑似コードで書ける。

```
// シーンのメッシュmの、すべてについて
foreach Mesh m in Scene
    // mを描画するピクセルpの、すべてについて
    foreach Pixel p to draw from m
        // pが深度テストに合格したら
        if p passes depth test
```

```
        // pに影響を与える光源liの、すべてについて
        foreach Light li that effects p
            color = ライティング計算式(li, p)
            color をフレームバッファに出力
```

この方式のライティングは、**フォワードレンダリング**（forward rendering）と呼ばれ、光源の数が少ない時に適している。例えば、このゲームには1個の平行光源しかないので、フォワードレンダリングでまったく問題ない。しかし、夜の都会を舞台とするゲームでは、1つの平行光源だけでは、それらしく見せられない。街灯とか、ヘッドライトとか、ビルの中の照明など、数多くの光で照らされているだろう。残念ながら、フォワードレンダリングでは、このケースに上手く対応できない。ライティングの式を、$O(m \cdot p \cdot li)$ のオーダーで計算する必要があるので、光源を少し追加するだけで、計算量が巨大になる。

代わりのアプローチの1つは、カメラから見える面の情報を、まとめて**Gバッファ**（G-buffer）と呼ばれる一連のテクスチャに格納する方法だ。Gバッファに格納される情報には、アルベド（albedo）と呼ばれる拡散反射率、鏡面反射指数、法線がある。シーンのレンダリングは2パスで行う。1回目は、すべてのメッシュの表面属性をGバッファにレンダリングする。2パス目では、すべての光源について、Gバッファの内容を基にライティングをする。次に、その疑似コードを示す。

```
// シーンのメッシュmの、すべてについて
foreach Mesh m in Scene
    // mを描画するピクセルp1の、すべてについて
    foreach Pixel p1 to draw from m
        // p1が深度テストに合格したら
        if p1 passes depth test
            p1の表面属性をGバッファに出力

// シーンにある光源liの、すべてについて
foreach Light li in the scene
    // liの影響を受けるピクセルp2の、すべてについて
    foreach Pixel p2 affected by li
        s = p2でのGバッファの表面属性
        color = ライティング計算式(l, s)
        color をフレームバッファに出力
```

この2パスのアプローチでは、計算量が $O(m \cdot p_1 + li \cdot p_2)$ のオーダーなので、フォワードレンダリングと比べて、ずっと多くの光源をシーンに置ける。パスが2つあり、フラグメントの照明計算は2パス目まで発生しないので、このテクニックは**遅延シェーディング**（deferred shading）あるいは**遅延レンダリング**（deferred rendering）と呼ばれている。

遅延シェーディングの実装は、いくつかの段階に分ける必要がある。まず、複数の出力に対応するようにフレームバッファオブジェクトの設定を拡張する。それから、表面属性をGバッ

ファに書くフラグメントシェーダーを書く必要がある。次に、全画面を覆う矩形について、Gバッファから情報をサンプリングしてグローバルライティング[訳注1]（平行光源や環境光）の結果を出力する。最後に、局所的な（点光源やスポットライトの）光による照明を計算する。

13.3.1 GBufferクラスを作る

Gバッファのフレームバッファオブジェクトは、バックミラーより、ずっと複雑だ。そのため、FBOと、それに割り当てられるすべてのテクスチャをカプセル化する新しい`GBuffer`クラスを作ろう。リスト13.6が、`GBuffer`の宣言だ。まず、Gバッファのさまざまなテクスチャに格納するデータの種類を定義する列挙型を宣言する。この章で使うGバッファには、表面のアルベド、法線、およびワールド位置座標（ワールド空間における位置）が格納される。

ワールド位置座標の扱い

Gバッファにワールド位置座標を格納すると、あとの計算が簡単になるが、メモリの使用量と、レンダリングに使われる帯域幅が増加する。

ピクセルのワールド位置座標は、深度バッファとビュー射影行列から再構築できるので、Gバッファにワールド位置座標を入れる本書の手法は必須ではない。深度バッファからワールド位置座標を再構築する方法は、この章の「参考文献」にあるPhil Djonovの記事を読んでほしい。

このGバッファに欠けている表面属性に、鏡面反射指数がある。現在は、Phong反射モデルの鏡面反射成分を計算することができないが、これは課題13.1で修正しよう。

`GBuffer`のメンバー変数には、フレームバッファオブジェクトのIDのほか、レンダリング先のテクスチャの配列がある。

リスト13.6 GBufferの宣言

```
class GBuffer
{
public:
    // Gバッファに格納されるデータの種類
    enum Type
    {
        EDiffuse = 0,
        ENormal,
        EWorldPos,
```

訳注1 本用語は英語版では、「Global Lighting」である。本書では、モデリングツールでも使われている用語として、そのままカタカナにした。近い用語に「Global Illumination」がある。こちらは、二次反射を考慮した照明計算を意味し、日本語では大域照明として知られている。この2つの用語を混用しないように注意しよう。

```
        NUM_GBUFFER_TEXTURES
    };

    GBuffer();
    ~GBuffer();

    // G バッファの生成と破棄
    bool Create(int width, int height);
    void Destroy();

    // 指定するタイプのテクスチャを取得
    class Texture* GetTexture(Type type);
    // フレームバッファオブジェクトの ID を取得
    unsigned int GetBufferID() const { return mBufferID; }
    // すべての G バッファテクスチャを読み込み用に設定
    void SetTexturesActive();
private:
    // G バッファに割り当てられたテクスチャ
    std::vector<class Texture*> mTextures;
    // フレームバッファオブジェクトの ID
    unsigned int mBufferID;
};
```

GBufferの主要な関数はCreateだ。この関数は、指定された幅と高さのGバッファを作る。リスト13.7が、Createの（一部を省略した）コードだ。まずフレームバッファオブジェクトを作成し、深度バッファを追加するが、これはリスト13.2のCreateMirrorTargetと同じである。

リスト13.7 GBuffer::Createの実装

```
bool GBuffer::Create(int width, int height)
{
    // フレームバッファオブジェクトを作成して mBufferID に保存
    // ...
    // フレームバッファ用の深度バッファを追加
    // ...

    // G バッファの出力用にテクスチャを作成
    for (int i = 0; i < NUM_GBUFFER_TEXTURES; i++)
    {
        Texture* tex = new Texture();
        // 各テクスチャは、32 ビット floatx3 成分のフォーマット
        tex->CreateForRendering(width, height, GL_RGB32F);
        mTextures.emplace_back(tex);
        // このテクスチャをカラー出力にアタッチする
        glFramebufferTexture(GL_FRAMEBUFFER, GL_COLOR_ATTACHMENT0 + i,
                             tex->GetTextureID(), 0);
    }
```

```
    // カラーアタッチメントの配列を作成
    std::vector<GLenum> attachments;
    for (int i = 0; i < NUM_GBUFFER_TEXTURES; i++)
    {
        attachments.emplace_back(GL_COLOR_ATTACHMENT0 + i);
    }
    // 描画先バッファのリストを設定
    glDrawBuffers(static_cast<GLsizei>(attachments.size()),
                attachments.data());

    // すべて問題なく動くか？
    if (glCheckFramebufferStatus(GL_FRAMEBUFFER) !=
        GL_FRAMEBUFFER_COMPLETE)
    {
        Destroy();
        return false;
    }
    return true;
}
```

次に、Gバッファの各テクスチャをループしてTextureインスタンスを作成しよう（これらは別のレンダーターゲットだ）。ここでは、すべてのテクスチャを、GL_RGB32Fフォーマットにした。これは、3成分のテクセルそれぞれが32ビットの単精度浮動小数点数という意味だ。その後、glFramebufferTexture呼び出しで、テクスチャをカラーアタッチメントスロットにアタッチする。このコードは、OpenGLではカラーアタッチメントを連続番号として定義していることを利用している。

Note

グラフィックスメモリの消費量を抑えるには

GL_RGB32Fフォーマットは、Gバッファに高い精度をもたらすけれど、代償として、かなりの量のグラフィックスメモリを使うことになる。このGL_RGB32Fテクスチャ群は、（現在の値の）1024×768の解像度でGPUのメモリを27MBも使うのだ。メモリの消費を抑えるために、多くのゲームではGL_RGB16F（3個の半精度float）を使う。これでメモリ消費は半分に減る。

さらにメモリ消費を最適化するトリックがある。例えば、法線は単位長なので、xとyの成分とz成分の符号さえあれば、z成分は復元できる。したがって、法線をGL_RG16Fフォーマット（2個の半精度float）で格納し、あとでz成分を導く[訳注2]。この章では単純さを重視して、これらの最適化をしていないが、多くの商用ゲームが、このトリックを使っている。

訳注2　Gバッファに記録される面は、必ずカメラを向いている。したがって、z成分の符号は、カメラの前方ベクトルと法線ベクトルが逆向きになる条件から求められる。

その後、カラーアタッチメントの配列を作成し、glDrawBuffersを呼び出して、Gバッファのテクスチャアタッチメントを設定する。最後に、Gバッファが正しく作成されたことを確認する。もし失敗していれば、すべてのテクスチャをDestroy関数で削除し、フレームバッファオブジェクトを破棄する。

それから、GBufferのポインタを、Rendererのメンバー変数に追加する。

```
class GBuffer* mGBuffer;
```

あとは、Renderer::InitializeでGBufferを作成し、画面の幅と高さを設定する。

```
mGBuffer = new GBuffer();
int width = static_cast<int>(mScreenWidth);
int height = static_cast<int>(mScreenHeight);
if (!mGBuffer->Create(width, height))
{
    SDL_Log("Gバッファの作成に失敗しました");
    return false;
}
```

また、Renderer::ShutdownにmGBufferのDestroy関数を呼び出すコードを追加する。

13.3.2 Gバッファへの書き込み

Gバッファを作ったら、データを書き込もう。現在のレンダリングでは、Phongフラグメントシェーダーで、最終的な（完全にライティングされた）色をデフォルトのフレームバッファに描いているが、それは遅延シェーディングのアプローチではない。表面属性をGバッファに描く新しいフラグメントシェーダーを作ろう。

もう1つの違いとして、これまでのフラグメントシェーダーは、どれも出力が1つだけだった。フラグメントシェーダーは、複数の出力値——あるいは**マルチレンダーターゲット**（**multiple render target**）、略称**MRT**——を、持てる。Gバッファの各テクスチャに描き込む処理は、複数の出力を、それぞれに描くことになる。実際、そのフラグメントシェーダーのmain関数のGLSLコードは、本書の今までのフラグメントシェーダーのコードに比べると、わりあい単純なものだ。テクスチャからアルベドをサンプリングし、法線とワールド位置座標を直接Gバッファに渡すだけである。

リスト13.8が、GBufferWrite.fragの完全なGLSLコードだ。Gバッファの3つのテクスチャのために、3つの異なるout値を宣言していることに注目しよう。また、それぞれの出力のlayoutでロケーションを指定しているが、その数値は、Gバッファを作成した時のカラーアタッチメントのインデックスの値だ。

リスト13.8 GBufferWrite.fragシェーダー

```
#version 330
// 頂点シェーダーからの入力
in vec2 fragTexCoord; // テクスチャ座標
in vec3 fragNormal;   // 法線（ワールド空間）
in vec3 fragWorldPos; // 位置（ワールド空間）

// Gバッファへの出力
layout(location = 0) out vec3 outDiffuse;
layout(location = 1) out vec3 outNormal;
layout(location = 2) out vec3 outWorldPos;

// アルベドテクスチャのサンプラー
uniform sampler2D uTexture;

void main()
{
    // アルベドをテクスチャから得る
    outDiffuse = texture(uTexture, fragTexCoord).xyz;
    // 法線/ワールド位置座標は、そのまま渡す
    outNormal = fragNormal;
    outWorldPos = fragWorldPos;
}
```

次に、シェーダー mMeshShader と mSkinnedShader をロードするコードを書き換え、フラグメントシェーダーとして、Phong.fragの代わりにGBufferWrite.fragのファイルを使うようにする。

最後に、Renderer::Drawで、デフォルトのフレームバッファに描画するDraw3DSceneの呼び出しを削除し、その代わりにGバッファに描画する次の呼び出しを入れる。

```
Draw3DScene(mGBuffer->GetBufferID(), mView, mProjection, 1.0f, false);
```

最後のbool型は新しいパラメーターだ。これはDraw3DSceneに対し、メッシュシェーダーにライティングの定数を設定しないように指示する。これは、そもそもGBufferWrite.fragシェーダーに設定すべきライティングの定数が1つもないからだ！

この時点でゲームを実行しても、UI要素以外は真っ黒だろう。それは、Gバッファに表面属性を描いてはいるが、それらの表面属性を使ってデフォルトのフレームバッファに描画する処理を書いていないからだ。だが、RenderDocのようなグラフィックデバッガーを使えば（次ページNote「グラフィックスのデバッグ」を参照）、Gバッファのテクスチャへの出力を観察できる。図13.8は、Gバッファへの出力（深度バッファを含む）の可視化である。

図13.8 Gバッファへの出力

グラフィックスのデバッグ

グラフィックスコードも、だんだん複雑になってきた。それで困るのは、普通のC++コードと比べてデバッグが難しいことだ。C++のコードに問題があれば、ブレークポイントを設定し、コードをステップ実行することができる。けれども、正しいグラフィックス出力が得られない場合は、いくつもの原因が考えられる。OpenGL関数の呼び出しが間違っているのかもしれない。シェーダーに渡すデータがよくないのかもしれない。GLSLのシェーダーコードが間違っているのかもしれない。

問題の原因を追究することが困難なので、グラフィックスデバッガーが作られた。その中には特定のグラフィックスハードウェアやコンソール専用のデバッガーもある。これらのデバッガーでは、最低限、グラフィックスデータのフレームをキャプチャすることが可能であり、コマンドをステップ実行してフレームバッファへの出力の変化を見ることができる。また、頂点データ、テクスチャ、シェーダー定数を含む、GPUに送られたすべてのデータを見ることができる。一部のデバッガーでは、頂点シェーダーまたはピクセルシェーダーをステップ実行して、問題を突き止めることさえ可能だ。

WindowsとLinuxで、OpenGLをサポートする最良のグラフィックスデバッガーは、RenderDocだ（URL https://renderdoc.org）。これはBaldur Karlssonによるオープンソースのツールである。OpenGLだけでなく、Vulkanもサポートしているし、WindowsではDirectX 11と12もサポートしている。残念ながら、本書執筆の時点でRenderDocはmacOSをサポートしていない。

macOSユーザーには、IntelのGraphics Performance Analyzers（GPA）が、優れた代替品だ（URL https://software.intel.com/en-us/gpa）[訳注3]。

訳注3　日本語の情報は、iSUSの「インテル® Graphics Performance Analyzer サポート」（URL https://www.isus.jp/intel-gpa-support/）を参照。

13.3.3 グローバルライティング

表面属性をGバッファに描けたら、それらの属性を使って、完全にライティングされたシーンを表示しよう。この項では、環境光や平行光源などのグローバルライトに焦点を絞る。前提として、画面サイズの矩形をデフォルトのフレームバッファに描画する。矩形に含まれるそれぞれのフラグメントでGバッファから表面属性をサンプリングする。サンプリングした表面属性で、第6章のPhongの式を計算すれば、フラグメントをライティングできる。

Gバッファでのグローバルライティングを行うために、GLSLで頂点シェーダーとフラグメントシェーダーを作成する。矩形を画面に描画するので、頂点シェーダーは第5章のスプライト頂点シェーダーと同じものだ。フラグメントシェーダーは、リスト13.9のもので、Phongフラグメントシェーダーと違う部分がいくつかある。まず、頂点シェーダーから受け取る入力は、テクスチャ座標だけである。フラグメントの法線とワールド位置座標はGバッファに入っているからだ。次に、Gバッファにある3種類のテクスチャ（アルベド、法線、ワールド位置座標）のために、3つの`sampler2D`型uniformを追加する。そしてフラグメントシェーダーの`main`関数で、アルベド、法線、ワールド位置座標をサンプリングする。

これを、（第6章と同様な）平行光源のuniformと組み合わせると、Phongの反射モデルの環境光成分と拡散反射成分の情報が得られる。鏡面反射成分は計算できない。この成分は個々の表面の鏡面反射指数に依存するが、今は、この情報をGバッファに格納していないからだ（課題13.1で、鏡面反射成分の追加を試みよう）。

Phongの環境光成分と拡散反射成分を計算したら、（Gバッファからの）アルベドとの乗算で、画素の最終的な色を計算する。

リスト 13.9 GBufferGlobal.fragシェーダー

```
#version 330
// 頂点シェーダーからの入力
in vec2 fragTexCoord; // テクスチャ座標

layout(location = 0) out vec4 outColor;

// G バッファのテクスチャ
uniform sampler2D uGDiffuse;
uniform sampler2D uGNormal;
uniform sampler2D uGWorldPos;

// 照明用の uniform ( 第 6 章の Phong.frag と同様 )
// ...

void main()
{
    // アルベド / 法線 / ワールド位置座標を G バッファからサンプリング
```

```
    vec3 gbufferDiffuse = texture(uGDiffuse, fragTexCoord).xyz;
    vec3 gbufferNorm = texture(uGNormal, fragTexCoord).xyz;
    vec3 gbufferWorldPos = texture(uGWorldPos, fragTexCoord).xyz;

    // Phongの反射を計算する（第6章のPhng.fragと同様だが鏡面反射成分を除く）
    // ...

    // 最終的な色は、アルベド×Phongの反射光
    outColor = vec4(gbufferDiffuse * Phong, 1.0);
}
```

グローバルライティング用の頂点シェーダーとフラグメントシェーダーを書いたら、次のステップは、これらのシェーダーをRendererクラスでロードすることだ。mGGlobalShaderという名前でShader*型メンバー変数を作り、それをLoadShader関数の中で実体化する。コードとしては、リスト13.10のように、まず頂点とフラグメントのシェーダーファイルをロードする。次に、シェーダー用のuniformの一部を設定する。

3つのSetIntUniformの呼び出しは、フラグメントシェーダーにある3個のsampler2D型uniformに、テクスチャインデックスを割り当てる。SetMatrixUniformの最初の呼び出しは、ビュー射影行列に、（矩形を描画するので）スプライトのビュー射影行列を設定する。2つ目の呼び出しは、ワールド変換を設定して、矩形を全画面にスケーリングするとともに、y軸を反転する（これはバックミラーを描画する場合と同じで、yが反転する問題を解決するため）。

リスト13.10 GBufferグローバルライティングシェーダーをロードする

```
mGGlobalShader = new Shader();
if (!mGGlobalShader->Load("Shaders/GBufferGlobal.vert",
    "Shaders/GBufferGlobal.frag"))
{
    return false;
}
// GBufferのサンプラーにインデックスを割り当てる
mGGlobalShader->SetActive();
mGGlobalShader->SetIntUniform("uGDiffuse", 0);
mGGlobalShader->SetIntUniform("uGNormal", 1);
mGGlobalShader->SetIntUniform("uGWorldPos", 2);

// ビュー射影はスプライトと同じ
mGGlobalShader->SetMatrixUniform("uViewProj", spriteViewProj);
// ワールド変換で全画面へのスケーリングとyの反転を行う
Matrix4 gbufferWorld = Matrix4::CreateScale(mScreenWidth,
    -mScreenHeight, 1.0f);
mGGlobalShader->SetMatrixUniform("uWorldTransform", gbufferWorld);
```

次に、Gバッファの各テクスチャを、対応するテクスチャインデックスにバインドする関数を、GBufferクラスに追加する。

```
void GBuffer::SetTexturesActive()
{
    for (int i = 0; i < NUM_GBUFFER_TEXTURES; i++)
    {
        mTextures[i]->SetActive(i);
    }
}
```

SetActive関数が受け取るインデックスは、GLSLコードのsampler2D型uniformに設定されたインデックスに対応する。

最後に、グローバルライティングシェーダーでGバッファの矩形を描画する関数をRendererに追加する。リスト13.11の、新しいDrawFromGBuffer関数を作ろう。Renderer::Drawの最初のステップは、シーンをGバッファに描画する処理に変わっている。このため、デフォルトのフレームバッファに描画する最初のコードが、このDrawFromGBufferになる。深度テストを禁止するのは、深度バッファに影響を与えたくないからだ。次にGバッファシェーダーと、スプライト矩形のシェーダーをアクティブにし、SetTexturesActive関数で、すべてのGバッファテクスチャをアクティブにする。それから第6章で作成したSetLightUniforms関数を使って、Gバッファシェーダーの平行光源用のuniformを、すべて設定する。最後に、矩形を描画する。これで、画面上のすべてのフラグメントでGバッファフラグメントシェーダーが呼び出される。

リスト13.11 Renderer::DrawFromGBufferの実装

```
void Renderer::DrawFromGBuffer()
{
    // グローバルライティングパスでは深度テストを禁止
    glDisable(GL_DEPTH_TEST);
    // Gバッファシェーダーをアクティブにする
    mGGlobalShader->SetActive();
    // スプライト頂点シェーダーをアクティブにする
    mSpriteVerts->SetActive();
    // サンプリングするGバッファテクスチャを設定
    mGBuffer->SetTexturesActive();
    // ライティングのuniformを設定
    SetLightUniforms(mGGlobalShader, mView);

    // 矩形のための三角形を描画
    glDrawElements(GL_TRIANGLES, 6, GL_UNSIGNED_INT, nullptr);
}
```

Renderer::Drawの先頭のコードも書き換えよう。最初に3DシーンをGバッファに描画し、次にフレームバッファをデフォルトに切り替え、最後にDrawFromGBufferを呼び出す。あとは、以前と同様にスプライトとUI画面をレンダリングする。

```
// 3D シーンを G バッファに描画する
Draw3DScene(mGBuffer->GetBufferID(), mView, mProjection, false);
// フレームバッファを 0 （画面のフレームバッファ）に戻す
glBindFramebuffer(GL_FRAMEBUFFER, 0);
// G バッファを使って描画する
DrawFromGBuffer();
// スプライト /UI の描画は、従来通り
// ...
```

これでグローバルライティングシェーダーで描画ができる。現在のレンダリングコードは、完全にライティングされたシーンを描画できるようになっている（図13.9が、出力だ）。今はPhongライティングの鏡面反射成分を計算していないので、シーンは以前より暗い（これでも環境光の値を以前より少しだけ増やしているが）。とはいえ、シーン全体を見られるし、ただ暗いだけで、フォワードレンダリングしたシーンと同じように見える。そして、バックミラーは、まだフォワードレンダリングしているが、正しく描かれている（環境光が強くなったので、バックミラーは以前より明るくなっている）。

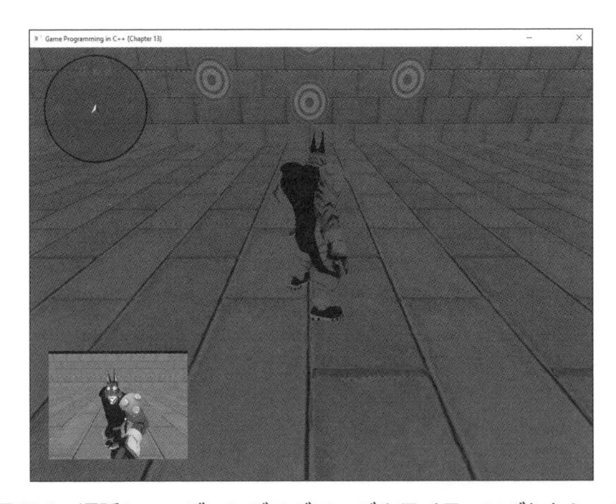

図13.9　遅延シェーディングでグローバルライティングしたシーン

13.3.4 点光源を加える

そもそも、遅延シェーディングする主な理由の1つは、シーンにある光源の数が増えても、良好にスケーリングできるからだった。この項では、グローバルではないローカルな光源を多く使っていく。

ゲームに100個の異なる点光源があるとしよう。これらの光源について、位置、色、半径といった情報をすべて含むuniform配列を、シェーダーの中に作ることもできる。そして**GBufferGlobal.frag**シェーダーのコードで、点光源をループ処理することも可能だ。Gバッファからサンプリングしたワールド位置座標で、そのフラグメントが点光源の範囲内か調べ、範囲内ならPhongの式を計算するわけだ。

このアプローチは、たとえ正しく動作しても、問題がある。すべてのフラグメントで、すべての点光源をテストする必要があり、その中にはフラグメントから遠く離れた光源も含まれる。シェーダーコードの中で、高価な条件チェックを大量に行う必要がある。

この問題の解法は、代わりに**ライトジオメトリ**（light geometry）という、光源を表現するメッシュを使うことだ。点光源には半径があり、対応するライトジオメトリーは球である。ワールド空間に置かれた球を描画することで、光の球に触れるすべてのフラグメントでフラグメントシェーダーの呼び出しがトリガーされる。フラグメントに当たる光の強さは、Gバッファのワールド位置座標情報を使って計算できる。

PointLightComponent クラスを追加する

点光源のコンポーネントを作ることで、どのアクターにも容易にアタッチでき、光源を動かせるようになる。まず、リスト13.12の**PointLightComponent**クラスを宣言する。簡単に使えるように、メンバー変数をパブリックにしておこう。**mDiffuseColor**は、その点光源の拡散色である。**mInnerRadius**（内側の半径）と、**mOuterRadius**（外側の半径）は、その点光源が影響を及ぼす領域を決める変数だ。外側の半径は、点光源がオブジェクトに影響を及ぼす最大の距離だ。内側の半径は、その点光源が完全な輝度で照らす半径である。内側の半径に含まれるものは、すべて完全な拡散色を持つが、外側の半径に近づくにつれて、光が弱まる。外側の半径を超えた場所には、点光源の影響は及ばない。

リスト13.12 PointLightComponentの宣言

```
class PointLightComponent
{
public:
    PointLightComponent(class Actor* owner);
    ~PointLightComponent();

    // 点光源をジオメトリとして描画する
    void Draw(class Shader* shader, class Mesh* mesh);

    // 拡散色
    Vector3 mDiffuseColor;
    // 光の半径
    float mInnerRadius;
```

```
    float mOuterRadius;
};
```

それから、mPointLightsという名前のPointLightComponentポインタの配列をRendererクラスに追加する。PointLightComponentのコンストラクターは、光源をmPointLightsに追加し、デストラクターは、その光源を配列から削除する。

点光源フラグメントシェーダー

次のステップはフラグメントシェーダーファイルGBufferPointLight.fragの作成だ。GBufferGlobal.fragシェーダーと同じく、Gバッファの3種類のテクスチャのために、3つの別々なsampler2D型uniformを宣言する。ただしグローバルライティングシェーダーと違って、特定の点光源に関する情報を格納する必要がある。そのためにPointLight構造体を宣言し、これを使ってuPointLightというuniformを追加する。また、画面の幅と高さを格納するuScreenDimensionsというuniformも追加しよう。

```
// GBufferPointLight.frag のために追加する uniform
struct PointLight
{
    // 光の位置
    vec3 mWorldPos;
    // 拡散色
    vec3 mDiffuseColor;
    // 光の半径
    float mInnerRadius;
    float mOuterRadius;
};
uniform PointLight uPointLight;

// 画面の幅と高さを格納
uniform vec2 uScreenDimensions;
```

このシェーダーのmain関数（リスト13.13）は、グローバルライティングシェーダーと、少し違う。グローバルライティングでは、単純に矩形のテクスチャ座標を使えばGバッファをサンプリングできる。だが、点光源の球形メッシュのテクスチャ座標では、Gバッファから正しくサンプリングできない。その代わり、gl_FragCoordというGLSLの組み込み変数を使う。これにはフラグメントの画面空間での位置が入っている。xとy座標が必要だが、UV座標は[0, 1]の範囲なので、画面空間の座標を画面の寸法で割る必要がある。この除算には、成分ごとの除算を行う演算子を使う。

そうして取得した正しいUV座標を得たら、それを使って、アルベドと法線とワールド位置座標をGバッファからサンプリングする。次に**N**と**L**のベクトルを計算するが、これは、Phongフラグメントシェーダーでも行っている。

リスト13.13 GBufferPointLight.fragのmain関数

```
void main()
{
    // Gバッファをサンプリングする座標を計算
    vec2 gbufferCoord = gl_FragCoord.xy / uScreenDimensions;

    // Gバッファからサンプリング
    vec3 gbufferDiffuse = texture(uGDiffuse, gbufferCoord).xyz;
    vec3 gbufferNorm = texture(uGNormal, gbufferCoord).xyz;
    vec3 gbufferWorldPos = texture(uGWorldPos, gbufferCoord).xyz;

    // 法線および、表面から光源までのベクトルを計算
    vec3 N = normalize(gbufferNorm);
    vec3 L = normalize(uPointLight.mWorldPos - gbufferWorldPos);

    // Phong拡散反射成分を計算
    vec3 Phong = vec3(0.0, 0.0, 0.0);
    float NdotL = dot(N, L);
    if (NdotL > 0)
    {
        // 光源とワールド位置座標との間の距離を求める
        float dist = distance(uPointLight.mWorldPos, gbufferWorldPos);
        // smoothstepで、内側と外側の半径の間の
        // 範囲[0, 1]の輝度値を計算する
        float intensity = smoothstep(uPointLight.mInnerRadius,
                                     uPointLight.mOuterRadius, dist);
        // 光の拡散反射は輝度に依存する
        vec3 DiffuseColor = mix(uPointLight.mDiffuseColor,
                                vec3(0.0, 0.0, 0.0), intensity);
        Phong = DiffuseColor * NdotL;
    }
    // テクスチャの色にPhongの拡散反射を掛けて最終的な色にする
    outColor = vec4(gbufferDiffuse * Phong, 1.0);
}
```

拡散反射の計算では、まず点光源の中心からフラグメントのワールド位置座標までの距離を計算する。それから、smoothstep関数で、 $[0, 1]$ を範囲とする光の減衰率を計算する。この関数は、距離が内側の半径以下なら0を、外側の半径以上なら1を返す。その間の距離では、0と1の間の値が得られる。このsmoothstep関数は、中間的な値の計算に、エルミート関数（多項式の一種）を使い、結果の値は拡散光の輝度に対応する。値が0ならば、フラグメントが内側の半径以内なので、完全な輝度として計算する。値が1ならば、その点光源はフラグメントに

影響を与えない。

その後、輝度の値に基づいてDiffuseColorを計算する。ここでは、mix関数で点光源の拡散色と黒色とを線形補間する。今はGバッファから鏡面反射指数を得られないので、Phong反射の鏡面反射成分は計算しない。

点光源をレンダリングするのは、グローバルライティングを計算したあとなので、フレームバッファのフラグメントは、すでにそれぞれの色を持っている。これは重要なポイントで、すでに存在する色を点光源シェーダーで上書きしたくはない。例えば、フラグメントのワールド位置座標が点光源の範囲外にあれば、シェーダーは黒を返すが、もしフラグメントに黒をセットしたら、グローバルライティングのパスで書き込んだ色が、すべて失われてしまう。

点光源シェーダーの出力は、すでにそこにある色を置き換えるのではなく、それに*加算*すべきだ。黒を加算しても、RGBの値はどれも変わらないので、既存の光が保存される。一方、もし緑の値を加算したら、そのフラグメントの色は緑が強くなる。既存の色に出力の色を足すには、フラグメントシェーダーのコードそのものを変更する必要はなく、C++側で設定する。

点光源の描画

点光源をDrawFromGBufferで描画するには、RendererとPointLightComponentのあちこちに追加が必要だ。最初に、mGPointLightShaderという新しいメンバー変数を追加する。それから、シェーダーをLoadShadersでロードする。頂点シェーダーには、第6章のBasicMesh.vertシェーダーを使える。点光源の球形メッシュは、特別な振る舞いを必要としないからだ。フラグメントシェーダーには、GBufferPointLight.fragという新しいシェーダーを使う。

グローバルライティングシェーダーと同様に、さまざまなサンプラーのためのuniform群を設定し、それぞれをGバッファテクスチャにバインドする必要がある。また、unniformのuScreenDimensionsに、画面の幅と高さを設定する。

メンバー変数に追加するmPointLightMeshは、点光源として使いたいメッシュへのポインタだ。メッシュはRendererの初期化時にロードして、mPointLightMeshに保存する。このメッシュは球だ。

さらに、リスト 13.14のコードを、DrawFromGBufferに追加する。これは、グローバルライティングのあとに続く。このコードの最初の部分は、Gバッファの深度バッファの内容をデフォルトフレームバッファの深度バッファにコピーする。Gバッファに描画したのは3Dシーンなので、深度バッファには、すべてのフラグメントのデプス情報が含まれている。デプス情報をデフォルトの深度バッファにコピーするのは、点光源の球の深度テストに必要だからだ。

リスト13.14 Renderer::DrawFromGBufferで点光源を描画する

```
// Gバッファの深度バッファの内容を
// デフォルトのフレームバッファにコピー
glBindFramebuffer(GL_READ_FRAMEBUFFER, mGBuffer->GetBufferID());
int width = static_cast<int>(mScreenWidth);
int height = static_cast<int>(mScreenHeight);
glBlitFramebuffer(0, 0, width, height,
    0, 0, width, height,
    GL_DEPTH_BUFFER_BIT, GL_NEAREST);

// 深度テストを有効にするが、
// 深度バッファへの書き込みは無効にする
glEnable(GL_DEPTH_TEST);
glDepthMask(GL_FALSE);

// 点光源シェーダーとメッシュをアクティブにする
mGPointLightShader->SetActive();
mPointLightMesh->GetVertexArray()->SetActive();
// ビュー射影行列を設定
mGPointLightShader->SetMatrixUniform("uViewProj",
    mView * mProjection);
// Gバッファのテクスチャをサンプリング用に設定
mGBuffer->SetTexturesActive();

// 点光源の結果は、既存の色に加算する
glEnable(GL_BLEND);
glBlendFunc(GL_ONE, GL_ONE);

// 点光源を描画する
for (PointLightComponent* p : mPointLights)
{
    p->Draw(mGPointLightShader, mPointLightMesh);
}
```

次に、深度テストを再び有効にする（というのはグローバルライティングの時にテストを無効にしたからだ）が、深度マスクは無効にする。つまり、点光源の球の描画は、深度テストに合格する必要があるが、深度バッファに新しい値を書くことはしない。こうすれば、点光源の球形メッシュが既存のバッファの値に影響を与えることはない。深度バッファへの書き込みを禁止するので、Draw3DSceneの先頭に深度バッファへの書き込みを再び許可する呼び出しを追加しなくてはならない（でなければ、深度バッファをクリアできない！）。

それから、点光源シェーダーと、点光源メッシュの両方をアクティブにする。そして、ワールドにレンダリングする他のオブジェクトと同じビュー射影行列をセットして、点光源が画面の正しい位置に置かれるようにする。Gバッファのテクスチャを、それぞれのスロットにバインドする必要もある。

ブレンドを有効にするのは、すでにカラーバッファに存在する色に加算するためだ。ブレンド関数の、2つのパラメーターにGL_ONEを指定するのは、ただ2つの色を直接加算したいだけで、アルファ値や、その他のパラメーターは考慮しないという意味である。

最後に、すべての点光源をループ処理して、それぞれの点光源のDraw関数を呼び出す。リスト13.15のPointLightComponent::Drawは、他のメッシュを描画するコードと、大きな違いはない。ワールド行列は、光源の外側の半径に基づいてスケーリングする。それをメッシュの半径で割るのは、点光源のメッシュが単位半径ではないからだ。平行移動は、所有アクターの位置に依存する。

さらに、点光源のために、各種のuniformを設定する必要があるが、これまでのuniform設定と変わりはない。最後に、glDrawElementsを呼び出して、点光源のジオメトリを（すなわち球のメッシュを）描画する。頂点配列をアクティブにする必要がないのは、Drawを呼び出す前にRendererが、行っているからだ。

点光源メッシュを描画すると、点光源がフラグメントの色に与える影響が計算され、その色が、グローバルライティングのパスが描いた色に加算される。

リスト13.15 PointLightComponent::Drawの実装

```
void PointLightComponent::Draw(Shader* shader, Mesh* mesh)
{
    // ワールド変換は、外側の半径によってスケーリングして
    //（ただしメッシュの半径で割って）ワールド空間に置く
    Matrix4 scale = Matrix4::CreateScale(mOwner->GetScale() *
        mOuterRadius / mesh->GetRadius());
    Matrix4 trans = Matrix4::CreateTranslation(mOwner->GetPosition());
    Matrix4 worldTransform = scale * trans;
    shader->SetMatrixUniform("uWorldTransform", worldTransform);

    // 点光源シェーダーの定数を設定
    shader->SetVectorUniform("uPointLight.mWorldPos",
        mOwner->GetPosition());
    shader->SetVectorUniform("uPointLight.mDiffuseColor", mDiffuseColor);
    shader->SetFloatUniform("uPointLight.mInnerRadius", mInnerRadius);
    shader->SetFloatUniform("uPointLight.mOuterRadius", mOuterRadius);

    // 球を描画
    glDrawElements(GL_TRIANGLES, mesh->GetVertexArray()->GetNumIndices(),
        GL_UNSIGNED_INT, nullptr);
}
```

この章のゲームプロジェクトは、点光源レンダリングのデモとして、床をさまざまな色で照らす点光源を作る。図13.10は、遅延シェーディングによる点光源の結果だ。

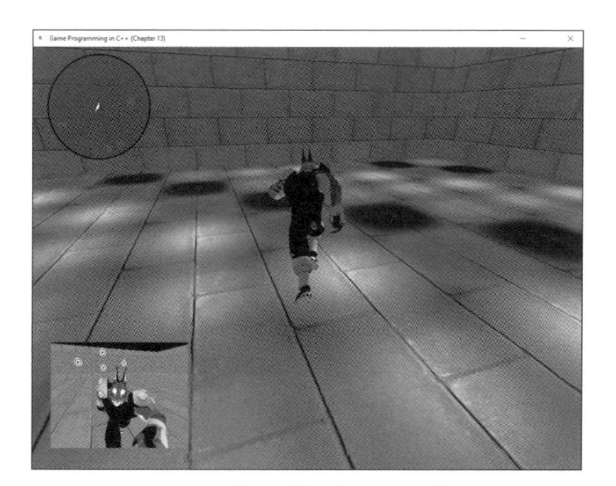

図13.10　ゲームプロジェクトの点光源

13.3.5 改善すべき問題点

遅延シェーディングは、現在多くのゲームで使われている非常に強力なレンダリング技法だが、完璧ではない。問題の1つは、窓のような、透けているオブジェクトを扱えないことだ。Gバッファには、最前面の属性しか格納できないので、透明なオブジェクトをGバッファに描画すると、その背後にあるオブジェクトの情報は上書きされて記録されない。解決策としては、透明なオブジェクトの描画を、シーンの他の部分を描画してから別の独立したパスで行う方法がある。

また、Gバッファを設定して複数のターゲットにレンダリングする処理が余分なオーバーヘッドとなるようなゲームもある。昼間の世界や、ライトの数がごく少数であれば、遅延シェーディングのコストは、フォワードレンダリングのコストより高くなるかもしれない。このため、非常に高いフレームレートが要求される多くのVR（virtual-reality）ゲームでは、フォワードレンダリングを使っている。

もう1つの問題は、ライトジオメトリにはエッジケースが数多く存在することだ。もし点光源の球が壁と交差したら、その点光源は（現在のアプローチでは）壁の両面を照らすだろう。また、点光源の範囲の中にカメラが入ると、ライトジオメトリが描画されないので、その光の効果は反映されない。このようなライトジオメトリの問題を修正するためには、別種の出力バッファである**ステンシルバッファ**（stencil buffer）等を使う必要がある。

13.A ゲームプロジェクト

この章のゲームプロジェクトは、遅延シェーディングの完全な実装をデモする。さらに、テクスチャの品質を改善するため、ミップマッピングと異方性フィルタリングの両方を使う。このプロジェクトに含まれるバックミラーテクスチャは、フォワードレンダリングされる。コードは本書のGitHubリポジトリにある。`Chapter13`ディレクトリで、Windowsでは`Chapter13-windows.sln`、Macでは`Chapter13-mac.xcodeproj`を開こう。

キャラクターも、その制御方法も、前章と同じだ。プレイヤーは、[W][A][S][D]キーでキャラクターを動かせる。点光源のデモとして、`Game::LoadData`には、いくつもの点光源を配置した。

13.B まとめ

この章ではグラフィックスの中級テクニックを、いくつか紹介した。最初に見たのはテクスチャフィルタリングで、最近傍フィルタリングとバイリニアフィルタリングが含まれる。ミップマッピングでは、より解像度の低いテクスチャを使うと、テクスチャが縮小される時のサンプリングのアーティファクトを軽減できる。けれども、斜めから見るとミップマッピングがぼけるかもしれない。その場合は異方性フィルタリングで品質を改善できる。

もう1つの強力なテクニックは、シーンをテクスチャにレンダリングする技法だ。OpenGLでは、複数のフレームオブジェクトをテクスチャに割り当てられるが、そのテクスチャに3Dシーンを描画することもできる。このテクニックは、鏡のような、質の高いリフレクションの描画に使える。

最後に遅延シェーディングを組み込んだ。これは2パスのライティングだ。最初のパスで、オブジェクトの表面属性（例えばアルベド、法線、ワールド位置座標）をGバッファに描く。第2のパスでは、ライティング計算のために、それらをGバッファから読み込む。点光源のように範囲が限られる光は、ライトジオメトリで描画すると、範囲内のフラグメントだけに光を当てられる。遅延シェーディングは、シーンに数多くの光がある時には優れたアプローチだが、部分的に透明なオブジェクトを扱えないという問題もある。

13.C 参考文献

第6章で述べたように、Thomas Akenine-Möllerらによる*Real-Time Rendering*は、レンダリングのテクニックとゲームに関して定番の本である[訳注4]。Jason Zinkらの本から、遅延レンダリングを含む数多くのテクニックの優れた概要が得られる。ただしOpenGLではなくDirect 3D 11を対象としている[訳注5]。Matt Pharrらの本は、「物理ベースレンダリング」(Physically Based Rendering)[訳注6]を扱っていて、これは、より写実的なライティングを得るために使われる新しいテクニックだ。Wolfgang Engelが編集する本は、ビデオゲーム業界のグラフィックスプログラマーが使っている最先端の技術に焦点を当てている。Phil Djonovの記事は、Gバッファにワールド位置座標を入れる必要をなくす方法を論じている。最後に、さまざまなOpenGLエクステンションの働きを理解したい時は、OpenGL公式レジストリを読むとよい。

— Akenine-Möller, Thomas, Eric Haines, and Naty Hoffman. *Real-Time Rendering, 4th edition*. Natick: A K Peters, 2018.

— Zink, Jason, Matt Pettineo, and Jack Hoxley. *Practical Rendering and Computation with Direct3D 11*. Boca Raton: CRC Press, 2011.

— Pharr, Matt, Wenzel Jakob, and Greg Humphreys. *Physically Based Rendering: From Theory to Implementation, 3rd edition*. Cambridge: Elsevier, 2017.

— Engel, Wolfgang, ed. *GPU Zen: Advanced Rendering Techniques*. Encinitas: Black Cat Publishing, 2017.

— Djonov, Phil. "*Deferred Shading Tricks.*" Shiny Pixels. Accessed May, 2018. URL http://vec3.ca/code/graphics/deferred-shading-tricks/

— Khronos Group. *OpenGL Extensions Registry*. Accessed May, 2018. URL https://github.com/KhronosGroup/OpenGL-Registry

訳注4 邦訳は『リアルタイムレンダリング 第4版』Tomas Akenine-Moller, Eric Haines, Naty Hoffman 著、髙橋 誠史、今給黎 隆 監修、加藤 諒 編集、中本 浩 訳(ボーンデジタル、2019年)。反射マップについては「10.4 環境マッピング」を参照。ステンシルバッファについては索引の「バッファ」-「ステンシル」にある項を参照。

訳注5 OpenGLのテクスチャレンダリングについては、Apple「iOS用Open GL ESプログラミングガイド」の「その他のレンダリング先への描画」などが参考になる。他のプラットフォームでも、遅延シェーディングの具体的な解説記事がWebにあるので検索されたい。

訳注6 日本語Wikipediaの項目「物理ベースシェーディング」を参照。

13.D 練習問題

この章の課題は、この章で学んだ遅延シェーディングを改善する。

課題 13.1

鏡面反射成分を、グローバルライティング（平行光源）と点光源の両方に追加しよう。それには、まずGバッファに新しいテクスチャが必要で、そこに表面の鏡面反射指数を格納する。この新しいテクスチャを、コードの関連部分（C++とGLSLの両方）に追加するため、`PointLightComponent`クラスと、`PointLightComponent::Draw`関数と、点光源およびグローバルライティングのシェーダーコードを変更する。点光源では、拡散色と同じように、輝度を使って鏡面色を補正する。そして以前と同様にPhongの式に従って、鏡面反射成分を計算する。

課題 13.2

遅延シェーディングに新しい種類の光を追加するには、新しい種類のライトジオメトリが必要だ。スポットライトを追加しよう。それには、`SpotLightComponent`を作成するほか、その光を点光源のあとに描画するためのシェーダーも作る必要がある。

スポットライト用のメッシュには、導入済みの`SpotLight.gpmesh`ファイルを使える（これは円錐だ）。スポットライトには、点光源と同様なパラメーターを持たせる他に、角度（アングル）の変数も必要だ。角度の変更を可能にするには、メッシュの不均一なスケーリングも必要になる。デフォルトのメッシュは30°のハーフアングル（中心軸から、かさまでの角度）を持つ。

Chapter

14

レベルファイルとバイナリデータ

この章では、まずゲームワールドを表現するJSONベースのレベルファイルをロード・セーブする方法を学ぶ。レベルファイルには、ゲームのグローバルプロパティと、すべてのアクターとコンポーネントのプロパティが記録される。
また、この章ではテキストベースのファイルフォーマットと、バイナリファイルフォーマットのトレードオフを検討する。バイナリファイルの例として、メッシュファイルを実装する。

14.1 レベルファイルのロード

これまでは、ゲームワールドにオブジェクトを配置するのに、データ駆動型のアプローチを使わなかった。代わりに、`Game::LoadData`関数が、ゲーム内のアクターとコンポーネントを支配し、環境光などのグローバルプロパティを決めていた。このアプローチには、いろいろな短所があるが、特に問題なのは、あるレベルで小物の位置を変えるような小規模な変更でも、再コンパイルする必要があることだ。オブジェクトの配置をするレベルデザイナーが、C++のソースコードを書き換えるようではいけない。

解決策は、レベルのデータファイルを作ることだ。データファイルから、レベルに含まれるアクターやプロパティを設定でき、アクターのコンポーネントも調整できるようにする。このレベルファイルには、グローバルプロパティも入れる。

2Dゲームなら、レベルファイルは、基本的なテキストファイルで十分だ。ワールドの各オブジェクトに対応するASCII文字を定義して、これらオブジェクトのグリッドをテキストで作成する。こうして作ったレベルファイルは、ASCIIアートのように見える。残念ながら、このアプローチは3Dゲームには適さない。ゲームワールドのオブジェクトは、それぞれ任意の3D座標に置かれるからだ。しかも、本書のオブジェクトモデルでは、アクターはコンポーネントを持つことができるので、アタッチされたコンポーネントのプロパティもセーブしなくてはならない。

このような理由で、もっと構造化されたファイルフォーマットが必要だ。そのデータファイルには、これまでと同様にテキストベースのJSONフォーマットを使おう。ただし、この章ではテキストフォーマットの長所と短所を論じるとともに、バイナリファイルフォーマットも導入する。

まず、JSONのレベルファイルフォーマットを構築する。最初はグローバルプロパティだけだが、徐々に他の機能も追加していく。`Game::LoadData`関数には、レベルファイルのロード関数ぐらいしかコードを持たせない。また、これまでの章と異なり、この章ではJSONファイルの解析に、RapidJSONライブラリを使う。

14.1.1 グローバルプロパティを読み込む

ゲームワールドのグローバルプロパティといっても、実際にはライティングのプロパティがあるだけだ（環境光と、グローバルな平行光源）。JSONレベルファイルのフォーマット定義は、このように数が限られたプロパティから始めるのがよい。リスト14.1のレベルファイルは、グローバルライティングのプロパティを指定している。

リスト14.1 グローバルライティングのプロパティのレベル (Level0.gplevel)

```
{
    "version": 1,
    "globalProperties": {
        "ambientLight": [0.2, 0.2, 0.2],
        "directionalLight": {
            "direction": [0.0, -0.707, -0.707],
            "color": [0.78, 0.88, 1.0]
        }
    }
}
```

リスト14.1には、一般的なレベルファイルに共通する構造がある。まずJSONドキュメントそのものが、**JSONオブジェクト**と呼ばれる、キーと値のペア（あるいは**プロパティ**）で構成される連想配列である。キーは「"」で囲まれ、コロンのあとに値が続く。値には、いくつかの型を使うことができる。基本的な型は、文字列と、数値と、bool型だ。複合的な型として、配列とJSONオブジェクトが使える。このファイルでは、キーglobalPropertiesが、JSONオブジェクトの値を持つ。さらに、globalPropertiesのJSONオブジェクトは、2つのキーを持つ。1つは環境光を決め、もう1つは平行光源を決める。前者のキーambientLightは、3要素の配列だ。後者のキーdirectionalLightは、もう1つのJSONオブジェクトを値として持ち、そのオブジェクトは2つのキーを持つ。

解析（parse）は、JSONオブジェクトとプロパティの入れ子構造を処理することで進行する。JSONオブジェクトと1つのキーが渡されると、その値を再帰的に読み進める。C++のコードで使用する型やクラスの種類は、JSONフォーマットで使える型よりはるかに多いので、解析をサポートするコードも必要となる。

LevelLoaderクラスの宣言からグローバルプロパティの解析を始める。レベルをファイルからロードする処理はゲームに影響を与えるが、レベルローダーそのものに影響を与えるわけではない。したがって、LoadLevelは、静的関数として宣言する。

```
class LevelLoader
{
public:
    // レベルを読み込む -- 成功したら、true を返す
    static bool LoadLevel(class Game* game, const std::string& fileName);
};
```

LoadLevel関数が、ファイル名の他に、Gameオブジェクトも受け取ることに注意しよう。何かを作成・変更するには、必ずGameにアクセスしなければならないからだ。

LoadLevelでは、レベルファイルをロードした結果をrapidjson::Documentに格納す

る。最も効率的なアプローチは、ファイル全体をメモリにロードしてから、そのバッファをDocumentのParse関数に渡す方法だ。JSONファイルをロードしてDocumentに渡すのは、一般的な処理なので、ヘルパー関数を作っておくと便利だ。そうすれば、JSONファイルの他のアセット（gpmesh、gpanimなど）からも、この関数を利用できる。

リスト14.2が、ヘルパー関数LoadJSONだ。これも静的関数で、ファイル名と、出力ドキュメントへの参照を受け取る。最初に、ファイルをifstreamでロードする。ファイルはテキストモードではなくバイナリモードでロードしている。単にファイル全体を文字バッファ（配列）にロードして、そのバッファをRapidJSONに渡すだけなので、効率をよくするために、バイナリモードを使っている。また、std::ios::ateフラグを使って、ファイルの末尾からストリームを再開できるように指定する。

ファイルをロードできたら、tellg関数で、ファイルストリームのカレントポジションを取得する。ストリームはファイルの末尾に位置するので、現在位置がファイルサイズに対応する。次のseekg呼び出しで、ストリームをファイルの先頭に戻す。次に、ファイルサイズにヌルターミネーターを足した大きさの配列を作り、その配列にファイルをread関数で読み込む。最後に、outDocのParse関数を呼び出して、JSONファイルを解析する。

リスト14.2 LevelLoader::LoadJSONの実装

```
bool LevelLoader::LoadJSON(const std::string& fileName,
                           rapidjson::Document& outDoc)
{
    // ファイルをバイナリモードの ifstream で開き、
    // ate でストリームバッファの末尾に移動
    std::ifstream file(fileName, std::ios::in |
                 std::ios::binary | std::ios::ate);
    if (!file.is_open())
    {
        SDL_Log(" ファイル %s が見つかりません ",
                fileName.c_str());
        return false;
    }

    // ファイルのサイズを取得
    std::ifstream::pos_type fileSize = file.tellg();
    // ファイルの先頭までシークで戻る
    file.seekg(0, std::ios::beg);

    // 末尾のヌルを含めた size + 1 の配列を作る
    std::vector<char> bytes(static_cast<size_t>(fileSize) + 1);
    // 配列にバイト列を読み込む
    file.read(bytes.data(), static_cast<size_t>(fileSize));

    // 生データを RapidJSON ドキュメントにロードする
```

```
    outDoc.Parse(bytes.data());
    if (!outDoc.IsObject())
    {
        SDL_Log(" ファイル %s は有効な JSON ではありません ",
            fileName.c_str());
        return false;
    }

    return true;
}
```

そして、LoadLevelの先頭でLoadJSONを呼び出す。

```
rapidjson::Document doc;
if (!LoadJSON(fileName, doc))
{
    SDL_Log(" レベル %s のロードに失敗しました ",
        fileName.c_str());
    return false;
}
```

JSONオブジェクトの解析では、キーを読み込み、それに対応する値を取り出していく。ただし、想定するキーが登録されていないかもしれないので、まずは、そのキーが存在し、期待される型と一致することを最初に確認してから、値があれば読み込む。この機能を、JsonHelperクラスの静的関数で実装しよう。リスト14.3が、そのJsonHelper::GetInt関数だ。この関数は、プロパティをキーとして探して、値が期待される型（この場合は整数）とマッチすることを確認する（それに成功したらtrueを返す）。

リスト14.3 JsonHelper::GetIntの実装

```
bool JsonHelper::GetInt(const rapidjson::Value& inObject,
                        const char* inProperty, int& outInt)
{
    // このプロパティの存在を確認する
    auto itr = inObject.FindMember(inProperty);
    if (itr == inObject.MemberEnd())
    {
        return false;
    }

    // 値の型を取得し、整数であることを確認
    auto& property = itr->value;
    if (!property.IsInt())
    {
        return false;
```

```
    }

    // プロパティの取得に成功
    outInt = property.GetInt();
    return true;
}
```

LoadLevelでGetInt関数を使って、ファイルのバージョンを確認しよう。

```
int version = 0;
if (!JsonHelper::GetInt(doc, "version", version) ||
    version != LevelVersion)
{
    SDL_Log(" レベルファイル %s のバージョンが違います ",
        fileName.c_str());
    return false;
}
```

ここでのJSONオブジェクトは、ドキュメント全体（ルートJSONオブジェクト）だ。まずGetIntが値を返すことを確認し、それから値が、期待している値（定数値LevelVersion）と一致するか確認する。

他の基本的な型を抽出する関数、GetFloat、GetBool、GetStringも、JsonHelperに追加する。ただし、こうしたヘルパー関数が本当に威力を発揮するのは、もっと複雑な複合型の場合だ。特に、このゲームの多くのプロパティ（例えばambientLight）はVector3型なので、GetVector3関数があると非常に便利だ。このような関数も全体的な構成は同じだが、値が配列で、floatメンバーを3つ持つことを確認する必要がある。同様に、GetQuaternion関数も宣言できる。

環境光と平行光源

ヘルパー関数ができたので、グローバルプロパティをロードする関数を作ろう。グローバルプロパティにはさまざまなものがあり、全部が同じクラス型とは限らないので、必要に応じてプロパティを個別に問い合わせることになる。リスト14.4のLoadGlobalProperties関数は、環境光と平行光源のプロパティをロードしている。この関数では、ほとんどの部分が、プロパティ読み込み用のヘルパー関数だ。

プロパティは、[]演算子を使って、rapidjson::Value&として直接アクセスできる。dirObj["directionalLight"]という呼び出しは、directionalLightをキー名とする値を取得する。その後は、IsObject()呼び出しで、値がJSONオブジェクト型であることを確認する。

平行光源の取得で興味深いもう1つのパターンは、設定したい変数に直接書き込む形式だ。この場合、GetVector3の呼び出しに条件チェックを追加する必要はない。なぜなら、要求したプロパティが存在しなければ、Get関数は変数を変更しないからだ。変数に直接アクセスでき、しかもプロパティが設定されなくても構わないのなら、これで多くのコードが削減できる。

リスト 14.4 LevelLoader::LoadGlobalPropertiesの実装

```
void LevelLoader::LoadGlobalProperties(Game* game,
    const rapidjson::Value& inObject)
{
    // 環境光を取得
    Vector3 ambient;
    if (JsonHelper::GetVector3(inObject, "ambientLight", ambient))
    {
        game->GetRenderer()->SetAmbientLight(ambient);
    }

    // 平行光源を取得
    const rapidjson::Value& dirObj = inObject["directionalLight"];

    if (dirObj.IsObject())
    {
        DirectionalLight& light = game->GetRenderer()->GetDirectionalLight();
        // (もしあれば) 向きと色を設定
        JsonHelper::GetVector3(dirObj, "direction", light.mDirection);
        JsonHelper::GetVector3(dirObj, "color", light.mDiffuseColor);
    }
}
```

LoadLevelでは、バージョンを確認するコードの直後に、LoadGlobalPropertiesの呼び出しを追加する。

```
// グローバルプロパティがあれば、処理する
const rapidjson::Value& globals = doc["globalProperties"];
if (globals.IsObject())
{
    LoadGlobalProperties(game, globals);
}
```

そして、Game::LoadDataに、LoadLevelの呼び出しを追加すれば、Level0.gplevelファイルをロードすることができる。

```
LevelLoader::LoadLevel(this, "Assets/Level0.gplevel");
```

照明のプロパティをレベルファイルから読み出すようになったら、LoadDataで環境光と平行光源をハードコーディングしていたコードを削除しよう。

14.1.2 アクターをロードする

アクターをロードするには、JSONファイルにアクターの配列を追加し、それぞれにアクターのプロパティ情報を持たせる。ここで、アクターの型を、何らかの方法で指定しなくてはならない。アクターの型は、それぞれActorの派生クラスである。どのActor派生クラスを割り当てるかを決めるための長い条件チェックを、レベルをロードするコードに持たせたくはない。

先ほどと同様に、まずはデータを見るのが、わかりやすいだろう。リスト14.5が、JSONファイルでアクターを指定する方法の1つだ。この例にはTargetActor型のアクターしかないが、Actorの他の派生クラスも"type"で簡単に指定できる。また、アクターの"type"以外のプロパティも、自由に追加できる。ここで設定されているプロパティは"position"と"rotation"だけだが、アクターのプロパティを、何でも指定できるのだ。

リスト14.5 アクターを持つレベル(Level1.gplevel)

```
{
    // バージョンとグローバルプロパティ
    // ...

    "actors": [
        {
            "type": "TargetActor",
            "properties": {
                "position": [1450.0, 0.0, 100.0]
            }
        },
        {
            "type": "TargetActor",
            "properties": {
                "position": [0.0, -1450.0, 200.0],
                "rotation": [0.0, 0.0, 0.7071, 0.7071]
            }
        },
        {
            "type": "TargetActor",
            "properties": {
                "position": [0.0, 1450.0, 200.0],
                "rotation": [0.0, 0.0, -0.7071, 0.7071]
            }
        }
    ]
}
```

ある型のアクターを作成する関数があると仮定しよう。そのアクターのプロパティをロードして設定したい。最も単純な方法は、リスト14.6のように、基底クラスActorに仮想関数

LoadPropertiesを作ることだ。

リスト14.6 Actor::LoadProperties関数

```
void Actor::LoadProperties(const rapidjson::Value& inObj)
{
    // さまざまな状態の文字列を使う
    std::string state;
    if (JsonHelper::GetString(inObj, "state", state))
    {
        if (state == "active")
        {
            SetState(EActive);
        }
        else if (state == "paused")
        {
            SetState(EPaused);
        }
        else if (state == "dead")
        {
            SetState(EDead);
        }
    }

    // 位置と回転とスケーリングを読み込んで変換を計算する
    JsonHelper::GetVector3(inObj, "position", mPosition);
    JsonHelper::GetQuaternion(inObj, "rotation", mRotation);
    JsonHelper::GetFloat(inObj, "scale", mScale);
    ComputeWorldTransform();
}
```

Actorの派生クラスでは、LoadProperties関数をオーバーライドすることで追加パラメーターをロードできる。

```
void SomeActor::LoadProperties(const rapidjson::Value& inObj)
{
    // 基底クラス Actor のプロパティをロード
    Actor::LoadProperties(inObj);

    // この派生クラスのカスタムプロパティをロード
    // ...
}
```

プロパティをロードする方法ができたので、正しい型のアクターを構築するという問題に取り組もう。ここでは、連想配列を使用する。アクターの型名の文字列をキーとして、その型のアクターを動的に割り当てる関数を値とする。キーは単なる文字列なので単純に処理できる。値には、特定の型のアクターを動的に割り当てる関数を設定しなくてはならない。Actorの派生クラスごとに別々に関数を宣言する代わりに、基底クラスのActorにテンプレート関数を用意しよう。

```
template <typename T>
static Actor* Create(class Game* game, const rapidjson::Value& inObj)
{
    // 型 T のアクターを動的に割り当てる
    T* t = new T(game);
    // 新しいアクターの LoadProperties を呼び出す
    t->LoadProperties(inObj);
    return t;
}
```

型のテンプレートなので、型を指定すると、指定された型のオブジェクトが動的に割り当てられる。そして、LoadProperties呼び出しで、そのアクターに応じたパラメーターが設定される。

次に、LevelLoaderに戻って、連想配列を作成しよう。キーの型はstd::stringだが、値には、Actor::Createの構文に合う関数が必要だ。その構文の定義に、std::functionを使う。

まず、ActorFuncという型指定子を作るために、次の**エイリアス宣言**（alias declaration）を使う（これはtypedefのようなものだ）。

```
using ActorFunc = std::function<
    class Actor*(class Game*, const rapidjson::Value&)
>;
```

この型指定子は、std::functionに対するテンプレート引数として、関数がActor*を返し、Game*とrapidjson::Value&という2つの引数を受け取ることを指定している。

次に、LevelLoaderの静的変数として、連想配列を宣言する。

```
static std::unordered_map<std::string, ActorFunc> sActorFactoryMap;
```

そして、LevelLoader.cppのsActorFactoryMapに、作成可能なアクターを記入する。

```
std::unordered_map<std::string, ActorFunc> LevelLoader::sActorFactoryMap
{
```

```
    { "Actor", &Actor::Create<Actor> },
    { "BallActor", &Actor::Create<BallActor> },
    { "FollowActor", &Actor::Create<FollowActor> },
    { "PlaneActor", &Actor::Create<PlaneActor> },
    { "TargetActor", &Actor::Create<TargetActor> },
};
```

この連想配列の初期化構文で、キーは文字列によるアクターの型名、値はActor::Create関数のアドレスで、これがキーに応じた型のActor派生クラスを作成するテンプレートだ。ここでは、Create関数をその場で呼び出すのではなく、その関数のメモリアドレスを取得して、あとで使うために保存しておく。

連想配列をセットアップしたら、リスト14.7のLoadActors関数を作ろう。ここではJSONファイルのアクター配列をループ処理して、アクターの型名の文字列を取得する。その型名を、連想配列sActorFactoryMapから探す。型が見つかったら、値として連想配列に格納されている関数（iter->second）を呼び出す。これで、正しい種類のActor::Createが呼び出される。型名が連想配列になければ、デバッグ用のログメッセージを出力する。

リスト14.7　LevelLoader::LoadActorsの実装

```
void LevelLoader::LoadActors(Game* game, const rapidjson::Value& inArray)
{
    // アクターの配列をループする
    for (rapidjson::SizeType i = 0; i < inArray.Size(); i++)
    {
        const rapidjson::Value& actorObj = inArray[i];

        if (actorObj.IsObject())
        {
            // 型名を取得
            std::string type;
            if (JsonHelper::GetString(actorObj, "type", type))
            {
                // この型名が連想配列にあるか？
                auto iter = sActorFactoryMap.find(type);
                if (iter != sActorFactoryMap.end())
                {
                    // 連想配列に格納されている関数を構築
                    Actor* actor = iter->second(game, actorObj["properties"]);
                }
                else
                {
                    SDL_Log("未知のアクター %s", type.c_str());
                }
            }
        }
```

```
    }
}
```

次に、LoadLevelでグローバルプロパティをロードした直後に、LoadActorの呼び出しを追加する。

```
const rapidjson::Value& actors = doc["actors"];
if (actors.IsArray())
{
    LoadActors(game, actors);
}
```

このコードで、アクターをロードし、プロパティを設定できる。ただし、まだコンポーネントのプロパティを調整できないし、レベルファイルからコンポーネントを追加できない。

14.1.3 コンポーネントをロードする

コンポーネントのデータをロードする処理にも、アクターと同じパターンが使える。ただし、大きな違いが1つある。リスト14.8は、2種類のアクターと、それらのコンポーネントプロパティを宣言している部分だ。基底Actor型には、コンポーネントはアタッチされていない。このアクターはMeshComponentという型のプロパティを持つのだから、このアクターのために新しいMeshComponentを構築する必要がある。一方、TargetActor型は、すでにMeshComponentを持っている。このMeshComponentはTargetActorのコンストラクターで作られる。この場合、新規にコンポーネントを作るのではなく、既存のプロパティを更新すべきである。要するに、コンポーネントをロードするコードは、新規作成と更新の両方のケースに対処する必要がある。

リスト 14.8 JSONでのアクターとコンポーネントの宣言（完全なファイルからの抜粋）

```
"actors": [
    {
        "type": "Actor",
        "properties": {
            "position": [0.0, 0.0, 0.0],
            "scale": 5.0
        },
        "components": [
            {
                "type": "MeshComponent",
                "properties": { "meshFile": "Assets/Sphere.gpmesh" }
            }
        ]
    },
```

```
    {
        "type": "TargetActor",
        "properties": { "position": [1450.0, 0.0, 100.0] },
        "components": [
            {
                "type": "MeshComponent",
                "properties": { "meshFile": "Assets/Sphere.gpmesh" }
            }
        ]
    }
]
```

Actorが、ある型のコンポーネントを既に持っているかを判定するには、アクターのコンポーネント配列から型を調べる手段が必要だ。C++の組み込み型情報を使うこともできるが、ゲームプログラミングの世界では、自作の型情報を使うのが一般的である（そして組み込み機能を無効にする）。その理由は、C++組み込みの実行時型情報（RTTI）には、「使いたいものにだけコストがかかる」というC++の原則に反するという既知の欠点があるからだ[訳注1]。

独自に型情報を実装する方法はいくつもあるが、この章ではシンプルなアプローチを紹介しよう。まずComponentクラスでTypeID列挙体を、次のように宣言する。

```
enum TypeID
{
    TComponent = 0,
    TAudioComponent,
    TBallMove,
    // その他の型は省略
    // ...
    NUM_COMPONENT_TYPES
};
```

それから、コンポーネントのTypeIDを返す単純な仮想関数GetTypeを追加する。例えば、MeshComponent::GetTypeは、次のような実装になる。

```
TypeID GetType() const override { return TMeshComponent; }
```

次に、GetComponentOfTypeという関数をActorに追加する。これは、mComponents配列をループして、最初に型とマッチしたコンポーネントを返す。

訳注1　RTTIについては、Bjarne Stroustrup自身が著書で批判している。原文の"you only pay for what you use"というフレーズは、LLVM Coding Standards（URL http://llvm.org/docs/CodingStandards.html）の「Do not use RTTI or Exceptions」というセクションにもある。

```
Component* GetComponentOfType(Component::TypeID type)
{
    Component* comp = nullptr;
    for (Component* c : mComponents)
    {
        if (c->GetType() == type)
        {
            comp = c;
            break;
        }
    }
    return comp;
}
```

このアプローチの欠点は、Componentの新しい派生クラスを作る時、忘れずにエントリをTypeID列挙体に追加し、GetType関数を実装する必要があることだ。マクロやテンプレートで、ある程度は自動化できるだろうが、ここでは読みやすさと理解しやすさを優先して、自動化していない。

また、このシステムでは、アクターが同じコンポーネントを複数持つことを想定していない。この問題に対応するなら、GetComponentOfTypeからポインタではなく、コンポーネントの配列を返す必要がある。

また、型情報からは継承の情報は得られない。SkeletalMeshComponentをGetTypeしても、TSkeletalMeshComponentが返されるだけであり、SkeletalMeshComponentがMeshComponentの派生クラスだと知ることはできない。継承情報を知りたければ、階層的な情報を保存する手段が必要になる。

Componentに対応する基本的な型システムができたら、もっとなじみ深いステップに進める。Actorの場合と同様に、基底クラスのComponentに、仮想関数LoadPropertiesを作り、必要に応じて派生クラスでオーバーライドする。とはいえ、派生クラスの実装も、それほど単純ではない。リスト 14.9は、MeshComponentのためのLoadPropertiesの実装だ。このMeshComponentのメンバー変数mMeshは、描画すべき頂点データへのポインタだということを思い出そう。頂点をJSONファイルのなかで直接指定したくはないので、代わりにgpmeshファイルを参照する。このコードは、最初にmeshFileプロパティをチェックして、対応するメッシュをレンダラーから取得する。

リスト 14.9 MeshComponent::LoadPropertiesの実装

```
void MeshComponent::LoadProperties(const rapidjson::Value& inObj)
{
    Component::LoadProperties(inObj);
```

```
    std::string meshFile;
    if (JsonHelper::GetString(inObj, "meshFile", meshFile))
    {
        SetMesh(mOwner->GetGame()->GetRenderer()->GetMesh(meshFile));
    }

    int idx;
    if (JsonHelper::GetInt(inObj, "textureIndex", idx))
    {
        mTextureIndex = static_cast<size_t>(idx);
    }

    JsonHelper::GetBool(inObj, "visible", mVisible);
    JsonHelper::GetBool(inObj, "isSkeletal", mIsSkeletal);
}
```

そして、Componentに、テンプレートを用いた静的なCreate関数を追加する。これはActorの関数と非常によく似ているが、引数が違う（最初の引数はGame*ではなくActor*だ）。

それから、LevelLoaderに連想配列を追加する。std::functionを再び使って、ヘルパー型ComponentFuncを作る。

```
using ComponentFunc = std::function<
    class Component*(class Actor*, const rapidjson::Value&)
>;
```

次に、連想配列を宣言する。ただし、値が関数オブジェクト1つだったsActorFactoryMapと違って、今回は複数の値を持つ。第1の要素は、コンポーネントのTypeIDの整数で、第2の要素がComponentFuncである。

```
static std::unordered_map<std::string,
    std::pair<int, ComponentFunc>> sComponentFactoryMap;
```

LevelLoader.cppのなかで、このsComponentFactoryMapを実体化する。

```
std::unordered_map<std::string, std::pair<int, ComponentFunc>>
LevelLoader::sComponentFactoryMap
{
    { "AudioComponent",
        { Component::TAudioComponent, &Component::Create<AudioComponent>}
    },
    { "BallMove",
        { Component::TBallMove, &Component::Create<BallMove> }
    },
    // その他のコンポーネントは省略
```

```
    // ...
};
```

また、LevelLoaderのヘルパー関数LoadComponentsを、リスト14.10のように実装する。LoadActorsと同じように、ロードすべきコンポーネントの配列を受け取って、その配列をループし、sComponentFactoryMapからコンポーネントの型を探す。コンポーネントが見つかれば、アクターがその型のコンポーネントをすでに持っているか調べる。iter->second.firstで値ペアの第1要素のTypeIDが得られる。アクターがまだ要求された型のコンポーネントを持っていなければ作成する。作成には、値ペアの第2要素（iter->second.second）の関数を使う。コンポーネントがすでに存在していれば、直接そのLoadPropertiesを呼び出す。

リスト14.10 LevelLoader::LoadComponentsの実装

```
void LevelLoader::LoadComponents(Actor* actor,
    const rapidjson::Value& inArray)
{
    // コンポーネントの配列をループする
    for (rapidjson::SizeType i = 0; i < inArray.Size(); i++)
    {
        const rapidjson::Value& compObj = inArray[i];

        if (compObj.IsObject())
        {
            // 型を取得
            std::string type;
            if (JsonHelper::GetString(compObj, "type", type))
            {
                auto iter = sComponentFactoryMap.find(type);
                if (iter != sComponentFactoryMap.end())
                {
                    // コンポーネントの TypeID を取得
                    Component::TypeID tid = static_cast<Component::TypeID>
                        (iter->second.first);
                    // 同じ型のコンポーネントがアクターにあるか？
                    Component* comp = actor->GetComponentOfType(tid);
                    if (comp == nullptr)
                    {
                        // 新規コンポーネントなら生成する関数を呼び出す
                        comp = iter->second.second(actor, compObj["properties"]);
                    }
                    else
                    {
                        // すでにあれば、プロパティのロードだけ実行
                        comp->LoadProperties(compObj["properties"]);
                    }
                }
                else
```

```
            {
                SDL_Log("未知のコンポーネント型 %s", type.c_str());
            }
        }
    }
}
}
```

最後に次のコードをLoadActorsに追加する。これはcomponentsプロパティを（もしあれば）アクセスして、そのLoadComponentsを呼び出す。

```
// 連想配列に格納された関数でアクターを構築
Actor* actor = iter->second(game, actorObj["properties"]);
// アクターのコンポーネントを取得
if (actorObj.HasMember("components"))
{
    const rapidjson::Value& components = actorObj["components"];
    if (components.IsArray())
    {
        LoadComponents(actor, components);
    }
}
```

以上のコードで、レベルファイルから、グローバルプロパティ、アクター、アクターに割り当てられているコンポーネントを含むレベル情報をロードできる。

14.2 レベルファイルのセーブ

レベルのセーブは、概念としてはロードよりも単純だ。まず、そのレベルのグローバルプロパティを書く。それから全アクターをループし、アクターとアタッチされているコンポーネントのプロパティを書き出す。

実装の詳細には複雑なところもある。それは、JSONファイルを作成する際のRapidJSONのインターフェイスが、ファイルを読み込む場合よりも複雑だからだ。とはいえ、全体的には、ロード時と同じテクニックが使える。

まずは、JsonHelperにヘルパー関数Addを作って、JSONオブジェクトにプロパティを追加しやすくする。例えばAddInt関数の構文は、次のようになる。

```
void JsonHelper::AddInt(rapidjson::Document::AllocatorType& alloc,
    rapidjson::Value& inObject, const char* name, int value)
{
    rapidjson::Value v(value);
```

```
    inObject.AddMember(rapidjson::StringRef(name), v, alloc);
}
```

最後の3つの引数は、Valueがconstではない点を除いてGetInt関数と同じだ。最初の引数は、RapidJSONがメモリの割り当てに使うアロケータだ。AddMemberの呼び出しではアロケータが必ず必要なので、これを渡している。デフォルトのアロケータはDocumentオブジェクトから得られるが、必要なら別のアロケータも使える。関数内部では、整数をカプセル化するValueオブジェクトを作り、AddMember関数を使って、指定された名前の値をinObjectに追加する。

その他のAdd関数群もほぼ同じだが、AddVector3とAddQuaternionは別格だ。これらは、配列を作り、そのなかにfloatの値を追加する（同様な構文は、グローバルプロパティの項目で見た）。

LevelLoader::SaveLevel関数の骨組みをリスト14.11に示す。まず、RapidJSONドキュメントを作成し、SetObjectで、ルートオブジェクトを作る。次にバージョン情報を追加する。また、StringBufferとPrettyWriterを使って、いい感じに整形されたJSONファイル文字列を作る[訳注2]。最後に、標準のstd::ofstreamで、文字列をファイルに書き込む。

リスト14.11 LevelLoader::SaveLevelの実装（骨組み）

```
void LevelLoader::SaveLevel(Game* game,
    const std::string& fileName)
{
    // ドキュメントとルートオブジェクトを作成
    rapidjson::Document doc;
    doc.SetObject();

    // バージョンを書き込む
    JsonHelper::AddInt(doc.GetAllocator(), doc, "version", LevelVersion);

    // ファイルの残りの部分を作成（TODO）
    // ...

    // JSON を文字列バッファに保存
    rapidjson::StringBuffer buffer;
    // 整形出力用にPrettyWriter を使う（さもなければWriter を使う）
    rapidjson::PrettyWriter<rapidjson::StringBuffer> writer(buffer);
    doc.Accept(writer);
    const char* output = buffer.GetString();

    // output 文字列をファイルに書く
    std::ofstream outFile(fileName);
```

訳注2　RapidJSONのPrettyWriterは、インデントとスペーシングのあるWriter。

```
    if (outFile.is_open())
    {
        outFile << output;
    }
}
```

まだ、バージョンだけしか出力していないが、これをひな型にして、残りの出力を追加しよう。

14.2.1 グローバルプロパティをセーブする

グローバルプロパティを保存するSaveGlobalProperties関数をLevelLoaderに追加しよう。これまでに書いた他の関数とよく似ているので、実装のリストは省略する。環境光と平行光源のオブジェクトを追加するだけである。

関数ができたら、次のように、SaveLevel関数に組み込む。

```
rapidjson::Value globals(rapidjson::kObjectType);
SaveGlobalProperties(doc.GetAllocator(), game, globals);
doc.AddMember("globalProperties", globals, doc.GetAllocator());
```

14.2.2 アクターとコンポーネントをセーブする

アクターとコンポーネントを保存するには、ActorやComponentから、ポインタ経由で型名文字列を取得する手段が必要だ。コンポーネントには、すでにTypeIDがあるので、型名文字列の定数配列をComponentに宣言して、型名文字列を取得できるようにすればよい。この配列を、Component.hで次のように宣言する。

```
static const char* TypeNames[NUM_COMPONENT_TYPES];
```

この配列に記入するコードは、Component.cppに置く。ここではTypeIDの列挙型と同じ順序にすることが重要だ。

```
const char* Component::TypeNames[NUM_COMPONENT_TYPES] = {
    "Component",
    "AudioComponent",
    "BallMove",
    // 以下省略
    // ...
};
```

順序を保つことで、型名からコンポーネントの名前を取得するコードが簡単になる。

```
Component* comp = /* 任意のコンポーネント */;
const char* name = Component::TypeNames[comp->GetType()];
```

Actorとその派生クラスでも同じことをするために、ActorにもTypeID列挙体を追加する。これはコンポーネントのTypeIDのコードと、基本的に同じなので、リストは省略する。

次に、ActorとComponentの両方で、仮想関数SavePropertiesを作り、必要に応じて、それぞれの派生クラスでオーバーライドする。実装は、レベルファイルをロードする時のLoadProperties関数と非常によく似た構造になる。例えば、リスト14.12がActor::SavePropertiesの実装だ。LevelLoaderではAdd関数を数多く使い、Add関数にはアロケータを渡す必要がある。

リスト14.12 Actor::SavePropertiesの実装

```
void Actor::SaveProperties(rapidjson::Document::AllocatorType& alloc,
    rapidjson::Value& inObj) const
{
    std::string state = "active";
    if (mState == EPaused)
    {
        state = "paused";
    }
    else if (mState == EDead)
    {
        state = "dead";
    }
    JsonHelper::AddString(alloc, inObj, "state", state);
    JsonHelper::AddVector3(alloc, inObj, "position", mPosition);
    JsonHelper::AddQuaternion(alloc, inObj, "rotation", mRotation);
    JsonHelper::AddFloat(alloc, inObj, "scale", mScale);
}
```

以上の準備が整ったら、LevelLoaderクラスにSaveActorsとSaveComponentsを追加しよう。リスト14.13が、SaveActors関数だ。まず、gameから、アクターの配列をconst参照で取得して、ループ処理によって、それぞれのJSONオブジェクトを作り、TypeIDとTypeNamesを使って型名文字列を追加する。その後、プロパティ用のJSONオブジェクトを作り、アクターのSaveProperties関数を呼び出す。また、コンポーネントの配列を作り、SaveComponentsを呼び出す。最後に、このアクターのJSONオブジェクトを、JSONのアクター配列に追加する。

リスト14.13 LevelLoader::SaveActorsの実装

```
void LevelLoader::SaveActors(rapidjson::Document::AllocatorType& alloc,
    Game* game, rapidjson::Value& inArray)
```

```
{
    const auto& actors = game->GetActors();
    for (const Actor* actor : actors)
    {
        // アクター用の JSON オブジェクトを作る
        rapidjson::Value obj(rapidjson::kObjectType);
        // タイプを追加する
        AddString(alloc, obj, "type", Actor::TypeNames[actor->GetType()]);
        // プロパティ用の JSON オブジェクトを作る
        rapidjson::Value props(rapidjson::kObjectType);
        // プロパティをセーブ
        actor->SaveProperties(alloc, props);
        // プロパティをアクターの JSON オブジェクトに追加
        obj.AddMember("properties", props, alloc);

        // コンポーネントをセーブ
        rapidjson::Value components(rapidjson::kArrayType);
        SaveComponents(alloc, actor, components);
        obj.AddMember("components", components, alloc);

        // アクターを inArray に追加
        inArray.PushBack(obj, alloc);
    }
}
```

同様にSaveComponents関数を実装することで、すべてのアクター、コンポーネントがファイルにセーブできるようになる。この章のゲームプロジェクトでは、[R] キーを押すことで、レベルファイルAssets/Save.gplevelにレベルが保存される。

Note

ロードとセーブを1つの関数にまとめる

もう少し頑張れば、1つのシリアライズ関数で、プロパティのロードとセーブの両方ができるようになるだろう。そうすれば、アクターやコンポーネントに新しいプロパティを追加するたびに、2つの関数を別々に更新する必要がなくなる。

以上のコードで、ゲームのほとんどすべてがセーブされるが、ゲームの状態を完全にキャプチャするわけではない。例えば、アクティブなFMODサウンドイベントがあっても、その状態はセーブされない。これを実装するには、サウンドイベントの現在のタイムスタンプをFMODに問い合わせる。ゲームをロードする時には、サウンドイベントを保存した時点から再スタートする。単なるレベルファイルのセーブから、プレイヤーにとって便利なセーブファイルを作るまでには、かなり頑張らなければならないだろう。

14.3 バイナリデータ

この本では、いままでずっと（メッシュにも、アニメーションにも、スケルトンにも、テキストのローカライゼーションにも、そしてレベルのローディングにも）JSONファイルフォーマットを使ってきた。テキストベースのフォーマットには数多くの利点がある。テキストファイルは人間にとって読みやすく、エラーを見つけやすく、（もし必要ならば）手作業で編集しやすい。また、テキストファイルは、2つのバージョン間の変更が一目瞭然なので、Gitのようなソース管理システムでも、とても扱いやすい。そして、開発中にアセットのローディングをデバッグするのも、テキストファイルなら簡単にできる。

しかし、テキストベースのファイルフォーマットは非効率だ。つまり、ディスクやメモリの消費量が大きく、実行時の性能がよくない。JSONやXMLのようなフォーマットは、カッコや引用符などの整形文字を使うこともあって、ディスクの消費量が多い。しかも、テキストベースのファイルを実行時に解析するのは（たとえRapidJSONのような高性能のライブラリを使ったとしても）遅い。著者のコンピューターでは、デバッグビルドで`CatWarrior.gpmesh`ファイルをロードするのに、約3秒かかる。もっと大きなゲームでロードが長くなるのは間違いない。

両方の長所を活用して、開発中は（少なくともチームのメンバーの一部は）テキストファイルを使い、最適化されたビルドではバイナリファイルを使いたい。この節では、バイナリのメッシュファイルフォーマットを作ろう。機構を単純にするために、JSONフォーマットの`gpmesh`ファイルをロードする際に、まず、それに対応する`gpmesh.bin`ファイルの存在をチェックする。ファイルがあれば、JSONファイルの代わりに、そのファイルをロードする。存在しなければ、バイナリバージョンのファイルを作成する。これにより、次にゲームを実行する時には、テキストバージョンの代わりにバイナリバージョンが使われる。

このアプローチの弱点として、バイナリフォーマットでは発生するのにテキストフォーマットでは発生しないバグが起こるかもしれない。これを防ぐには、開発中に両方のバージョンを使い続けることが重要だ。どちらかのフォーマットが使われずに放置されたら、そのフォーマットが使えなくなる可能性が非常に高い。

14.3.1 バイナリメッシュファイルをセーブする

どんなバイナリファイルフォーマットにも重要なステップは、ファイルのレイアウトを決めることだ。ほとんどのバイナリファイルでは、先頭に何らかの**ヘッダー**（header）を置く。ヘッダー内でファイルの内容を定義したり、ファイルを読むのに必要なサイズ情報を提供することが多い。メッシュファイルのフォーマットでは、ヘッダーにバージョンの情報、頂点やインデックスの数などを入れたい。リスト14.14の`MeshBinHeader`構造体は、ヘッダーのレイアウトを定義している。この例ではヘッダーが**パック**（pack）されていない（可能な限りサイズを圧縮していない）が、一般にヘッダーに何を格納したいかは、これでわかるだろう。

リスト14.14　MeshBinHeader構造体

```
struct MeshBinHeader
{
    // ファイルタイプのシグネチャ
    char mSignature[4] = { 'G', 'M', 'S', 'H' };
    // バージョン
    uint32_t mVersion = BinaryVersion;
    // 頂点レイアウトのタイプ
    VertexArray::Layout mLayout = VertexArray::PosNormTex;
    // 個数情報
    uint32_t mNumTextures = 0;
    uint32_t mNumVerts = 0;
    uint32_t mNumIndices = 0;
    // メッシュのボックス / 半径（コリジョンに使う）
    AABB mBox{ Vector3::Zero, Vector3::Zero };
    float mRadius = 0.0f;
};
```

mSignatureフィールドは、ファイルの種類を示す4バイトのマジックナンバーだ。よく使われる形式のバイナリファイルには、このようなシグネチャを入れることが多い。こうすれば、最初の数バイトでファイルの種類が判定でき、シグネチャが違えば、それ以降の情報を読む必要がない。残りのデータは、ファイルからメッシュデータを再構築するのに必要な情報だ。

ヘッダーのあとに続くのは、データセクションである。ここに格納される主なデータは、割り当てられたテクスチャのファイル名と、頂点とインデックスのバッファのデータである。

ファイルフォーマットが決まれば、リスト 14.15のSaveBinary関数が作れる。この関数に大量の引数があるのは、このバイナリファイルを作るのに大量の情報が必要だからだ。必要なのは、ファイル名、頂点バッファへのポインタ、頂点の数とレイアウト、インデックスバッファへのポインタ、インデックスの数、テクスチャ名の配列、メッシュの境界ボックス、そしてメッシュの半径である。これら全部の引数を指定して、ファイルにセーブすることができる。

リスト14.15　Mesh::SaveBinaryの実装

```
void Mesh::SaveBinary(const std::string& fileName, const void* verts,
    uint32_t numVerts, VertexArray::Layout,
    const uint32_t* indices, uint32_t numIndices,
    const std::vector<std::string>& textureNames,
    const AABB& box, float radius)
{
    // ヘッダーを作る
    MeshBinHeader header;
    header.mLayout = layout;
    header.mNumTextures =
        static_cast<unsigned>(textureNames.size());
```

```
    header.mNumVerts = numVerts;
    header.mNumIndices = numIndices;
    header.mBox = box;
    header.mRadius = radius;

    // バイナリファイルを書き込み用にオープン
    std::ofstream outFile(fileName, std::ios::out
        | std::ios::binary);
    if (outFile.is_open())
    {
        // ヘッダーを書く
        outFile.write(reinterpret_cast<char*>(&header), sizeof(header));

        // テクスチャ名を、名前のサイズ、文字列、
        // ヌルターミネーターの順に書く
        for (const auto& tex : textureNames)
        {
            uint16_t nameSize = static_cast<uint16_t>(tex.length()) + 1;
            outFile.write(reinterpret_cast<char*>(&nameSize),
                sizeof(nameSize));
            outFile.write(tex.c_str(), nameSize - 1);
            outFile.write("¥0", 1);
        }

        // 各頂点のバイト数をレイアウトから計算
        unsigned vertexSize = VertexArray::GetVertexSize(layout);
        // 頂点を書く
        outFile.write(reinterpret_cast<const char*>(verts),
            numVerts * vertexSize);
        // インデックスを書く
        outFile.write(reinterpret_cast<const char*>(indices),
            numIndices * sizeof(uint32_t));
    }
}
```

リスト14.15のコードは、やることが多い。まず、MeshBinHeader構造体のインスタンスを作って、そこにすべてのメンバーを記入する。次に、出力するファイルを作成して、バイナリモードでオープンする。ファイルのオープンに成功したら、書き込む。

ファイルのヘッダーは、write関数で書く。writeは、最初の引数にcharポインタを期待するので、多くの場合、別のポインタからchar*にキャストしなければならない。reinterpret_castなのは、MeshBinHeader*からchar*へ直接変換できないからだ。writeの第2引数は、ファイルに書き込むデータのバイト数である。ここではsizeofを使って、MeshBinHeaderのサイズに対応するバイト数を指定している。言い換えれば、headerのアドレスからsizeof(header)バイトのデータを書く。これは、構造体を、まるごと一気に書く時に便利な方法だ。

エンディアンに注意

CPUプラットフォームごとに、複数バイトの大きな値を保存する順序（バイト順）が異なる。このことをエンディアンという。MeshBinHeaderの読み書きに使っているメソッドで、gpmesh.binを書き込むプラットフォームのバイト順と、gpmesh.binを読むプラットフォームのバイト順とが違っていたら、使い物にならない。

現在のプラットフォームは、ほとんどがリトルエンディアンだが、本書のコードではバイト順が問題になる可能性が残る。

次に、すべてのテクスチャ名をループして、ファイルに書き込む。個々のファイル名について、まずファイル名の文字数+1（ヌルターミネーターが加わる）を書き込んでから、文字列そのものを書き込む。このコードではファイル名が64KBを超えないことを前提としているが、サイズ的には十分な想定だろう。文字数を書き込むのはロードのためだ。ヘッダーにはテクスチャの数を書くだけで、それぞれの名前の長さまでは書いていない。文字数の情報がどこにもなければ、ロードする時にファイル名を何バイト読めばいいのかわからない。

すべてのファイル名を書いたら、すべての頂点およびインデックスのバッファデータを、直接書き込む。これらのサイズはヘッダーに入っているので、ここに入れる必要はない。頂点データのバイト数は、頂点の数に個々の頂点サイズを掛けた値だ。幸い、個々の頂点のサイズはヘルパー関数のVertexArrayで、頂点レイアウトから求めることができる。インデックスデータは、サイズが固定なので（32ビットのインデックス）、バイト数は、もっと簡単に計算できる。

Mesh::Loadのコードは、バイナリファイルが存在しなければ、JSONファイルをロードしたあとに、対応するバイナリファイルを作成する。

14.3.2 バイナリメッシュファイルをロードする

バイナリメッシュファイルのロードは、（向きは反対だが）セーブと似ている。まずヘッダーをロードし、ヘッダーの有効性をチェックしてから、テクスチャをロードし、頂点バッファとインデックスバッファをロードし、最後にVertexArrayのインスタンスを作る（これによって、OpenGL経由でデータがGPUにアップロードされる）。リスト14.16が、Mesh::LoadBinaryの主要なコードだ。

リスト14.16 Mesh::LoadBinaryの要旨

```
void Mesh::LoadBinary(const std::string& filename,
    Renderer* renderer)
{
    std::ifstream inFile(fileName, /* in/binary flags ... */);
    if (inFile.is_open())
    {
        MeshBinHeader header;
```

```
        inFile.read(reinterpret_cast<char*>(&header), sizeof(header));

        // ヘッダーの署名とバージョンを確認
        char* sig = header.mSignature;
        if (sig[0] != 'G' || sig[1] != 'M' || sig[2] != 'S' ||
            sig[3] != 'H' || header.mVersion != BinaryVersion)
        {
            return false;
        }

        // テクスチャのファイル名を読む（省略）
        // ...

        // 頂点/インデックスのデータを読む
        unsigned vertexSize = VertexArray::GetVertexSize(header.mLayout);
        char* verts = new char[header.mNumVerts * vertexSize];
        uint32_t* indices = new uint32_t[header.mNumIndices];
        inFile.read(verts, header.mNumVerts * vertexSize);
        inFile.read(reinterpret_cast<char*>(indices),
            header.mNumIndices * sizeof(uint32_t));

        // 頂点の配列を作る
        mVertexArray = new VertexArray(verts, header.mNumVerts,
            header.mLayout, indices, header.mNumIndices);

        // 頂点/インデックスのデータを削除
        delete[] verts;
        delete[] indices;

        mBox = header.mBox;
        mRadius = header.mRadius;

        return true;
    }
    return false;
}
```

最初に、ファイルをバイナリモードで読み出し用にオープンする。次にread関数でヘッダーを読み込む。writeと同じように、readも読み込み先を示すchar*と、ファイルから読むべきバイト数を受け取る。次に、ヘッダーのシグネチャとバージョンが、期待どおりであることを確認する。違っていたら、ファイルは読まない。

正しければ、すべてのテクスチャファイル名を読んで、それらをロードするが、その部分は紙面節約のためにリスト 14.16から省いている。次に、頂点バッファとインデックスバッファ用のメモリを割り当て、readを使って、データを読み込む。頂点とインデックスのデータが得られたら、VertexArrayオブジェクトを作り、必要な情報をすべて渡す。そして、リターンする前にメモリをクリーンアップしたあと、メンバー変数のmBoxとmRadiusも設定しておく。

このLoadBinaryは、ファイルのロードに失敗したらfalseを返す。Mesh::Loadのコードでは、まずバイナリファイルをロードしてみて、成功したら、それで終わるし、失敗しても、以前と同じJSON解析コードを使って続行できる。

```
bool Mesh::Load(const std::string& fileName, Renderer* renderer)
{
    mFileName = fileName;
    // まずバイナリファイルをロードしてみる
    if (LoadBinary(fileName + ".bin", renderer))
    {
        return true;
    }
    // ...
```

メッシュファイルのロードをバイナリに切り替えることで、デバッグモードでの性能は格段に向上する。CatWarrior.gpmesh.binファイルのロードは、3秒だったのが1秒になり、JSONバージョンよりも3倍の性能が得られた。開発の時間は、ほとんどデバッグモードで費やされるので、これは大きな違いだ。

残念ながら、最適化されたビルドでは、JSONとバイナリの性能は、ほとんど同じだった。これには、いくつもの要因があるだろう。RapidJSONライブラリが、非常に上手く最適化されているのかもしれないし、例えばGPUへのデータ転送やテクスチャのローディングなど、他に大きなオーバーヘッドがあるのかもしれない。

ディスク空間も節約される。トラの剣士のJSONバージョンは、ディスク上で6.5MBほどあるが、バイナリバージョンは、2.5MBにすぎない。

14.A ゲームプロジェクト

この章のゲームプロジェクトは、この章で述べたシステムを実装している。すべてがgplevelファイルからロードされ、[R]キーで、ワールドの現在の設定が、Assets/Saved.gplevelに保存される。このプロジェクトでは、.gpmesh.binファイルのフォーマットで、バイナリメッシュファイルのロードとセーブを実装している。コードは本書のGitHubリポジトリにある。Chapter14ディレクトリで、WindowsではChapter14-windows.sln、MacではChapter14-mac.xcodeprojを開こう。

図14.1が、このプロジェクトの実行結果だ。見た目は、第13章「中級グラフィックス」と、まったく同じだが、ゲームワールドの内容は、すべてAssets/Level3.gplevelから直接ロードしている。このファイルはレベルファイルのセーブによって作られる。ゲームが、最初に実行される時、ロードされるすべてのメッシュのバイナリメッシュファイルを作成する。その後の起

動では、JSONではなくバイナリファイルからメッシュをロードする。

図14.1　第14章のゲームプロジェクト

14.B まとめ

この章では、まずJSONでレベルファイルを作る方法を学んだ。ファイルからのロードには、それなりのシステムが必要だ。最初に、RapidJSONライブラリの機能をラップするヘルパー関数を作り、ゲームで使うさまざまなタイプをJSONから読み込む機能を追加する。それから、グローバルプロパティを設定し、アクターをロードし、アクターに割り当てられているコンポーネントをロードするコードを追加する。そのために、タイプ情報をコンポーネントに追加し、型名と、その型を動的に生成する関数との連想配列を作る。また、`Component`と`Actor`の両方に、仮想関数`LoadProperties`を追加する。

ゲームワールドをJSONにセーブするコードも作る必要があり、その処理を援助するヘルパー関数も作る。全体的な流れは、ファイルにセーブする時は、グローバルプロパティを保存してから、すべてのアクターおよびコンポーネントをループして、それらのプロパティを書き出す。ファイルのロードと同じように、仮想関数`SaveProperties`を、`Component`と`Actor`の両方に作成する。

最後に、この章ではバイナリファイルとテキストベースのファイルフォーマットを使うことのトレードオフを論じた。テキストフォーマットは、開発中は便利なことが多いが、性能とディスク容量の両面で効率が悪い。この章では、メッシュファイルのバイナリファイルフォーマットを設計し、ファイルをバイナリモードで読み書きする手順も示した。

14.C 参考文献

レベルファイルやバイナリデータだけについて書かれた本はないが、古典となった『Game Programming Gems』シリーズでは、いくつかの記事で、この話題が論じられている。Bruno Sousaの記事は、リソースファイルの使い方を示している[訳注3]。これは複数のファイルを1つに組み合わせたファイルだ。Martin Brownlowの記事は、「いつでもセーブできる」システムの作り方を論じている[訳注4]。最後に、David Koenigの記事は、ファイルの読み込みを高速化する方法について述べている[訳注5]。

— Koenig, David L. "Faster File Loading with Access Based File Reordering." *Game Programming Gems 6*. Ed. Mike Dickheiser. Rockland: Charles River Media, 2006.

— Sousa, Bruno. "File Management Using Resource Files." *Game Programming Gems 2*. Ed. Mark DeLoura. Hingham: Charles River Media, 2001.

— Brownlow, Martin. "Save Me Now!" *Game Programming Gems 3. Ed.* Dante Treglia. Hingham: Charles River Media, 2002.

訳者より

JSONの構文は、例えばMDN web docsの「JavaScriptリファレンス」にある日本語ドキュメント(URL https://developer.mozilla.org/ja/docs/Web/JavaScript/Reference/Global_Objects/JSON)で解説されている。RapidJSONのドキュメントは、URL http://rapidjson.org/ にある(英文)。

訳注3 邦訳は、『Game Programming Gems 2』(Mark DeLoura 編集、川西 裕幸 監訳、狩野 智英、鳥海 有紀訳、ボーンデジタル、2002年)の「1.15 リソースファイルを使ったファイル管理」。

訳注4 邦訳は、『Game Programming Gems 3』(Dante Treglia 編集、川西 裕幸 監訳、中本 浩 訳、ボーンデジタル、2004年)の「1.7 いつでもセーブできる!」。

訳注5 邦訳は、『Game Programming Gems 6』(Michael Dickheiser 編集、川西 裕幸、中本 浩 訳、ボーンデジタル、2007年)の「1.9 アクセスに基づくファイルの並び替えによる高速なファイルのロード」。

14.D 練習問題

この章の最初の課題では、SaveLevelで作られるJSONファイルのサイズを小さくする。第2の課題では、アニメーションファイルのフォーマットをバイナリに変換する。

課題 14.1

現在のSaveLevelのコードの問題点は、すべてのアクターと、そのすべてのコンポーネントについて、あらゆるプロパティを読み書きしているのに、例えばTargetActorのような特定の派生クラスを見ると、生成後に変更されるプロパティやコンポーネントは、ほとんどないことだ。

この問題を解決するには、レベルをセーブする時に、一時的にTargetActorを作り、その一時的なアクターのJSONオブジェクトも書き出す方法がある。このJSONオブジェクトが、生成時のTargetActorの一種のテンプレートになる。あるレベルをセーブする時に、個々のTargetActorにおいて、テンプレートのJSONオブジェクトと比較して、異なるプロパティとコンポーネントだけを書き出すようにする。

このプロセスは、アクターすべてに応用できる。これには、RapidJSONが提供する比較演算子のオーバーライドが使える。2つのrapidjson::Valuesは、タイプと内容が同じである時に限って等しい。これを利用すれば、少なくとも、ほとんどのコンポーネントの設定を排除できる（それらは変化しないので）。もっと粒度の粗いプロパティ単位で、これを行うには、もう少し作業が必要だろう。

課題 14.2

メッシュファイルで使ったバイナリファイルのテクニックを使って、アニメーションファイル用のバイナリファイルフォーマットを作ろう。ボーン変換のトラックは、どれも同じサイズなので、ヘッダーを書いたあとは同じフォーマットを使える（個々のトラックについてIDを書いたあと、トラック情報全体を書く）。アニメーションファイルのフォーマットは、第12章「スケルタルアニメーション」を参照しよう。

付録

A

中級C++の復習

この付録は、本書で使っている中級レベルのC++の概念を、手早く復習するためのものだ。もしあなたが、しばらくC++を触っていなければ、少し時間をかけて読んでいただきたい。

A.1 参照、ポインタ、配列

参照とポインタと配列は、別々の概念のようだが、密接に関係している。ポインタは、しばしばC++プログラマーが間違いやすいところなので、少し時間をかけて、その微妙なポイントを復習しておきたい。

参照

参照（reference）は、すでに存在する別の変数を参照する変数だ。変数が参照であることを示すには、その型の直後に1個の&を置く。例えば、既存のint型変数iへの参照としてrを宣言するには、次のように書く。

```
int i = 20;
int& r = i; // rはiを参照する
```

関数には通常、引数が値で渡される（pass-by-value）。つまり、関数は、呼び出されると新しい変数に引数の値をコピーする。値で渡された引数は、書き換えても、その影響が関数呼び出しを超えて永続しない。例えば、次に示すSwap関数の間違った実装を見よう。これは2つの整数値を交換しようとしている。

```
void Swap(int a, int b)
{
    int temp = a;
    a = b;
    b = temp;
}
```

このSwapの問題は、aとbが値のコピーなので、呼び出しに使われた変数の値を交換できないことだ。これを解決するには、Swapの引数に整数への参照を宣言する。

```
void Swap(int& a, int& b)
{
    //（関数の本体は前の例と同じ）
}
```

引数を参照渡し（pass-by-reference）にすれば、その引数に対して関数で行った変更は、その関数の終了後も永続する。

ただし、aとbを整数への参照にするなら、実際に存在する変数への参照でなければならない、という点に注意が必要である。引数に一時的な値を渡すことはできない。例えば

Swap(50,100)は、50も100も宣言された変数ではないから無効である。

値渡しがデフォルトである

C++では、すべての引数は（たとえオブジェクトでも）値で渡されるのがデフォルトである。対照的に、JavaやC#のような言語では、オブジェクトを参照で渡すのがデフォルトだ。

ポインタ

ポインタを理解するには、まずコンピューターが変数をメモリに格納する方法を思い出すのがよい。プログラムが関数に入ると、ローカル変数が自動的に割り当てられるが、これはスタックと呼ばれるメモリ領域に置かれる。つまり、関数のローカル変数は、どれも、C++プログラムが知っているメモリアドレスを持つ。

表A.1に、コードの断片と、変数がメモリに置かれる場所の例を示す。それぞれの変数に、1つずつメモリアドレスが割り当てられることに注目しよう。この表でメモリアドレスを16進数で示しているのは、これがメモリアドレスの典型的な表記だからだ。

表A.1　変数のストレージ

コード	変数	メモリアドレス	値
int x = 50;	x	0xC230	50
int y = 100;	y	0xC234	100
int z = 200;	z	0xC238	200

アドレス（address-of）演算子と呼ばれる&は、変数のアドレスを問い合わせる。ある変数のアドレスを取得するには、その変数の直前に1個の&を置く。例えば表A.1のコードがある時、次のコードは0xC234という値を出力する。

```
std::cout << &y;
```

ポインタ（pointer）は、メモリアドレスに対応する整数値を格納する変数である。次の行は、変数yのメモリアドレスを格納するポインタpを宣言する。

```
int* p = &y;
```

型の直後にある*が、ポインタであることを示す。表A.2に、ポインタpの用例を示す。ここでは、他の変数と同じくpがメモリアドレスと値の両方を持つことに注意しよう。ただしpはポインタなので、その値は変数yのメモリアドレスに対応する。

表A.2　変数とポインタのストレージ

コード	変数	メモリアドレス	値
int x = 50;	x	0xC230	50
int y = 100;	y	0xC234	100
int z = 200;	z	0xC238	200
int* p = &y;	p	0xC23C	0xC234

*演算子は、ポインタの**間接参照**（dereference）も行う。ポインタの間接参照は、そのポインタが指し示すメモリにアクセスする。例えば表A.3の最後の行は、yの値を42に変える。なぜなら、pを間接参照すると、メモリアドレス0xC234が参照され、それがyのメモリアドレスに対応するからだ。したがって、そのアドレスのメモリに42という値を書けば、yの値が上書きされる。

表A.3　変数のストレージと間接参照

コード	変数	メモリアドレス	値
int x = 50;	x	0xC230	50
int y = 100;	y	0xC234	42
int z = 200;	z	0xC238	200
int* p = &y;	p	0xC23C	0xC234
*p = 42;			

参照は何かを参照している必要があるが、ポインタは何も指し示さないことがある。何も指し示していないポインタは、**ヌルポインタ**（null pointer）だ。ポインタをヌルで初期化するには、次のコードのように、nullptrキーワードを使う。

```
char* ptr = nullptr;
```

ヌルポインタを間接参照すると、プログラムはクラッシュする。エラーメッセージはOSによって異なるが、ヌルポインタを間接参照した時に起きるエラーは、「アクセス違反」か「セグメンテーションフォールト」が一般的だ。

配列

配列は、同じ型の要素を集めたコレクションだ。次のコードは、10個の整数を持つ配列aを宣言してから、その配列の最初の要素（インデックス0）に、50をセットする。

```
int a[10];
a[0] = 50;
```

配列の要素は、デフォルトでは初期化されない。配列の各要素を個別に初期化することは可能だが、初期化子（initializer）の構文かループを使うほうが便利だろう。初期化子の構文は、次のように波カッコ（brace）を使う。

```
int fib[5] = { 0, 1, 1, 2, 3 };
```

あるいは、ループを使ってもよい。次の例はarrayの50個の要素を、どれも0に初期化する。

```
int array[50];
for (int i = 0; i < 50; i++)
{
    array[i] = 0;
}
```

注意

配列は境界チェックをしない

無効なインデックスを要求すると、メモリが壊れるなどエラーが発生する危険がある。こういう間違ったメモリアクセスを発見するには、例えばXcodeで利用できるAddressSanitizerなどのツールを使う。

C++の配列は連続したメモリである。つまり、インデックス0のデータの直後に、インデックス1のデータがあり、その直後にインデックス2のデータがある（以下同様）。表A.4は、5つの要素を持つ配列のメモリアドレスの例を示している。添え字のないarrayという変数によって参照されるのは、インデックス0のメモリアドレス（0xF2E0）だ。このため、1次元配列は1個のポインタ経由で関数に渡すことができる。

表A.4 配列とメモリアドレス

コード	変数	メモリアドレス	値

int array[5] = {
    2, 4, 6, 8, 10
};
	array[0]	0xF2E0	2

	array[1]	0xF2E4	4
	array[2]	0xF2E8	6
	array[3]	0xF2EC	8
	array[4]	0xF2F0	10

ポインタと参照

C++の先祖に当たるプログラミング言語Cには、参照のサポートがない。したがって、参照渡しという概念もCにはない。参照を使う代わりに、ポインタを使う必要がある。例えばCでSwap関数は、次のように書く。

```
void Swap(int* a, int* b)
{
    int temp = *a;
    *a = *b;
    *b = temp;
}
```

このバージョンのSwapを呼び出すには、アドレス演算子が必要だ。

```
int x = 20;
int y = 37;
Swap(&x, &y);
```

プログラムの実行時には、参照もポインタも動作に違いはない。ただし、参照は何かを参照していなければならないのに対して、ポインタはnullptrかもしれない、という点に注意しよう。

C++では、多くの開発者がポインタ渡しよりも参照渡しを好む。その理由は、ポインタ渡しにはnullptrが有効なポインタだという含みがあるからだ。けれども、この本ではスタイルを統一するために、動的に割り当てたオブジェクトを渡す時、たとえ参照が使えるとしても、ポインタを使っている。

多次元の配列を宣言することもできる。例えば次のコードは、4つの行と4つの列を持つ2次元のfloat型配列を作る。

```
float matrix[4][4];
```

多次元配列を関数に渡すには、次元を次のように明示する必要がある。

```
void InvertMatrix(float m[4][4])
{
    // コードは略す
}
```

動的メモリ割り当て

前にも触れたように、C++ではローカル変数のメモリ割り当てが自動的に行われ、それらの変数はスタックメモリに置かれる。スタックは一時的な変数や関数の引数には最適だが、ローカル変数には適切ではない場合もある。

第一に、スタックでは利用できるメモリの量に制限があり、平均的なプログラムで使いたいメモリの量よりも、ずっと少ないのが典型的だ。例えばMicrosoftのVisual C++コンパイラでは、デフォルトのスタックサイズが1MBである。たったこれだけでは、単純なゲームでない限り、十分ではないだろう。

第二に、ローカル変数は存続期間が限られる。ローカル変数を利用できるのは、それが宣言された時から、それを含むスコープが終わるまでだ。典型的なスコープは、1つの関数内である（グローバル変数は好ましいスタイルではない）。

動的メモリ割り当て（dynamic memory allocation）では、プログラマーが変数のメモリ割り当てと割り当て解除を管理する。動的割り当てには、メモリの別領域である**ヒープ**（heap）が使われる。スタックに比べて、ヒープはずっと大きく（現在のマシンでは数ギガバイト）、ヒープ上のデータは、プログラマーがデータを削除するか、そのプログラムが終了するまで永続する。

C++ではメモリをヒープに割り当てるのに`new`を使い、割り当て解除に`delete`を使う。`new`演算子は要求された型または変数のメモリを割り当て、クラスと構造体では、そのコンストラクターを呼び出す。`delete`演算子は、その逆に、クラス/構造体のデストラクターを呼び出し、変数のメモリ割り当てを解除する。

例えば次のコードは、1つの`int`変数のメモリを動的に割り当てる。

```
int* dynamicInt = new int;
```

動的に割り当てた変数を解放するには、次のように`delete`を使う。

```
delete dynamicInt;
```

動的に割り当てたメモリの`delete`を忘れると、**メモリリーク**（memory leak）が発生する。リークしたメモリは、プログラムの残りの存続期間で、そのメモリが再利用されずに残り続ける。長期間実行されるプログラムでは、小さなメモリリークでも積み重なって、ついにはヒープのメモリ不足を起こすことがある。もしヒープのメモリが足りなくなったら、そのプログラムがすぐにクラッシュすることは、ほぼ確実だ。

もちろん、ただ1つの整数を動的に割り当てても、ヒープの潤沢なメモリを活用することはできない。配列も動的に割り当てることができる。

```
char* dynArray = new char[4*1024*1024];
dynArray[0] = 32; // 最初の要素に 32 をセット
```

配列を動的に割り当てる時は、型の直後に角カッコを置いて、その中に要素数を指定する。配列を静的に割り当てる場合と違い、動的に割り当てる配列では実行時に要素数を指定できる。

動的に割り当てた配列を削除するには、delete[]を使う。

```
delete[] dynArray;
```

A.2 クラスに関連するトピック

C++はオブジェクト指向のプログラミングをクラスによってサポートする。この節は、読者がC++のクラスに関する基本的な事項は知っているという想定で書いている。つまり、クラスとオブジェクトの違い、メンバー変数やメンバー関数を持つクラスを宣言する方法、コンストラクター、継承、多態性などだ。それらの代わりに、ここではC++でクラスを使う時に、問題になりがちなことがらに話を絞る。

参照、const、クラス

関数にオブジェクトを値渡しするのは、特にオブジェクトに大量のデータがある時に効率が悪い。だからオブジェクトは参照で渡すのが最良の方法だ。

ただし参照には、関数に引数の書き換えを許すという問題がある。例えば2つの円の交差を判定するIntersects関数が、2つのCircleオブジェクトを受け取ると考えよう。この関数が、もしそれらの円を参照で受け取るとしたら、その円の中心または半径を書き換えられることになる。

この問題を解決するには、const（定数）参照を使う。**const参照**は、その関数に参照の読み出しは許すが、書き込みは許さない。したがって、Intersectsを正しく宣言するには、次のようにconst参照を使う。

```
bool Intersects(const Circle& a, const Circle& b);
```

また、メンバー関数がメンバーデータを書き換えないことを保証するには、そのメンバー関数をconstにする。例えばCircleのGetRadius関数は、メンバーデータを書き換えるべきではないから、constメンバー関数にすべきである。メンバー関数をconst宣言するには、その関数宣言の閉じカッコの直後にconstキーワードを追加する（リストA.1のように）。

リストA.1 Circleクラスのconstメンバー関数

```
class Circle
{
public:
    float GetRadius() const { return mRadius }
    // ほかの関数は省略
    // ...
private:
    Point mCenter;
    float mRadius;
};
```

まとめると、参照、const、クラスに関するベストプラクティスは、次のものだ。

- 基本型以外のデータについて、コピーが作られるのを防ぐには、参照か、const参照か、ポインタを渡す。
- 関数が参照引数を書き換える必要がない時は、const参照で渡す。
- メンバーデータを書き換えないメンバー関数は、constにする。

クラスの動的な割り当て

ほかの型と同じく、クラスも動的に割り当てることができる。リストA.2は、複素数の実数部と虚数部をカプセル化するComplexクラスを宣言している。

リストA.2 Complexクラス

```
class Complex
{
public:
    Complex(float real, float imaginary)
        : mReal(real)
        , mImaginary(imaginary)
    { }
private:
    float mReal;
    float mImaginary;
};
```

Complexのコンストラクターが2つの引数を受け取ることに注目しよう。Complexのインスタンスを割り当てるには、これらの引数を渡す必要がある。

```
Complex* c = new Complex(1.0f, 2.0f);
```

その他の型を動的に割り当てる場合と同じように、new演算子が返すのは、動的に割り当てられたオブジェクトへのポインタである。オブジェクトへのポインタがある時は、->演算子で、そのpublicなメンバーにアクセスできる。例えば、もしComplexクラスに、引数を受け取らないNegateというpublicなメンバー関数があれば、次のように書くことで、オブジェクトcのNegate関数を呼び出すことができる。

```
c->Negate();
```

オブジェクトの配列を動的に割り当てることもできる。これが可能なのは、そのクラスが**デフォルトコンストラクター**（引数を受けとらないコンストラクター）を持つ時だけだ。その理由は、配列を動的に割り当てる時には、コンストラクターに引数を指定する方法がないからだ。クラスにコンストラクターを定義しないと、C++が自動的にデフォルトコンストラクターを作成する。もし引数を受け取るコンストラクターを宣言したら、C++はデフォルトコンストラクターを自動的に作らない。その場合、もし配列を作りたいためにデフォルトコンストラクターが欲しければ、自分で宣言しなければいけない。先ほどのComplexの場合、デフォルトではないコンストラクターを宣言したので、デフォルトコンストラクターは存在しない[訳注1]。

デストラクター

整数の配列を、プログラムで何度も動的に割り当てる必要があるとしよう。その場合は、そのコードを何度も繰り返して書くより、リストA.3のように、その機能をDynamicArrayクラスにカプセル化するのが合理的だろう。

リストA.3 DynamicArrayの基礎的な宣言

```
class DynamicArray
{
public:
    // コンストラクターが要素サイズを受け取る
    DynamicArray(int size)
        : mSize(size)
        , mArray(nullptr)
    {
        mArray = new int[mSize];
    }
    // At関数でインデックスによるアクセスを行う
```

訳注1　そのため、Complexの配列を動的に割り当てることはできない。

```
    int& At(int index) { return mArray[index]; }
private:
    int* mArray;
    int mSize;
};
```

このDynamicArrayクラスで、50個の要素を持つ動的配列を作るには、次のコードを使う。

```
DynamicArray scores(50);
```

前述したようにnewの呼び出しには、それに対応するdeleteの呼び出しが必要である。DynamicArrayはコンストラクターで配列を割り当てるが、それに対応するdelete[]が、どこにもない。したがって、scoresオブジェクトがスコープの外に出たら、メモリリークが発生する。

解決策は、**デストラクター**（destructor）と呼ばれる、もう1つの特殊なメンバー関数を使うことだ。デストラクターは、オブジェクトを破棄（destroy）する時に自動的に実行されるメンバー関数だ。スタック上に割り当てられるオブジェクトでは、これはオブジェクトがスコープの外に出る時に発生する。動的に割り当てたオブジェクトでは、そのオブジェクトのdeleteを呼び出せば、デストラクターが呼び出される。

デストラクターは、常にクラスと同じ名前を持つが、その前に1個のティルダ（~）を書く。だからDynamicArrayの場合、次のものがデストラクターである。

```
DynamicArray::~DynamicArray()
{
    delete[] mArray;
}
```

このデストラクターを追加すると、scoresがスコープの外に出る時、デストラクターがmArrayの割り当てを解除してメモリリークを防ぐ。

コピーコンストラクター

コピーコンストラクターは、特殊なコンストラクターで、オブジェクトを構築するのに、それと同じ型の別のオブジェクトのコピーとして作る。例えば次のComplexオブジェクトを宣言したとしよう。

```
Complex c1 = Complex(5.0f, 3.5f);
```

この時、Complexの第2のインスタンスを、c1のコピーとして実体化することができる。

```
Complex c2(c1);
```

多くの場合、コピーコンストラクターは、プログラマーが宣言しなければC++が自動的に提供してくれる。このデフォルトのコピーコンストラクターは、元のオブジェクトから新しいオブジェクトに、すべてのメンバーデータを直接コピーする。Complexの場合、それでまったく問題はない。c2.mRealとc2.mImaginaryは、それぞれに対応するc1のメンバーから直接コピーされる。

しかし、クラスがデータへのポインタを含む、DynamicArrayなどの場合、メンバーデータを直接的にコピーしても望ましい結果は得られない。次のコードを実行すると、どうなるだろうか。

```
DynamicArray array(50);
DynamicArray otherArray(array);
```

デフォルトコピーコンストラクターでは、mArrayのポインタ群が直接的にコピーされるだけで、動的に割り当てられた配列そのものはコピーされない。つまり、このあとでotherArrayを書き換えたら、同時にarrayも書き換えることになる！ **浅いコピー**（shallow copy）と呼ばれる、この振る舞いの問題を、図A.1に示す。

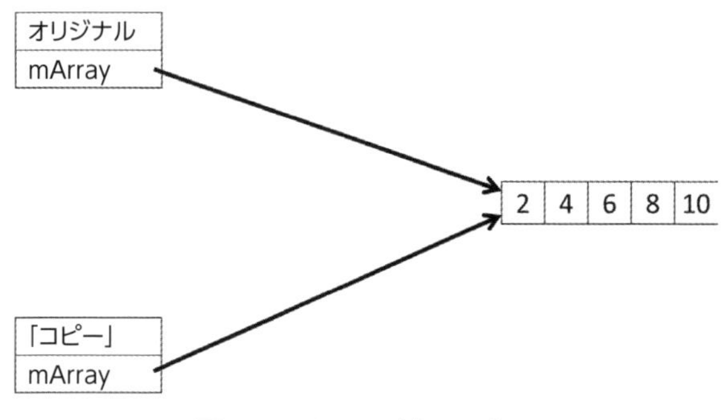

図A.1　mArrayの浅いコピー

このように、デフォルトのコピーコンストラクターの浅いコピーでは不十分な時は、次のように、独自のコピーコンストラクターを宣言しなければならない。

```
DynamicArray(const DynamicArray& other)
    : mSize(other.mSize)
    , mArray(nullptr)
{
    // 固有のデータを動的に割り当てる
    mArray = new int[mSize];
```

```
    // データをコピーする
    for (int i = 0; i < mSize; i++)
    {
        mArray[i] = other.mArray[i];
    }
}
```

このコピーコンストラクターへの唯一の引数が、このクラスの、もう1つのインスタンスへのconst参照であることに注目しよう。この実装は、新しい配列を割り当ててから、そのデータをもう1つのDynamicArrayからコピーしている。これで2つのオブジェクトは、それぞれ別に、動的に割り当てられた配列を持つことになるので、**深いコピー**（deep copy）になっている。

一般に、データを動的に割り当てるクラスは、次のメンバー関数を実装すべきだ。

- 動的に割り当てたメモリを解放するデストラクター
- 深いコピーを実装するコピーコンストラクター
- 深いコピーを実装する代入演算子（次の項で説明する）

これら3つの関数の、どれかを実装する必要がある時は、この3つをすべて実装すべきだ。C++では、これがよく問題になるので、忘れないように**3の法則**（rule of three）という名前が付いている。

「3の法則」から「5の法則」へ

C+11標準では「3の法則」が「5の法則」に拡張されている。これは、ムーブコンストラクターとムーブ代入演算子という、2つの特別な関数がクラスに加わったからだ[訳注2]。本書ではC++11の一部の機能を使っているが、この2つの追加機能は使っていない。

演算子のオーバーロード（多重定義）

C++のプログラマーは、独自の型の組み込み演算子の振る舞いを指定できる。例えばComplexクラスでは、算術演算子の動作を定義できる。加算の場合、+演算子を次のように宣言できる。

```
friend Complex operator+(const Complex& a, const Complex& b)
{
    return Complex(a.mReal + b.mReal,
                   a.mImaginary + b.mImaginary);
```

訳注2　詳細は、参考文献に入れた『C++プライマー 第5版』の「13.1.4 3の法則と5の法則」などを参照。

```
}
```

ここでfriendというキーワードは、このoperator+が、Complexのprivateなデータにアクセスできる、独立した関数だという意味を持つ。2項演算子では、これが典型的なシグネチャだ。

このように+演算子を**オーバーロード**（overload ： 多重定義）しておけば、2つの複素数オブジェクトを次のように加算できる。

```
Complex result = c1 + c2;
```

また、2項の比較演算子も同じようにオーバーロードできる。ただし、この場合に演算子がboolを返す。例えば次のコードは、==演算子をオーバーロードする。

```
friend bool operator==(const Complex& a, const Complex& b)
{
    return (a.mReal == b.mReal) &&
           (a.mImaginary == b.mImaginary);
}
```

さらに、代入演算子、すなわち=演算子もオーバーロードできる。コピーコンストラクターの場合に似て、もし代入演算子を指定しなければ、C++は浅いコピーを行うデフォルトの代入演算子を利用する。だから「3の法則」に該当する通常のケースでは、少なくとも代入演算子をオーバーロードする必要がある。

代入演算子とコピーコンストラクターには、1つ大きな違いがある。コピーコンストラクターは、既存のオブジェクトのコピーとして、新しいオブジェクトを構築する。代入演算子は、オブジェクトのすでに存在するインスタンスを上書きする。例えば次のコードは、3行目でDynamicArrayの代入演算子を呼び出すが、それはa1が1行目ですでに構築されているからだ。

```
DynamicArray a1(50);
DynamicArray a2(75);
a1 = a2;
```

代入演算子は、すでに存在するインスタンスを新しい値で上書きするのだから、それまでに動的に割り当てられたデータがあれば、割り当てを解除する必要がある。例えば次の例は、DynamicArrayの代入演算子として、正しい実装である。

```
DynamicArray& operator=(const DynamicArray& other)
{
    // 既存のデータを削除する
    delete[] mArray;
```

```
    // 別のインスタンスからコピーする
    mSize = other.mSize;
    mArray = new int[mSize];

    for (int i = 0; i < mSize; i++)
    {
        mArray[i] = other.mArray[i];
    }
    // 規約に従って、*this を返す
    return *this;
}
```

代入演算子は、独立した**friend**関数ではなく、クラスのメンバー関数であることに注意しよう。また、規約により、代入演算子は代入されたオブジェクトへの参照を返す。これによって（見づらいコードかもしれないが）次のように代入の連鎖を書くことができる。

```
a = b = c;
```

C++では、ほとんどあらゆる演算子をオーバーロードできる。それには添え字演算子の**[]**や、**new**や、**delete**も含まれる。ただし、大いなる力には、大いなる責任が伴う。演算子のオーバーロードは、その演算子が何を行うかが明らかな時にだけ行うべきだ。**+**演算子が加算を行うことは明白だが、演算子の意味を変えてしまうのは避けなければいけない。

例えば、ある種の算術ライブラリは**|**と**^**をドット積とクロス積の意味でオーバーロードするのだが、整数型における**|**と**^**の意味は、ビットごとのORとXORである。このようにオーバーロードを使いすぎると、コードの意味を読み取りにくくなってしまう。もっとも、C++ライブラリ自身が、このベストプラクティスに反している。ストリームは**>>**と**<<**の演算子を入力と出力の意味でオーバーロードしているが、これらは整数型ではビットシフトの演算子だ。

A.3 コレクション

コレクション（collection）は、複数のデータ要素を格納する方法を提供する。C++標準ライブラリ（STL）は、数多くのさまざまなコレクション（あるいはコンテナ）を提供しているので、どんな時に、どのコレクションを使うべきかを理解することが重要だ。この節では、最も一般的に使われているコレクションについて述べる。

ビッグ・オー記法

ビッグ・オー記法（Big-O notation：ランダウの記法）は、問題のサイズが大きくなるにつれて、アルゴリズムがどのように追従するかというスケーリングの比率を記述するものだ。これはアルゴリズムの**時間複雑性**（time complexity）とも呼ばれる。このビッグ・オーを使って、ある演算を各種のコレクションに対して行う場合のスケーリングを比較できる。例えばビッグ・オーが $O(1)$ の演算は、コレクションに含まれる要素の数がいくつあっても、その演算には常に同じ時間がかけるという意味だ。一方、ビッグ・オーが $O(n)$ ならば、その時間複雑性が、要素数に比例するという意味である。

表A.5に、最も一般的な時間複雑性を、高速なものから順に挙げる。指数よりも遅いアルゴリズムは、非常に小規模な問題を除いて、実際に使うには遅すぎる。

表A.5　一般的な時間複雑性とビッグ・オー記法（高速な順）

記法	名称	例
$O(1)$	定数	連結リストへの先頭への追加、配列のインデックス演算
$O(\log n)$	対数	ソートされているコレクションでのバイナリサーチ
$O(n)$	線形	線形サーチ
$O(n \log n)$	線形対数	マージソート、クイックソート（平均的なケース）
$O(n^2)$	2乗	挿入ソート、バブルソート
$O(2^n)$	指数	整数の因数分解
$O(n!)$	階乗	巡回セールスマン問題の「力まかせ」の解法

ビッグ・オー記法はアルゴリズムのスケーリングを示すが、問題がある程度のサイズなら、時間複雑性の高いアルゴリズムが、逆に良好な結果を示すこともある。例えばクイックソートは平均の時間複雑性が $O(n \log n)$ で、挿入ソートの時間複雑性は $O(n^2)$ である。けれども問題のサイズが小さければ（例えば $n < 20$ 程度なら）、挿入ソートのほうが（再帰を使わないので）実行時間が短くなる。したがってアルゴリズムは、特定のユースケースでの実際の実行性能を考慮することも重要だ。

動的配列

動的配列（std::vector）は、コレクションの要素数に従って自動的に伸び縮みする動的な可変長配列だ。動的配列に要素を挿入するには、push_back（またはemplace_back）メンバー関数を使う。これは配列の末尾に要素を追加する。例えば次のコードはfloatの動的配列を宣言してから、その配列の末尾に3個の要素を追加する。

```
// #include <vector> が
// std::vector を使うのに必要
std::vector<float> vecOfFloats;
vecOfFloats.push_back(5.0f);  // 内容：{ 5.0f }
vecOfFloats.push_back(7.5f);  // 内容：{ 5.0f, 7.5f }
vecOfFloats.push_back(10.0f); // 内容：{ 5.0f, 7.5f, 10.0f }
```

いったん配列に要素を入れたら、配列の添え字を使って、配列の特定の要素にアクセスできる。上記の配列で、vecOfFloats[2]は、この配列の第3の要素にアクセスし、10.0fを得る。

動的配列の末尾に挿入する演算は、平均すれば $O(1)$（定数）になる。ただし配列は、図A.2に示すように1個の連続したメモリブロックなので、配列内の任意の場所に挿入する演算は、$O(n)$ である。このため、動的配列の任意の場所への挿入は、避けるべきだ。だが、このように連続したメモリレイアウトのおかげで、インデックスを指定して要素にアクセスする演算は、$O(1)$ である。

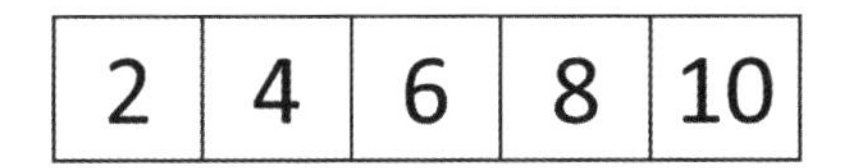

図A.2 動的配列内のメモリレイアウトは、配列と同じく、連続的である

連結リスト

連結リスト（linked list）もコレクションの一種だが、これは各要素をメモリの別々の場所に格納し、それらをポインタで連結する。std::listは、要素をリストの先頭にも末尾にも挿入できる双方向リストだ。先頭に挿入するには、push_frontまたはemplace_front関数を使い、末尾に挿入するには、push_backまたはemplace_back関数を使う。次のコードは整数の連結リストを作成し、5個の要素を挿入する。

```
// #include <list> が
// std::list を使うのに必要
std::list<int> myList;
myList.push_back(4);
myList.push_back(6);
myList.push_back(8);
myList.push_back(10);
myList.push_front(2);
```

図A.3に、上記の挿入をすべて終えたあとのmyListを示す。連結リストの要素はメモリ上で隣接しないことに注意しよう。双方向リストの利点として、リストの先頭でも末尾でも、挿入の演算は $O(1)$ である。もしリスト内の要素へのポインタを持っていれば、その要素の前または後ろに挿入する演算も $O(1)$ となる。

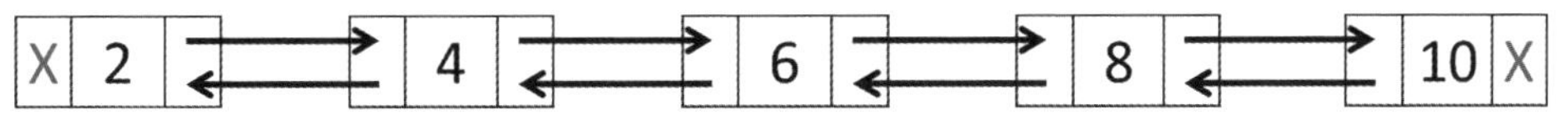

図A.3 myListに要素を挿入したあとの状態

だが、連結リストの欠点として、リストの n 番目の要素にアクセスする演算は、$O(n)$ である。このため、std::listの実装は、配列の添え字によるインデックス参照を許可しない。

効率 ： 連結リストか、配列か？

コレクションに含まれる要素の数が少なければ（64バイト未満）、ほとんど常に配列のほうが連結リストよりも効率がよい。これはCPUがメモリにアクセスする方法に関係する。

メモリから値を読むのはCPUにとって遅い処理なので、メモリから1個の値を読む必要がある時、CPUは、その近傍にある値もキャッシュにロードする。配列では要素がメモリで隣り合っているので、ある特定のインデックスで要素にアクセスすると、その隣のインデックスにある要素もキャッシュに入る。

けれども、連結リストの要素は連続していないので、要素の1つをロードする時、無関係なメモリがキャッシュに入ってしまう。したがって、コレクション全体をループ処理するような演算では、配列のほうが連結リストよりも、ずっと効率がよい（時間複雑性は、どちらも $O(n)$ だが）。

● キュー

キュー（queue）は、「待ち行列」とも呼ばれるように、**先入れ先出し**（first-in, first-out: FIFO）の振る舞いを見せる。キューでは、要素を任意の順序で取り出すことができず、必ず追加されたのと同じ順序で取り出す必要がある。多くの教科書は、キューに要素を挿入する演算を**エンキュー**（enqueue）と呼び、キューから要素を取り出す削除の演算を**デキュー**（dequeue）と呼ぶが、std::queueの実装では、挿入にはpushまたはemplaceを使い、削除にはpopを使う。そして、キューの先頭にある要素にアクセスするには、frontを使う。

次に示すコードは、3個の要素をキューに挿入してから、それぞれの要素をキューから取り出して、その値を出力する。

```
// #include <queue> が
// std::queue を使うのに必要
std::queue<int> myQueue;
myQueue.push(10);
myQueue.push(20);
myQueue.push(30);
for (int i = 0; i < 3; i++)
{
    std::cout << myQueue.front() <<  ;
    myQueue.pop();
}
```

キューはFIFOなので、上記のコードからは次の出力が得られる。

```
10 20 30
```

std::queueの実装は、要素の挿入、先頭の要素のアクセスおよび取り出しに、$O(1)$ の時間複雑性を保証している。

スタック

スタック（stack）は、**後入れ先出し**（last-in, first-out: **LIFO**）の振る舞いを見せる。例えば要素をA、B、Cの順でスタックに入れたら、C、B、Aの順でしか取り出すことができない。要素をスタックに追加するには、pushまたはemplace関数を使い、スタックから要素を取り出すにはpop関数を使う。そしてtop関数は、スタックのトップ（一番上）にある要素にアクセスする。次に、**std::stack**を使うコードを示す。

```
// #include <stack> が
// std::stack を使うのに必要
std::stack<int> myStack;
myStack.push(10);
myStack.push(20);
myStack.push(30);
for (int i = 0; i < 3; i++)
{
    std::cout << myStack.top() <<  ;
    myStack.pop();
}
```

スタックは後入れ先出しなので、上記のコードからは次の出力が得られる。

```
30 20 10
```

queueと同じく、**std::stack**の主な演算は、どれも一定の時間複雑性を持つ。

マップ

マップ（map: **連想配列**）は、キーと値のペアによる順序のあるコレクションである。マップは、キーによってソートされる。マップの中のキーは、どれもユニークでなければならない。マップには、キーの型と値の型の両方があり、マップを宣言する時は両方を指定する必要がある。マップに要素を追加するには、キーと値を引数として受け取るemplace関数を使う方法が推奨される。例えば次のコードは12カ月の**std::map**を作るもので、キーは月の番号、値は月名の文字列である。

```
// #include <map> が
// std::map を使うのに必要
std::map<int, std::string> months;
months.emplace(1, "January");
months.emplace(2, "February");
months.emplace(3, "March");
// ...
```

マップの要素にアクセスするには、[]演算子を使ってキーを渡すのが最も簡単な方法だ。例えば次のコードは、Februaryを出力する。

```
std::cout << months[2];
```

ただし、この構文が正しく動作するのは、そのキーがマップにある時だけだ。キーがマップにあるかを判定するには、find関数を使う。これは、もしあれば、その要素へのイテレーターを返す（イテレーターは、すぐあとで紹介する）。

std::mapの実装は、内部的に「平衡2分探索木」（balanced binary search tree）を使う。このため、std::mapがキーによって要素を探すのに、$O(\log n)$ の時間を要する（対数時間）。挿入と削除も、対数時間である。2分探索木を使うので、マップの内容に対するループ処理はキーの昇順で行う。

ハッシュマップ

通常のマップはキーの昇順を維持するが、**ハッシュマップ**（hash map）は順序を維持しない。順序を持たない代わりに、挿入と削除とサーチは、どれも $O(1)$ である。したがって、マップが必要だけれど順序は不要だという場合は、ハッシュマップのほうが通常のマップよりもよい性能を得られる。

C++のハッシュマップである、std::unordered_mapは、順序が保証されないという点を除いて、std::mapと同じ関数群を持つ。このハッシュマップクラスを使うには、#include <unordered_map>を使う。

イテレーター、auto、範囲for文

動的配列のすべての要素をループ処理するには、通常の配列をループ処理するのと同じ構文を使える。けれども、C++ STLの、他の多くのコレクションは（例えばlistやmapがそうだが）、配列の構文をサポートしない。

そういう、他のコンテナをループ処理する方法として、コレクションの要素をたどるのを援助する**イテレーター**（iterator）というオブジェクトがある。C++ STLのコレクションは、どれもイテレーターをサポートする。どのコレクションにも、最初の要素へのイテレーターを返すbegin関数と、最後の要素へのイテレーターを返すend関数がある。イテレーターの型名は、

そのコレクションの型名に::iteratorを加えたものだ。例えば次のコードはリストを作成したあと、イテレーターを使ってリストの各要素をループする。

```
std::list<int> numbers;
numbers.emplace_back(2);
numbers.emplace_back(4);
numbers.emplace_back(6);
for (std::list<int>::iterator iter = numbers.begin();
    iter != numbers.end();
    ++iter)
{
    std::cout << *iter << std::endl;
}
```

このようにイテレーターは、ポインタと同じように*で間接参照される。他のコレクションも、これと同じ構文でループ処理することができる。

ただしマップの場合、実際にイテレーターが指すのはstd::pairなので、イテレーターがマップの要素を指している時、そのキーにアクセスするにはfirstを、値にアクセスするにはsecondを使う必要がある。先ほど見たmonthのマップの場合、イテレーターによって要素を取得してそのデータを出力するには、次のコードを使える。

```
// キーが2の要素を指すイテレーターを取得
std::map<int, std::string> iter = months.find(2);
if (iter != months.end()) // 見つかった時だけtrueになる
{
    std::cout << iter->first << std::endl;  // 出力は 2
    std::cout << iter->second << std::endl; // 出力は February
}
```

イテレーターのために長い型名をタイプするのは面倒だが、C++11で、その苦行を緩和するautoキーワードが導入された。autoと書けば、コンパイラーが変数の型を、代入された値から推定してくれる。例えばbegin関数は非常に特定された型のイテレーターを返すので、autoは、その正しい型を推定できる。

autoを使うと、リストのループを次のように書き直せる。

```
// autoは、std::list<int>::iteratorと推定される
for (auto iter = numbers.begin();
    iter != numbers.end();
    ++iter)
{
    std::cout << *iter << std::endl;
}
```

autoを使うのに性能上のペナルティはないが、そういうコードは理解しにくいというプログラマーもいる。この本のコードでは、読みやすさが改善される時にだけautoを使っている。

たとえautoを使っても、イテレーター経由でループするコードは不細工だ。他の多くの言語は、コレクションのループ処理にforeach構造を提供している。C++11にも同様な構造があって、それは**範囲for文**のループ（range-based for loop）と呼ばれている。numbersリストを範囲for文で処理するには、次の構文を使う。

```
for (int i : numbers)
{
    // iは、現在ループ処理している要素
    std::cout << i << std::endl;
}
```

このループは、リストの各要素をループ処理しながら、それぞれの要素のコピーを作る。ただし、コレクションの要素を書き換えたい時は、参照渡しにすることも可能だ。同様に、const参照も使える。

範囲for文でも、型の代わりにautoを使うことができる。ただし、明示的な型を使う場合と同じく、これも各要素のコピーを作る。ただし、もし必要ならば、autoとともにconstと&を使うこともできる。

範囲for文の欠点は、ループの中でコレクションの要素を追加したり削除したりできないことだ。そういう振る舞いが必要な時は、他の形式のループを使わなければならない。

A.4 参考文献

C++の基礎を学習するための優れたリソースは、オンラインで数多く存在する。その1つがLearnCPP.comというフリーなWebサイトで、ここには深く掘り下げられたトピックが順を追って並んでいる。伝統的な書籍がよければ、基本をカバーしているStephen Prataの本を見よう。また、Eric Robertsの本は、C++の基本と関連するデータ構造の両方をカバーしている。

Scott Meyersの2冊は、どちらもC++のベストプラクティスを集めた素晴らしいリソースだ。これらはC++のコードで最大の効果を得るために、読みやすくて短い多くのヒントを提供している[訳注3]。

C++標準ライブラリについても、実に多くの情報を利用できる。C++の作者であるBjarne Stroustrupは、彼の本のかなりの部分を、C++コレクションの実装に割いている[訳注4]。

訳注3　前者の邦訳は『Effective C++ 第3版 プログラムとデザインを改良するための55項目』（スコット・メイヤーズ 著、小林 健一郎 訳、ピアソン・エデュケーション、2014年）。後者の邦訳は『Effective Modern C++ — C++11/14プログラムを進化させる42項目』（Scott Meyers著、千住治郎訳、オライリージャパン、2015年）。

訳注4　邦訳は『プログラミング言語C++ 第4版』（ビャーネ・ストラウストラップ 著、柴田 望洋 訳、SBクリエイティブ、2015年）。

— LearnCpp.com. URL http://www.learncpp.com/

— Prata, Stephen. *C++ Primer Plus, 6th edition*. Upper Saddle River: Addison-Wesley, 2012.

— Roberts, Eric. *Programming Abstractions in C++*. Boston: Pearson, 2014.

— Meyers, Scott. *Effective C++, 3rd edition*. Boston: Addison-Wesley, 2005.

— Meyers, Scott. *Effective Modern C++*. Sebastopol: O'Reilly Media, 2014.

— Stroustrup, Bjarne. *The C++ Programming Language, 4th edition*. Upper Saddle River: Pearson, 2013.

訳者より

さらに新しい本では、『C++プライマー 第5版』（Lippman/Lajoie/Moo著、神林 靖 監訳、クイープ 訳、翔泳社、2016年）と、『改訂第3版 C++ポケットリファレンス』（高橋 晶・安藤 敏彦・一戸 優介・楠田 真矢・湯朝 剛介 著、技術評論社、2018年）がある。

索引

記号／数字

A～C

D～G

H～L

M～O

P～S

T～Z

ア行

カ行

サ行

タ行

ナ行

ハ行

マ行

ヤ行

ラ行

ワ行

訳者プロフィール

吉川 邦夫（よしかわ・くにお）

1957年生まれ。ICU（国際基督教大学）卒。おもに制御系のプログラマとして、アーケードゲームを含むソフトウェア開発に従事した後、翻訳家として独立。下記の単行本を和訳・監訳したほか、英文雑誌記事の和訳なども手掛けている。
主な訳書は、『Effective C++ 改訂 第2版』、『C++標準ライブラリ チュートリアル＆リファレンス』（以上アスキーより）、『Symbian OS C++プログラミング』、『実践プログラミング WebGL: HTML&JavaScriptによる3Dグラフィックス開発』、『Effective JavaScript』、『独習Git』、『低レベルプログラミング』（以上、翔泳社より）。

監修者プロフィール

今給黎 隆（いまぎれ・たかし）

東京工芸大学 芸術学部 ゲーム学科 准教授。複数のゲーム会社（タムソフト、バンダイナムコ、グリー、セガゲームス）を経て現職。専門はリアルタイムCG、ゲームエンジニアリング。著書に、『DirectX 9 シェーダプログラミングブック』（毎日コミュニケーションズより）、『ゲームエンジン・アーキテクチャ（監修）』（SBクリエイティブより）など。認定スクラムプロフェッショナル。CEDECアドバイザリーボード。情報処理学会CGVI研究会 幹事。博士（科学）。

装丁・本文デザイン　轟木 亜紀子（株式会社 トップスタジオ）
DTP　BUCH+
編集　山本 智史

ゲームプログラミングC++（しーぷらすぷらす）

2018年12月5日　初版第1刷発行
2020年 8月5日　初版第3刷発行

著者　Sanjay Madhav（サンジャイ・マドハブ）
訳者　吉川 邦夫（よしかわ・くにお）
監修　今給黎 隆（いまぎれ・たかし）
発行人　佐々木 幹夫
発行所　株式会社 翔泳社
印刷・製本　株式会社 加藤文明社印刷所

ISBN978-4-7981-5761-0　Printed in Japan